Handbuch Stabsarbeit

Gesine Hofinger
Rudi Heimann
(Hrsg.)

Handbuch Stabsarbeit

Führungs- und Krisenstäbe in Einsatzorganisationen, Behörden und Unternehmen

Mit 52 Abbildungen und 10 Tabellen

Springer

Herausgeber
Gesine Hofinger
Team HF – Hofinger,
Künzer & Mähler PartG
Remseck
Baden-Württemberg

Rudi Heimann
Selters
Hessen

ISBN 978-3-662-48186-8
ISBN 978-3-662-48187-5 (eBook)
DOI 10.1007/978-3-662-48187-5

Die Deutsche Nationalbibliothek verzeichnet diese Publikation in der Deutschen Nationalbibliografie; detaillierte bibliografische Daten sind im Internet über ► http://dnb.d-nb.de abrufbar.

Springer Medizin

Umschlaggestaltung: deblik Berlin
Fotonachweis Umschlag: © Rudi Heimann
Satz: Crest Premedia Solutions (P) Ltd., Pune, India

Gedruckt auf säurefreiem und chlorfrei gebleichtem Papier

Springer-Verlag ist Teil der Fachverlagsgruppe Springer Science+Business Media
www.springer.com

Vorwort

Führungs- und Krisenstäbe als Instrumente der Bewältigung komplexerer Schadenslagen oder Einsatzsituationen sind nichts Neues. Seit der Jahrtausendwende finden sie aber aus verschiedenen Gründen auch in Unternehmen und Verwaltungen zunehmend Verbreitung und öffentliche Aufmerksamkeit.

Mit dieser Aufwertung der Stabsarbeit geht der Wunsch nach Wissen über diese Arbeitsform, ihre Voraussetzungen und Erfolgsbedingungen einher. Doch die Überblicksliteratur zur Arbeit in und mit Stäben ist im deutschen und englischen Sprachraum sehr überschaubar. Diese Erkenntnis und das dringende Bedürfnis vieler Stabsmitglieder und Entscheider an der Spitze eines Stabes, mehr über die Voraussetzungen effektiver und effizienter Stabsarbeit zu erfahren, sind die Beweggründe für dieses Buch.

Die bisherige Literatur fokussiert regelmäßig auf die berufliche Herkunft der Autoren. So existieren Werke zu Militär-, Polizei-, Feuerwehr- oder Verwaltungsstäben. Hier jedoch wurde ein anderer Ansatz gewählt: Wir geben einen breit gefächerten, anwenderorientierten Überblick darüber, was Stabsarbeit bedeuten und wie sie erfolgreich sein kann. Themen sind die Geschichte und Prinzipien der Stabsarbeit, Stabsformen, Führungs-, Entscheidungs- und Kommunikationsprozesse, Ausstattung sowie Lernmöglichkeiten. Das vorliegende Buch vereint dazu Autorinnen und Autoren aus Einsatzorganisationen, Unternehmen, Verwaltungen, Forschung und Beratung. Auch die Herausgeber tragen durch ihren Hintergrund, Polizei und Human-Factors-Psychologie, sowie durch weitreichende und langjährige eigene Erfahrungen in Stabsarbeit bzw. mit Stabsübungen, Training und Forschung zur Perspektivenvielfalt bei. So werden Gemeinsamkeiten und Unterschiede deutlich, die in der Definition der Stabsarbeit, der Arbeitsweise, der baulichen und technischen Ausstattung und der Ausbildung zu finden sind. Nach einem Blick auf die Grundlagen der Stabsarbeit (▶ Teil I) werden die Stabsformen Technische Einsatzleitung (Feuerwehr, Störfallindustrie), Führungsstab (Militär, Polizei, Feuerwehr, Hilfsorganisationen), Notfallstab (Störfallindustrie, Prozessindustrie), Katastrophenschutzstab (Verwaltung), Krisenstab (Verwaltung, Unternehmen, Politik) mit ihren Aufgaben, Strukturen und Prozessen kurz definiert (▶ Teil II), um sie dann aus jeweils mehreren Perspektiven zu beleuchten (▶ Teil III bis VII).

Wo es Regeln und Normen oder überlieferte Tradition der Stabsarbeit mit entsprechender Literatur gibt, wurde darauf Bezug genommen; wo nicht, haben die Autorinnen und Autoren ihre Erfahrungen zusammengefasst.

Dieses Buch entstand im Nachgang einer von den Herausgebern geleiteten Workshop-Reihe »Führen in und mit Stäben« der »Plattform Menschen in komplexen Arbeitswelten« e. V. (▶ http://www.plattform-ev.de). Etliche Teilnehmende dieser Workshops, Experten aus den unterschiedlichsten Berufsfeldern, haben mit der Darstellung ihrer Konzepte und Erfahrungen an diesem Buch mitgewirkt. Hinzu kamen weitere Autorinnen und Autoren aus Behörden, Unternehmen und Einsatzorganisationen, die ihre Perspektiven und Erfahrungen beigetragen haben.

Wir danken allen Beteiligten, dass sie sich auf das Ziel dieses Buches eingelassen haben, Stabsarbeit in ihrer Vielfältigkeit zu zeigen. Die Bezugnahme der einzelnen Kapitel aufeinander verlangte von allen, ihre Beiträge an das Gesamtkonzept anzupassen und sich auf Überarbeitungswünsche der Herausgeber einzulassen. Dass dies gerne und schnell geschah, machte die Arbeit für uns angenehm und produktiv; danke dafür!

Wir haben versucht, zwischen berufstypischen korrekten Formulierungen und Allgemeinverständlichkeit eine Balance zu finden. Im Zweifel haben wir uns für Verständlichkeit entschieden, damit die Inhalte für andere Berufsgruppen nützlich sein können (fachspezifische Werke zur Stabsarbeit liegen ja vor). Um die Anwesenheit von Frauen in Stäben bemerkbar zu machen, ohne die Lesbarkeit durch konsequente Doppelung zu stören, kommen in den Texten unsystematisch auch weibliche Formen vor – wie bei den männlichen Formen sind selbstverständlich immer beide Geschlechter gemeint.

Beim Lesen wird man feststellen, dass es »die Stabsarbeit« nicht gibt – genauso wenig, wie es »den Stab« gibt. Unterschiedliche Aufgabenstellungen und differente verfügbare Ressourcen führen zu den verschiedensten Ausprägungen, die alle bestimmte Vor- und Nachteile aufweisen. Nicht selten sind es unvermeidbare Kompromisse, mit denen sich eine Organisation der Krisenbewältigung stellen muss. Und das in einer Zeit, in der die Bevölkerung Krisen nicht mehr als per se unabwendbare Ereignisse ansieht und von den Verantwortungsträgern einen professionellen Umgang erwartet. Die Medien sorgen an dieser Stelle nicht nur für die notwendige Transparenz, sondern erhöhen, gerade auch über soziale Medien, den Handlungs- und Entscheidungsdruck immens. Dieses Buch soll einen Beitrag dazu leisten, dass die verantwortlichen Organisationen und die darin tätigen Menschen in der Krise erfolgreich und sicher handeln.

Gesine Hofinger und Rudi Heimann
Remseck am Neckar und Frankfurt am Main, im August 2015

Inhaltsverzeichnis

VI Auswahl, Ausbildung, Training

VII Schnittstellen

Serviceteil

Herausgeberteam, Autorinnen und Autoren

Herausgeberteam

- **Rudi Heimann**

Polizeidirektor, Polizeiführer, Leiter eines Abteilungsstabes in der hessischen Polizei. Lehrtätigkeit in Kriminologie, Führungslehre und polizeilichem Einsatzmanagement an der Fachhochschule der Polizei in Hessen sowie Gastdozent u. a. an der Deutschen Hochschule der Polizei. Spezialisiert auf Entscheidungsfindung und Stabsarbeit. Zahlreiche Publikationen mit Themenbezug. Vorstandsmitglied der Plattform »Menschen in komplexen Arbeitswelten« e. V.

E-Mail: rudi.heimann@t-online.de

- **Dr. Gesine Hofinger**

Dipl.-Psych., Partnerin von Team HF – Human Factors Forschung Beratung Training, Hofinger, Künzer & Mähler PartG, sowie wissenschaftliche Mitarbeiterin an der Universität Jena. Durchführung und Beobachtung von Stabsübungen; Seminare zu Human-Factors-Themen für Führungs-, Notfall- und Krisenstäbe; Beobachtung von Einsätzen; Gastdozentin an Ausbildungsinstituten der Polizei und Feuerwehr. Zahlreiche Publikationen zu Human-Factors-Psychologie. Vorsitzende der Plattform »Menschen in komplexen Arbeitswelten« e. V.

E-Mail: gesine.hofinger@team-hf.de

Autorinnen und Autoren

- **Katharina Becker**

Betriebswirtschaftlerin, berichtete als Journalistin für internationale Nachrichtenagenturen über zahlreiche Krisenereignisse. Die Krisen- und Katastrophenmanagerin (MBA) ist seit 2008 Gesellschafterin der katmakon KG. Das Beratungsunternehmen beschäftigt sich vor allem mit dem Training von Krisenstäben und der Vorbereitung auf Extremereignisse. Katharina Becker verantwortet die Krisenkommunikation von der Planung der Kommunikationsstrategie bis zum Training vor der Kamera.

E-Mail: katharina.becker@katmakon.com

- **Axel Bédé**

Kriminaldirektor im Landeskriminalamt Berlin, Leiter des Dezernates zur Bekämpfung des islamistischen Terrorismus im Polizeilichen Staatschutz. Bei Entführungen, Geiselnahmen, herausragenden Erpressungen wird er als Leiter des sog. »Führungsstabs Schwerstkriminalität« eingesetzt. Er ist Dozent im Bereich Sicherheitsmanagement an diversen Fachhochschulen und Autor des Buchs »Notfall- und Krisenmanagement im Unternehmen« (2009).

E-Mail: axel.bede@t-online.de

- **Christian Dührkop**

Verwaltungsbeamter der Freien und Hansestadt Hamburg, Bezirksamt Hamburg-Mitte und dort Koordinator für Deichverteidigung und Hochwasserschutz sowie Einsatzleiter des Bezirksamtes für z. B. Evakuierungen bei Kampfmittelräumungen. Er ist verantwortlich für die Aus- und Fortbildung der Mitglieder des Regionalen Katastrophendienststabes des Bezirksamtes und als Referent zu »Grundlagen der Stabsarbeit« tätig. Er war zuvor als Leiter des Bereiches für Katastrophen- und Zivilschutz im Bezirksamt Hamburg-Altona eingesetzt.

E-Mail: christian.duehrkop@hamburg-mitte.hamburg.de

- **Swen Eigenbrodt**

Kriminaloberrat und Dipl.-Verww., leitet die Regionale Kriminalinspektion der Polizeidirektion Darmstadt-Dieburg und ist mit der Funktion des Leiters des Führungstabes des Polizeipräsidiums Südhessen beauftragt. Er ist Dozent an der Hessischen Hochschule für Polizei und Verwaltung im Studienfach Führungslehre und war Fachbereichsleiter an der Polizeiakademie Hessen; dort für die Aus- und Fortbildung der polizeilichen Führungsstäbe und Polizeiführer zuständig.

E-Mail: swen.eigenbrodt@polizei.hessen.de

- **Harald Gonner**

BA in Police Leadership, MBA in General Management, Kommandant eines polizeilichen Spezialeinsatzkommandos. Zudem Berater und Trainer für Krisenmanagement (Unternehmen) in den Bereichen Ausbildung, Simulation und Audit. Lehrtätigkeit u. a. an der UMIT (Private Universität für Gesundheitswissenschaften, Medizinische Informatik und Technik), Hall, Tirol.

E-Mail: schaub@iabg.de

- **Dr. jur. Miriam Haritz**

Regierungsdirektorin, M. A., Dozentin an der Universität Maastricht für Europäische Studien, EU- und Internationales Umwelt- und Verbraucherschutzrecht. Tätig beim Bundesamt für Bevölkerungsschutz und Katastrophenhilfe (BBK). Leitung des Referates Ressort- und Länderübergreifende Krisenmanagementübungen, LÜKEX, sowie der behördenübergreifenden Projektgruppe LÜKEX Bund.

E-Mail: miriam.haritz@bbk.bund.de

- **Dr. Günter Horn**

Freier Ingenieur mit den Schwerpunkten Instandhaltung und Projektmanagement in den Bereichen chemische und Prozessindustrie. Vormals Notfallmanager der Hoechst AG, u. a. mit dem Aufbau des Lagezentrums betraut. Als Projekt- und Betriebsleiter bei Infraserv, Clariant und Celanese in Deutschland und Schweden tätig. Vorstandsmitglied des Vereins Plattform »Menschen in komplexen Arbeitswelten« e. V. Autor diverser Publikationen in den Bereichen Instandhaltung, Faktor Mensch und Notfallmanagement.

E-Mail: dr.horn@horn-engineering.de

- **Stephan Hummel**

Leiter der Werkfeuerwehr des CHEMPARK Leverkusen; verantwortlich für das Krisenmanagement des CHEMPARK (Leverkusen, Dormagen, Krefeld-Uerdingen). Langjährige Erfahrungen als Einsatzleiter und Mitglied von Krisenstäben. Inhaber von »Crisis-Prevention-Consulting« mit dem Fokus auf den Bereich der chemischen Industrie und Stahlindustrie. Mitglied der Plattform »Menschen in komplexen Arbeitswelten« e. V.

E-Mail: crisis-prevention-consulting@web.de

- **Norbert Jetten**

Zuletzt Leiter des Bereichs Krisenmanagement im CHEMPARK (Leverkusen, Dormagen, Krefeld-Uerdingen); aktuell verantwortlich für den Bereich Technik bei der BYK Chemie GmbH. Vielfältige Erfahrungen in der Leitung von Krisenstäben in der chemischen Industrie und auch in der Stahlindustrie. Inhaber von »Crisis-Prevention-Consulting« mit dem Fokus auf den Bereich der chemischen Industrie und Stahlindustrie. Mitglied der Plattform »Menschen in komplexen Arbeitswelten« e. V.

E-Mail: crisis-prevention-consulting@web.de

- **Norbert Kanschus**

Polizeioberrat, M. A. in Public Administration and Police Management, Leiter eines Spezialeinsatzkommandos der Landespolizei. Im Nebenamt unterrichtet er an der Hessischen Hochschule für Polizei und Verwaltung im Fach Einsatzlehre und Kriminalistik sowie in der Zentralen Fortbildung des Landes Hessen in der Thematik »Entscheidungsfindung in Krisensituationen«.

E-Mail: norbert.kanschus@polizei.hessen.de

- **Ingrid Knigge**

Dipl.-Psych., Workplace Consultant für den Bereich Strategy Plus der AECOM Deutschland GmbH in München. Research- und Change-Management-Projekte bei der Umsetzung moderner Büro- und Arbeitsplatzkonzepte. Health & Safety Managerin. Zuvor wissenschaftliche Mitarbeiterin des Team HF zu Human Factors, Sicherheit, Krisenmanagement und Notfallplanung. Dabei Beobachtung von Stabsarbeit in Übungen und Echt-Einsätzen hinsichtlich psychologischer und Human Factors.

E-Mail: ingrid.knigge@hotmail.de

- **Maike Kranaster**

Verwaltungsbetriebswirtin bei der Stadt Dortmund. Sie war 9 Jahre für den Aufbau und die Ausbildung des Krisenstabs der Stadt zuständig. Darüber hinaus war sie von 2006 bis 2014 als Gastdozentin beim Institut der Feuerwehr in der Ausbildung von Krisenstäben für das Land NRW tätig. Maike Kranaster hat gemeinsam mit Matthias Gahlen das Buch »Krisenmanagement« veröffentlicht.

E-Mail: kranaster@me.com

- **Laura Künzer**

Dipl.-Psych., Partnerin von Team HF Human Factors Beratung Forschung Training sowie wissenschaftliche Mitarbeiterin an der Universität Jena. Seminare zu Human-Factors-Themen für Führungs-, Notfall- und Krisenstäbe; Beobachtungen von Stabs- und Vollübungen; Gastdozentin an der Akademie für Krisenmanagement, Notfallplanung und Zivilschutz (AKNZ) sowie Ausbildungsinstituten der Polizei und Feuerwehr.

E-Mail: laura.kuenzer@team-hf.de

- **Dr. Christoph Lamers**

Regierungsbranddirektor, Leiter des Dezernats für Krisenmanagement, Führung und Taktik von Verbänden am Institut der Feuerwehr NRW; zusätzlich ist er für die Koordination der Zusammenarbeit mit der wissenschaftlichen Forschung sowie für den Katastrophenschutz auf europäischer Ebene zuständig. Zuvor war er als Dezernent für Feuerschutz und Katastrophenschutz bei der Bezirksregierung Arnsberg in deren Krisenstab tätig.

E-Mail: christoph.lamers@idf.nrw.de

- **Gunther Lockner**

Erster Polizeihauptkommissar, Heilpraktiker Psychotherapie, seit 1997 Angehöriger der Polizeiakademie Hessen. Aufgabenschwerpunkte liegen in der Fortbildung von Führungskräften in Sofort- und Sonderlagen, Spezialeinheiten und -kräften der hessischen Polizei sowie in der Konzeption und Durchführung von Handlungskompetenzseminaren für diese Zielgruppen. Von 1982 bis 1997 Angehöriger des SEK Frankfurt in den Funktionen Ausbildungsleiter und taktischer Einsatzführer.

E-Mail: gunther.lockner@polizei.hessen.de

- **Mareike Mähler**

Dipl.-Psych., Partnerin von Team HF Human Factors Forschung Beratung Training sowie wissenschaftliche Mitarbeiterin an der Universität Jena. Seminare zu Human-Factors-Themen für Führungs-, Notfall- und Krisenstäbe, u. a. bei Polizei, Feuerwehr und Verwaltungen; Beobachtung von Stabs- und Vollübungen. Publikationen zu Human-Factors-Themen, insbesondere zu interorganisationaler Zusammenarbeit. Vorstandsmitglied der Plattform »Menschen in komplexen Arbeitswelten« e. V.

E-Mail: mareike.maehler@team-hf.de

- **Tobias Meier**

War Angehöriger einer Bundeswehreinheit zur Evakuierung deutscher Staatsbürger aus Krisengebieten. Seit 2005 ist er in einer deutschen Landespolizei bei einem Spezialeinsatzkommando tätig. Neben der Verwendung als Einsatzbeamter ist er verantwortlich für die konzeptionelle Planung sowie Aus- und Fortbildung der Befehlsstellenarbeit bei Geiselnahmen, Entführungen und Erpressungen. Zusätzliche Verwendung im Abteilungsstab zur Vorbereitung der Führungsstäbe auf Sonderlagen.

E-Mail: tobiasmeier.email@gmx.de

- **Thomas Melchert**

Polizeibeamter in Hamburg und in Behörden von Bund und Ländern im Themenkomplex der Behörden und Organisationen übergreifenden Ausbildung und des Trainings von Stäben und Leitstellen tätig gewesen. Hierzu entwickelte er Ausbildungs-, Trainings- und Übungskonzepte und ist seit 2007 in der Behörde für Inneres und Sport u. a. für diese Maßnahmen mit den Katastrophendienststäben der Stadt Hamburg verantwortlich. Er ist Mitglied im Zentralen Katastrophendienststab der Freien und Hansestadt Hamburg.

E-Mail: thomas.melchert@bis.hamburg.de

- **Günter Nuth**

Städt. Brandamtsrat a. D., Einsatzleitung und Stabsarbeit bei der Feuerwehr Düsseldorf, Fachberater für Psychotraumatologie. Lehrtätigkeit in psychosozialer Notfallversorgung (PSNV) für Führungskräfte u. a. an der Akademie für Krisenmanagement, Notfallplanung und Zivilschutz (AKNZ), bei der Bundespolizei und GSG 9, an Landesfeuerwehrschulen und für Rettungsdienstorganisationen. Schulung der Fachberater PSNV im Stab. Er veröffentlichte zwei Bücher zur psychosozialen Unterstützung von Einsatzkräften.

E-Mail: nuth@nuth.de

- **Katrin Osarek**

Studium der Staatswissenschaften in Passau (B. A.) und des Gefahren- und Krisenmanagements (M. Sc.) in London, arbeitet als Business Continuity Managerin für die Volkswagen Financial Services AG. Neben der Konzeption eines gruppenweit einheitlichen Test- und Übungsmanagements ist sie u. a. im Bereich Schulung und Betreuung der internationalen Gesellschaften tätig.

E-Mail: Katrin.Osarek@vwfs.com

- **Andreas Queck**

MBA in General Management, arbeitet in der präklinischen Akutmedizin. Dort Verwendung u. a. als Praxisanleiter, Instruktor für Team Resource Management und als Einsatzleiter Rettungsdienst. Zudem freiberufliche Tätigkeit als Sachverständiger für Notfallplanung und Krisenmanagement sowie als Trainer für High Reliability Teams mit Schwerpunkt Krisenstäbe der Industrie, Schockraummanagement und Einsatzkommandos.

E-Mail: aq@ttct.de

- **Prof. Dr. Harald Schaub**

Professor für Psychologie an der Otto-Friedrich-Universität Bamberg und Programm-Manager für Safety und Human Factors bei der IABGmbH in Ottobrunn. Wissenschaftliche Tätigkeiten (u. a. Max-Planck-Gesellschaft, Professuren in Jena, Chemnitz, Erfurt) und Tätigkeiten in der Wirtschaft (Managementtrainer, Organisationsberater, Abteilungsleiter, Senior Scientist). Arbeitsschwerpunkte sind Security and Safety, Human Factors, Wissensmanagement und Wissenstransfer. Mitglied der Plattform »Menschen in komplexen Arbeitswelten« e. V.

E-Mail: schaub@iabg.de

- **Stefan Scheidmantel**

M. Sc., Studium Gesundheitsmanagement an der Uni Koblenz, Sachbearbeiter in den Sachgebieten Katastrophenschutz und Rettungswesen im Bayerischen Staatsministerium des Innern, für Bau und Verkehr. Schwerpunkte u. a. Absicherung von Großveranstaltungen, Krankenhausalarmplanung, Einsatzleitung im Rettungsdienst. Langjährige praktische Erfahrungen als Rettungsassistent und Disponent Zentraler Leitstellen. Technical Expert der EU.

E-Mail: stefan.scheidmantel@t-online.de

- **Werner Schiewek**

Theologe, Lehrbeauftragter des Rates der Evangelischen Kirche in Deutschland für Ethik im Polizeiberuf an der Deutschen Hochschule der Polizei in Münster-Hiltrup und Landespolizeipfarrer der Evangelischen Kirchen von Westfalen. Seine Lehr- und Forschungsschwerpunkte liegen im Bereich der angewandten Ethik (Professions- und Organisationsethik) mit besonderem Fokus auf ethischen Fragestellungen im Bereich staatlicher Sicherheitsagenturen (Polizei und Militär).

E-Mail: werner.schiewek@dhpol.de

- **Armin Schilling**

Geschäftsführender Gesellschafter der CENARIO solutions GmbH, einem Systemhaus mit Schwerpunkt Lösungen zur Gefahrenabwehr. Seit über 20 Jahren arbeitet er für Behörden und Organisationen mit Sicherheitsaufgaben und für Unternehmen und Institutionen mit hohem Sicherheitsanspruch. Zudem ist er als Lehrbeauftragter an der Technischen Hochschule Mittelhessen für StudiumPlus Wetzlar tätig.

E-Mail: armin.schilling@CENARIO.de

- **Dr. Martin Schnauber**

Dipl.-Chem., Notfallmanager im Industriepark Höchst und mit der Weiterentwicklung der Notfallorganisation und des Lagezentrums betraut. Vormals in der Hoechst AG in Forschung und Analytik tätig, langjährig in leitenden Funktionen im Bereich Arbeitssicherheit, Umweltschutz, Gesundheitsschutz und Qualität, u. a. für Arbeitsschutz und Störfallbeauftragter sowie mit der Entwicklung, Einführung und Pflege eines integrierten Managementsystems in der Celanese Chemicals beschäftigt. Publikation zur Krisenstabsarbeit.

E-Mail: Martin.Schnauber@Infraserv.com

- **Prof. Dr. Stefan Strohschneider**

Dipl.-Psych., Professor für Interkulturelle Kommunikation und Leiter der Forschungsstelle interkulturelle und komplexe Arbeitswelten (FinkA) an der Friedrich-Schiller-Universität Jena. Lehr- und Forschungstätigkeit in den Bereichen heterogene Teamarbeit und kultursensible Weiterentwicklung von Human Factors.

E-Mail: stefan.strohschneider@uni-jena.de

- **Gerd Thielmann**

Vizepräsident der Deutschen Hochschule der Polizei (DHPol), wechselte als Polizeivollzugsbeamter immer wieder zwischen Theorie und Praxis der Führungslehre. Beispiele dafür sind seine fünfjährige Tätigkeit als Fachgebietsleiter »Polizeiliche Führungslehre« an der DHPol, seine Funktion als »Leiter Einsatz« und »Polizeiführer Sonderlagen« beim Polizeipräsidium Nordhessen oder als Deputy Head of the European Union Police Mission in Bosnien-Herzegowina.

E-Mail: gerd-thielmann@t-online.de

- **Florentin von Kaufmann**

Brandoberrat bei der Berufsfeuerwehr München, Leiter der Integrierten Leitstelle München und stellvertretender Leiter der Abteilung Einsatzlenkung. Seinen Einsatzdienst verrichtet er als Direktionsdienst und Lagedienst und in verschiedenen Stabsverwendungen. Er ist Gastdozent an der Akademie für Krisenmanagement, Notfallplanung und Zivilschutz (AKNZ) und hier insbesondere in der Ausbildung von Stäben eingesetzt.

E-Mail: florentinvonkaufmann@yahoo.de

- **Robert Zinke**

M. A., wissenschaftlicher Mitarbeiter an der Universität Jena und beim Team HF – Human Factors Forschung Beratung Training. Seminare zu Human-Factors-Themen für Führungs-, Notfall- und Krisenstäbe von Organisationen, Unternehmen und (Sicherheits-)Behörden; Beobachtungen von Stabs- und Vollübungen; Gastdozent an der Akademie für Krisenmanagement, Notfallplanung und Zivilschutz des Bundes sowie an Ausbildungsinstituten von Polizei und Feuerwehr. Reserveoffizier a. D. der Bundeswehr und ehemaliges Mitglied eines Kreisverbindungskommandos zur Beratung eines kommunalen Krisenstabs über unterstützende militärische Fähigkeiten im Katastrophenfall.

E-Mail: robert.zinke@team-hf.de

Grundlagen

Grundlagen

Was ist ein Stab und wie handelt er mit welchen Funktionen? Woher stammt das Konzept der Stabsarbeit, wie entwickelte es sich? Welche Fragen stellen sich in Entscheidungssituationen über das Management der Prozesse hinaus? Darüber hinaus widmet sich diese Sektion den grundlegenden persönlichen und ethischen Aspekten, die unabhängig von der konkreten Form der Stabsarbeit in kritischen Situationen bedacht werden sollten.

Stabsarbeit – Konzept und Formen der Umsetzung

Rudi Heimann, Gesine Hofinger

G. Hofinger, R. Heimann (Hrsg.), *Handbuch Stabsarbeit*,
DOI 10.1007/978-3-662-48187-5_1, © Springer-Verlag Berlin Heidelberg 2016

Auslandsentführung: »Der Krisenstab des Auswärtigen Amts tagt« – »Einsatzleitung etabliert Führungsstab in der Feuerwache« – »Krisenstab des Landkreises veranlasst Evakuierung gefährdeter Gebiete« – »Zur Bewältigung der Cyberattacke wird der Krisenstab der Unternehmensführung einberufen« – »Neue Befehlsstelle für den Führungsstab des Polizeipräsidiums eingeweiht«. Seit der Jahrtausendwende werden zunehmend die Vorteile von Stabsarbeit erkannt und Stäbe eingesetzt, nachdem dieses System lange Jahre vorrangig eine Domäne von Militär, Polizei und Katastrophenschutz war und dort intensiv genutzt und beübt wurde.

1.1 Was ist ein Stab?

Ein Stab ist im alltäglichen Sprachgebrauch ein stabiler länglicher Gegenstand, um sich zu stützen; und tatsächlich ist der Begriff des **Stabes** in der Arbeitswelt daraus zu begründen: Das mittelhochdeutsche »stap« oder »stab« sowie das althochdeutsche »stab« werden zurückgeführt auf die indogermanische Wurzel »steb(h)« mit der Bedeutung »stehen machen, aufstellen, stützen« (Pokorny, 1959, S. 1011 ff.). Auch das englische Wort für Stab, »staff«, ist synonym zu der Bedeutung für »Stütze«. Der Stab, der anfangs vor allem der Züchtigung sowie der Beherrschung einer Herde diente, gewann mit der Zeit diverse andere, oft auch symbolische Funktionen hinzu: Feldherren besaßen Stäbe, die ihre Befehlsgewalt demonstrieren sollten. Vom Befehlsstab ausgehend bildete sich auch der Gebrauch des Begriffes Stab für »das Hilfspersonal von Kommandeuren« heraus (Schwenck, 1838, S. 668).

Über mehrere Jahrhunderte vorrangig im Militär anzutreffen (▶ Kap. 2), hat sich die Idee einer aus Menschen bestehenden Stütze für Führungspersonen differenziert und konkretisiert in **Beratung** und **operative Unterstützung**. Heute sind Stäbe in vielen zivilen Bereichen anzutreffen, von den Einsatzorganisationen (Polizei, Feuerwehr, Rettungsdienste) über große Wirtschaftskonzerne, Verwaltungen, bis zu Kirchen und Krankenhäusern. Begründet wird die Einrichtung von Stäben damit, dass »außerordentlich komplexe Einsatzstrukturen nicht mehr durch einsame Führung und unsystematische Planungs- und Entscheidungsvorbehalte beherrscht werden« (Höcherl, 1978). Entsprechend der vielfältigen Einsatzgebiete für Stäbe gibt es eine große Bandbreite an Definitionen, beispielsweise:

- Fayol (1929) definiert den Stab bereits branchenübergreifend als »ein Denk-, Prüfungs- und Beobachtungsorgan, dessen entscheidende Funktion darin besteht, unter Einwirkung der Leitung Vorbereitungen für die Zukunft zu treffen und Möglichkeiten zur Verbesserung zu erforschen.« Hier liegt der Gedanke zugrunde, dass ein Stab als Summe der dort wirkenden Experten dem Wissen und Können des **Einzelnen überlegen** sein soll.

Dies drückt Fayol (1929) deutlich aus, indem er den Stab bezeichnet als »eine Gruppe von Menschen, die mit der Stärke, dem Wissen und der Zeit ausgestattet sind, die dem Mann an der Spitze fehlen mögen; der Stab ist ein Gehilfe, eine Verstärkung und eine Art Erweiterung der Persönlichkeit dieses Mannes«.
- Bei Stäben für das Einsatzgeschehen wird die Rolle als **Führungsunterstützung** betont, z. B. bei der Feuerwehr oder im Katastrophenschutz. So sollen sie: »die Einsatzleiterin oder den Einsatzleiter ständig auf allen Gebieten unterstützen, informieren und beraten; sie müssen Entscheidungen und Befehle vorbereiten und weitergeben« (FwDV 100, 1999). Ähnlich auch die Formulierung »Der Stab unterstützt den Kommandanten und dient der Truppe« (Aigner, mündliche Mitteilung, 2012).
- Die Rolle der **Beratung** wird teils explizit hervorgehoben: »Ständige oder anlassbezogen eingerichtete Organisationseinheit zur Beratung und Unterstützung des Polizeiführers« (PDV 100, 1976).
- Betriebswirtschaftliche Definitionen sehen in einem Stab eine »Leitungshilfsstelle eines Linienvorgesetzten, die diesen bei seinen Führungsaufgaben zu beraten, zu unterstützen und ihm Entscheidungen vorzubereiten hat« (Lehmann, 1969). Dabei wird davon ausgegangen, dass ein Stab eine ständige Einrichtung ist, und zwar als die einer Person zuarbeitende Stabsstelle oder in Form von Abteilungen wie Personal-, Rechts- oder Entwicklungsabteilungen. Diese Art von Stäben mit dieser Zielrichtung ist in Militär und Polizei auch in der Alltagsorganisation vorhanden.
- Das moderne Militär betrachtet den Stab als Schlüsselkomponente für den erfolgreichen Einsatz und sieht die primären Funktionen in der **Unterstützung der Führung, Koordination und Kooperation** mit angrenzenden Stäben und der **Information** von Einheiten und Organisationen außerhalb des Hauptquartiers. Dies gewährleistet der militärische Stab durch Wissens- und Informationsmanagement, Umsetzung des operativen Prozesses mit Lagebeurteilung, Planung, Anordnungen und Ausführungskontrolle (FM 6-0, 2014; ADRP 6-0, 2014).

Gemeinsam ist diesen Definitionen im Kern, dass eine **leitende Person** durch mehrere andere unterstützt wird, indem diese ihr inhaltlich sowie organisatorisch zuarbeiten und sie beraten (vgl. Spielvogel et al., 2012; Gahlen & Kranaster, 2012). Teilweise wird auch die (Veranlassung der) Umsetzung von Entscheidungen als Stabsaufgabe gesehen.

Ein Stab ist ein Beratungs- und Unterstützungsgremium, das der Person, die in einer kritischen Situation entscheidet, zuarbeitet und dazu spezifische Rollen und Strukturen sowie Informationsflüsse nutzt.

In diesem Buch wird der Stab als **temporäres Unterstützungselement** zur Beratung und Unterstützung des oder der Linienvorgesetzten betrachtet, nicht selten in Kombination mit den Elementen eines Fachstabes. Damit werden weder reine Fachstäbe (nur aus Spezialisten zusammengesetzt) noch dauerhaft eingerichtete Stabsabteilungen im Detail behandelt.

Ein Stab wird in der Form einer temporären Unterstützung nur auf den Führungsebenen gebildet, auf denen die Führung so umfangreiche Anforderungen an die Entscheidungsebene stellt, dass diese die Aufgaben alleine weder überblicken noch bewältigen kann. Damit werden Stäbe regelmäßig eingesetzt, wenn:
- erhöhter Koordinationsbedarf herrscht, weil
  - besonders viel Personal oder besondere Technik eingesetzt wird,
  - Zuständigkeitsgrenzen überschritten werden,

- das **Informationsaufkommen** für eine Person zu hoch ist,
- **Spezialistenwissen** als Entscheidungsgrundlage schnell und effizient zusammengetragen werden muss,
- lokale **Ressourcen** nicht ausreichen, also übergreifend organisiert werden müssen,
- durch die Menge eingesetzter Ressourcen und die Vielzahl beteiligter Stellen eine **einheitliche Führung** erforderlich ist.

1.2 Aufgaben von Stäben

Die wesentliche Aufgabe eines Stabes lässt sich zusammenfassen mit: **Information in koordiniertes, zielgerichtetes Handeln umsetzen.** Dieses Oberziel lässt sich je nach konkreter Ausgestaltung des Stabs differenzieren in eher strategische und vorrangig operative Aufgaben. Eine strikte definitorische Trennung ist jedoch in der Praxis nicht haltbar.

Der strategische Ebene sind vorrangig Elemente wie

- Beratung,
- Antizipation,
- Planung,
- Vorbereitung von Entscheidungen großer Tragweite und
- Übergänge von und zu Elementen der Notfallorganisation oder des Business Continuity Management zuzurechnen.

Eher operativ angelegte Aufgaben liegen in den Feldern:

- Koordination verschiedener Bereiche,
- Informationsmanagement (Ein- und Ausgang, Sichtung, Bewertung und Filterung, Zusammenfassung, Interpretation, Bereitstellung und Weitergabe),
- Führen und Darstellung relevanter Informationen als »Lagebild«,
- Zusammentragen von Spezialistenwissen,
- Steuerung bzw. übergreifende Führung von Einsätzen durch Ausarbeitung und Weiterleitung von Anordnungen,
- Verbindungsaufnahme zu übergeordneten, nachgeordneten und benachbarten Stellen,
- Bereitstellung von Ressourcen in personeller und materieller Hinsicht,
- Dokumentation des gesamten Einsatzverlaufs sowie
- Presse- und Öffentlichkeitsarbeit, insofern nicht andere Stellen dafür verantwortlich sind.

1.3 Strukturen und Prozesse

Stabsarbeit wird durch aufbau- und ablauforganisatorische Regelungen der jeweiligen Organisation bezüglich der Struktur des Stabes und der Standardprozeduren der Stabsarbeit definiert.

Strukturell sind Stäbe funktional in **Sachgebiete** gegliedert (▶ Kap. 7); diese umfassen in den Stab (z. B. Informationsmanagement) und nach außen (z. B. Einsatz, Kommunikation) gerichtete Aufgaben. Je mehr operative Anteile die Stabsarbeit enthält, desto stringenter ist nach Erfahrung der Autoren die funktionale Gliederung ausgebildet. Rein beratende Stäbe in Unternehmen beispielsweise unterscheiden häufig nur den (beratenden) Kernstab und das (für Informationsmanagement zuständige) Assistenzteam.

Die – besonders innerhalb einer Institution – grundsätzlich gleichen inneren Stabsstrukturen dienen der Kommunikationserleichterung untereinander und der Vereinfachung von organisatorischen Abläufen.

Verschiedene Stabstrukturen, die für unterschiedliche Aufgaben gebildet wurden, werden in ► Teil II dieses Buches besprochen. Zu den Strukturen von Stäben gehören auch Räume und andere Ausstattung. Diese reichen von »nicht vorhanden« bis hin zu eigens ausgebauten Lagezentren und spiegeln die unterschiedlichen Aufgaben und den Stellenwert der Stabsarbeit für die Ziele der jeweiligen Organisation wieder. Unterschiedliche **Stabsräume** werden in ► Teil IV vorgestellt.

Die definierten **Prozesse** der Stabsarbeit umfassen verschiedenen Ebenen und sind unterschiedlich präzise definiert. Sie reichen von der Alarmierung bzw. Einberufung des Stabs über die Art und Weise der Informationsweitergabe (► Kap. 30), der Lagedarstellung und Visualisierung (► Kap. 33) bis zu Formen der Entscheidungsfindung (► Kap. 16; ► Kap. 18). Prozesse der **Führung** und **Entscheidungsfindung** werden in ► Teil III, die der **Kommunikation** und **Information** in ► Teil V dieses Buches behandelt.

1.4 Merkmale der Stabsarbeit

»Menschen arbeiten gemeinsam an einer Aufgabe« – so lässt sich Stabsarbeit kurz und knapp beschreiben. Dem könnte man entgegnen, dass damit wohl Teamarbeit gemeint sei: Auch Teamarbeit ist die Zusammenarbeit einer Gruppe von Personen, um ein **gemeinsames Ziel** zu erreichen. Teamarbeit ist oft ein Merkmal alltäglicher Arbeit, wird aber auch zunehmend zur Durchführung spezieller Projekte eingesetzt, wobei Personen aus **unterschiedlichen Funktionsbereichen**, Abteilungen oder Disziplinen zusammenkommen können. Ein Team sollte idealerweise aus Personen bestehen, deren Fähigkeiten sich **komplementär ergänzen** (Belbin, 2010). Auch dies trifft für Stäbe zu. Insbesondere virtuelle Teams weisen Aspekte auf (Konradt & Hertel, 2002), die auch für die Stabsarbeit wichtig sind: Es sind **flexible Gruppen** standortverteilter und ortsunabhängiger Mitarbeiter, die auf der Grundlage von gemeinsamen Zielen bzw. Arbeitsaufträgen geschaffen werden und **informationstechnisch vernetzt** sind. Eine Voraussetzung, die in der heutigen Zeit eine immer größere Bedeutung erlangt (► Kap. 45).

Trotz der genannten Gemeinsamkeiten sind (virtuelles) Team, Arbeitsgruppe oder Stab nicht synonym, sondern die Arbeitsform »Stab« zeichnet sich durch bestimmte Merkmale aus:

Stäbe zeigen hinsichtlich des **Autonomiegrades** und der **Hierarchie** eine hierarchische Führungsstruktur auf und die Autonomie der Mitglieder beschränkt sich weitgehend auf Einzelaufgaben mit der Herausforderung, bei deren Erledigung Schnittstellen zu anderen Mitgliedern zu beachten. Dabei können in den Methoden gerade enthierarchisierende Systemelemente für eine optimierte Aufgabenerledigung zur Anwendung kommen (► Kap. 33, ► Kap. 34).

Die **Zeitperspektive** umfasst in Stäben eine befristete Zusammenarbeit und orientiert sich an den kurzfristigen (operativ-taktischen oder strategischen) Zielen eines aktuellen Ereignisses.

In einem Stab tritt die **Abgegrenztheit** deutlich zu Tage. Innerhalb der Stabsorganisation sind die Rollen klar abgegrenzt, wobei sie im Sinne einer gemeinsamen Aufgabenerledigung zur Zielerreichung und für Unterstützungsleistungen anderer Rollen überschritten werden können und sollen. Auch ist der Stab einer Institution physisch deutlich in der eigenen Institution abgegrenzt (► Kap. 11, ► Kap. 26, ► Kap. 46). Diese physische Abgrenzung wird jedoch gegenüber anderen – parallel an der gleichen Lage arbeitenden Stäben anderer Institutionen

– durch den Einsatz von Verbindungspersonen bewusst durchbrochen, um für alle Beteiligten eine günstigere Bearbeitungssituation herbeizuführen (▶ Kap. 6).

Stäbe bestehen häufig aus den Mitgliedern eines Berufsfeldes innerhalb der gleichen Organisation und weisen dann hohe **Homogenität** auf. Dies hat im Idealfall den Vorteil einer einheitlichen Fachsprache und des vorhandenen Grundverständnisses über die Aufbau- und Ablauforganisation. Erforderlichenfalls werden in multinationalen oder Fachstäben (▶ Kap. 5) zum Zweck der optimierten Lagebewältigung Mitglieder aus unterschiedlichen Sprachräumen und Kulturen oder mit verschiedenen beruflichen Hintergründen als **heterogene** Gruppen zusammengeführt.

1.5 Formen von Stäben

Auch wenn die bisher genannten Merkmale auf alle Stäbe zutreffen: *Den* Stab gibt es nicht – heute anzutreffende Stäbe sind je nach Organisation bzw. Branche sehr unterschiedlich ausgestaltet (Beiträge in ▶ Teil II) und differieren je nach Anlass – auch innerhalb einer Institution.

Die Form und Struktur eines Stabes werden beeinflusst von:

- Wissen, Erfahrung und Führungsstil der Führung und Stabsleitung,
- Umfang und Verschiedenartigkeit der Verantwortlichkeit des Stabes,
- lokalen Besonderheiten oder Unterschieden,
- Menge der relevanten und durch jeden Bereich zu verarbeitenden Information,
- Art des zu bewältigenden Ereignisses,
- Verfügbarkeit, Qualifikation und Leistungsfähigkeit des Stabspersonals,
- innerem Aufbau und Örtlichkeit des Stabsraumes,
- Mobilitätserfordernissen,
- Zeitdauer des Einsatzes, verbunden mit hohen und niedrigen Aktivitätsniveaus,
- Fähigkeit, artverwandte Aktivitäten zu bündeln,
- erforderlicher Führungsspanne und
- innerer Einstellung der Führung und Stabsleitung.

Die Behörden, Organisationen und Institutionen, die mit Stäben als temporärem Unterstützungselement arbeiten, nutzen dabei verschiedene Begrifflichkeiten für ihren jeweiligen Stab (◘ Tab. 1.1). Dadurch werden die Unterschiede in Aufgabe, Zusammensetzung und Struktur ansatzweise verdeutlicht; eine exakte Trennung ist nicht möglich, da diese Bezeichnungen anlassbezogen ineinandergreifen. So kann – je nach Bundesland – bei einem großen Schadensereignis die Verwaltungsspitze die Leitung der (gemeinsamen) Einsatzleitung darstellen, der die Führungsstäbe der Feuerwehr, von Hilfsorganisationen oder der Polizei nachgeordnet sind.

Dabei arbeiten die Stäbe, aus denen heraus Einsätze geführt werden, wie technische Einsatzleitungen oder Führungsstäbe, meist mit definierten Funktionen (Stabsbereiche, vgl. ▶ Teil II), geregelten Kommunikationswegen und Informationsflüssen in eigens dafür ausgestatteten Räumlichkeiten. In diesen Stäben gibt es zumeist eine Person als Stabsleitung, die den Entscheider oder die Entscheiderin von Moderation und Organisation des Stabs entlastet sowie teilweise selber Entscheidungen trifft. Der Gegenpol, Stäbe als Beratungsgremium ohne operative Anteile, ist eher in Wirtschaftsunternehmen anzutreffen. Hier sind die Rollen mit Führungspersonen aus den Kernfunktionen des Unternehmens besetzt; Assistenzpersonal steht eher in geringem Umfang zur Verfügung und die Ausstattung ist häufig »Besprechungszimmer mit Sekretariat«. Typischerweise wird in diesen Stäben keine Stabsleitung installiert, sodass die Gesprächsführung beim Entscheider oder der Entscheiderin liegt.

Tab. 1.1 Bezeichnungen von Stäben in Behörden und Organisationen

Behörde/ Organisation	Stabsbezeichnungen
Feuerwehr	Führungsstab Technische Einsatzleitung
Hilfsorganisationen	Führungsstab
Militär	Einsatzstab Führungsstab
Politische Ebene	Krisenstab
Polizei	Führungsstab
Prozessindustrie; IT-Industrie	Notfallstab Krisenstab
Störfallindustrie	Notfallstab Technische Einsatzleitung
Wirtschaftsunternehmen	Krisenstab
Verwaltungen	Katastrophenschutzstab /-leitung Krisenstab

Unabhängig davon, wie sie organisiert sind, müssen Stäbe auf die Strukturen der jeweiligen Organisation zugreifen können, ob auf Einsatzkräfte oder das Back-Office.

Stäbe unterscheiden sich in den Anlässen der Einberufung, der Form einer Bereithaltung oder Alarmierung, den zugewiesenen Aufgaben, Strukturen und Prozessen der Stabsarbeit, Besetzung, Ausstattung, Örtlichkeit, etc. Sie können damit

- eher strategisch-beratend oder eher operativ tätig,
- in formale Rollen gegliedert oder als formlose Beraterrunde organisiert,
- mit eigenen Entscheidungskompetenzen oder nur beratend tätig,
- mit eigenen Räumen /Technologien (incl. Stabssoftware) ausgestattet oder in einem normalen Besprechungsraum tagend,
- mobil oder stationär,
- haupt- oder nebenamtlich besetzt oder
- mit professionell ausgebildeten, häufig übenden Mitgliedern über „Laiendarsteller" bis hin zu einer nur auf dem Papier bestehenden Stabsrolle ausgestattet sein.

Stabilität ist das Merkmal, das eine Stütze aufweisen muss, damit sie ihre Funktion der Unterstützung (der Leitungsebene) erfüllen kann. Zu kurz gedacht wäre, Stabilität mit Starrheit gleichzusetzen. So wie Baukonstruktionen durch redundante Bauteile oder vertikal durchlaufende massive Kerne – vergleichbar mit sich immer wieder findenden, gleichen Stabspositionen – sehr sicher gebaut werden, um Schwankungen durch Erdbeben auszugleichen, so verhalten sich Führungs- und Krisenstäbe.

Sie zeigen Flexibilität und Elastizität um die erforderlichen Schwankungen im Lageverlauf zu kompensieren und reagieren auch auf weit darüber liegende Veränderungen. So zeigt aktuell die verstärkte Nutzung sozialer Medien durch die Bevölkerung und eine damit verbundene Verringerung von Reaktionszeiten auf mediale Veröffentlichungen Wirkungen im Aufbau und in den Arbeitsweisen von Stäben. Ein guter Hinweis auf die Zukunftssicherheit dieses Modells.

Dienstvorschriften, Normen und Gesetze

- ADRP 6-0 (2014). Army Doctrine Referende Publication: Mission command. Washington: Headquarters, Department of the Army.
- FM 6-0 (2014). Field Manual: Commander and Staff. Organisation and Operations. Washington: Headquarters, Department of the Army.
- FwDV 100 (1999). Feuerwehrdienstvorschrift 100. Führung und Leitung im Einsatz – Führungssystem. Arbeitskreis V der Ständigen Konferenz der Innenminister und -senatoren der Länder.
- PDV 100 (1976). Polizeidienstvorschrift 100 – Führung und Einsatz der Polizei.

Literatur

Belbin, M. (2010). *Management Teams – Why they succed or fail* (3rd ed.). Oxford: Elsevier.

Fayol, H. (1929). *Allgemeine und industrielle Verwaltung*. München: Oldenbourg.

Gahlen, M. & Kranaster, M. (2012). *Krisenmanagement - Planung und Organisation von Krisenstäben* (2. erw. Aufl.). Stuttgart: Kohlhammer.

Höcherl, H. (1978). *Deutscher Bundestag – 8. Wahlperiode*. Drucksache 8/1881. Bonn.

Konradt, U. & Hertel, G. (2002). *Management virtueller Teams – von der Telearbeit zum virtuellen Unternehmen*. Weinheim: Beltz.

Lehmann, H. (1969). Spalte 1157. In E. Grochla (Hrsg.), *Handwörterbuch der Organisation*. Stuttgart: Poeschel.

Pokorny, J. (1959). *Indogermanisches etymologisches Wörterbuch*. Bern: Francke.

Schwenck, K. (1838). *Wörterbuch der deutschen Sprache in Beziehung auf Abstammung und Begriffsbildung*. Frankfurt am Main: Sauerländer.

Spielvogel, C., Reissig-Hochweller, R., Trautmann K., Kappes, P. & Brunner, T. (2013). *Taschenbuch Stabsarbeit*. Stuttgart: Boorberg Verlag.

Historie von Stäben

Rudi Heimann

G. Hofinger, R. Heimann (Hrsg.), *Handbuch Stabsarbeit*,
DOI 10.1007/978-3-662-48187-5_2, © Springer-Verlag Berlin Heidelberg 2016

Stabsarbeit im historischen Kontext wird – je nach Definition des Begriffes – seit vielen Jahrhunderten geschätzt. Nicht nur die Abhängigkeit vom jeweiligen Führungsverständnis oder der aktuellen Führungskultur, sondern auch erkannte Notwendigkeiten brachten das Instrument des Stabes zur Blüte.

2.1 Der Stab als Stütze oder Gefährdung der eigenen Macht?

Der Begriff des »Stabes« schöpft sich aus der Idee des Stabes als Instrument oder Gegenstand der »Stütze«.

Gab es Stabsarbeit im heutigen Sinne bereits in der Antike? – Ein Blick in die Literatur zur Historie von Stabsarbeit oder Krisenstäben lässt Zweifel daran aufkommen. Zu groß seien die Gefahren, die der Oberbefehlshaber oder der Herrscher damit heraufbeschwört. Ein machtvoller Leiter eines Stabes könnte Gefallen an der Macht entwickeln und mit einem ausreichenden Ehrgeiz gekoppelt wäre dies Anlass genug, um sich selbst an die Stelle des Herrschenden zu setzen. Bacon (1986, S. 95) führt im 17. Jahrhundert dazu aus, dass ein richtig guter Rat in der Regel nur von einem wahren Freund kommen kann und an anderer Stelle, dass ein Herrscher diesen Freund naturgemäß nicht haben kann (Bacon, 1986a, S. 73). Eine Angst, die im alten Rom dazu geführt haben mag, dass sich die römischen Konsuln monatlich in der Führung ihrer Amtsgeschäfte abwechselten (Kunkel, 1995, S. 191 f.).

Wird Stabsarbeit jedoch mit Begriffen wie Planung, Beratung, Unterstützung, Analyse und Logistik gleichgesetzt, dann finden sich in der Antike zumindest Hinweise auf Stabstätigkeiten. Wenn der Herrscher »Kriegsrat hält«, »Rat sucht« und es für das taktische Vorgehen von großer Bedeutung sein mag, die »Ratgeber des Gegners« zu beseitigen, so lassen sich damit zumindest Indizien identifizieren, die die Ansätze von Stabsarbeit darstellen (Sunzi, 2004).

Auch dürften die räumlich ausgedehnten erfolgreichen militärischen Operationen der Antike mit zum Teil langjährigen Eroberungsstreifzügen nicht auf Ad-hoc-Entscheidungen einzelner Führungspersönlichkeiten zurückzuführen sein; die Planung von Feldzügen wird mindestens Beratung durch mehrere Personen erfordert haben, wenn auch nicht mit dem formalen Instrument des Stabes.

Diese Rolle des Beratens ohne zu entscheiden wird durch Fritsch und Beck (1936) deutlich ausgedrückt: »Der Führer trägt die Verantwortung für die Tat, der Generalstabsoffizier die Verantwortung für den Rat … ist nur Gehilfe und gewissenhafter Vollstrecker der Entschlüsse und Befehle seines Führers.«

2

2.2 Entwicklung der Stabsarbeit im Militär

Stabsarbeit wird häufig mit dem preußischen Militär assoziiert. Aber die Arbeit und Bedeutung von Stäben im militärischen Bereich findet seit Jahrhunderten regelmäßig Erwähnung und Beachtung, unabhängig von politischen Strukturen oder kulturellen Hintergründen. Stäbe wurden z. B. eingesetzt durch die UdSSR zur Zeit des zweiten Weltkrieges (Hesse, 2012), China zur Zeit der letzten Kaiserdynastie (Kuhn, 2007, S. 54), die Türkei am Anfang des 18. Jahrhunderts (Hilgers, 2000, S. 73) oder Großbritannien während verlustreicher Schlachten zu Beginn des 19. Jahrhunderts. Dabei war Stabsberatung nicht immer erfolgreich: So führte fehlerhafte und zusammengebrochene Stabsarbeit zu dem Verlust von über 23.000 Menschenleben bei dem versuchten Sturm von Bagdad durch ein britisches Expeditionskorps unter der Führung von General Sir John Nixon (1915/1916).

Der Diplomat und Militär von Schwendi (1522–1583) erwähnt in seinen Schriften explizit über 27 verschiedene »Kriegsämter«, getrennt von den operativen Kräften. Diese noch rudimentären Stabsfunktionen, wurden von Gustav Adolf von Schweden in seinen Reformen aufgegriffen und zu einem – wenn auch noch uneinheitlichen Gebilde – weiterentwickelte. Nach Ende des 30-jährigen Krieges (1618–1648) war der Begriff des »Generalstabes« bekannt (Schellendorf, 1905, S. 11).

2.3 Die Entwicklung der Stabsarbeit in Preußen

In Preußen zur Zeit Friedrichs II. beschränkten sich die Aufgaben des Generalstabes auf ingenieurstechnische Dienste und die Offiziere wurden als Erfüllungsgehilfen der Entscheidungen des Königs genutzt. Unter Friedrich Wilhelm II. fanden in den Jahren 1787–1796 Reformen statt, die erstmals die besondere Rolle der Generalstabsoffiziere auch nach außen deutlich machten. Sie erhielten eine eigene hellblaue Uniform (1787) und ihnen wurden Ingenieurkartografen zugewiesen. Unter Friedrich Wilhelm III. erfuhr der Generalstab einen erneuten personellen Zuwachs und im Jahr 1804 übernahm ein Offizier namens Scharnhorst die Rolle des »dritten Quartiermeisters«. Für die Generalstabsoffiziere war diese Dienstbezeichnung noch aus dem 18. Jahrhundert üblich und machte die Distanz zu den militärischen Diensträngen deutlich; der Quartiermeister entsprach dem Dienstrang Major. Die eigentliche Truppenführung wurde weiterhin nicht aus dem Stab heraus vorgenommen. Im Winter 1807 formulierte Generalmajor Scharnhorst eine Neuorganisation (Vaupel, 1938, S. 214 f.), die in den folgenden Jahren umgesetzt wurde. Ein Umdenken zu wissenschaftlichen Methoden setzte ein und Scharnhorst schuf durch seine intensive Beschäftigung erstmalig ein in sich geschlossenes und harmonisches Gedankengebäude (Höhn, 1952, S. 345 ff.).

Der militärische Generalstab führte einen jahrelangen Kampf gegen die Überbewertung der bloßen Praxis, Routine und Unwissenschaftlichkeit.

Die Generalstabsoffiziere blieben ohne eigene Truppen, konnten aber während der Befreiungskriege (1813–1815) ihrer neuen Aufgabe, der weitgehenden Entlastung des Generals von Detailaufgaben, nachkommen. Über eine weitere Zwischenstufe, der Schaffung des »Großen Generalstabes« erhielt erst 1866 der Chef des Generalstabes das Recht, dem Feldheer direkt Befehle zu erteilen; der Kriegsminister wurde nur noch informiert.

Der personelle Umfang eines Generalstabes variierte im Verlauf der Militärgeschichte abhängig von den Überzeugungen des Verantwortlichen, der Führungsebene, dem Einsatz im Kriege oder im Frieden und den zugeschriebenen Aufgaben. So waren im Jahr 1808 für

◘ Tab. 2.1 Befehlsgebung – alt[a] und neu

Deckers Disposition (Decker, 1830)	Polizeiliche Befehlsgebung im 21. Jhd.
Angabe des Hauptzwecks	Auftrag, Absicht
Allgemeine Verhältnisse	Allgemeine Lage
Benennung und Eintheilung der einzelnen Kolonnen und Hauptabteilungen	Kräfte
Besondere Bestimmung jeder einzelnen derselben	Einzelaufträge
Befehlshaber Aufenthalt des Kommandirenden	Führung Platz des Polizeiführers
Wo die MunitionsParks sich befinden. Wohin die Verwundeten zu schaffen sind.	Sonstige Maßnahmen und Hinweise
Stellung des Feindes und nähere Verhältnisse derselben	Besondere Lage

[a] Rechtschreibung so im Original

Scharnhorst 7 Offiziere im Generalstab für letztlich 42.000 Soldaten ausreichend (Vaupel, 1938, S. 205). Der Generalstab des Armeecorps in der ihm direkt nachgeordneten Führungsebene verfügte über 17–21 Offiziere; die 42.000 Soldaten waren auf drei Corps verteilt.

In den Aufzeichnungen des Oberstleutnants Neidhardt von Gneisenau (Vaupel, 1938, S. 214–218) lassen sich deutliche Hinweise auf die Entwicklung einer standardisierten Arbeitsorganisation erkennen. Formulare wurden entwickelt, Vorschriften schriftlich festgehalten und ein Kompendium (Rumpf, 1830) mit rund 400 Seiten bürokratisierte die Verfahren, machte damit jedoch gleichzeitig die Abläufe nachvollziehbarer.

Dabei lassen sich der modernen polizeilichen Befehlsgebung vergleichbare Strukturen nachweisen (◘ Tab. 2.1). Lediglich Punkte, die der Moderne geschuldet sind, wie »Kommunikation« oder »benachbarte Kräfte« finden sich in der Aufstellung der Befehlsgebung von Decker (1830) nicht.

Bemerkenswert sind die – unverändert wichtigen – Hinweise zu den Formulierungen im Befehl wie eine möglichst einfache Sprachwahl, Vermeidung von Missverständnissen durch Wiederholung anstatt Verweise auf bereits übermittelte Inhalte, Bezüge, eindeutige Ortsbezeichnungen oder wichtige Zahlen nicht in Ziffern, sondern mit Buchstaben zu benennen. Darüber hinaus werden Journale über den Ein- und Ausgang von Informationen geführt und Grundregeln der Informationsübermittlung festgelegt.

Im Wesentlichen nahmen die deutschen Generalstabsoffiziere damals Anleihe an den Werken von Grimoard (1809) und Thiébault (1813). Insofern wäre es unrichtig, der preußischen Stabsarbeit eine absolute Vorreiterrolle oder eine Überlegenheit zuzugestehen. Zum damaligen Zeitpunkt war sie im Vergleich mit Frankreich oder Österreich auf der Höhe der Zeit. Die später stattfindende Institutionalisierung, genormte Ausbildung und direkte Kommandogewalt über die Armee führte dann zu einer Sonderstellung im Vergleich zu anderen Armeen.

Im 20. Jahrhundert gewährleisteten Offiziere wie General Groener, Generaloberst von Seeckt oder Generaloberst Beck den Übergang und den Wiederaufbau militärischer Macht zwischen den Weltkriegen; zu einer Zeit, in der ein Offiziersakademielehrgang mit dem besonderen Prädikat »G« – voll geeignet für den Generalstabsdienst – abgeschlossen werden konnte. Spätestens der 20. Juli 1944 zeigte dann auch den damaligen Machthabern, dass das Offizierkorps des Generalstabes nicht unbesehen jeden Auftrag ausführte.

Nach dem Ende des Zweiten Weltkrieges wurde mit dem Potsdamer Abkommen eine eigenständige deutsche Armee und somit auch ihr Stab verboten. Erst mit der Wiederbewaffnung in den 1950er Jahren entstand wieder ein Führungsstab der Streitkräfte, der im Bundesministerium für Verteidigung angesiedelt war. Über einige organisatorische Zwischenschritte bündelte der Einsatzführungsstab der Bundeswehr seit 2008 die einsatzrelevanten Aufgaben für die zunehmend komplexer werdenden Auslandseinsätze; nach Reformen haben derzeit u. a. die Abteilungen »Führung Streitkräfte« sowie »Strategie und Einsatz« im militärischen Bereich die Stabsaufgaben übernommen (▶ Kap. 5).

2.4 Übertragung der Stabsarbeit vom Militär auf andere Bereiche

In der Literatur wird immer wieder darauf verwiesen, dass die Stäbe der Wirtschaft in Anlehnung an die militärische Organisation entstanden sind (Schmalenbach, 1959, S. 23; Morstein Marx, 1968, S. 11 ff.).

Im Deutschland des frühen 20. Jahrhunderts übernahm die Wirtschaft zwar das militärische Führungsprinzip mit Befehl und absolutem Gehorsam – von einer *beratenden* Stabsarbeit wollte jedoch niemand etwas wissen. Das war verständlich, weil diese großen Unternehmen letztlich aus Handwerksbetrieben hervorgingen, in denen der Meister der alleinige Führer war. Soweit Beratung stattfand, z. B. in einer Rechtsabteilung, oder soweit auch der Einsatz von Währungsspezialisten durch die Fugger bereits in den Jahren 1560/1570 (Häberlein, 2006, S. 104 f.) als eine Form der Stabsarbeit verstanden werden könnte, war dieses tatsächlich nicht Ausdruck einer modernen Führungskultur.

Eine immer komplexer werdende Arbeitswelt ließ es letztlich nicht mehr zu, dass die vielschichtigen Führungsaufgaben ohne Beratung zu erfüllen waren.

Verhältnismäßig früh wurde die Notwendigkeit von Stabstätigkeit in Wirtschaftsunternehmen in den Vereinigten Staaten erkannt; nicht zuletzt gefördert durch die beiden Weltkriege und die enge Verbindung der amerikanischen Wirtschaft mit der Armee. Taylor (1903) favorisierte, die Dispositions- und Planungstätigkeiten in einem gemeinsamen Büro zu vereinigen. Koordinationsstellen, Personal-, Marketing-, Forschungsabteilungen oder Einrichtungen wie die Innenrevision riefen in Deutschland zunächst Widerstände hervor, weil die »amerikanischen Verhältnisse« nicht auf Deutschland passen würden; hierbei wurde verkannt, dass die Grundideen gerade von dort stammten (Höhn, 1961, S. 16). Der amerikanische Organisationstheoretiker Emerson (1909, S. 56), erklärt, dass er den Stabsgedanken von Moltke, dem Chef des deutschen Generalstabs, übernommen habe.

Die deutliche Forderung, »sich des Stabes zu bedienen, in dem eine Reserve von physischer und geistiger Stärke liegt, von Fähigkeit und Zeit«, trifft der Praktiker und Wissenschaftler Fayol (1929, S. 51). Er grenzt sich allerdings deutlich von Taylor ab und verneint, dass die Stabsmitarbeiter Anordnungen geben dürften.

Parallel zu der hier vorrangig beschriebenen militärischen und wirtschaftlichen Entwicklung machte sich auch die katholische Kirche schon seit Jahrhunderten Spezialistenstäbe zur Beratung gegenüber der obersten Kirchenführung zu Nutze. Die **Trennung von Entscheidung und Beratung** ist dort besonders verankert (Mooney, 1947, S. 116 ff.).

Die öffentliche Verwaltung (▶ Kap. 9, ▶ Kap. 10, ▶ Kap. 11) ist an dieser Stelle sehr heterogen. Während sich Bereiche wie Polizei, Feuerwehr, Katastrophenschutz einen großen Erfahrungsschatz in der Stabsarbeit angeeignet und seit wenigen Jahren auch einige der unteren Verwaltungsbehörden eine Weiterentwicklung zu verzeichnen haben, verhalten sich andere öffentliche Verwaltungen distanziert zu den Arbeitsprinzipien der Krisenstabsarbeit. Und das, obwohl schon frühzeitig die Vorteile der Stabsarbeit für die öffentliche Verwaltung dargelegt wurden (Funk, 1967, S. 252 ff.).

Die Polizei der Nachkriegszeit hatte in den 1960er Jahren durch die Herausforderungen komplexer Einsatzlagen wie beginnende Großdemonstrationen und spektakuläre Hausbesetzungen erkennen müssen, dass die Koordination von begrenzt verfügbaren Einsatzmitteln oder einer Vielzahl von Kräften nicht durch eine Einsatzführung mit einigen Führungsgehilfen verlässlich machbar war. Es mag auch eine Affinität zum Militär vorhanden gewesen sein. Ausschlaggebend für den Durchbruch zur Stabsarbeit war der Untersuchungsbericht zur Entführung und Ermordung des damaligen Arbeitgeberpräsidenten Schleyer (Höcherl, 1978). Die zu frühe Übernahme von Führungsverantwortung ohne ausreichende Kenntnis der Lage, die kurzfristige und wiederholte Veränderung von etablierten Informations- und Kommunikationswegen und eine weitgehende Unkenntnis von Arbeitsabläufen sind wichtige, in dem Gutachten erkannte Fallstricke für die Stabsarbeit. Höcherl empfahl konkret die Einrichtung eines dauerhaften Krisenstabes mit **festen Strukturen** und **festgelegten Arbeitsprozessen**.

Die Innenministerkonferenz beauftragte in der Folge ihren Arbeitskreis II (Sicherheit) mit der Entwicklung eines Führungsstabsmodells. Die Vorschläge wurden in der Konferenz vom am 29.08.1978 als bundesweit verbindlich verabschiedet und dienen seit diesem Zeitpunkt als Orientierungsrahmen (IMK, 1978). Die erste Erwähnung findet der Führungsstab bereits in der 1976 in Kraft getretenen bundesweit gültigen PDV 100 (PDV 100, 1976, Nr. 1.6.1.1); dem Polizeiführer wird ermöglicht, mit ständigen oder aus besonderem Anlass einzurichtenden Stäben zu arbeiten. Und da die Polizeidienstvorschriften letztlich nur niedergelegtes Erfahrungswissen darstellen, wird deutlich, dass bereits in den Jahren zuvor mit stabsähnlichen Führungsstrukturen gearbeitet wurde – nur eben uneinheitlich (▶ Kap. 6).

Die Feuerwehren und der Katastrophenschutz, betreut durch den Arbeitskreis (AK) V (Feuerwehrangelegenheiten, Rettungswesen, Katastrophenschutz und zivile Verteidigung) der IMK, schufen ähnliche Regelungen. Die FwDV 100 »Führung und Leitung im Einsatz« baut auf der zwischen 1975 und 1980 erarbeitete FwDV 12/1 »Einsatzleitung – Führungssystem« und der Katastrophenschutz-Dienstvorschrift KatS-Dv 100 »Führung im Einsatz« aus dem Jahre 1982 auf. Der vorherige »Einsatzstab« avanciert darin zum Führungsstab und wird um optionale Sachgebiete erweitert. Die FwDV 100 beschreibt das Führungssystem für den Einsatz der Feuerwehren und regelt die Führungsorganisation, den Führungsvorgang und die Verwendung der Führungsmittel (▶ Kap. 7). Darüber hinaus zeigt diese Vorschrift auch den Einfluss von Führungspersönlichkeit und Führungsverhalten auf das technisch und organisatorisch geprägte Führungssystem auf.

Dienstvorschriften, Normen und Gesetze

- FwDV 100 (1999). Feuerwehrdienstvorschrift 100. Führung und Leitung im Einsatz – Führungssystem. Arbeitskreis V der Ständigen Konferenz der Innenminister und -senatoren der Länder.
- IMK (1978). Beschlussniederschrift der Ständigen Konferenz der Innenminister und -senatoren der Länder vom 29.08.1978.
- KatS-Dv 100 (1982). Katastrophenschutz-Dienstvorschrift 100 – Führung im Einsatz.
- PDV 100 (1976). Polizeidienstvorschrift 100 – Führung und Einsatz der Polizei.

Literatur

Bacon, F. (1986). Über die Freundschaft. In L. L. Schücking (Hrsg.), *Essays oder praktische und moralische Ratschläge*. Stuttgart: Reclam.

Bacon, F. (1986a). Über das Beraten. In L. L. Schücking (Hrsg.), *Essays oder praktische und moralische Ratschläge*. Stuttgart: Reclam.

Decker, von C. (1830). *Praktische Generalstabswissenschaft (Niederer Theil) oder Dienst des Generalstabs für die bei einer Division im Kriege angestellten Offiziere*. Berlin: Verlag von Friedrich August Herbig.
Emerson, H. (1909). Efficiency as a Basis for Operation and Wages. *The Engineering Magazine*, *36*, 815.
Fayol, H. (1929). *Allgemeine und industrielle Verwaltung* (2. Aufl.). München: Oldenbourg.
Funk, F. (1967). *Die Behörde des Regierungspräsidenten*. Berlin: Duncker & Humblot.
Fritsch, W. & Beck, L. (1936). *Handbuch für den Generalstabsdienst im Kriege vom 05.02.1936*. Berlin: Reichsdruckerei.
Grimoard, de P.-H. (1809). *Traité sur le service de l'état-major général des armées: contenant son objet, son organisation et ses fonctions, sous les rapports administratifs et militaires*. Paris: Chez Magimel.
Häberlein, M. (2006). *Die Fugger*. Stuttgart: Kohlhammer.
Hesse, K. (2012). *Zur Geschichte der UdSSR und der KPdSU. Der große vaterländische Krieg*. Leipzig: Eigenverlag.
Hilgers, P. (2000). Eine Anleitung zur Anleitung. Das taktische Kriegsspiel 1812–1824. *Board Game Studies*, *3*, 59–72.
Höcherl, H. (1978). *Deutscher Bundestag – 8. Wahlperiode*. Drucksache 8/1881. Bonn.
Höhn, R. (1952). *Scharnhorsts Vermächtnis*. Bonn: Athenäum.
Höhn, R. (1961). *Die Führung mit Stäben in der Wirtschaft*. Bad Harzburg: Rosdorf.
Kuhn, D. (2007). *Die Republik China von 1912 bis 1937. Entwurf für eine politische Ereignisgeschichte* (3. Aufl.) Heidelberg: Ed. forum.
Kunkel, W. (1995). *Staatsordnung und Staatspraxis der römischen Republik*. München: Beck.
König, S. J. (1934). *Lazarus von Schwendi*. Schwendi: Verlag Georg Schmid.
Moltke, H. von (2013). *Unter dem Halbmond. Erlebnisse in der alten Türkei*. Wiesbaden: Matrixverlag.
Mooney, J. D. (1947). *The principles of organisation*. New York: Harper.
Morstein Marx, F. (1968). *Zum Ursprung des Stabsbegriffs in den Vereinigten Staaten*. Köln: Heymann.
Rumpf, H. F. (1830). *Der Adjutant, oder der Militärgeschäftsstil in allen Dienstangelegenheiten*. Berlin: Hayn.
Schellendorf, B. v. (1905). *Der Dienst des Generalstabes*. Berlin: E. S. Mittler & Sohn.
Schmalenbach, E. (1959). *Über Dienststellengliederung im Großbetriebe*. Wiesbaden: VS Verlag für Sozialwissenschaften.
Sunzi (2004). *Die Kunst des Krieges*. Verfügbar unter: ► http://opus.bsz-bw.de/hdms/volltexte/2004/408/pdf/Sunzi.pdf. Zugegriffen: 21.09.2014.
Taylor, F. W. (1903). Shop Management. In: American Society of Mechanical Engineers (Ed.), *Transactions of the American Society of Mechanical Engineers* (pp. 1337–1480). New York City: The Society.
Thiébault, P. C. (1813). *Manuel général du service des états-majors généraux et divisionnaires dans les armées*. Paris: Chez Magimel.
Vaupel, R. (1938). *Die Reorganisation des Preussischen Staates unter Stein und Hardenberg. Teil 2: Das preussische Heer vom Tilsiter Frieden bis zur Befreiung 1807-1814*. Leipzig: Hirzel.

Die Kunst der Stabsarbeit – Ein Essay

Stefan Strohschneider

G. Hofinger, R. Heimann (Hrsg.), *Handbuch Stabsarbeit*,
DOI 10.1007/978-3-662-48187-5_3, © Springer-Verlag Berlin Heidelberg 2016

Welche Voraussetzungen müssen erfüllt sein, damit Stabs*arbeit* zur Stabs*kunst* werden kann? Der Essay diskutiert Ergebnisse einer durchaus subjektiv gefärbten, vor allem auf der Beobachtung von Stäben basierenden Auseinandersetzung mit dieser Frage. Er nimmt insbesondere die Personen in den Blick, die in Stäben im Ernstfall Entscheidungen zu treffen und zu verantworten haben und die über die Befähigung zu strategischer Flexibilität, über ein geschütztes Kompetenzempfinden und ein gewisses Maß an moralischer Bildung verfügen sollten.

Die Arbeit in Notfall- und Krisenstäben ist eine anforderungsreiche Tätigkeit. Dies betrifft sowohl die Menschen in den verschiedenen Stabsfunktionen als auch im Hintergrund und in besonderem Maße die Führung des Stabes. Theorie und Praxis der Stabsarbeit sind Versuche, diese Anforderungen konstruktiv zu bewältigen, den »Stabsarbeitern« technische Hilfsmittel, Interaktionsstrukturen und Handlungsregeln zu geben, die eine erfolgreiche Bearbeitung der Krise oder des Notfalls wahrscheinlicher machen sollen. Ich möchte in diesem Essay allerdings die These entwickeln, dass gute Stabsarbeit mehr ist als eben »Arbeit«. Sie verlangt mehr als das sichere Beherrschen von Hilfsmitteln und Regeln, mehr als solide Sachkenntnis und Übung, mehr als einen funktionalen Stabsraum mit ausreichenden Visualisierungsmöglichkeiten oder einer geeigneten Lagesoftware. Dieses Mehr besteht in bestimmten persönlichen Qualitäten der Stabsmitglieder, die, wenn vorhanden, dem Beobachter das Geschehen im Stab bisweilen als gut orchestrierte »große Kunst« erscheinen lassen. Ich werde zunächst die typischen Schwierigkeiten der Stabsarbeit kurz umreißen, bevor ich genauer auf diese persönlichen Qualitäten eingehe und andeute, wie sich aus ihrer Interaktion mit den strukturellen und technischen Voraussetzungen des konkreten Stabes diese Kunst entwickeln kann.

3.1 Schwierigkeiten der Stabsarbeit

Stäbe sind ein Versuch, Strukturen und Systeme zu entwickeln, die komplexe und dynamische Probleme, die ein erhebliches Bedrohungs- oder Gefährdungspotential entfalten, beherrschbar – oder zumindest beeinflussbar – machen. Vorausgesetzt wird dabei, dass dem Stab operative Kräfte zur Verfügung stehen, auf deren Rolle ich aber im Folgenden nicht eingehe. Die objektiven Schwierigkeiten der Stabsarbeit (wie dynamische Lageentwicklung, unzureichende Ressourcen, Informationsmangel, widersprüchliche Vorschriften) sind an anderer Stelle in diesem Buch ausführlich beschrieben. Menschen, die unter solchen Bedingungen handeln müssen, sind keine fehlerfrei arbeitenden logischen Automaten. Vielmehr kommt es regelmäßig zu Fehlern bei der Informationsverarbeitung, zu Fehleinschätzungen und zu sachlich ungerechtfertigten Entscheidungen (genauer: zu Entscheidungen, die im »after action review« als nicht sachgerecht erscheinen), was u. a. mit der beschränkten Informationsverarbeitungskapazität des Menschen und der Notwendigkeit, das subjektive Kompetenzempfinden zu schützen, zu tun hat (Dörner, 1987; Strohschneider, 2003). Dazu kommen schließlich die manchmal noch schwieriger zu handhabenden Phänomene, die mit dem Stab als soziales Gebilde zu tun haben: Die Neigung zum Gruppendenken und zu Meinungshomogenisierung, das »Trittbrettfahren«, sachlich ungerechtfertigte Einflüsse von Positionsmacht oder Eloquenz, das Ausleben von persönlicher Sympathie und Antipathie, von Machtkämpfen und die Auswirkungen von »Bruchlinien« wie Alter, Geschlecht, Erfahrung, professionelle oder regionale Herkunft (zur Bruchlinientheorie Lau & Murnighan, 2005).

3.2 Stabsarbeit ist mehr als Handwerk

Der vorliegende Band versammelt viele Empfehlungen und Praktiken, die in verschiedenen Anwendungsfeldern für Stäbe entwickelt wurden, um die Auswirkungen dieser Schwierigkeiten möglichst gering zu halten und damit »gute« Entscheidungen zu ermöglichen. Dabei könnte der Eindruck entstehen, dass diese handwerklichen Voraussetzungen alleine schon genügen, um einen erfolgreichen Stab entstehen zu lassen: Mit der richtigen Ausrüstung und ein bisschen Üben sollte jeder einigermaßen intelligente Mensch in einem Stab mitarbeiten können. Und wenn nun die Stabsarbeit nicht gut oder gar nicht funktioniert (das soll vorkommen, aber es wird nicht so gerne drüber gesprochen – Ausnahmen finden sich z. B. bei Klimpe, 2002, und Horn & Strohschneider, 2005; ► Kap. 21), dann liegt das, dieser Logik zufolge, an unzureichender Ausstattung oder an mangelnder Übung.

Ich glaube, dass dieser Schluss zu kurz greift. Gute Stabsarbeit ist mehr als ein (hoffentlich gut geübtes) Handwerk, sie erfordert mehr als das sichere Jonglieren mit Lagekarten, taktischen Zeichen, Beamern und Smartboards, sie ist mehr als das sichere Verständnis von technischen Zusammenhängen, Einsatzregeln und Stabsfunktionen. Was macht dieses »Mehr« aus? Ich denke vor allem an drei Punkte, die alle mit den individuellen Voraussetzungen der Stabsmitglieder zu tun haben, aber jeweils andere Aspekte umfassen, nämlich strategische Flexibilität, ein gut geschütztes Kompetenzempfinden und die notwendige moralische Bildung. Auf diese Aspekte möchte ich im Folgenden detaillierter eingehen.

3.3 Strategische Flexibilität

Die strategische Flexibilität ist noch relativ nah am Handwerk – geht aber über das Handwerkliche doch deutlich hinaus. Gemeint ist zunächst die Fähigkeit, die spezifischen Besonderheiten jeder neuen Lage sensibel wahrzunehmen und nicht in ein vorschnelles Schema-F-Denken zu verfallen (Borodzicz, 2004; Buerschaper, Hofinger & von der Weth, 2005). Aus dieser **sensiblen Lagewahrnehmung** sind dann in einem zweiten Schritt die richtigen Schlussfolgerungen zu ziehen und in lageangepasste strategische Entscheidungen zu überführen. Dazu benötigen zumindest die Stabsleitungen eine umfangreiche »Strategiebibliothek«, die es ermöglicht, eine lageangepasste Strategie zu finden und zu implementieren[1]. Nach meiner Ansicht kann sich

1 Das ist natürlich sehr clausewitzianisch gedacht. Von Clausewitz (1832, o. P.) schreibt in einer berühmten Passage: »Er [der Krieg, S. S.] ist nicht ein Feld voll Halme, die man ohne Rücksicht auf die Gestalt der einzelnen mit einer besseren oder schlechteren Sense besser oder schlechter mäht, sondern es sind große Bäume, an welche die Axt mit Überlegung, nach Beschaffenheit und Richtung eines jedes einzelnen Stammes angelegt sein will.«

so verstandene strategische Flexibilität nur ausbilden, wenn man sich immer wieder mit sehr unterschiedlichen Problemen auseinandersetzt und seine Erfahrungen gründlich reflektiert.

Strategische Flexibilität ist aber auch »nach innen« gefordert, als Fähigkeit, mit unerwarteten Entwicklungen im Stab selbst konstruktiv umzugehen. Die Wahrscheinlichkeit solcher unerwarteter Ereignisse steigt mit dem Ernst der Lage. Sie kann von relativ harmlosen Problemen (Überlastung einzelner Stabsfunktionen, technische Probleme) bis hin zu gravierenden Störungen (Ausfall zentraler Personen, Auftreten von Kompetenzkonflikten und Hochkommen von Machtspielen, Verlust der Kommunikationskultur) reichen. Um solche Entwicklungen wieder einzufangen, benötigt zumindest der Leiter oder die Leiterin des Stabs teambezogene »**generische Kompetenzen**« (Strohschneider, 2008; Zinke, Hofinger & Strohschneider, 2010) – situationsübergreifend einsetzbare Fähigkeiten zur (u. a.) Aufrechterhaltung der situativen Wachsamkeit, der Erzeugung geteilter mentaler Modelle, des konstruktiven Umgangs mit Stress und emotionaler Belastung im Stab. In der Human-Factors-Literatur finden sich dazu Befunde und Empfehlungen, die auch im Kontext der Stabsarbeit bedenkenswert erscheinen (z. B. Schicht & Sticher, 2013; ► Kap. 17, ► Kap. 22).

Die so recht umfassend verstandene strategische Flexibilität erfordert – zumindest in der Frühphase der Stabsarbeit – natürlich eine erhöhte Toleranz für Unbestimmtheit. Das leitet über zum zweiten Aspekt.

3.4 Schutz des Kompetenzempfindens

Die Bewältigung komplexer Lagen durch einen Stab ist nie nur Routine, und dies umso weniger, je gravierender die möglichen Konsequenzen der Lageentwicklung (und damit die Verantwortung des Stabes) sind und je mehr die Stabsarbeiter selbst in ihrem Ansehen (vor sich selbst oder innerhalb der Organisation) oder ihren Karriereaussichten vom Erfolg der Lagebewältigung abhängig sind. Die Belastung der Stabsarbeit kann für Einzelne einfach zu viel sein, die Angst zu groß, die Verantwortung nicht zu tragen. Gerade, dass man im Stab in vielen Fällen nicht direkt am Ort des Geschehens ist, kann solche Prozesse bei »schlimmen« Ereignissen sogar befördern: Man wartet quälend lange auf verlässliche Informationen, hat Zeit, sich die furchtbaren Konsequenzen von Fehlern (für einen selbst und die Betroffenen) auszumalen und kann nicht aktiv eingreifen.

Dieses Problem betrifft, so meine ich, besonders die nicht-professionellen und semiprofessionellen Stäbe (z. B. in Wirtschaftsunternehmen und öffentlichen Verwaltungen) und weniger professionelle Stäbe der Behörden und Organisationen mit Sicherheitsaufgaben (BOS). In vielen Organisationen kennt man Menschen, die an schwierigen Lagen gewissermaßen zerbrochen sind, die anschließend lange krank waren und jedenfalls nie wieder den Fuß in einen Stabsraum gesetzt haben. Derartige Fälle werden nicht publiziert, sondern stillschweigend behandelt; aber ihre Existenz gehört zum narrativen Inventar der entsprechenden Organisation.

Damit solche Zusammenbrüche nicht geschehen, ist ein großes Maß an individueller Souveränität, Angstfreiheit und psychologischer Sicherheit Voraussetzung (zum Begriff der »psychological safety« Edmondson, 1999, 2012). In der psychologischen Handlungstheorie würde man von der Notwendigkeit eines »gut gepufferten subjektiven Kompetenzempfindens« sprechen (Strohschneider, 2001, 2002). Dieses setzt voraus, dass sich Menschen ihrer Rolle im Stab und ihrer Funktion in der größeren Organisation sicher sind, dass sie über gute Sozialbeziehungen verfügen und dass sie sich insgesamt im Leben zu Hause fühlen. Ein solcher psychologischer Zustand »puffert« die Unbestimmtheiten und Frustrationen schwieriger Lagen und schützt – ein Stück weit – davor, während der Stabsarbeit zur Logik der **kompetenz-**

bezogenen Rationalität Zuflucht nehmen zu müssen, die sich in aggressiven Handlungen, in eingeschränkter Informationsverarbeitungskapazität, in Tunneldenken, der Neigung zum Rückzug und anderen in Bezug auf die Lagebeherrschung problematischen Handlungsmustern widerspiegelt (Dörner, 1989; Strohschneider, 2003).

Allerdings kann auch gutes Stabstraining auf solche Situationen des Kontrollverlustes nur bis hin zu einer bestimmten Grenze vorbereiten; besonders die psychischen Implikationen realer Bedrohungen sind kaum zu simulieren. Gerade die persönlichkeitsnahen Voraussetzungen, die für eine erfolgreiche Stabsarbeit notwendig sind, aber in aller Regel früh im Leben angelegt werden (oder eben nicht) sind durch gelegentliche Trainings nur schwer anzusprechen.

Man muss in diesem Zusammenhang deutlich aussprechen, dass es Menschen gibt, die – so großartig sie auch sonst sein mögen – nicht für Stabsarbeit geeignet sind. Dies ist ein großes Problem für Notfallplaner, vor allem in nicht-BOS, die in der Regel ihre Stabsbesetzungsplanung nach Hierarchie, Funktionen und (technischen) Kompetenzen vornehmen müssen und nicht nach psychischer Belastbarkeit: »Also, wenn eine Krise eintritt, die einen Stab erfordert, dann brauchen wir auf alle Fälle den technischen Leiter, die Leiterin Werksicherheit, die Spezialisten für X und Y, den Pressesprecher, …«, usw. Solche Zusammenstellungen, so sehr sie auch sachlich gerechtfertigt sein mögen, können verheerende Konsequenzen haben, über die sich die Personalverantwortlichen im Klaren sein sollten.

3.5 Moralische Bildung

Mit der Benennung des dritten Aspektes, den ich diesem Zusammenhang diskutieren will, tue ich mir schwer. Der Begriff der »Haltung«, der in die gemeinte Richtung weist, klingt mir zu preußisch-militärisch. In einem ganz anderen Kontext las ich jüngst den Begriff der »moralischen Bildung«[2].

Könnte dieser Begriff im Kontext der Stabsarbeit weiterhelfen? Was wäre darunter zu verstehen?

Zunächst einmal gehört zur moralischen Bildung die Einsicht in die notwendige **Balance** zwischen der Berücksichtigung sozial-gesellschaftlicher und individueller **Zielsetzungen** beim Handeln. Diese können im Stab leicht aus dem Blick geraten: Selbstschutz, Orientierung an möglichst konkreten Regeln, bloß keinen Fehler machen auf der einen Seite; emotionale Betroffenheit, Orientierung an der schnellen Schadensminimierung auf der anderen. Moralische Bildung wäre in diesem Zusammenhang die Einsicht, dass man sich bei der Stabsarbeit nicht von kurzfristigen Nützlichkeitserwägungen leiten lassen sollte, sondern die größeren Zusammenhänge und langfristigen Konsequenzen des Handelns nicht aus dem Auge verlieren darf.

Ein zweiter Aspekt wäre eine **grundsätzliche Fairness**, die sich sowohl auf das Handeln innerhalb des Stabes bezieht als auch jede (implizite) Präferenz für bestimmte Opfergruppen ausschließt. Das gilt auch für die häufig zu beobachtende Präferenz für die (sachlich nicht immer gerechtfertigte) Zusammenarbeit mit bestimmten Organisationen oder Personen (Technisches Hilfswerk THW: »immer gerne«; selbstorganisierte Freiwilligengruppen: »Oh Gott. Schon wieder eine Facebook-Gruppe – Hör mir auf damit!«). Gerade im Bereich der internationalen Krisenbewältigung ist die Kraft solcher Präferenzen nicht zu unterschätzen.

Ein dritter Aspekt ist die **Einsicht in die Relativität von Regeln**: Einerseits brauchen wir in komplexen und dynamischen Situationen Regeln und Routinen, weil sie Sicherheit geben und

2 Pankaj Mishra (2014) verwendet den Begriff der mangelnden moralischen Bildung um die Vorbehalte asiatischer Intellektueller gegen das westliche Hegemonialstreben zu charakterisieren.

zumindest in der Anfangsphase einer Lageentwicklung auch schnelles Handeln ermöglichen. Andererseits sind Regeln aber auch gefährlich, weil sie den Blick verengen. Es gehört aber auch Mut dazu, Regeln, die man in einer bestimmten Situation als hinderlich erkannt hat, zu brechen[3].

Schließlich gehört zur moralischen Bildung die Einsicht, dass komplexe Probleme prinzipiell nicht beherrschbar sind (sondern ihre Entwicklung bestenfalls in eine gewünschte Richtung »gedrückt« werden kann) und Erfahrungen des Scheiterns notwendig dazu gehören. Gleichzeitig darf man, dies anerkennend, nicht in Lethargie und Pessimismus verfallen, sondern muss aktiv und positiv gestimmt bleiben. Ich habe diese paradoxe Anforderung einmal als »fröhliche Demut« bezeichnet (der Ausdruck fiel in einem Interview; Grau, 2007).

3.6 Konsequenzen

Falls die hier skizzierte Position tatsächlich einige wesentliche Punkte benennt und man mir zustimmt, dass richtig gute Stabsarbeiter dieses »Mehr« tatsächlich mitbringen, welche Konsequenzen ergeben sich daraus? Ich möchte hier vor allem zwei Punkte erwähnen:

Stabsarbeit muss geübt werden. Selbstverständlich wird Stabsarbeit auch geübt, aber, nach meinem Eindruck, in einigen Bereichen deutlich zu wenig. Vor allem aber sollten die Übungen so gestaltet sein (▶ Teil VI), dass sie in hohem Maße Elemente des Neuen, des Fremden, des Unerwarteten enthalten, weil sich in solchen Übungen der Schwerpunkt besser vom rein Operativen auf das Strategische und die Prozesse der Interaktion und Entscheidung im Stab schieben lässt. Dazu gehört auch, dass sich die Nachbesprechungen (Debriefings, After-Action-Reviews) viel stärker von der Kritik des Operativen lösen müssen, als das bisher der Fall ist. Viele Debriefings, die ich beobachten durfte, beschränkten sich auf die Diskussion operativer Fehler (»Wieder nicht die richtige Farbe des Durchschlags ins richtige Fach gelegt.«). Das ist langweilig. Viel spannender ist es, zu diskutieren, wie der strategischen Verarmung entgegengewirkt wurde, wie die oben genannten Aspekte der moralischen Bildung berücksichtigt wurden, ob und wie bei Entscheidungen alle relevanten Seiten ins Boot geholt wurden, wie ein gemeinsames Lagebild aufrechterhalten wurde, wie sich die Kommunikationskultur entwickelte, ob und wie die delikate Balance zwischen eindeutiger Führung und Delegation hergestellt wurde, usw. Dazu braucht es Übungsleiter, die darin geschult sind, diese Prozesse wahrzunehmen und beschreiben zu können.

Stabsarbeit ist nicht für jeden. Organisationen, die sich auf die Möglichkeit von Stabsarbeit vorbereiten, müssen ein Gespür dafür entwickeln, wer dafür geeignet ist und wer nicht. Mit psychologischen Tests lässt sich das nicht ermitteln, dafür braucht man Erfahrungen. Das kostet Geld, das aber im Zweifel besser hier angelegt ist als bei der Finanzierung der Kosten einer aus dem Ruder gelaufenen Krise. Und wo rechtliche Vorschriften oder andere Notwendigkeiten einer solchen Stabsbesetzungspolitik entgegenstehen, muss durch eine starke Moderation im Stab sichergestellt sein, dass auch die Schwächeren so gestützt und geschützt werden, dass sie die Stabsarbeit insgesamt nicht beschädigen.

Unter diesen Voraussetzungen kann es, vielleicht, gelingen, Formen der Stabsarbeit zu entwickeln, in denen sich aus selbstverständlicher operativer Kompetenz Kunst entwickelt.

3 Prinz Friedrich Karl von Preußen soll einmal einen Militär mit den Worten »Herr, dazu hat Sie der König von Preußen zum Stabsoffizier gemacht, daß Sie wissen, wann Sie einen Befehl *nicht* ausführen dürfen« zusammengefaltet haben. Meine Quelle: Kodex des Marine Kultur Klub, Ausgabe 2012, S. 12.

Literatur

Borodzicz, E. (2004). The missing ingredient is the value of flexibility. *Simulation & Gaming, 35*, 414–426.

Buerschaper, C., Hofinger, G. & von der Weth, R. (2005). Strategisches Denken aus dem Computer? Über den Nutzen eines Trainings allgemeiner Problemlösestrategien. In U. Blötz (Hrsg.), *Planspiele in der beruflichen Bildung: Auswahl, Konzepte, Lernarrangements, Erfahrungen* (CD-Rom). Bonn: Bundesinstitut für Berufsbildung.

Von Clausewitz, C. (1832). *Vom Kriege*. Online-Ausgabe der Clausewitz-Homepage; ► http://www.clausewitz.com/readings/VomKriege1832/Book2.htm.

Dörner, D. (1987). Denken und Wollen: Ein systemtheoretischer Ansatz. In H. Heckhausen et al. (Hrsg.), *Jenseits des Rubikon: Der Wille in den Humanwissenschaften* (S. 238–249). Berlin: Springer.

Dörner, D. (1989). *Die Logik des Mißlingens*. Reinbek: Rowohlt.

Edmondson, A. C. (1999). Psychological safety and learning behavior in work teams. *Administrative Science Quarterly, 44*(2), 350–384.

Edmondson, A. C. (2012). Teamwork on the fly. *Harvard Business Review 90*(4).

Grau, A. (2007). Durchwurschteln – aber richtig! *Frankfurter Allgemeine Sonntagszeitung, 01.07. 2007*, S. 63–65.

Horn, G. & Strohschneider, S. (2005). Kommunikation im Krisenstab. In G. Hofinger (Hrsg.), *Kommunikation in kritischen Situationen* (S. 101–120). Frankfurt am Main: Verlag für Polizeiwissenschaft.

Klimpe, D. (2002). Der Großbrand im Großklinikum. In S. Strohschneider & R. von der Weth (Hrsg.), *Ja, mach nur einen Plan: Pannen und Fehlschläge - Ursachen, Beispiele, Lösungen* (S. 130–140). Bern: Huber.

Lau, D. C. & Murnighan, K. J. (2005). Interactions within groups and subgroups: The effects of demographic faultlines. *Academy of Management Review, 48*(4), 645–659.

Mishra, P. (2014). *Aus den Ruinen des Empires: Die Revolte gegen den Westen und der Wiederaufstieg Asiens*. Frankfurt am Main: Fischer.

Schicht, G. & Sticher, B. (2013). *Nach der Übung ist vor der Krise: Modulares Krisenstabstraining*. Frankfurt am Main: Verlag für Polizeiwissenschaft.

Strohschneider, S. (2001). *Kultur – Denken – Strategie: Eine indische Suite*. Bern: Huber.

Strohschneider, S. (2002). Kompetenzdynamik und Kompetenzregulation beim Planen. In S. Strohschneider & R. von der Weth (Hrsg.), *Ja, mach nur einen Plan: Pannen und Fehlschläge – Ursachen, Beispiele, Lösungen* (2. Aufl., S. 35–51). Bern: Huber.

Strohschneider, S. (2003). Ja mach' nur einen Plan. In B. Boothe (Hrsg.), *Panne – Irrtum – Missgeschick* (S. 127–144). Bern: Huber.

Strohschneider, S. (2008). Human Factors Training. In P. Badke-Schaub, G. Hofinger und K. Lauche (Hrsg.), *Human Factors: Psychologie sicheren Handelns in Hochrisikobranchen* (S. 289–306). Heidelberg: Springer.

Zinke, R., Hofinger, G. & Strohschneider, S. (2010). Requirements of crisis situations – an action psychology perspective. In D. de Waard, A. Axelsson, M. Berglund, B. Peters, and C. Weikert (Eds.), *Human Factors: A system view of human, technology and organisation* (pp. 167–176). Maastricht, NL: Shaker Publishing.

Ethische Dimensionen der Stabsarbeit

Werner Schiewek

G. Hofinger, R. Heimann (Hrsg.), *Handbuch Stabsarbeit,*
DOI 10.1007/978-3-662-48187-5_4, © Springer-Verlag Berlin Heidelberg 2016

»Gemeinsam siegen oder gemeinsam untergehen« beschreibt trotz heroischer Beiklänge den Kollektivsingular »Stab« in Form einer Schicksals- und Gefahrengemeinschaft samt der darin implizit enthaltenen moralischen Erwartungen. Stabsarbeit ist eine Konsequenz aus der konstitutiven Überforderung des Einzelnen durch komplexe zeitkritische Situationen (vgl. Buchner, 2007, S. 28; Heimann, 2014, S. 286). Demgegenüber sind Stäbe Kooperationsgemeinschaften, die den Einzelnen durch ihre hohe fachliche wie organisatorische Arbeitsteilung unter hohem Zeit- und Erfolgsdruck entlasten. Gleichzeitig erzeugt genau dieses Arrangement große gegenseitige Abhängigkeiten, von denen einige kaum, die meisten aber überhaupt nicht kontrolliert werden können. Deswegen wird die Arbeit in Stäben und von Stäben einerseits durch komplexe moralische Erwartungsbündel auf allen Seiten geprägt, die andererseits auch das Risiko, sich moralisch zu bewähren oder moralisch zu scheitern, ebenfalls beträchtlich erhöhen.

4.1 Moralische Ansprüche und Stabsarbeit

Man muss sich in der Stabsarbeit aufeinander – häufig blind – verlassen können und sich gegenseitig in einem hohen Maß vertrauen. Die dazu nötigen »Wir-Gefühle« – denn ohne »positive Wir-Gefühle gibt es weder Gruppenzusammenhalt noch Kooperationsbereitschaft« (Ciompi, 2011, S. 176) – beruhen zu einem wesentlichen Teil auf gemeinsamen moralischen Einstellungen und Haltungen.

Die Komplexität der moralischen Herausforderungen ist ein Spiegelbild der Komplexität vieler Stabslagen.

4.2 Moralische Dimension der Führung in Stäben

Die Erwartungen an die Führung sind eindrucksvoll. So sei der Leiter oder die Leiterin eines Stabes auch für die Motivation der Stabsangehörigen verantwortlich, da die persönliche »Betroffenheit, Resignation oder Unfehlbarkeitsphantasien … schnell zu erheblichen Störungen oder … zu unverantwortlichen Entscheidungen« führen können (Karsten, 2012, S. 17). Die dazu nötigen Voraussetzungen formuliert anschaulich Kripgans (2003, S. 585): Jeder Vorgesetzte müsse »um die Ursächlichkeit von Gefühlsreaktionen wissen und richtig mit ihnen umgehen, er muss *die eigene Gefühlslage* kennen, analysieren und kontrollieren und sich in *die anderer Menschen* hineindenken können« (Hervorhebung W. S.). Das ist ebenso schnell formuliert, wie in der konkreten Situation schwer umzusetzen. Das vorausgesetzte Maß an Selbstbeobachtung und Selbsterkenntnis ist anspruchsvoll und nicht gegen Stress gefeit (▶ Kap. 22). Hier käme insbesondere die Funktion einer Führungsassistenz in den Blick, die ein belastbares

Vertrauensverhältnis kombiniert mit Konfrontations- und Wahrheitswillen im Bereich dieser »Führungsdyade« auszeichnen müsste.

Neben diesen emotionalen Kompetenzen treten persönliche Haltungen, die die Leitung eines Stabes ermöglichen oder erschweren (▶ Kap. 3). Wichtig ist das persönliche Führungsverständnis, denn schon allein die »Absicht, Chefprestige auf fachlichem Gebiet zu wahren, und der Wunsch, mit Stäben zu arbeiten, schließen sich gegenseitig aus« (Höhn, 1983, S. 206, zit. nach Heimann, 2014, S. 290). Demgegenüber steht ein beratungsoffenes und umfassendes Führungsverständnis (Thieme & Bédé, 2008, S. 288), wie es Kripgans (2003, S. 585) skizziert: »Ich werde neben der taktischen auch persönliche, vertrauliche Beratung, Nähe zulassen. Zur Vorbereitung gehört deshalb auch, das Team auf eine Beratungsatmosphäre einzustellen, in der ethisch komplizierte Fragestellungen mit großer Ernsthaftigkeit diskutiert werden können, wo jeder bereit ist, Wert-, Sinn- und Glaubensfragen zu erörtern und dabei sehr persönliche Gedanken und Einstellungen preiszugeben.«

Trotzdem wird die Letztverantwortung für die konkrete Entscheidung(sempfehlung) auch in Stäben hierarchisch »oben« angesiedelt, oder kurz gesagt: »Die systematische Entscheidungsvorbereitung obliegt den Spezialisten …; die Entscheidung selbst und damit die letzte Entscheidungsverantwortung verbleibt bei der Instanz« (Schreyögg, 2008, S. 125). Durch diese formelle Verantwortung »oben« und korrespondierende Verantwortungsbefreiung nach »unten« werden die Stäbe im gewissen Umfang kognitiv, emotional und auch moralisch entlastet. Diese gedanklichen »Freiräume« helfen, auch ungewohnte Handlungsmöglichkeiten zu entdecken. Diese Vorgehensweise folgt einerseits implizit einem ethischen Imperativ »Handle stets so, daß die Anzahl der Möglichkeiten wächst« (von Foerster, 1994 [1973], S. 49). Andererseits müssen die Möglichkeitsräume nicht nur über den Aspekt des Machbaren, sondern auch den des Verantwortbaren wieder moralisch »geerdet« werden.

Eine der größten moralischen Herausforderungen von Führung im Kontext der Stabsarbeit besteht darin, dass es häufig um Konstellationen geht, in denen das »schuldlose Schuldigwerden des Entscheiders« kein moralischer Betriebsunfall, sondern die unvermeidbare Konsequenz komplexer Lagen ist: Solche Lagen können ohne die Zurückstellung oder Schädigung moralischer Ansprüche einiger, wenn nicht aller Betroffener häufig nicht gelöst werden (vgl. Schiewek, 2013). Hier gibt es *keine* moralische Entlastung durch Stäbe, sondern allein eine Erhöhung der moralischen Qualität von Entscheidungen durch das Einbringen und die Diskussion abweichender und unter Umständen übersehener relevanter moralischer Gesichtspunkte.

Führung in Stäben bedeutet moralische Verantwortung zu übernehmen. Konkret: Die Bereitschaft zum »schuldlosen Schuldigwerden des Entscheiders«.

4.3 Moralische Dimension der Mitarbeit in Stäben

Ebenso eindrucksvoll wie die Erwartungen an die Führung von Stäben sind die Erwartungen an die weiteren Stabsangehörigen. Sie sind zur Solidarität, Entsagung, Unterordnung unter das Ziel, Kooperationsorientierung, Kritikfähigkeit und -bereitschaft, Lernbereitschaft und Selbstzurücknahme zugunsten situativ wichtigerer Aspekte aufgefordert (Thieme & Bédé, 2008, S. 287). Eine besondere Bedeutung kommt dabei der **Loyalität** zu, da sie einen besonders leistungsfähigen Kooperationswert (Wieland, 1999, S. 92–95) darstellt. Ihr Charakteristikum besteht darin, einen persönlichen Widerstand oder ein persönliches Bedenken zugunsten desjenigen, dem oder der man sich loyal verbunden fühlt, zurückzustellen und *in dessen oder deren Sinne* zu entscheiden bzw. zu handeln (vgl. Kleinig, 2014). Insofern liefern Loyalitätsbeziehungen hochwirksame »Motive der Fügsamkeit« (Buschmann & Murr, 2008, S. 13), die im Bereich der Stabsarbeit genauso hilfreich wie gefährlich sind.

Praxisbeispiel

Die hohe Wertschätzung der Loyalität zeigt sich darin, dass sie zumindest aus der Ex-post-Perspektive als gegenseitige eingefordert wird. So betonen Thieme und Bédé (2008, S. 294), dass alle Beteiligten die Gewissheit haben müssen, »dass auch außergewöhnliche und im Endeffekt nicht verwertete Vorschläge oder Teilaspekte nach dem Einsatz nicht als Vorwürfe auf sie zurückkommen. Im gleichen Maße muss sich der Polizeiführer darauf verlassen können, dass er sich im Falle eines ungewollten Ergebnisses nicht auf Beckmesserei und Kamarilla-Verhalten durch den Stab einstellen muss.«

In der aktuellen Lage stellt die Loyalitätsbeziehung eine besondere Herausforderung der Mitglieder des Stabes dar, denn zu »widersprechen in einer Gruppe, die einen Anspruch auf Loyalität hat und der man sich selbst loyal verbunden fühlt, ist immer mit innerem Ringen und äußeren Konflikten verbunden« (Mertes, 2009, S. 7). Wie man es demgegenüber erreichen kann, »ein von Animositäten, Ängsten und Vorbehalten freies Arbeitsklima« zu etablieren, »in dem offen mit Vorschlägen, Kritik und Selbstkritik umgegangen wird« und »in dem es ehrliche Rückmeldungen auch gegenüber Vorgesetzten geben darf« (Kripgans, 2003, S. 585) dürfte sich als eine notwendige, aber schwer zu erreichende Voraussetzung erfolgreicher Stabsarbeit darstellen. Eine Kultur des Vertrauens wird deswegen als unabdingbar angesehen (Thieme & Hofinger, 2012, S. 286).

Neben diesen Herausforderungen stehen weitere Probleme, wie z. B. das Groupthink (vgl. Janis, 1973; Weibler, 2012, S. 87–89; ▶ Kap. 15). Dazu gehören

- der Risikoschub (»**risky shift**«), insofern Gruppenentscheidungen aufgrund interner affektiver Gruppendynamik entweder zu risikoreich oder zu vorsichtig ausfallen können (Weibler, 2012, S. 90 f.).
- **Moral-Hazard**-Probleme (moralische Risiken). Sie resultieren daraus, »dass Stäbe per definitionem gegen die Folgen ihres Verhaltens weitgehend immunisiert sind« (Picot et al., 2012, S. 318). Dies eröffnet Möglichkeiten opportunistischen Verhaltens aufseiten der Mitglieder des Stabes, sei es zur persönlichen Profilierung (Thieme & Bédé, 2008, S. 292), sei es zur persönlichen Entlastung.
- Der **Glaube an eine hohe moralische Integrität der Gruppe** (Weibler, 2012, S. 89). Sie entzieht sich natürlicherweise einer direkten Beobachtung und wird als Teil der Team- oder Organisationskultur eher stillschweigend vorausgesetzt.

Wenn die Stabsarbeit davon lebt, »dass sich alle Mitarbeiter in die Beratung zur Bewältigung der Lage aktiv einbringen« und kritisches »Hinterfragen und das Äußern von Bedenken« die Grundlage dafür sind, um Fehlentscheidungen zu vermeiden (Thieme & Bédé, 2008, S. 292), dann ist die Integrität und Handlungsfähigkeit der persönlichen moralischen Infrastruktur eine entscheidungskritische Voraussetzung einer moralisch verantwortbaren Stabsarbeit. Es fragt sich, wie man dem gerecht werden kann.

Die Mitarbeit in Stäben erfordert ein hohes Maß moralisch-ethischer Sensibilität (»moral awareness«) im Hinblick auf sich persönlich und auf andere.

4.4 Nutzung moralischer Heuristiken in der Stabsarbeit

Moralische Heuristiken sind Faustregeln (Gigerenzer, 2008, S. 26 f.), die dabei helfen, moralische Sensibilität und ethische Reflexivität auch unter besonders schwierigen Bedingungen aufrechtzuerhalten. Eine empfehlenswerte Heuristik ist der »Bell, Book & Candle«-Test (Alberts et al., 2003, S. 48 f.). Er besteht aus folgenden drei Fragen (formuliert nach Cronkhite, 2013, S. 311):

Praxistipp

1. **Bell** (Glocke): Geht bei mir eine »Alarmglocke« los, wenn ich eine bestimmte Handlung in Betracht ziehe?
2. **Book** (Buch/Gesetze/Vorschriften): Verstößt die Handlung gegen mir bekannte Normen oder Regelungen?
3. **Candle** (Kerze/Licht): Wie würde die Handlung im Licht einer (kritischen) Öffentlichkeit beurteilt werden?

Die Bell-Frage rekurriert auf unsere **moralischen Intuitionen** und **Gefühle**. Sie gibt auf implizite, aber äußert schnelle Weise Auskunft über die moralische Qualität unserer Handlungen. Moralische Bedenken melden sich in einem »schlechten Gefühl« zu Wort, ohne dass wir es näher begründen könnten. Oder kurz gesagt: »Ich weiß nicht, warum, aber ich weiß, dass es falsch ist« (Gigerenzer, 2008, S. 202). Ethisch gesehen – also aus der Perspektive einer Theorie über Moral – kommen an dieser Stelle wichtige tugendethische Fragestellungen ins Spiel, also die Ebene unserer moralischen Haltungen und Überzeugungen, letztlich unseres moralischen Charakters.

Die Book-Frage rekurriert auf unser **explizites Wissen**. Sie setzt voraus, dass die meisten Gesetze und Regelungen eine moralische Fundierung aufweisen, die weder vergessen noch ohne Not übergangen werden sollte. Ethisch gesehen finden sich hier Elemente deontologischer Provenienz, also moralische Überzeugungen, die unbedingte Gültigkeit beanspruchen, teilweise keiner Abwägung zugänglich (z. B. die Menschenwürde nach Art. 1 Abs. 1 GG) und oft strafbewährt sind.

Die Candle-Frage berücksichtigt schließlich die **Auswirkungen der Handlung auf andere** und die sich aus *deren Sicht* ergebenden Beurteilungen. Sie geht davon aus, dass auch der »Common-Sense«-Perspektive eine moralische Relevanz zukommt, sodass hier häufig utilitaristische Gesichtspunkte zum Tragen kommen, die die Auswirkungen fürs Ganze oder auf mittelbar betroffene Gruppen in ihrer moralischen Bewertung in den Blick nehmen.

Ethisch gesehen nehmen die drei Fragen – wenn auch indirekt – Momente der drei wichtigsten normativen Moraltheorien auf (Tugendethik, deontologische und utilitaristische Ethik; vgl. dazu aus dem Bereich der philosophischen Ethik Quante, 2013, S. 130–141, sowie der theologischen Ethik Reuter, 2015, S. 24–44). Auf diese Weise werden wichtige Gesichtspunkte und unterschiedliche moralische Bewertungen aktiviert, die für die nötige Breite und Tiefenschärfe der moralischen Beurteilung sorgen.

Die genannte Heuristik ist fehleranfällig und bietet keine absolute Sicherheit dafür, moralische Gesichtspunkte in unterschiedlichen Handlungskontexten zu entdecken und angemessen zu berücksichtigen. Aber sie erhöht doch die Wahrscheinlichkeit, moralische Probleme und Herausforderungen auch unter Zeitdruck zu identifizieren und die moralische Dimension anstehender Entscheidungen in den Blick zu rücken.

Praxistipp

Im konkreten Einsatz im Bereich der Stabsarbeit wäre an ein zweistufiges Vorgehen zu denken. Zunächst individuell als Hilfsmittel, um die persönliche moralische Haltung hinsichtlich verschiedener Optionen festzustellen und zu überprüfen (Raster unter Anlehnung an St. Petersburg College – Florida Regional Community Policing Institute, 2005, S. 36):

Option	Bell (Glocke)	Book (Gesetze, Vorschriften)	Candle (Kerze, Licht)
#1	Ja/Nein	Ja/Nein	Positiv/Negativ
#2	Ja/Nein	Ja/Nein	Positiv/Negativ
#3	Ja/Nein	Ja/Nein	Positiv/Negativ
#4	Ja/Nein	Ja/Nein	Positiv/Negativ

In einem zweiten Schritt sollte auf der Grundlage dieses Rasters ein Austausch über unterschiedliche Problemstellungen und Bewertungen stattfinden.

Dabei ist zu berücksichtigen, dass es eine ethische Diskussion darüber gibt, ob unsere etablierten moralischen Rechtfertigungsmuster in Extremsituationen überhaupt durchzuhalten sind (Schmücker, 2014, plädiert für eine besondere Ethik in Notlagen, für eine sog. »Notethik«; Thyen, 2014, spricht sich dagegen aus).

Die Vielzahl der Beteiligten eines Stabes erhöht die Wahrscheinlichkeit divergenter moralischer Perspektiven – vorausgesetzt sie werden eingebracht. Moralisch riskante Entscheidungen lassen sich nicht durch das der Situation geschuldete oder gar taktische Übersehen relevanter moralischer Gesichtspunkte legitimieren, sondern sind umgekehrt gerade im Angesicht möglichst vieler moralischer Gesichtspunkte zu treffen. Insofern gilt das Votum von Kahneman et al. (2011, S. 8) auch im Hinblick auf moralische Fragen: »Bei einer Führungskraft sollten immer alle Alarmglocken läuten, wenn es in einem Team, das mit komplexen Problemen zu tun hat, keine abweichende Meinung gibt.«

Der Einsatz moralischer Heuristiken ist besonders unter Extrembedingungen sinnvoll und kann die moralische Wahrnehmungs- und Urteilsfähigkeit des Einzelnen wie der Gruppe signifikant erhöhen.

Praxistipp

Weitere wichtige Hinweise für die moralische Qualität im Bereich der Entscheidungsfindung sind die folgenden zwölf verdächtigen moralischen Rationalisierungen, bei deren Auftreten die Alarmglocken läuten sollten (vgl. Josephson Institute of Ethics, o. J., S. 16 f.; Übersetzung W. S.):

1. Wenn's notwendig ist, dann ist es auch moralisch richtig
2. Die Ableitung falscher Notwendigkeiten aus postulierten Fakten
3. Wenn's legal und erlaubt ist, dann ist es auch moralisch sauber
4. Gehört eben zum Beruf
5. Es dient alles einem guten Ziel. Oder: Der Zweck heiligt die Mittel
6. Ich habe es nur für Dich getan
7. Gleiches mit Gleichem bekämpfen

8. Es tut niemandem weh
9. Jeder macht es
10. Es ist in Ordnung, wenn ich keinen persönlichen Vorteil davon habe
11. Ich hab's mir verdient
12. Meine Objektivität/Neutralität nimmt keinen Schaden

4

4.5 Fazit

Moralische Heuristiken bieten keine Garantie für moralisch angemessene Entscheidungen im Bereich der Stabsarbeit; sie können jedoch deren Chancen erhöhen. Insofern ist die Arbeit in Stäben nicht nur mit moralischen Risiken verbunden, die aus der Aufgabe und der Arbeitsweise von Stäben resultieren, sondern sie bietet zugleich die Möglichkeit, moralische Verantwortungen unter Bedingungen wahrzunehmen, zu formulieren und auch zu übernehmen, die einen Einzelnen unter gleichen Bedingungen auch in moralischer Hinsicht überfordern würden. Nichtdestrotz gilt: Die dafür nötigen moralischen Ressourcen lassen sich weder administrativ anordnen, noch fallen sie vom Himmel, sondern ihre Entwicklung und Wirkung obliegt unvermeidlich der Verantwortung eines jeden und einer jeden Einzelnen. Oder in ethischer Terminologie formuliert: Ohne tugendethische Ressourcen wird es nicht gelingen, die erforderliche moralische Verantwortung zu übernehmen. Und genau deswegen ist deren Förderung eine der wichtigsten organisationsethischen Herausforderungen unserer Zeit.

Literatur

Alberts, H. W., Gundlach, T. E. & Jasper, J. (2003). *Methoden polizeilicher Berufsethik*. Frankfurt am Main: Verlag für Polizeiwissenschaft.

Buchner, P. (2007). Sturm über dem Wasserglas. *Notfallvorsorge, 38*(2), 28–29.

Buschmann, N. & Murr, K. B. (2008). *Treue*. Göttingen: Vandenhoeck & Ruprecht.

Ciompi, L. (2011). *Gefühle machen Geschichte*. Göttingen: Vandenhoeck & Ruprecht.

Cronkhite, C. L. (2013). *Law Enforcement and Justice Administration*. Boston: Jones & Bartlett Learning.

Foerster, H. v. (1994 [1973]). Über das Konstruieren von Wirklichkeiten. In H. v. Foerster (Hrsg.), *Wissen und Gewissen – Versuch einer Brücke* (S. 25–49). Frankfurt am Main: Suhrkamp.

Gigerenzer, G. (2008). *Bauchentscheidungen*. München: Goldmann.

Heimann, R. (2014). Der polizeiliche Führungsstab. In U. Bargstedt, G. Horn & A. van Vegten (Hrsg.), *Resilienz in Organisationen stärken – Vorbeugung und Bewältigung von kritischen Situationen* (S. 283–295). Frankfurt am Main: Verlag für Polizeiwissenschaft.

Höhn, R. (1983). *Führungsbrevier der Wirtschaft*. Bad Harzburg: WWT.

Josephson Institute of Ethics (o. J.): Making Ethical Decisions. ► http://www.sfjohnson.com/acad/ethics/making_ethical_decisions.pdf. Zugegriffen: 10.02.2015..

Karsten, A. (2012). Leiten eines operativ-taktischen Stabes. *Bevölkerungsschutz (3)*, 16–19.

Kahneman, D., Lovallo, D. & Sibony, O. (2011). Checkliste für Entscheider. *Harvard Business Manager, 33*(9), 18–31 (Downloadversion S. 3–15).

Kleinig, J. (2014). *On Loyalty and Loyalties*. Oxford: Oxford University Press.

Kripgans, H. (2003). Zum Erfolg gezwungen. In H. Brenneisen, G. Dubbert & S. Schwentuchowski (Hrsg.), *Projekt Grenzsituationen - Gesamtdokumentation* (S. 582–587). Kiel: Eigendruck.

Mertes, K. (2009). *Widerspruch aus Loyalität*. Würzburg: Echter.

Picot, A., Dietl, H., Franck, E., Fiedler, M. & Royer, S. (2012). *Organisation*. Stuttgart: Schäffer-Poeschel.

Quante, M. (2013). *Einführung in die allgemeine Ethik*. Darmstadt: Wissenschaftliche Buchgesellschaft.

Reuter, H. (2015). Grundlagen und Methoden der Ethik. In W. Huber, T. Mereis & H. Reuter (Hrsg.), *Handbuch der Evangelischen Ethik* (S. 9–123). München: Beck.

Schiewek, W. (2013). Ethik in kritischen Entscheidungssituationen. In R. Heimann, S. Strohschneider & H. Schaub (Hrsg.), *Entscheiden in kritischen Situationen: Neue Perspektiven und Erkenntnisse* (S. 23–46). Frankfurt am Main: Verlag für Polizeiwissenschaft.

Schmücker, R. (2014). Wozu berechtigt Not? *Deutsche Zeitschrift für Philosophie, 62*(6), 1090–1105.

Schreyögg, G. (2008). *Organisation*. Wiesbaden: Gabler.

St. Petersburg College – Florida Regional Community Policing Institute (2005): Ethical decision-making in law enforcement. In: St. Petersburg College (Ed.), *Ethical issues and decisions in law enforcement. Instructor manual*, S. 35–39. ► http://cop.spcollege.edu/Training/Ethics/EN/ethicsInstructorMarch2005.pdf. Zugegriffen: 20.01.2015.

Thieme, U. & Bédé, A. (2008). Polizeiliche Stabsarbeit – Zwischen Beraten und Entscheiden. In C. Buerschaper & S. Starke (Hrsg.), *Führung und Teamarbeit in kritischen Situationen* (S. 283–294). Frankfurt am Main: Verlag für Polizeiwissenschaft.

Thieme, U. & Hofinger, G. (2012). Stabsarbeit und »Ständige Stäbe« bei der Polizei: Sicherheit durch Professionalisierung. In P. Badke-Schaub, G. Hofinger & K. Lauche (Hrsg.), *Human Factors - Psychologie sicheren Handelns in Risikobranchen* (2. Aufl., S. 275–291). Berlin: Springer.

Thyen, A. (2014). »Aus Not handeln«. *Deutsche Zeitschrift für Philosophie 62*(6), 1106–1121.

Weibler, J. (2012). *Personalführung*. München: Vahlen.

Wieland, J. (1999). *Die Ethik der Governance*. Marburg: Metropolis Verlag.

Stabsarbeit in verschiedenen Bereichen

Stabsarbeit in verschiedenen Bereichen

Die konkrete Ausgestaltung von Stäben ist in verschiedenen Organisationen unterschiedlich. Im Folgenden werden für verschiedene Stäbe **Aufgaben, Strukturen** und **Prozesse** sowie die materielle **Ausstattung** vorgestellt. Diese hängen jeweils von Zielen, Aufgaben und Arbeitsweise der Organisationen sowie ihren Ressourcen ab. Die Stäbe des Militärs und der Einsatzorganisationen sowie der chemischen Industrie sind in ganz Deutschland vergleichbar aufgebaut, da sie durch einen ähnlichen Organisationsaufbau, Gesetze und Dienstvorschriften geprägt sind. Stäbe der Verwaltung, der politischen Ebene und der Unternehmen sind vielfältiger; hier werden jeweils der Stab eines Bundeslandes oder einer Unternehmensform exemplarisch vorgestellt.

Militärische Stäbe in der Bundeswehr

Harald Schaub

G. Hofinger, R. Heimann (Hrsg.), *Handbuch Stabsarbeit*,
DOI 10.1007/978-3-662-48187-5_5, © Springer-Verlag Berlin Heidelberg 2016

Die Herausforderungen an die Führung und den Einsatz von Streitkräften haben sich in den letzten Jahrzehnten in der Zeit nach dem Kalten Krieg aufgrund der veränderten Bedrohungslage vergrößert. Aber auch die Entwicklung der technischen Mittel hat die Möglichkeiten potenzieller Gegner, wie auch der eigenen Streitkräfte, umfassender und komplizierter gemacht. Kein militärischer Führer ist allein in der Lage, die Voraussetzungen für die Entschlussfassung auszuwerten, alle für Entscheidungen bedeutsamen Faktoren wie Befehle, Anordnungen und Meldungen vorzubereiten, umzusetzen und zu kontrollieren. Dies ist nur durch die koordinierte Arbeit militärischer Stäbe möglich.

5.1 Unterstützung des militärischen Führers

Militärische Stabsarbeit ist Führungstätigkeit, um den militärischen Führer zu unterstützten.

Die Grundlagen für den Arbeitsablauf werden durch Geschäftsordnung bzw. Stabsdienstordnung, sowie Organisationspläne festgelegt (Horstmann, 2009). Die aktuellen Entwicklungen (z. B. Digitalisierung des Gefechtsfeldes) als auch die neuen Herausforderungen (z. B. asymmetrische Bedrohung, also die Bedrohung durch nichtstaatliche Organisationen) haben zwar die Anforderungen an den einzelnen Soldaten und an die Arbeit der Stäbe nachhaltig verändert (vgl. dazu Schaub, 2009 und 2013), aber die Grundprinzipen der militärische Stabsarbeit haben sich auch unter diesen neuen Bedingungen erhalten.

Der Stab unterstützt den militärischen Führer, Kommandeur oder Befehlshaber bei allen Aufgaben der Truppenführung.

5.2 Stäbe in der Bundeswehr

Die Arbeit mit und in Stäben hat sich über Jahrhunderte entwickelt (▶ Kap. 2). Die Begriffe des Stabes und der Stabsarbeit sind in der militärischen Verwendung vielschichtig. Es werden damit nicht nur konkrete Organisationseinheiten in einer hierarchischen Verwaltung oder militärischen Einheit bezeichnet. So werden alle Soldaten, die in einem Stab dienen, als **Stabsoffiziere** – dienen sie im Generalstab bzw. im Generalstabsdienst als **Generalstabsoffizier** – benannt. Der **Generalstab** meint einerseits die Gruppe speziell ausgebildeter Generalstabsoffiziere, deren Aufgabe die Zuarbeit für die oberste militärische Führung ist. Andererseits wird damit auch die höchste militärische Kommandobehörde vieler Streitkräfte bezeichnet.

Generalstabsoffiziere sind Soldaten und Soldatinnen ab dem Dienstgrad Hauptmann, die eine spezielle weiterführende Ausbildung an einer entsprechenden militärischen Akademie absolviert haben (Generalstabslehrgang). Da nach dem Zweiten Weltkrieg Deutschland die

Bildung eines Generalstabes untersagt war, werden dessen Aufgaben durch vergleichbare Institutionen wahrgenommen. So war der Führungsstab der Streitkräfte (FüS) der Arbeitsstab des Generalinspekteurs der Bundeswehr im Bundesministerium der Verteidigung und einer der 5 Führungsstäbe im militärischen Leitungsbereich der Bundeswehr. Mit der Neuausrichtung der Bundeswehr ab 2010 wurden diese 5 Führungsstäbe – des Generalinspekteurs, des Heeres, der Luftwaffe, der Marine und des Sanitätsdienstes – aufgelöst und in neue Organisationsbereiche umgegliedert. So entstanden z. B. das Kommando Heer, das Kommando Luftwaffe und das Marinekommando und für die Führung deutscher Streitkräfte in nationalen und multinationalen Einsätze das Einsatzführungskommando der Bundeswehr in Potsdam. Diese, weiterhin als Stäbe organisierten Strukturen haben einen Teil ihrer Befugnisse an den Generalinspekteur (oberster militärischer Befehlshaber) abgegeben.

Die Aufgaben der militärischen Stäbe der Bundeswehr reichen von der Organisation des Grundbetriebes (z. B. Ausbildung und Übung, ministerielle Arbeiten, Weiterentwicklung, Rüstung), über die Amtshilfe beim Katastrophenschutz (z. B. Elbehochwasser 2002) bis zur Führung von nationalen Missionen (z. B. zur Evakuierung deutscher Bürger aus Gefahrenregionen) und der Beteiligung an multinationalen Einsätzen (z. B. KFOR, ISAF; Bundeswehr, 1998, 2007, 2008).

5.3 Militärischer Führungsprozess

Um den militärischen Führer bei seinen Aufgaben zu unterstützen, werden die dazu notwendigen Teilaufgaben auf verschiedene Abteilungen innerhalb des Stabes aufgeteilt. Diese Aufgaben ergeben sich aus dem sog. militärischen Führungsprozess.

Der Führungsprozess ist ein auf allen militärischen Führungsebenen ständig ablaufender, strukturierter Denk- und Handlungsprozess. Sein Inhalt, Umfang und Ablauf ergeben sich aus dem aktuellen Auftrag und der aktuellen Lage. Der Führungsprozess besteht aus den Phasen: Lagefeststellung, Planung, Befehlsgebung und Kontrolle.

Dabei ist das Führen mit Auftrag (die oftmals fälschlich sog. »Auftragstaktik«) oberstes Führungsprinzip deutscher Streitkräfte (▶ Kap. 14). Dies setzt bestimmte Fähigkeiten und Kompetenzen bei den nachgeordneten Kräften voraus (z. B. eigene Urteils- und Entschlusskraft, Selbstständigkeit, Verantwortungsbewusstsein; Schaub 2014a, b).

Dieses historisch gewachsene Führungsprinzip deutscher Streitkräfte gewinnt im Kontext der Digitalisierung moderner Konflikte im Rahmen der netzwerkbasierte Operationsführung (NetOpFü) an besonderer Bedeutung (▶ Kap. 45; Adams, 2013; Erminger, 2010; Wittmann, 2013).

Führen mit Auftrag ist ein militärisches Führungsprinzip, das den unterstellten Kräften größtmöglichen Ermessensspielraum in der Art und Weise der Erfüllung ihres Auftrages gibt.

5.4 Aufbau eines militärischen Stabes

Die typischen Abteilungen eines deutschen Militärstabes seien am Beispiel des Einsatzführungskommandos beschrieben (◘ Abb. 5.1). Die innere Struktur des Einsatzführungskommandos folgt der Struktur multinationaler Stäbe. An der Spitze steht der Befehlshaber, mit seinem

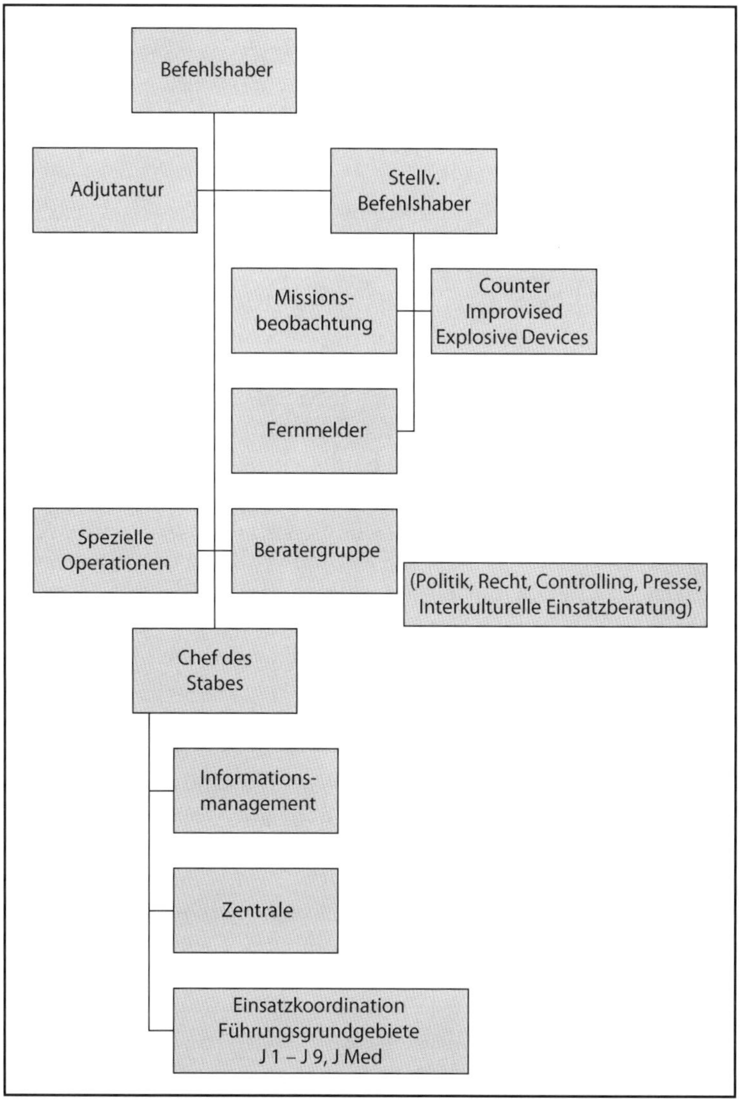

Abb. 5.1 Aufbau des Stabes des Einsatzführungskommandos in Potsdam

Stellvertreter und dem Chef des Stabes. Die Führung wird direkt unterstützt von verschiedenen Experten, z. B. der Bereiche Rechtsberatung, Pressearbeit, Sprachmittler und Controlling.

Die **Stabsabteilungen** (Fachabteilungen) werden mit einem Buchstaben und einer Zahl abgekürzt. Beim Einsatzführungskommando werden die Kürzel »J« (1–9 und JMED) für »Joint«, d. h. teilstreitkräfteübergreifend, verwendet. Stäbe bis zur Regiments-/Geschwaderebene von Heer, Luftwaffe und Marine verwenden das »S« für Sachgebiete. Ab der Ebene Brigade aufwärts werden im Heer die Abteilungen als Generalstabsabteilungen (»G«) bezeichnet, die Luftwaffe bezeichnet ihre Abteilungen mit »A« (analog zur NATO »Air Staff«), die Marine verwendet das »M« (»analog zur NATO »Maritime Staff«).

Die Abteilungen eines militärischen Stabes haben folgende (Haupt-)Funktionen:

- G/A/S/J 1 – Personal
- G/A/S/J 2 – Nachrichtengewinnung und Aufklärung
- G/A/S/J 3 – Planung, Befehlsgebung und Führung laufender Operationen
- G/A/S/J 4 – logistische Unterstützung LSO
- G/A/S/J 5 – Zivil-militärische Zusammenarbeit
- G/A/S/J 6 – Führungsunterstützung, Datenverarbeitung
- G/A/S/J 7 – Ausbildung und Übung vor und in Einsätzen
- G/A/S/J 8 – Wirtschaftsangelegenheiten

Es gibt ab der Kommandobehörde Brigade aufwärts zusätzliche Abteilungen (Zellen) in den Stäben. In integrierten NATO-Stäben werden (ähnlich wie bei den US-Streitkräften) abweichende bzw. weitere Bezeichnungen genutzt (Beck & Singer, 2011; NATO, 2013).

Die Arbeiten des Stabes werden durch den Chef des Stabes geleitet und koordiniert. Der Befehlshaber gibt dem Stab Ziele und Absichten vor und trifft, auf Basis der vom Stab erarbeiten Optionen, die Entscheidungen.

Zentrale Prozesse zur Information und Entscheidungsfindung innerhalb des Stabes sind die jeweiligen **Lagevorträge**, in denen der Stab den militärischen Leiter und die anderen Stabsabteilungen informiert oder Entscheidungsoptionen vorträgt (▶ Kap. 17). Die Beurteilung der Lage (▶ Kap. 16) folgt dem Grundschema: »Ansprechen«, »Beurteilen« und »Folgern«. Die Grundlagen der Führung und Stabsarbeit in der Bundeswehr sind in verschiedenen Dienstvorschriften abgelegt, u. a. in der Zentralen Dienstvorschrift (ZDv) 10/1 »Innere Führung« und in der Heeresdienstvorschrift (HDv) »Truppenführung von Landstreitkräften«, HDv 100/100 (Dörfler-Dierken, 2013).

Bei multinationalen Einsätzen arbeiten deutsche Soldaten entweder integriert in multinationalen NATO-Stäben auf der Grundlage des NATO-Führungsprozesses (COPD: Comprehensive Operations Planning Directive) und der NATO-Stabsstrukturen, oder deutsche Einheiten werden insgesamt einem NATO-Kommando unterstellt. Aufgrund der Komplexität multinationaler Einsätze, die sich aus der Menge und Unterschiedlichkeit der beteiligten Nationen und der Komplexität des politisch-militärischen Umfelds ergibt, können NATO-Stäbe sehr groß und unübersichtlich werden. Das ISAF-Hauptquartier in Kabul, das als operatives Kommando für die gesamte Mission diente, bestand aus mehr als 600 Soldaten aus 28 unterschiedlichen Nationen, die bis zu 130.000 Soldaten führten (vergl. NATO 103; Bohnert & Reistetter, 2014).

Dienstvorschriften, Normen und Gesetze

- Bundeswehr (1998). Heeresdienstvorschrift (HDv) Führungssystem der Landstreitkräften, HDv 100/200.
- Bundeswehr (2007). Heeresdienstvorschrift (HDv) Truppenführung von Landstreitkräften, HDv 100/100.
- Bundeswehr (2008). Zentrale Dienstvorschrift (ZDv) 10/1 Innere Führung.

Literatur

Adams, C. (2013). *Führungssystem der Bundeswehr und das Organisationslernen*. München: Grin.

Beck, H.-C. & Singer, C. (2011). *Entscheiden - Führen - Verantworten: Soldatsein im 21. Jahrhundert*. Norderstedt: Miles-Verlag.

Bohnert, M. & Reistetter, L. J. (2014). *Armee im Aufbruch: Zur Gedankenwelt junger Offiziere in den Kampftruppen der Bundeswehr*. Norderstedt: Miles-Verlag.

Dörfler-Dierken, A. (2013). *Führung in der Bundeswehr: Soldatisches Selbstverständnis und Führungskultur nach der ZDv 10/1 Innere Führung*. Norderstedt: Miles-Verlag.

Erminger, S. (2010). *Auftragstaktik - Eine militärische Führungskonzeption in der Entwicklung deutscher Militärgeschichte vom 18. Jahrhundert*. München: Grin.

Horstmann, H. (2009). *Der Rote Esel: Handbuch für den militärischen Stabsdienst und Führungsprozess*. Norderstedt: Books on Demand.

NATO (2013). *COPD: Comprehensive Operations Planning Directive*. ► http://www.1gnc.org/uploads/media/130624_NU_CRP_planning_summer_course_1.pdf. Zugegriffen: 15.03.2015

Schaub, H. (2009). Der Soldat als Human Factor - Störfaktor moderner Rüstungsprojekte? *Gneisenau Blätter: »Soldat und digitales Schlachtfeld«, 8*, 21–28.

Schaub, H. (2013). Der Mensch als Problem und Problemlöser. Der Systemische Ansatz für Führung und Krisenmanagement. In C. Unger, T. Mitschke & D. Freudenberg (Hrsg.), *Krisenmanagement – Notfallplanung – Bevölkerungsschutz* (S. 193–209). Berlin: Duncker & Humblot.

Schaub, H. (2014a). Objektive Persönlichkeitsdiagnostik und Personalauswahl für spezielle militärische Aufgaben. In Psychologischer Dienst der Bundeswehr (Hrsg.), *Handbuch für Einsatz und Notfall* (S. 128–136). Bonn: Bernard & Graefe.

Schaub, H. (2014b). Training im systemischen Denken für militärische Führungs- und Einsatzkräfte. In Psychologischer Dienst der Bundeswehr (Hrsg.), *Handbuch für Einsatz und Notfall* (S. 145–154). Bernard & Graefe: Bonn.

Wittmann, J. (2013). *Auftragstaktik: Just a command technique or the core pillar of mastering the military operational art?* Norderstedt: Miles-Verlag.

Führungsstäbe der Polizei

Rudi Heimann

G. Hofinger, R. Heimann (Hrsg.), *Handbuch Stabsarbeit*,
DOI 10.1007/978-3-662-48187-5_6, © Springer-Verlag Berlin Heidelberg 2016

Die Polizei hat eine lange Tradition in der Bewältigung von Krisensituationen. Dies sind die kleinen täglichen Krisen, etwa während Kontrollmaßnahmen von Personen, in denen das Gegenüber renitent wird, es sind die wiederkehrenden Problematiken im Umgang mit Demonstranten, die das Grundrecht auf Versammlungsfreiheit mit der Freiheit zur Zerstörung anderen Eigentums gleichsetzen, und es sind gewissenlose Straftäter, die im Rahmen einer Erpressungslage einen Lebensmittelkonzern und damit die Polizei mit letal vergifteten Produkten konfrontieren. Bis zu einem bestimmten Punkt ist die polizeiliche Alltagsorganisation in der Lage, diese Krisen zu bewältigen. Wenn jedoch ein erhöhter Kräftebedarf besteht, Kräfte oder Führungs- und Einsatzmittel konzentriert werden müssen, eine besonders lange Einsatzdauer zu erwarten ist oder eine einheitliche Führung – insbesondere bei verschiedenen Zuständigkeiten – notwendig ist, wird eine besondere Aufbauorganisation aufgerufen, deren Bestandteil ein Führungsstab ist.

Regelmäßige Ereignisse, die zu einer besonderen Aufbauorganisation (BAO) und damit dem Aufruf eines polizeilichen Führungsstabes führen, sind insbesondere große Veranstaltungs- und Demonstrationslagen, größere Schadensereignisse, Bedrohungslagen, Amoktaten, Geiselnahmen, Erpressungen, Entführungen, Anschläge oder vergleichbare Lagen.

Damit ist die polizeiliche Stabsarbeit ein wichtiges Element des Umgangs mit Krisen. Die BAO wird von einem Polizeiführer geleitet, der die **unteilbare Gesamtverantwortung** trägt; er oder sie bedient sich des Führungsstabs als beratendes und unterstützendes Gremium (PDV 100 VS-NfD, Anlage 20, S. 10).

Ein gut funktionierender Führungsstab erhebt Informationen, speichert diese, setzt sie in Beziehung zu bereits vorhandenem Wissen, validiert die Daten, antizipiert zukünftige Entwicklungen, visualisiert den wesentlichen Extrakt der Daten für die Entscheidungsträger und steuert die Informationen im Einsatzgeschehen (Heimann, 2008).

Mittels unterschiedlicher Arbeitsmethoden bietet der Führungsstab dem Entscheider verschiedene Alternativen zur Lagelösung oder Lösung von Teilproblematiken an. Dabei existieren über die ereignisorientierten Polizeidienstvorschriften wie PDV 132 VS-NfD (Einsatz bei Geiselnahmen), PDV 131 VS-NfD (Einsatz bei Entführungen) oder lokale dezidierte Planentscheidungen vorbereitete Grundmuster von Entscheidungen, die diesen Vorgang für den Stab und die Entscheidungsebene erleichtern. Dass eine **kollektive Entscheidungsvorbereitung** bessere Ergebnisse produziert, ist dabei ein anerkannter Erfahrungswert.

Die Strukturen eines polizeilichen Krisenstabes – des Führungsstabs – sind in der Polizeidienstvorschrift 100 VS-NfD (PDV 100 VS-NfD, Anlage 6) als Mustervorlage vorhanden. Die darauf aufbauenden Arbeitsprozesse sind jedoch häufig von lokalen Besonderheiten geprägt. Die Polizei in Deutschland ist als Folge des Föderalismus in bestimmten Bereichen heterogen. Dies stellt nicht unbedingt eine positive Voraussetzung dar, um in komplexen und dynamischen Lagen effektiv und effizient handeln zu können. So haben einige Länder an ausgewählten Standorten ständige Führungsstäbe geschaffen, die in Sofortlagen die Führungstätigkeit übernehmen. Andere Länder alarmieren im Ereignisfall in jeder Polizeidienststelle ab einer festgelegten Größenordnung den Führungsstab und wieder andere haben Zwischenlösungen geschaffen. Dabei sind vorher bestimmte Zentralstellen mit der Aufgabe betraut, für definierte Lagen mit ihren Führungsstäben die Führung zu übernehmen. Alle Lösungswege besitzen Vor- und Nachteile und ein Königsweg ist nicht erkennbar.

6.1 Struktur des Führungsstabes

Das Gliederungsmodell des Führungsstabes (◘ Abb. 6.1) ist in Form eines **standardisierten Musters** vorgegeben und unterteilt sich in verschiedene Stabsbereiche mit unterschiedlichen Verantwortlichkeiten (PDV 100 VS-NfD, Anlage 6):

- Stabsbereich Lagezentrum (LZ)
  - Erheben, Sammeln und Bewerten von Informationen (LZ 01)
  - Lagedarstellung (LZ 02)
  - Dokumentation (LZ 03)
  - Lageabhängig weitere Sachbereiche (LZ 04, …)
- Stabsbereich 1 – Einsatz (StB 1)
  - Sicherheitsaufgaben (SB 11)
  - Kriminalitätskontrolle (SB 12)
  - Verkehrsangelegenheiten (SB 13)
  - Lageabhängig weitere Sachbereiche (SB 14, …)
- Stabsbereich 2 – Führungs- und Einsatzmittel (FEM) (StB 2)
  - Informations- und Kommunikationswesen (SB 21)
  - Kraftfahrzeugwesen (SB 22)
  - Waffen und Geräte (SB 23)
  - Kriminalwissenschaft und -technik (SB 24)
  - Lageabhängig weitere Sachbereiche (SB 25, …)
- Stabsbereich 3 – Zentrale Dienste (ZD) (StB 3)
  - Personalangelegenheiten (SB 31)
  - Haushalts- und Versorgungsangelegenheiten (SB 32)
  - Ärztlicher Dienst (SB 33)
  - Psychosoziale Unterstützung (SB 34)
  - Recht (SB 35)
  - Innerer Dienst (SB 36)
  - Lageabhängig weitere Sachbereiche (SB 37, …)
- Stabsbereich 4 – Einsatzbegleitende Presse- und Öffentlichkeitsarbeit (EPÖA) (StB 4)
  - Öffentlichkeitsarbeit (SB 41)
  - Einsatzbezogene Lageorientierung (SB 42)
  - Lageabhängig weitere Sachbereiche (SB 43, …)

Anlassbezogen können die Stabsbereiche 2 und 3 zusammengefasst werden.

Der Stabsbereich 4 wurde nicht nur erst 1999 eingeführt, er erfährt auch aktuell durch die stärker werdende Bedeutung von sozialen Medien eine Modifikation; dies zeigt die Flexibilität dieses Systems.

Das Lagezentrum sollte jederzeit einen möglichst kompletten Überblick über die im Führungsstab vorhandenen, ein- und ausgehenden Informationen sowie Aufträge haben. Obwohl das Lagezentrum ein gleichberechtigter Stabsbereich ist, zeigt ◘ Abb. 6.1 die Aufgaben des Lagezentrums als Querschnittsaufgabe.

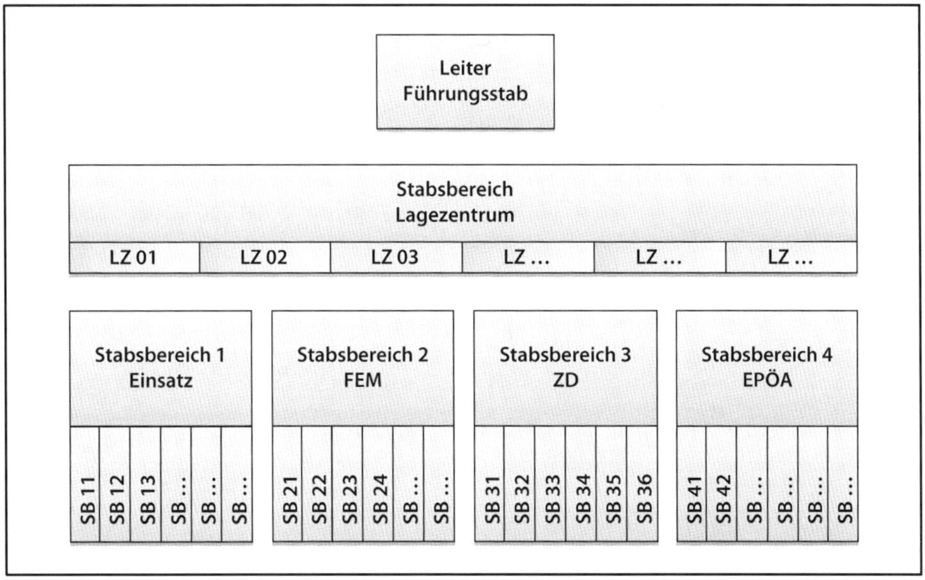

Abb. 6.1 Gliederungsmodell eines polizeilichen Führungsstabs (PDV 100 VS-NfD, Anlage 6; modifiziert durch Verfasser)

Die Stabsbereiche begleiten die operativen Einsatzabschnitte als Querschnittsaufgabe. In Lagen, bei denen einzelne Einsatzabschnitte ein besonders hohes Informationsaufkommen haben oder aufgrund der einsatztaktischen Bedeutung ein Ansprechpartner ständig verfügbar sein muss, wird eine Abschnittsbetreuung eingerichtet. Ein oder zwei Stabsmitarbeiter stellen in diesen Fällen exklusiv die Verbindung des betreffenden Einsatzabschnitts in den Führungsstab sicher.

Die Aufbau- und Ablauforganisation im Stab lassen sich im Grunde nicht trennen; Aufgabenbeschreibungen sind Ausdruck der Aufbauorganisation und für die Funktion unverzichtbar.

Eine Ausweitung der Stabs- oder Sachbereiche sollte restriktiv gehandhabt werden; vorzuziehen ist – wenn unbedingt erforderlich – die Bildung von temporären, erforderlichenfalls auch übergreifenden Arbeitsbereichen.

6.2 Arbeitsweise des Stabes

Formell ist der Leiter Führungsstab der ständige Ansprechpartner des Polizeiführers und kann auch dessen Abwesenheitsvertretung sicherstellen. Dieses Vorgehen ist jedoch umstritten. Die Stabsleitung sei eine so anspruchsvolle Aufgabe, dass die Stelleninhaberin damit voll ausgelastet wäre.

Werden Stabsmitarbeiter und insbesondere die integrierten Spezialisten (Berater) durch den Polizeiführer direkt angesprochen, ist der Leiter Führungsstab einzubinden.

Die reine Stabslehre würde das Tätigwerden von Stabsmitarbeitern in die Linie kritisch hinterfragen. In der Praxis ist dies kein Problem. Aufgaben, die den Polizeiführer unnötig binden würden und die von den Mitarbeitern ebenso sachgerecht entschieden werden können, sind auf den Stab übertragen. Hilfreich sind an dieser Stelle die Rahmenaufträge und Leitlinien des Polizeiführers, die den Handlungsrahmen der operativen Kräfte und des Stabes vorgeben (► Kap. 18). So würde die Leitlinie »verdecktes Vorgehen hat oberste Priorität« die Entscheidung, ob eine polizeiliche Maßnahme unter einer kostenintensiven Legende stattfindet, auf die operativen Kräfte oder einen Stabsmitarbeiter delegieren. Die Frage über das »Ob?« dürfte den Polizeiführer nie erreichen. Auf diese Weise gelangt im Idealfall nur ein Bruchteil aller zu treffenden Entscheidungen zum Polizeiführer und seine **Ressourcen** werden für die herausragenden einsatztragenden Entscheidungen und die planerische Gedankenarbeit **freigehalten.**

Der Polizeiführer als Entscheider führt nur in sehr seltenen Fällen vor Ort und ist in der Praxis auch nur selten außerhalb des Stabes anzutreffen. Gründe für einen Aufenthalt außerhalb könnten ein Hubschrauberaufklärungsflug über einer großstädtischen Versammlungslage oder eine Pressekonferenz sein. Regelmäßig hält er sich in den Stabsräumlichkeiten auf, um den unmittelbaren Zugriff auf Informationen zur Lageentwicklung sicherzustellen.

Rahmenaufträge und Leitlinien des Polizeiführers entlasten die Führung und sind Voraussetzung für eigenverantwortliches Handeln des Stabes und der operativen Kräfte.

Die Stabsbereiche sind untereinander **gleichrangig** bei einer klaren Aufgabenverteilung zur Vermeidung von Schnittstellenproblemen.

Die Lagen, die zum Einsatz eines Führungsstabes führen, sind zum Teil vorhersehbar (Zeitlagen) und zum Teil überraschend (Sofortlagen). Beide Ereignisarten werden kalendermäßig vorbereitet; bei Zeitlagen wie einer angemeldeten Demonstration beginnt ein Vorbereitungsstab mit der konkreten Planung des Einsatzes. Gängige Praxis ist es, die Mitglieder des Vorbereitungsstabes am Einsatztag in den Führungsstab zu integrieren; den Leiter des Vorbereitungsstabes als Leiter Führungsstab.

Das Arbeitsvolumen des Stabes ist in Zeitlagen während eines planmäßigen Einsatzverlaufs verbunden mit gut antizipierten potenziellen Planabweichungen eher gering. Dies hängt in erster Linie damit zusammen, dass die operative Ebene die zu erledigenden Aufgaben selbstständig wahrnehmen kann und Rückfragen oder Rückversicherungen entbehrlich sind. Bei Sofortlagen ist die Belastung des Stabes ungleich höher.

6.3 Räumlichkeiten

So selbstverständlich Stabsarbeit in der Polizei verbreitet ist, so selbstverständlich sind die dazu genutzten Räume in ihrem Aufbau unterschiedlich. Regelmäßig werden entsprechend eingerichtete und ausgestattete Räume vorgehalten. Sie sind entweder der Stabsarbeit vorbehalten oder können in kürzester Zeit dafür eingerichtet werden.

Die Konzeption dieser Räume folgt den vorhandenen baulichen Gegebenheiten. Selten ergibt sich durch Neubauten die Gelegenheit, den speziellen Anforderungen eines Führungsstabs zu entsprechen; und selbst dann wirken finanzielle Gründe oder Vorlieben von Entscheidern limitierend.

6.4 Personalauswahl

Die Mitarbeiter der temporären Führungsstäbe nehmen in der Alltagsorganisation verantwortungsvolle Positionen ein und sind freiwillig im Führungsstab tätig. Sie unterwerfen sich mit dieser Tätigkeit einer Zusatzbelastung, die nicht von jedem Vorgesetzten anerkannt und von manchen Kollegen ungern gesehen wird, weil Alltagsarbeit aus deren Sicht auf die Zurückgebliebenen umverteilt wird.

Im Idealfall weisen die Führungsstabsmitarbeiter neben den besonderen Fachkenntnissen der Stabsarbeit folgende Merkmale auf:

- qualifizierte Ausbildung und Berufserfahrung,
- Beherrschung der Fachterminologie,
- ausgeprägte Kommunikationsfähigkeit,
- Teamfähigkeit,
- Bereitschaft zur Arbeit in der »Anonymität«,
- Fähigkeit zu systematischem und analytischem Denken,
- Flexibilität,
- Stressresistenz,
- hohe Frustrationstoleranz,
- Durchsetzungsvermögen,
- Selbstvertrauen.

Fraglich ist, inwieweit diese Qualifikationen in der Realität vorhanden sind (kritisch hierzu Heimann, 2008, S. 113). Nicht in jedem Bundesland existieren ständige Stäbe, deren Personal über standardisierte Verfahren der Personalauswahl gewonnen wird; vielmehr bringt nicht selten die Position in der Alltagsorganisation eine Verwendung im Führungsstab mit sich. So ist es grundsätzlich vom Zufall abhängig, in welchem Maß ein Mitarbeiter dem Idealbild entspricht.

6.5 Fachberater, Verbindungspersonen und -beamte

Führungsstäbe können sich zur Aufgabenerfüllung spezialisierter Berater bedienen (IMK, 1978). Diese beraten den Stab, um ihr spezielles Wissen und Können so früh wie möglich in die Entwicklung einfließen zu lassen. Eine selbstständige Beratungsfunktion gegenüber dem Polizeiführer – am Stab vorbei – hat zu unterbleiben. Greifen diese Spezialisten direkt in das Einsatzgeschehen ein (Psychologe bei der Verhandlungsführung mit einem Geiselnehmer), sind sie der Linie zugeordnet.

Diese Berater sind dem Polizeibereich zugehörig oder sind extern. Externe Berater stammen aus anderen Bereichen wie Feuerwehr, Katastrophenschutz, Technischem Hilfswerk, sind Ärzte, Chemiker, Physiker, Betreiber von Versorgungsunternehmen, Umwelt- oder Wasserschutzbehörden, Gesundheitsbehörden, Bundeswehr oder sind verantwortliche Personen geschädigter oder gefährdeter Unternehmen. Interne Berater können u. a. Polizeipsychologen, taktische oder technische Spezialisten sein.

Verbindungspersonen vertreten im Stab die Organisation, aus der sie entsandt wurden. Sie informieren sowohl die eigene Organisation über Entwicklungen im polizeilichen Einsatzverlauf als auch den Stab über Entwicklungen in ihrem originären Bereich. Verbindungsbeamte stellen in analoger Weise den Kontakt zu ihrer entsendenden Organisation oder Organisationseinheit sicher; die Bezeichnung stellt lediglich den Statusunterschied (Beamter) dar.

Polizeiliche Berater oder Verbindungsbeamte sind in den Führungsstab zu integrieren; Berater oder Verbindungsbeamte bzw. -personen von außerhalb der Polizei nur bei Bedarf. Sie werden in den Informationsfluss mit einbezogen. Dennoch können während der Zusammenarbeit in der Praxis Rang- und Statusprobleme auftreten.

Die in der Polizei vorherrschende positive Übungsmentalität und konsequente Nachbereitung von Einsätzen führt immer wieder zu Modifikationen des Stabsgefüges an aktuelle Erfordernisse oder Einsatzlagen.

Dienstvorschriften, Normen und Gesetze

- IMK (1978). IMK-Beschluss vom 29.08.1978.
- PDV 100 VS-NfD (2012). Polizeidienstvorschrift 100 – Führung und Einsatz der Polizei. Verschlusssache – Nur für den Dienstgebrauch. Nur teilweise veröffentlicht.

Literatur

Heimann, R. (2008). Entscheidungsfindung in polizeilichen Einsatzlagen – Softwareunterstütztes Informations- und Kommunikationsmanagement für Teams. In C. Buerschaper und S. Starke (Hrsg.), *Führung und Teamarbeit in kritischen Situationen* (S. 110–131). Frankfurt am Main: Verlag für Polizeiwissenschaft.

Führungsstäbe der Feuerwehr

Christoph Lamers

G. Hofinger, R. Heimann (Hrsg.), *Handbuch Stabsarbeit*,
DOI 10.1007/978-3-662-48187-5_7,

In diesem Kapitel werden die Aufgaben, die Gliederung und die personelle Zusammensetzung von operativ-taktischen Stäben nach Feuerwehr-Dienstvorschrift 100 dargestellt. Zusätzlich wird kurz auf die Einsatzhäufigkeit von Führungsstäben eingegangen.

7.1 Rechtliche Grundlagen

Nach der Feuerwehr-Dienstvorschrift (FwDV) 100 »Führung und Leitung im Einsatz – Führungssystem« (1999) ist vorgesehen, dass in der Führungsstufe D (mehrere Verbände an einer Einsatzstelle oder an mehreren Einsatzstellen im Schadengebiet) eine Führungsgruppe bzw. ein Führungsstab installiert werden. Dabei obliegt dem operativ-taktischen Führungsstab die **Führung aller Einsatzmaßnahmen** zur Gefahrenabwehr; ihm unterstehen dazu in der Regel alle Einsatzkräfte der Feuerwehr (unabhängig davon, ob es sich um Berufsfeuerwehren oder Freiwillige Feuerwehren handelt), der Hilfsorganisationen und des Technischen Hilfswerks (THW).

7.2 Gliederung und Aufgaben des Stabes

Die Gliederung eines solchen Stabes ist in ◘ Abb. 7.1 wiedergegeben; dabei stellt die Bildung der Sachgebiete 5 und 6 nur eine Option dar.

Die einzelnen **Sachgebiete** haben umfangreiche Aufgaben, die in der Anlage 2 der FwDV 100 aufgelistet sind; die wichtigsten sind nachfolgend in ◘ Tab. 7.1 zusammengestellt.

Bei der Wahrnehmung ihrer Aufgaben sind die Sachgebiete auf eine enge Abstimmung und Zusammenarbeit angewiesen. So haben sowohl S 1 als auch S 3 Zuständigkeiten im Bereich der Bereitstellungsräume: Die Festlegung des Ortes der Bereitstellungsräume erfolgt durch S 3, während S 1 für deren Einrichtung verantwortlich ist. Ebenso kann das S 4 nur dann den Versorgungseinsatz zielgerichtet planen, wenn ihm vom S 1 die Zahlen der Einsatzkräfte und der Fahrzeuge zur Verfügung gestellt werden.

Nach allgemeiner Auffassung kann von einem Stab gesprochen werden, wenn die Sachgebiete S 1 bis S 4 mit mindestens einer Person besetzt sind und darüber hinaus bestimmte Sonderfunktionen wie Lagekartenzeichner, Einsatztagebuchführer und Sichter (zuständig für die Festlegung der Verteilung der eingehenden Nachrichten auf die Sachgebiete) im Stab tätig sind, sodass ein Stab im Minimum etwa 7 Personen umfasst, Stabshilfspersonal wie Boten und Funker nicht mitgerechnet. Optional kann zusätzlich zum Einsatzleiter ein Leiter des Stabes bestimmt werden. In diesem Fall ist dieser für die Kontrolle der Arbeitsabläufe im Stab, die Abstimmung der Maßnahmen zwischen den Sachgebieten und ggf. für Anpassungen des personellen Zuschnitts der Sachgebiete an das Arbeitsaufkommen verantwortlich (Karsten, 2012,

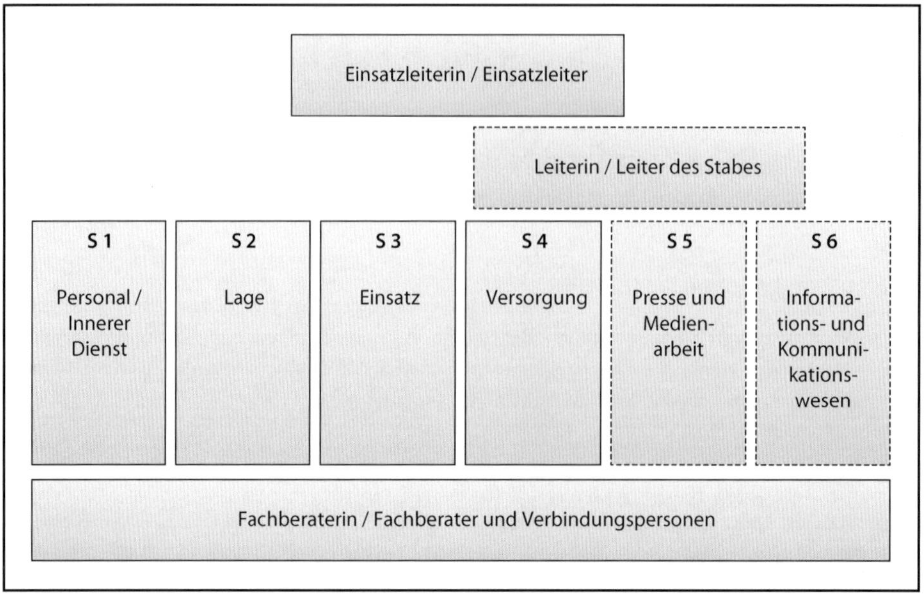

Abb. 7.1 Zusammensetzung des Führungsstabes nach FwDV 100

Tab. 7.1 Kernaufgaben der Sachgebiete im Stab

Sachgebiet	Kernaufgaben
S 1 – Personal; Innerer Dienst	Alarmierung von Einsatzkräften; Einrichtung von Bereitstellungsräumen; Führen von Kräfteübersichten; Führung des inneren Stabsdienstes (Stabsräume, Ausstattung etc.)
S 2 – Lage	Einholung und Auswertung von Lageinformationen; Lagedarstellung (Lagekarte, Zustandsanzeige); Unterrichtung der Öffentlichkeit und anderer Stellen; Führung des Einsatztagebuchs
S 3 – Einsatz	Einsatzplanung mit Beurteilung und Entschluss; Festlegung der Führungsorganisation und der Ordnung des Raumes (z. B. Einsatzabschnittsgrenzen, Bereitstellungsräume); Definition von Einsatzschwerpunkten; Erteilung der Befehle
S 4 – Versorgung	Bereitstellung von Verpflegung für die Einsatzkräfte, Kraftstoffen, Löschmitteln; Festlegung der Versorgungsorganisation; Bereitstellung von Rettungsmitteln zum Eigenschutz der Einsatzkräfte
S 5 – Presse und Medienarbeit	Auswertung der Presse- und Medienlage; Erstellung von Presse- und Medieninformationen; Betreuung von Presse- und Medienvertretern, Vorbereitung und Durchführung von Presse- und Medienkonferenzen
S 6 – Informations- und Kommunikationswesen	Festlegung der Fernmeldeorganisation; Erarbeitung eines Kommunikationskonzeptes einschließlich Fernmeldeskizze; Übermitteln von Befehlen, Meldungen und Informationen

S. 16). Je nach Lage kann der Stab um Fachberater und um Verbindungspersonen etwa zur Polizei oder zum Krisenstab der Verwaltung ergänzt werden.

Führungsstäbe nach FwDV 100 setzen sich aus den Sachgebieten S 1 (Personal; Innerer Dienst), S 2 (Lage), S 3 (Einsatz) und S 4 (Versorgung) zusammen. Optional können die Sachgebiete S 5 (Presse und Medienarbeit), S 6 (Informations- und Kommunikationswesen) sowie Fachberater und Verbindungspersonen hinzukommen.

7.3 Stabsräume

Für die Arbeit des Stabes wird ein geeigneter Raum (Stabsraum) benötigt, der allen Stabsangehörigen einen angemessenen Arbeitsplatz und ausreichende Möglichkeiten zur Visualisierung der Lage bietet. Die Führung mit Stab an der Einsatzstelle in einem Einsatzleitwagen erscheint kaum vorstellbar, da selbst die größten Fahrzeuge dieser Art den Raumanforderungen eines Stabes im obigen Sinne nicht genügen.

7.4 Stabspersonal und Ausbildung

Die Angehörigen dieser Stäbe rekrutieren sich in der Mehrzahl aus Beamten des gehobenen oder höheren feuerwehrtechnischen Dienstes sowie aus erfahrenen Führungskräften der freiwilligen Feuerwehren, die den Lehrgang »Einführung in die Stabsarbeit« nach FwDV 2, Nr. 4.4 absolviert haben. In manchen Fällen werden auch entsprechend ausgebildete Führungskräfte der Hilfsorganisationen und des THW in die Führungsstäbe integriert: Entweder als Fachberater ihrer Organisationen oder als Mitarbeiter in einzelnen Sachgebieten, vor allem in S 4 Versorgung. Generell nehmen praktisch alle Stabsangehörigen diese Aufgabe als eine unter zahlreichen anderen wahr. So nehmen hauptberufliche Angehörige der Feuerwehren, die in einem Stab tätig sind, im Tagesgeschäft oft Aufgaben in der Sachbearbeitung wahr oder sind mit der Führung einer Organisationseinheit betraut (von Kaufmann, Hellmeier, Ott & Hasse, 2011, S. 872), während ehrenamtliche Feuerwehrleute mit Stabsfunktion häufig in die Leitung freiwilliger Feuerwehren oder in Aufsichtsfunktionen wie die eines Kreisbandmeisters eingebunden sind.

7.5 Kommunikation

Speziell für die Übermittlung von Nachrichten unterhalten viele untere Katastrophenschutzbehörden eigene Einheiten, die oft als **IuK-Einheiten** (Information und Kommunikation) bezeichnet werden. Diese bestehen meist aus Angehörigen der Feuerwehren, die dies als Zusatzaufgabe übernommen haben; sie werden zur Unterstützung des Stabes als Sprechfunker, als Boten oder in der Nachweisung (Führen von Listen der ein- und ausgehenden Nachrichten) eingesetzt.

Damit die eigentliche Stabsarbeit nicht durch Geräuschentwicklung des Sprechfunkverkehrs gestört wird, sollte der IuK-Einheit ein eigener Raum in der Nähe des Stabsraums zur Verfügung stehen. Ist dies nicht möglich, kann alternativ dafür ein ausreichend dimensionierter Einsatzleitwagen (Größe mindestens wie ELW 2 nach DIN 14507 Teil 3) genutzt werden.

7.6 Einsatzhäufigkeit und Übungen

Die Einsatzhäufigkeit von operativ-taktischen Stäben im Katastrophenschutz ist kaum anzugeben, da dazu keine wirklich aussagekräftigen Daten vorliegen (Rönnfeldt, 2012, S. 22 f.). Nach den Erfahrungen aus dem Ausbildungsbetrieb am Institut der Feuerwehr (IdF) NRW und der Auswertung des Einsatzgeschehens im Lande ist jedoch davon auszugehen, dass ein Feuerwehr-Führungsstab eines Kreises oder einer kreisfreien Stadt im Mittel nur alle paar Jahre zum Einsatz kommt, wenn präventive Einberufungen bei Bombenfunden oder Großveranstaltungen nicht berücksichtigt werden. Auch zur Intensität der Fortbildungs- und Übungsaktivitäten der existierenden Stäbe liegen keine gesicherten Daten vor. Nach informellen Erhebungen am IdF NRW ist zu vermuten, dass die meisten Stäbe etwa 5-mal pro Jahr zum Zwecke der Fortbildung zusammenkommen und maximal einmal pro Jahr eine Stabsrahmenübung (▶ Kap. 38) durchführen.

Dienstvorschriften, Normen und Gesetze

- FwDV 100 (1999). Feuerwehrdienstvorschrift 100. Führung und Leitung im Einsatz – Führungssystem. Arbeitskreis V der Ständigen Konferenz der Innenminister und -senatoren der Länder.
- FwDV 2 (2012). Feuerwehr-Dienstvorschrift 2. Ausbildung der freiwilligen Feuerwehren. Arbeitskreis V der Ständigen Konferenz der Innenminister und -senatoren der Länder.

Literatur

Karsten, A. (2012). Leiten eines operativ-taktischen Stabes. *Bevölkerungsschutz 3*, 16–19.

Rönnfeldt, J. (2012). *IT-Unterstützung von operativ-taktischen Stäben*. Norderstedt: GRIN-Verlag.

Kaufmann, F. v., Hellmeier, F., Ott, M. & Hasse, K. (2011). München: Überlegungen zu einem zukünftigen Stabskonzept. *Brandschutz/Deutsche Feuerwehr-Zeitung 11*, 872–881.

Einbindung bayerischer Rettungsdienste in die Stabsarbeit

Stefan Scheidmantel

G. Hofinger, R. Heimann (Hrsg.), *Handbuch Stabsarbeit*,
DOI 10.1007/978-3-662-48187-5_8, © Springer-Verlag Berlin Heidelberg 2016

Im Vordergrund eines typischen Rettungsdiensteinsatzes steht die bestmögliche medizinische Versorgung in der Regel nur eines Notfallpatienten. Abseits dieser Routine kommt es immer wieder zu Einsätzen mit einer Vielzahl von schwerverletzten oder schwerkranken Patienten. Neben der großen Anzahl von Patienten zeichnen sich solche Einsätze, wie z. B. ein Unfall mit einem Reisebus oder ein Brand in einem Hochhaus, durch eine schwierige Rettung aus. Primäre Aufgabe des Rettungsdienstes bei solchen Schadenslagen ist es, die bestehende Mangelversorgung zu beheben und mittels organisatorisch-taktischer Maßnahmen schnellstmöglich zu einer individualmedizinischen Versorgung zurückzukehren. Daneben ist unter großem Zeitdruck enge Zusammenarbeit mit anderen Fachdiensten notwendig.

Die meisten Einsatzlagen im Rettungsdienst werden ohne eigene Stäbe abgewickelt. Die primäre Aufgabe der Einsatzkräfte ist, die Notfallpatienten unverzüglich den für die optimale Versorgung geeigneten Behandlungskapazitäten zuzuführen. Der Aufbau eines eigenen Stabes zur Führungsunterstützung ist wegen der dafür benötigten Zeitspanne nicht umsetzbar.

8.1 Sanitätseinsatzleitung (SanEL)

Der Rettungsdienst bedient sich bei Großschadenslagen einer besonderen, stabsähnlichen Führungsstruktur, der Sanitätseinsatzleitung (SanEL) bestehend aus dem **Leitenden Notarzt (LNA)** und dem **Organisatorischen Leiter (OrgL)**. Diese Funktionen wurden in Bayern mit der »Richtlinie für die Zusammenarbeit von Rettungsdienst und Katastrophenschutz beim Massenanfall von Verletzten« 1984 eingeführt. 2008 wurde die SanEL in das Bayerische Rettungsdienstgesetz (BayRDG) aufgenommen. »Zur Bewältigung von Schadensereignissen, die eine über das gewöhnliche Einsatzgeschehen hinausgehende besondere Vorgehensweise des Rettungsdienstes oder eine Koordinierung mit Kräften des Sanitäts- oder Betreuungsdienstes erforderlich machen, wird die Einsatzleitung im Rettungsdienst erweitert durch eine übergeordnete Sanitätseinsatzleitung …« (Art. 19 (2) BayRDG, 2008). Davon ist in der Regel auszugehen, wenn mehr als 10 Verletzte oder Erkrankte zu versorgen sind oder mehr als drei Notärzte zum Einsatz kommen (§ 14 AV BayRDG).

Die Funktion des LNA ist in Deutschland in allen Bundesländern eingeführt. Der OrgL ist in vielen Bundesländern vorhanden. Je nach Trägerschaft des Rettungsdienstes wird diese Funktion mit Einsatzkräften der Feuerwehr oder der Hilfsorganisationen besetzt.

8.2 Aufgaben des LNA und des OrgL am Schadensort

Aufgabe des oder der LNA ist die **Beurteilung der Lage aus medizinischer Sicht**. Dazu gehören:
- Lagebeurteilung,
- notwendiges Einsatzpotenzial,
- Feststellung des Schwerpunktes und der Art des medizinischen Einsatzes sowie
- Durchführung des medizinischen Einsatzes.

Der oder die OrgL ist zuständig und verantwortlich für die gesamte organisatorische Abwicklung der rettungs- und sanitätsdienstlichen Bewältigung. Seine oder ihre Aufgaben umfassen:
- Feststellung und Beurteilung der Schadenslage aus taktisch-organisatorischer Sicht,
- taktische Lage,
- vorhandenes Einsatzpotenzial,
- Beurteilung der Örtlichkeit im Hinblick auf die Festlegung des Standortes von Verletztenablagen, Verbandsplätzen, Verletztensammelstellen, Krankenwagenhalteplätzen und Hubschrauberlandeplätzen sowie deren Einrichtung,
- Leitung des Einsatzes der Kräfte des Rettungsdienstes und des Sanitätsdienstes sowie der UG-SanEL (s. unten),
- Verletztenerfassung,
- Organisation des Verletztenabtransports (in Abstimmung mit der Rettungsleitstelle, unter Berücksichtigung der Festlegungen des LNA),
- Verbindung zur Rettungsleitstelle und zur örtlichen Einsatzleitung, Anforderung/Nachforderung von Einsatzpotenzial bei der Rettungsleitstelle in Abstimmung mit dem bzw. auf Anforderung des LNA,
- Lagemeldungen an Rettungsleitstelle soweit erforderlich, Anforderung und Lagemeldungen an örtliche Einsatzleitung.

LNA und OrgL besitzen für die in ihrem Aufgabenbereich tätigen Einsatzkräfte Weisungsrecht.

Die SanEL besteht aus dem Leitenden Notarzt und dem Organisatorischen Leiter. Sie wirken bei der Wahrnehmung ihrer der Funktion zugeordneten Aufgaben vertrauensvoll zusammen und unterstützen sich gegenseitig.

8.3 Ausbildung von LNA und OrgL

Neben der planerischen Vorbereitung z. B. in Form von Konzepten zur Bewältigung von Großschadenslagen, ist es ebenso von grundlegender Bedeutung, das Führungspersonal durch eine gute Aus- und Fortbildung auf seine Aufgaben vorzubereiten (Bayer. Staatsministeriums des Innern, 1999). Durch stetige Weiterentwicklung im Bereich der Notfallmedizin und der Einsatztaktik bei Großschadenslagen ist lebenslanges Lernen unverzichtbar. Die Ausbildung der OrgL in Bayern erfolgt deshalb in einem modularen System mit einer abschließenden Personenzertifizierung auf Grundlage der EN ISO/IEC 17024 (2003) und der Verpflichtung zu regelmäßigen Fortbildungen. Die LNA werden weiterhin durch die Bayerische Landesärztekammer ausgebildet. Sie können zusätzlich freiwillig an den OrgL-Lehrgängen teilnehmen.

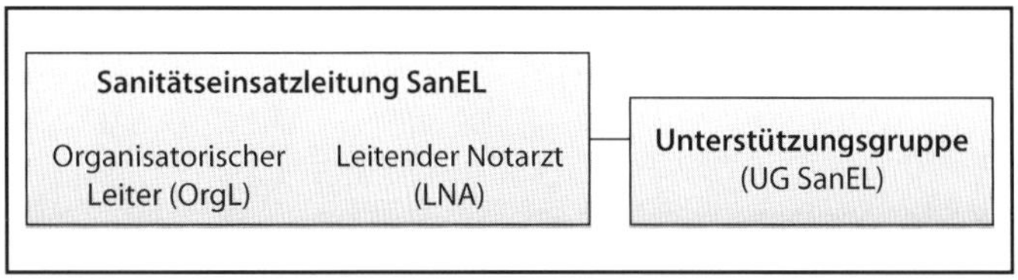

Abb. 8.1 Struktur der SanEL

8.4 Unterstützungsgruppe (UG SanEL)

Der SanEL kann eine **Unterstützungsgruppe** (UG SanEL; Abb. 8.1) zur Seite gestellt werden (§ 13 AV BayRDG). Die UG SanEL übernimmt dabei Stabsfunktion (ohne Stabsbereiche) in der SanEL.

Die Aufgaben der UG SanEL sind u. a.:

- Abwicklung des Funkverkehrs,
- Dokumentation des Einsatzes,
- Erstellung von Lagekarten,
- Sicherstellung der Erreichbarkeit zur Integrierten Leitstelle und anderen Fachdiensten,
- Übersicht über die eingesetzten Einsatzkräfte und Fahrzeuge sowie
- Erfassung verletzter und betroffener Personen.

Die UG SanEL ist mit einem eigenen Fahrzeug ausgestattet, das als Einsatzleitwagen die Arbeit in der Nähe der Einsatzstelle ermöglicht. Bei größeren Schadenslagen ist nach der Lageeinweisung und Übernahme der Einsatzleitung an der Schadensstelle eine Etablierung der SanEL in einem rückwärtigen Führungsraum zu prüfen. Dabei ist die örtliche Nähe zu anderen eingesetzten Stäben sehr zu empfehlen.

Die UG SanEL übernimmt wichtige Unterstützungsaufgaben für die SanEL. Sie verfügt über keinen eigenen Stabsaufbau.

8.5 Örtliche Einsatzleiter (ÖEL)

Der Behördenleiter der örtlich zuständigen Katastrophenschutzbehörde (Landkreis oder kreisfreie Stadt), mit der Führungsgruppe Katastrophenschutz (FÜGK), hat die Gesamteinsatzleitung bei Katastrophen in Bayern (Abb. 8.2). »Zur Bewältigung von Schadensereignissen, die keine Katastrophen im Sinn von Art. 1 Abs. 2 des Bayerischen Katastrophenschutzgesetzes (BayKSG) sind, kann die Kreisverwaltungsbehörde fachlich geeignete Personen als **Örtliche Einsatzleiter/-in (ÖEL)** bestellen, soweit wegen des Ausmaßes des Schadensereignisses dadurch das geordnete Zusammenwirken am Einsatzort wesentlich erleichtert wird (Art. 15 Abs. 1 Satz 1 BayKSG)« (Bayer. Staatsministerium d. Inneren, 2014c).

Die Örtlichen Einsatzleiter/innen rekrutieren sich aus verschiedenen Fachbereichen wie z. B. Feuerwehr oder Rettungs- und Sanitätsdienst. Ihre Ausbildung erfolgt in einem ähnlichen modularen System wie die der SanEL.

Dem ÖEL steht zur Wahrnehmung seiner oder ihrer Aufgaben am Einsatzort die Unterstützungsgruppe Örtliche Einsatzleitung (UG-ÖEL) zur Verfügung. Die Örtliche Einsatzlei-

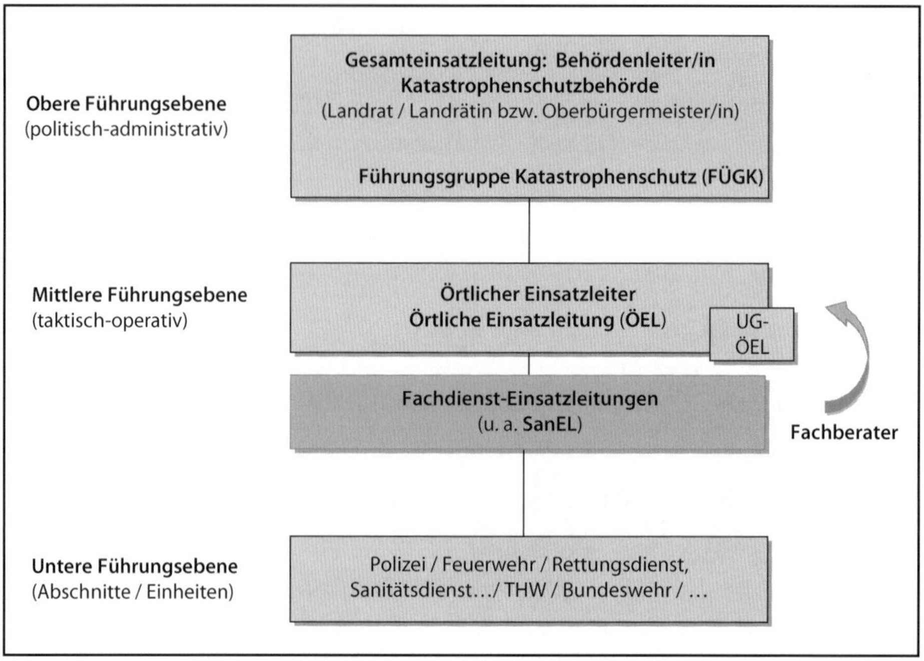

Abb. 8.2 Führung und Einsatzleitung im Katastrophenfall in Bayern

tung arbeitet mit ihren Unterstützungskräften in unmittelbarer Nähe des Einsatzortes oder abgesetzt als rückwärtiger Führungsstab. Bei gemeinsamen Einsätzen empfiehlt sich eine Aufstellung der UG-ÖEL und UG SanEL in unmittelbarer Nähe.

Ist ein ÖEL eingesetzt, berät ihn die SanEL in Fragen des Rettungs-, Sanitäts- und Betreuungsdienstes und stimmt ihre Maßnahmen mit ihm ab. Auf Anforderung des ÖEL entsendet die SanEL zur fachlichen Unterstützung einen oder mehrere Vertreter als Fachberater in die Örtlichen Einsatzleitung (UG-ÖEL).

Für die Örtliche Einsatzleitung ist empfohlen, nach den Grundsätzen der Dienstvorschrift 100 (Führung und Leitung im Einsatz), zu verfahren (► Kap. 7, ► Kap. 16). Die beteiligten Fachbereiche und Organisationen arbeiten dabei nach ihren, der DV 100 angepassten eigenen Vorgaben zusammen (FwDV 100, BRK-DV 100, THW DV 1-100).

Dienstvorschriften, Normen und Gesetze

- Bayerisches Staatsministerium des Innern (1999). Richtlinie für die Bewältigung von Schadensereignissen mit einer größeren Anzahl Verletzter oder Kranker (Massenanfall von Verletzten) IMBek vom 01.09.1999, AllMBl S. 687; Bayerisches Staatsministerium des Innern.
- Bayerisches Rettungsdienstgesetz (BayRDG) vom 22.07.2014.
- Bayerisches Staatsministerium des Innern (2014a). Verordnung zur Ausführung des Bayerischen Rettungsdienstgesetzes (AVBayRDG) vom 22.07.2014. Bayerisches Katastrophenschutzgesetz (BayKSG) vom 22.07.2014.
- Bayerisches Staatsministerium des Innern (2014b). Richtlinie für die Bewältigung von Schadensereignissen mit einer größeren Anzahl Verletzter oder Kranker (Massenanfall von Verletzten) IMBek vom 01.09.1999, AllMBl S. 687; Bestellung der Organisatorischen Leiter (OrgL) und Aus- und Fortbildung der OrgL unter Einbindung der Leitenden Notärzte, IMS ID4-2253.355-3 vom 09.06.2008 (Zur Neuregelung der Bestellung und der Aus- und Fortbildung).
- Bayerisches Staatsministerium des Innern (2014c). Einführung der »DV 100 Führung und Leitung im Einsatz« für Organisationen und Arbeitsweise der Örtlichen Einsatzleitungen in Bayern, IMS ID4-2253.46-31 vom 26.06.2014

- Bayerisches Staatsministerium des Innern (2003). Führung im Katastrophenfall auf Ebene der Kreisverwaltungsbehörde, Sachgebiet ID4 09/2003.
- DIN EN ISO/IEC 17024:2012-11 Konformitätsbewertung – Allgemeine Anforderungen an Stellen, die Personen zertifizieren.
- FwDV 100 (1999). Feuerwehrdienstvorschrift 100. Führung und Leitung im Einsatz – Führungssystem. Arbeitskreis V der Ständigen Konferenz der Innenminister und -senatoren der Länder.

Stäbe in der Katastrophenabwehr der Freien und Hansestadt Hamburg

Thomas Melchert

G. Hofinger, R. Heimann (Hrsg.), *Handbuch Stabsarbeit*,
DOI 10.1007/978-3-662-48187-5_9,

Die Sturmflutkatastrophe vom 16. und 17. Februar 1962 hat in Hamburg 315 Menschenleben gefordert und massive Schäden verursacht. Hamburg sollte nie wieder von einer vergleichbaren Katastrophe überrascht werden, deshalb wurde in den Folgejahren der Katastrophenschutz für die Stadt aufgebaut. Heute verfügt die Stadt über ein gut organisiertes Krisenmanagement, das die besonderen Rahmenbedingungen des Stadtstaates berücksichtigt.

9.1 Besonderheiten der Stadtstaatlichkeit

Die Freie und Hansestadt Hamburg ist als Stadtstaat in sieben Bezirke gegliedert und weist neben den Organen auf Landesebene keine weiteren kommunalen Vertretungen auf. Staatliche und gemeindliche Tätigkeiten werden nicht getrennt. Die Gesamtverantwortung für das Verwaltungshandeln liegt beim Senat, der damit auch die Gesamtverantwortung für den Katastrophenschutz trägt. Im Senat gilt aber das Kollegialitätsprinzip, d. h., es bestehen grundsätzliche Fachressortzuständigkeiten und damit verbundene Entscheidungskompetenzen der Senatoren. Ressortübergreifende Maßnahmen werden vom Senat gemeinsam beschlossen.

Diese Rahmenbedingungen erwiesen sich für ein wirksames Krisenmanagement in der Vergangenheit jedoch als ungeeignet. Deshalb ist heute der Staatsrat bzw. die Staatsrätin der Behörde für Inneres und Sport der oberste Leiter der Katastrophenabwehr. Im Fall einer Katastrophe ist er oder sie befugt, allen anderen Behörden und Ämtern der Freien und Hansestadt Hamburg Anweisungen zu erteilen und ressortübergreifende Entscheidungen als »Senatsbeschluss im Verfügungswege« zu treffen. Das Kollegialitätsprinzip des Senats ist damit in der Katastrophe aufgehoben. Ausschließlich die übergeordneten Instanzen des Innensenators und des Ersten Bürgermeisters können diese Entscheidungsbefugnis an sich ziehen.

Der Staatsrat der Behörde für Inneres und Sport ist der oberste Leiter der Katastrophenabwehr. Er kann Senatsbeschlüsse im Verfügungswege treffen und damit auch behörden- und ressortübergreifende Maßnahmen veranlassen.

9.2 Rechtsgrundlagen

Die rechtlichen Rahmenbedingungen und die daraus resultierenden Rollen, Kompetenzen und Aufgaben sind im Wesentlichen im »Hamburgischen Katastrophenschutzgesetz« (HmbKatSG) und in der ergänzenden Senatsanordnung »Katastrophenschutzordnung der Freien und Hansestadt Hamburg« (KatSO) geregelt. Die KatSO weist der Behörde für Inneres und Sport bereits im Alltag eine zentral koordinierende Funktion zu. Sie hat die Aufgabe, keine Lücken im System der Katastrophenabwehr entstehen zu lassen.

Die aus dem oben genannten Gesetz und der Senatsanordnung resultierenden Befugnisse räumen dem Leiter der Katastrophenabwehr die Möglichkeit ein, schon frühzeitig und in einer aufwachsenden Gefahrenlage die **Koordinierung** der Abwehrmaßnahmen zu übernehmen und von seiner **Entscheidungs- und Lenkungskompetenz** gegenüber allen anderen Behörden Gebrauch zu machen. Die grundsätzlich erforderliche Bewertung von Gefahrensituationen hinsichtlich ihrer Dimension und der Erfordernis einer einheitlichen Lenkung wird in Hamburg durch eine Vielzahl von anlassbezogenen (z. B. Flugunfälle, Infektionslagen) und anlassübergreifenden (z. B. Evakuierungen) Richtlinien reduziert. In diesen Richtlinien werden zu konkreten Szenarien oder Anlässen u. a. Alarmierungswege, Aufgabenträger und deren Aufgaben festgelegt. Durch den Erlass dieser mit allen Beteiligten abgestimmten Richtlinien werden die notwendigen Entscheidungen des Staatsrates auf nicht vorplanbare Entscheidungen reduziert.

Der Leiter der Katastrophenabwehr kann schon frühzeitig und in einer aufwachsenden Gefahrenlage die Koordinierung der Abwehrmaßnahmen übernehmen und von seiner Entscheidungs- und Lenkungskompetenz Gebrauch machen. Eine Vielzahl von Richtlinien reduzieren notwendige Entscheidungen auf wenige, nicht vorplanbare Ereignisse.

9.3 Katastrophenschutzbehörden und ihre Stäbe

Im Einsatzfall wird in der Behörde für Inneres und Sport der **Zentrale Katastrophendienststab (ZKD)** besetzt. Der ZKD berät und unterstützt den Staatsrat im Rahmen seiner politisch-strategischen Koordinierungs- und Entscheidungsaufgabe. Alle Bezirksämter, die Hamburg Port Authority sowie die Fachbehörden für Wirtschaft, Bau, Umwelt und Gesundheit verfügen über eigene Katastrophendienststäbe. Die Leitung der regionalen Katastrophenabwehr oder der Fachstäbe erfolgt durch die jeweiligen Staatsräte oder Amtsleitungen. Weil in Hamburg staatliche und kommunale Aufgaben nicht getrennt werden, sind in der Katastrophe die Feuerwehr und die Polizei auch nicht Teil der regionalen Katastrophenabwehr. Vielmehr stehen die beiden Ämter als eigenständige Organisationsformen und mit ihrer originären Aufgabe der Gefahrenabwehr und Unterstützung der anderen Behörden gleichberechtigt auf einer Ebene mit den Bezirken und den Fachbehörden (■ Abb. 9.1). Die Fachbehörden beraten und unterstützen im Rahmen ihrer fachlichen Zuständigkeiten und leiten die erforderlichen Maßnahmen ihres Ressorts ein. Die Kernaufgabe der Bezirksämter liegt zunächst in der Unterbringung, Betreuung und Versorgung der Bevölkerung, später übernehmen sie die Koordinierung sämtlicher regionaler Abwehrmaßnahmen.

Die Abteilung öffentliche Sicherheit, Brand- und Bevölkerungsschutz in der Innenbehörde bildet aufgrund ihrer Fachexpertise und des Planungswissens auch die Kernbesetzung in den wesentlichen Funktionen des ZKD. Auf der Grundlage der Stabsrichtlinie haben alle Katastrophendienststäbe Hamburgs den gleichen Aufbau. Dieser Aufbau beschränkt sich auf die Stabsbereiche Lage, Einsatz und Bevölkerung sowie Aufgaben des Inneren Dienstes und weicht damit von der klassischen Stabsstruktur der DV 100 ab. Nur der ZKD verfügt über einen weiteren Stabsbereich für die Krisenkommunikation (■ Abb. 9.2).

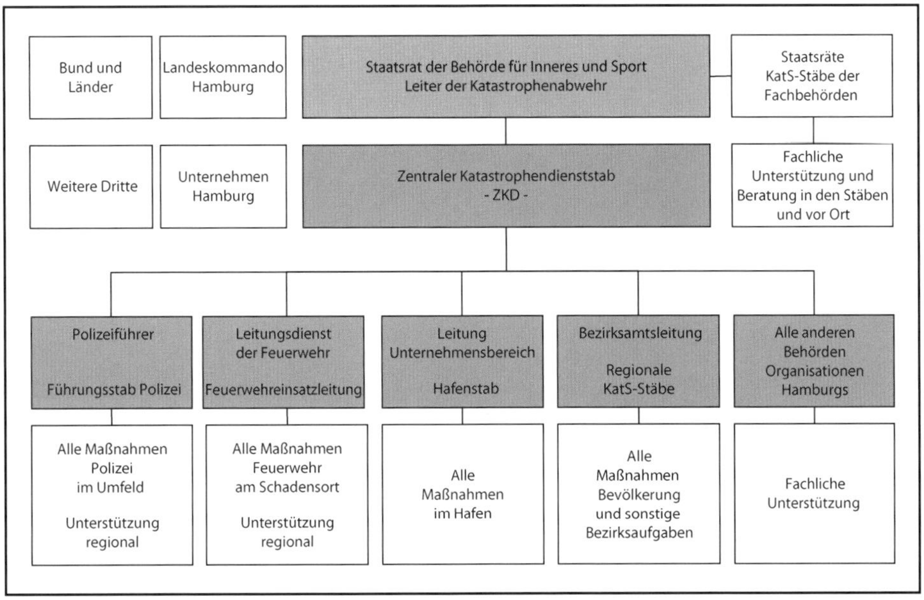

Abb. 9.1 Organisation der Katastrophenabwehr Hamburg

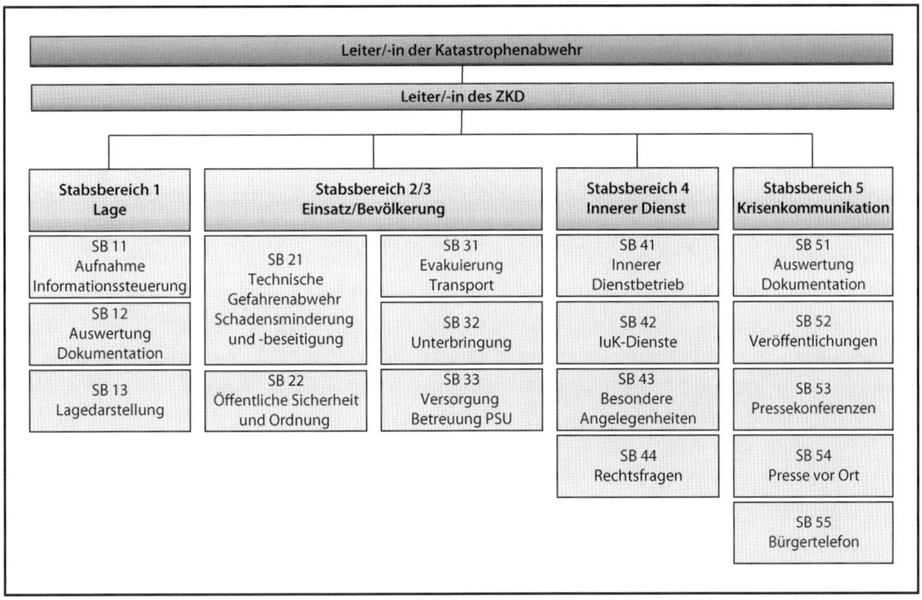

Abb. 9.2 Struktur und Aufgabenbereiche des ZKD Hamburg

Diese besondere Struktur des ZKD resultiert aus den Kernaufgaben der Katastrophenabwehr in Hamburg sowie den Rahmenbedingungen des Stadtstaates Hamburg und der damit verbundenen oben genannten Aufgabenkompetenzen und Weisungsbefugnisse. So ist es im ZKD nicht erforderlich, z. B. für die Polizei, Feuerwehr oder die Deichverteidigungsorganisation Kräfte und Mittel operativ-taktisch zu planen. Diese Planung erfolgt in jeweils eigener Zuständigkeit.

9.4 Aufgaben des Zentralen Katastrophendienststabes – ZKD

Die Anforderung und Koordinierung externer oder besonderer Kräfte und Mittel, die über die planmäßigen Ansätze hinausgehen und der dafür erforderliche ministerielle Kontakt zu anderen Behörden oder Bund und Ländern ist Aufgabe des ZKD. Neben den gebiets- und/oder ressortübergreifenden strategischen und ggf. politischen Entscheidungen sowie der Führung des Gesamtlagebildes wird z. B. die gesamte Warnung und Information der Bevölkerung vom ZKD koordiniert und mit den regionalen Bereichen abgestimmt. Auch die Veröffentlichung der Warnungen und die zentrale Presse- und Öffentlichkeitsarbeit für Hamburg sind Aufgaben des ZKD.

Der ZKD ist mit seiner Beratungs- und Unterstützungsfunktion des Staatsrates allen anderen Stäben übergeordnet. Er koordiniert im Auftrag des Staatsrates als obersten Leiters der Katastrophenabwehr die Maßnahmen der Stadt.

9.5 Stabsräume und Stabspersonal

Alle Katastrophendienststäbe verfügen, je nach Einsatzhäufigkeit, über mehr oder weniger ständig vorgehaltene Stabsräume. Der ZKD verfügt über einen ständig ausgestatteten und vorgehaltenen zentralen Lage- und Entscheidungsraum und in der Peripherie über ausgestattete Büroräume, die im Einsatzfall rasch als Stabsräume genutzt werden können. Die oben genannte Besetzung der Kernfunktionen des ZKD durch Mitarbeiter und Mitarbeiterinnen der Innenbehörde ist per Stellenbeschreibung fest verankert. Der ZKD wird durch weitere Verbindungspersonen und Fachberater beteiligter Behörden oder Unternehmen der Stadt, von Bund oder Ländern (THW, Hilfsorganisationen, Bundeswehr, …) unterstützt und ergänzt, um eine enge Schnittstelle zu den beteiligten Institutionen herzustellen, fachlich zu beraten und eine gemeinsam getragene Strategie zu entwickeln. Die Besetzung der anderen Katastrophendienststäbe der Stadt erfolgt im Wesentlichen durch freiwilliges Personal der jeweiligen Fachämter und -abteilungen. Das Stabspersonal ist insofern sehr motiviert und engagiert. Es verfügt über einen unterschiedlichen Ausbildungs- und Trainingsstand (► Kap. 42).

Nicht alle Katastrophendienststäbe Hamburgs verfügen über ständig vorgehaltene Stabsräume. Das Stabspersonal wirkt qua Amt oder freiwillig im Stab mit.

9.6 Vernetzung der Stäbe und Stabssoftware

Die Katastrophendienststäbe Hamburgs kommunizieren heute über das täglich genutzte IT-Netz der Stadt. Zusätzlich sind die Stäbe über ein eigenes und von der sonstigen Netzinfrastruktur autarkes, also redundantes IT-Netz verbunden, über das sie per Video- und Telefonkonferenz sowie per Stabs- oder Bürosoftware lagerelevante Informationen austauschen und Aufträge und Entscheidungen abstimmen. Sämtliche für den Katastrophenfall erforderlichen Kommunikations- und Lagedarstellungstools stehen hier gespiegelt bereit. Aufgrund der unterschiedlichen Zusammensetzung der Stäbe und der damit verbundenen stark differierenden Ausbildungs- und Trainingsstände (► Kap. 42) des Stabspersonals hat sich die Verwendung spezieller und wenig autodidaktisch bedienbarer Stabssoftware in Hamburg nicht bewährt. Dennoch erwies sich auch die Entwicklung spezieller Kommunikationsverfahren, die auf einer im täglichen Büroalltag verwendeten Anwendung basierten, in einer Hamburg-weiten Stabsrahmenübung (2014) als nicht einsatzfähig und bedürfte erheblicher Weiterentwicklungen. Sämtliche im Rahmen der Übungsnachbereitung geäußerten Anforderungen der Nutzer werden durch bestehende Lösungen mit ausgereiften Entwicklungsstufen angeboten. Der konsequente Schritt ist die künftige Nutzung bewährter und weit verbreiteter Software für die Stabsworkflowprozesse. Für die Lagedarstellung und Ressourcenauskünfte entwickeln die Behörden gemeinsam einen Netzwerkdatenbank-basierten »Atlas Innere Sicherheit« und bauen diesen kontinuierlich aus. Durch die Verknüpfung der individuellen Bedarfe und die Nutzung der übungs- und praxisbasierten Erfahrungen der Stäbe kann eine in der gewohnten IT-Umgebung des Büroalltags genutzte, moderne und einfach zu bedienende Stabsanwendung ein weiterer wichtiger Schritt zu einem wirkungsvollen Krisenmanagement sein.

Katastrophendienststäbe Hamburgs kommunizieren heute über das täglich genutzte IT-Netz der Stadt. Ein redundantes gespiegeltes System wird für den Netzausfall vorgehalten.

Dienstvorschriften, Normen und Gesetze

- Hamburgisches Katastrophenschutzgesetz, (HmbKatSG), 16. Januar 1978, Senat der Freien und Hansestadt Hamburg, HmbGVBl. 1978, S. 31, zuletzt geändert durch Gesetz vom 18. Juli 2001 (HmbGVBl. S. 251, 254)
- Katastrophenschutzordnung der Freien und Hansestadt Hamburg (KatSO) in der Fassung vom 15. September 1984, Senat der Freien und Hansestadt Hamburg zuletzt geändert worden am 30. Oktober 2006 (Amtlicher Anzeiger 2006, S. 3021 f.)

Aufgaben und Struktur eines Verwaltungsstabes am Beispiel Nordrhein-Westfalen

Maike Kranaster

G. Hofinger, R. Heimann (Hrsg.), *Handbuch Stabsarbeit*,
DOI 10.1007/978-3-662-48187-5_10,

Die Aufgaben und die Struktur eines Verwaltungsstabes werden in diesem Beitrag am Beispiel von Nordrhein-Westfalen dargestellt. Sie weisen hohe Ähnlichkeiten mit den Organisationsformen anderer Bundesländer auf.

10.1 Verantwortlichkeiten

Die Verantwortung für das Krisenmanagement liegt in Nordrhein-Westfalen bei den kreisfreien Städten und Kreisen, konkret bei dem oder der politisch Gesamtverantwortlichen (Hauptverwaltungsbeamten), also Oberbürgermeister/in bzw. Landrat/rätin.

In Nordrhein-Westfalen sind die **administrativ-organisatorischen** und die **operativ-taktischen** Bereiche getrennt. So gibt es zum einen den Krisenstab (administrativ-organisatorisch) und zum anderen die Einsatzleitung (operativ-taktisch, ▶ Kap. 7), die ihre jeweiligen Aufgaben zunächst getrennt voneinander bearbeiten. Beide Stäbe arbeiten gleichrangig und sind dem Hauptverwaltungsbeamten unterstellt (◘ Abb. 10.1).

Auch wenn die Aufgabenzuschnitte der beiden Stäbe zunächst eindeutig erscheinen, ist die Abgrenzung im Einsatz nicht immer einfach. Um hier Klarheit zu schaffen, ist ein Informationsaustausch auf vielen Ebenen wichtig (Gahlen & Kranaster, 2012). So werden z. B. zwischen beiden Stäben Verbindungspersonen (▶ Kap. 6) ausgetauscht, die für den Informationsaustausch zwischen den Stäben zuständig sind.

10.2 Strukturen und Aufgaben des Krisenstabs

Der Krisenstab setzt sich aus verschiedenen Bereichen zusammen. Diese sind in Nordrhein-Westfalen entsprechend des Krisenmanagement-Erlasses (Innenministerium NRW, 2013) wie folgt definiert (◘ Abb. 10.2):

- Stabsleitung,
- Koordinierungsgruppe,
- Bevölkerungsinformation und Medienarbeit,
- ständige Mitglieder des Stabes und
- ereignisspezifische Mitglieder des Stabes.

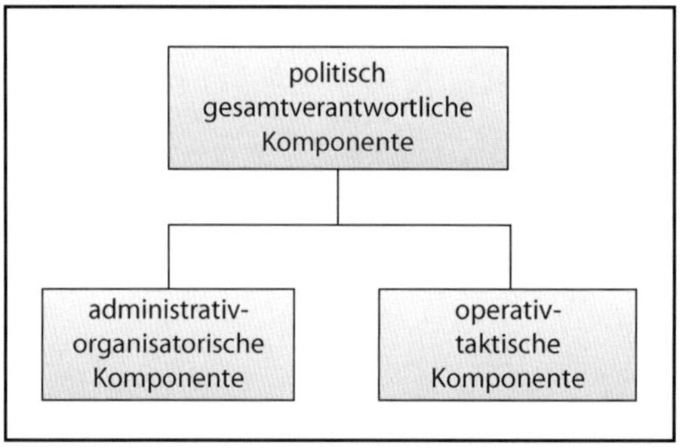

Abb. 10.1 Struktur des Krisenmanagements in Nordrhein-Westfalen

Die **Stabsleitung** ist für die Leitung und Koordinierung der Stabsarbeit zuständig. Sie trifft die wichtigen Entscheidungen und legt die Ziele fest.

Der Krisenmanagement-Erlass des Landes Nordrhein-Westfalen sieht als Leitung des Stabes eine Person vor. Diese Funktion wird in der Regel von einem Dezernenten bzw. Beigeordneten wahrgenommen, also einer Person, die direkt unterhalb von Oberbürgermeister bzw. Landrat angesiedelt ist.

In der Praxis hat sich gezeigt, dass die Aufgaben in diesem Bereich sehr umfangreich sind, sodass es sinnvoll ist, in diesem Bereich eine zweite Funktion zu schaffen, die den Prozess der Stabsarbeit durch die proaktive Moderation der Stabsbesprechungen steuert (**Stabsmanager/in**).

Die **Koordinierungsgruppe** teilt sich in die Bereiche Innerer Dienst und Lage und Dokumentation auf.

Der **Innere Dienst** kümmert sich um die Arbeitsfähigkeit des Stabes, also um die personelle Besetzung des Stabes, nötige Schichtwechsel, Zurverfügungstellung und Sicherung der Räume, die Versorgung des Stabes etc.

Der Bereich **Lage und Dokumentation** ist zuständig für die Darstellung aller mit dem Ereignis zusammenhängenden Informationen für die Stabsmitglieder. Dieser Bereich ist besonders wichtig für die Stabsmitglieder, weil sie auf Grundlage der Daten ihre Entscheidungen treffen und Prognosen erstellen. Zusätzlich wird hier die Dokumentation des Einsatzes geführt, die unter Umständen später auch vor Gericht Verwendung findet.

Die Aufgaben der Koordinierungsgruppe sind andere als die Alltagsaufgaben. Personen, die im Bereich der Koordinierungsgruppe tätig sind, müssen sich also in der Regel das nötige Fachwissen extra für diese Aufgabe aneignen.

Der Bereich **Bevölkerungsinformation und Medienarbeit** ist für die Pressearbeit zuständig. Von hier aus werden alle Informationen der Verwaltung gebündelt an die Medien gegeben. Auch die Information der Bürger ist hier angesiedelt. Zusätzlich ist der Bereich zuständig für die Auswertung der Medien.

Die **ständigen Mitglieder des Stabes** sind ausgewählte Vertreter, die im Stab Entscheidungen für ihre Organisationseinheit treffen können und entsprechende Maßnahmen veranlassen. Meist sind es die Leitungen der jeweiligen Ämter oder ihre Stellvertreter. Nach Erlass sind hier in der Regel folgende Fachbereiche vorgesehen: Sicherheit und Ordnung, Feuer- und Katastrophenschutz, Gesundheit, Umwelt, Soziales, Verbindungsbeamte der Polizei und der Einsatzleitung.

1. Ebene Leiter/in des Krisenstabs und Stellvertreter/in			
2. Ebene			
Koordinierungsgruppe Krisenstab **(KGS)**	Ständige Mitglieder des Krisenstabes **(SMS)**	Bevölkerungsinformation und Medienarbeit **(BuMA)**	Ereignisbezogene Mitglieder **(EMS)** **Fachberater**
3. Ebene Bereiche der Verwaltung, die bei Bedarf mitwirken			

Abb. 10.2 Struktur der Verwaltungsstäbe in Nordrhein-Westfalen

In dem Zusammenhang ist die Unterscheidung zwischen Vertretern und Verbindungspersonen der Organisationseinheiten wichtig: Die regulären Vertreter sind für ihren Fachbereich verantwortlich (z. B. als Amtsleitung); sie können und müssen im Einsatz Entscheidungen treffen. Verbindungspersonen dürfen keine Entscheidungen treffen, sie dienen ausschließlich dem Austausch der jeweiligen Stäbe und haben das Ziel, die Maßnahmen der Stäbe zu harmonisieren.

Die **ereignisspezifischen Mitglieder** des Stabes haben ähnliche Funktionen wie die ständigen Mitglieder, werden aber nur alarmiert, wenn ihr jeweiliger Fachbereich für die Bewältigung der Lage erforderlich ist. Sie können aus nicht ständig im Stab vertretenen Einheiten der eigenen Behörde oder anderen Behörden kommen oder fachkundige Dritte sein. Als Beispiel können hier Veterinäre, Betreiber des ÖPNV oder Stromversorger genannt werden.

Der Aufbau des Krisenstabes in NRW hat eine spezielle Organisationsform. In ihr arbeitet ein Teil der Mitglieder an ihren regulären Aufgaben (ständige und ereignisspezifische Mitglieder), ein anderer Teil ist für Bereiche zuständig, die nicht zu ihren Alltagsaufgaben gehören (vor allem aus der Koordinierungsgruppe).

10.3 Hierarchien im Krisenmanagement

Im Krisenmanagement in Nordrhein-Westfalen gibt es unterhalb und oberhalb der Ebene der kreisfreien Städte und Kreise weitere Hierarchieebenen mit eigenen Stäben.

Der Kreis hat unter sich noch die kreisangehörigen Gemeinden. Diese sind ebenfalls in die Schadensbewältigung einzubeziehen. Dazu muss der Kreis zuvor Strukturen für die Kommunikation und Information festlegen. Die kreisangehörigen Gemeinden können sog. **Stäbe für außergewöhnliche Ereignisse** (SAE) planen, die im Einsatzfall auf Weisung des Krisenstabes unterstützend tätig werden können. Die kreisfreie Stadt hat keine untergeordneten Strukturen des Krisenmanagements.

Oberhalb der Kreise und kreisfreien Städte gibt es auf Landesebene noch zwei weitere Ebenen, die Bezirksregierung und die Landesregierung, die unter Umständen unterstützend tätig werden. Die Bezirksregierung, also die staatliche Mittelbehörde, und auch das Land halten jeweils einen administrativ-organisatorischen Stab vor. Eine operativ-taktische Komponente ist auf dieser Ebene nicht erforderlich. Die Stäbe auf Bezirks- und Landesebene bündeln Informationen und entscheiden z. B. bei Flächenlagen über Einsatzschwerpunkte. Darüber hinaus können sie den Einsatz von Krisenstäben und Einsatzleitungen anordnen oder nach eigenem Ermessen bei Bedarf die Leitung der Krisenabwehr selber übernehmen.

In einer Krisensituation sind häufig mehrere Krisenstäbe auf verschiedenen Ebenen tätig.

10.4 Ausstattung und Ressourcen

Für das personalintensive Krisenmanagement der Verwaltung werden umfangreiche Ressourcen benötigt. Für ein gut funktionierendes Krisenmanagement ist es erforderlich, ausreichende Besetzungen für alle Funktionen zu planen. Das sind in kleineren Verwaltungen mindestens 15 Personen, je nach Lage und Größe kann der Stab aber auch leicht 30 Personen umfassen. Zusätzlich muss die Schichtfähigkeit vorbereitet sein, damit ein 24-Stunden-Betrieb sichergestellt ist. Drei Schichten sollten mindestens besetzt werden können. Werden Urlaube und Krankheiten mit eingerechnet, können vier oder sogar fünf Besetzungen erforderlich werden. Inwieweit das zu leisten ist, muss individuell betrachtet werden (Gahlen & Kranaster, 2012). Letztlich sind Risiko und Ressourceneinsatz gegeneinander abzuwägen. Dabei ist zu berücksichtigen, dass auch alle geplanten Personen, die im Krisenstab arbeiten sollen, ausgebildet und regelmäßig beübt werden sollten. Dafür entstehen entsprechende Ausbildungs- sowie Personalkosten.

10

Zusätzlich muss dem Stab ein geeigneter Raum mit der notwendigen technischen Ausstattung zur Verfügung stehen. In manchen Verwaltungen sind diese Ressourcen bereits vorhanden, in anderen sind hier Umbauten oder auch umfangreiche Anschaffungen erforderlich.

Die Besetzung eines Krisenstabes erfordert relativ viel Personal, das ausgebildet werden muss. Dies ist sehr aufwändig, macht sich aber in der Krise bezahlt.

Dienstvorschriften, Normen und Gesetze

- Ministerium für Inneres und Kommunales NRW (2013). Erlass Krisenmanagement durch Krisenstäbe im Land Nordrhein-Westfalen bei Großschadensereignissen, Krisen und Katastrophen«, RdErl d. Ministeriums für Inneres und Kommunales vom 04.10.2013. MBl NRW 2013, Nr. 27, S. 480.

Literatur

Gahlen, M. & Kranaster, M. (2012). *Krisenmanagement - Planung und Organisation von Krisenstäben* (2. erw. Aufl.). Stuttgart: Kohlhammer.

Politische Stäbe am Beispiel des Krisenstabes des Landes Hessen

Rudi Heimann

G. Hofinger, R. Heimann (Hrsg.), *Handbuch Stabsarbeit*,
DOI 10.1007/978-3-662-48187-5_11, © Springer-Verlag Berlin Heidelberg 2016

Wenn die Innenminister und -senatoren der Länder im Jahr 1976 Regelungen verabschieden, die die Einrichtung von Stäben in den Polizeien des Bundes und der Länder vorsehen – was liegt dann näher, als sich dieses Instrument auch für die eigene Arbeit in hochkritischen Entscheidungssituationen zu Nutze zu machen. Politische Stäbe sind weder Selbstzweck noch Stilmittel. Sie sind die angemessene Adaption eines erfolgreichen Instruments an besondere Bedarfe. Dieser Beitrag erläutert Aufbau und Struktur des Landeskrisenstabes in Hessen.

Im zentralen Krisenstab der hessischen Landesregierung kommen im Ereignisfall **alle politischen Entscheidungsträger** zusammen, um gemeinsam mit den Experten der Behörden und Organisationen mit Sicherheitsaufgaben (BOS) die notwendigen politischen Entscheidungen **in landesweit bedeutsamen** Krisensituationen zu treffen.

Vertreten sind hier Brand- und Katastrophenschutz, Polizei, Staatskanzlei sowie anlassbezogen bis zu 7 weitere Fachministerien. Den Vorsitz führt der/die Innenminister(in).

Denkbare Ereignisse, die zu einer kompletten oder Teilzusammenkunft dieses Gremiums führen können, sind Großschadenslagen wie der großflächige Austritt von Gefahrstoffen, Naturkatastrophen wie Überschwemmungen oder auch ressortübergreifende Geschehen, die koordiniert werden müssen, wie zielgerichtete Gewalttaten an Schulen, Tierseuchen oder Infektionsgefahren.

Die dann zu erfüllenden Aufgaben sind:

- die Koordination des Verwaltungshandelns auf der Ebene der obersten Landesbehörden über die Ressortgrenzen hinaus,
- das Treffen von wichtigen Grundsatzentscheidungen,
- laufende und einheitliche Information des Kabinetts, der Öffentlichkeit und der Presse,
- Koordination der Zusammenarbeit mit anderen Ländern und dem Bund.

Die letzten Echtlagen, die mit Teilaufrufen des Stabes bewältigt wurden, waren 2013 die Hochwasserkatastrophe in Sachsen und Brandenburg sowie 2014 die Eiskatastrophe in Slowenien; Ereignisse zu denen der hessische Katastrophenschutz eingesetzt war.

Der Krisenstab ist seit 2005 in Wiesbaden im hessischen Innenministerium angesiedelt, wobei es eine Ausweichörtlichkeit im Norden des Bundeslandes (Krisenzentrum der Landesfeuerwehrschule Kassel) gibt.

Er wurde aufgrund eines Kabinettsbeschlusses der hessischen Landesregierung aus dem Jahr 2005 errichtet und findet seine Berechtigung seit 2009 in einer Novellierung des Hessischen Brand- und Katastrophenschutzgesetzes (§ 5 (1) Nr. 10 HBKG), die die Einrichtung vorschreibt. Hierbei gründet sich die Entwicklung auf eine ressortübergreifende Koordinierungsgruppe, die nach der Reaktorkatastrophe von Tschernobyl ihre Arbeit aufgenommen hatte und vielfältige Aktivitäten entwickelte.

Das hessische Innenministerium hält im 24/7-Rhythmus das Lagezentrum der hessischen Landesregierung vor. Hier laufen alle wesentlichen sicherheitsrelevanten Informationen zusammen. Kommt es zu einem Aufruf des Krisenstabes, ist dies die erste Informationsschnittstelle zu den Geschehensabläufen außerhalb des Stabes.

Der Stab nimmt jedoch erst dann seine Arbeit auf, wenn die nachgeordneten Behörden auf Landkreisebene oder das jeweils originär zuständige Ministerium alleine die Lage nicht mehr bewältigen können. Die Entscheidung zur Einberufung trifft der Ministerpräsident auf Vorschlag des Innenministers.

11.1 Struktur des Krisenstabs

Der Stab selbst verfügt in seinen Räumlichkeiten (400 m^2) über 58 direkte Arbeitsplätze auf einer Etage, aufgeteilt auf (◘ Abb. 11.1):
- Leitung,
- Einsatzmanagement,
- Lageraum der Abteilung Brand- und Katastrophenschutz,
- 16 gesonderte Ressortarbeitsplätze,
- eine weitere Informations- und Kommunikationszentrale.

Die Leitung koordiniert das Verwaltungshandeln auf der Ebene der obersten Landesbehörden über die Ressortgrenzen hinaus, trifft wichtige Grundsatzentscheidungen und gewährleistet die laufende und einheitliche Information der Öffentlichkeit und der Presse. Sie besteht regelmäßig aus der Staatssekretärsebene, aber mindestens der Abteilungsleiterebene der jeweiligen Ressorts.

Politische Stäbe überbrücken Ressortgrenzen und erleichtern operativ-taktischen Stäben ihre Tätigkeit.

Im Einsatzmanagement findet unter der einheitlichen Leitung des Referatsleiters Brandschutz oder des ranghöchsten hessischen Polizisten – des Inspekteurs – die klassische Stabsarbeit statt. Die Leitung übernimmt derjenige, in dessen Bereich (Feuerwehr oder Polizei) sich der Schwerpunkt der Lage befindet. Das Einsatzmanagement koordiniert in erster Linie über Ressortgrenzen hinweg. Es informiert die politische Ebene, legt erforderlichenfalls Entscheidungsalternativen zu Grundsatzfragen vor und setzt die politischen Entscheidungen um.

Es ist nach einer Mischform der Feuerwehr- und Polizeidienstvorschrift in 27 Einzelpositionen gegliedert. So existiert ein S 3 P (Polizei) und ein S 3 F (Feuerwehr). Das Einsatzmanagement setzt sich aus den Stabsbereichen Einsatz, Logistik, Personal und Recht zusammen.

Die vorgelagerte Informations- und Kommunikationszentrale überwacht den Informationseingang, während der Informationsausgang über die Stabsbereiche erfolgt. Dieses – aus kommunikationstheoretischer Sicht – fehleranfällige Verfahren ist überhaupt nur mit einer geeigneten Dokumentationssoftware zu gewährleisten.

Die Ressortarbeitsplätze sind abgeschirmt, bieten einen Platz für ungestörtes Arbeiten und den direkten Kontakt zu separaten Datenbanken in den Ressorts.

Mit den erforderlichen Redundanzen ist für den Stab der Zugriff auf alle Medien möglich und der Kontakt zu den gesonderten Kommunikationskanälen der BOS, bis hin zur digitalen Bildübertragung aus Luftfahrzeugen der Polizei, ist sichergestellt. Ergänzt wird die Kommunikation durch aufrufbare Callcenter mit 75 Plätzen und vorbereitete **Schattenwebsites** zu vorgedachten Schadenszenarios, die bei Bedarf freigeschaltet werden.

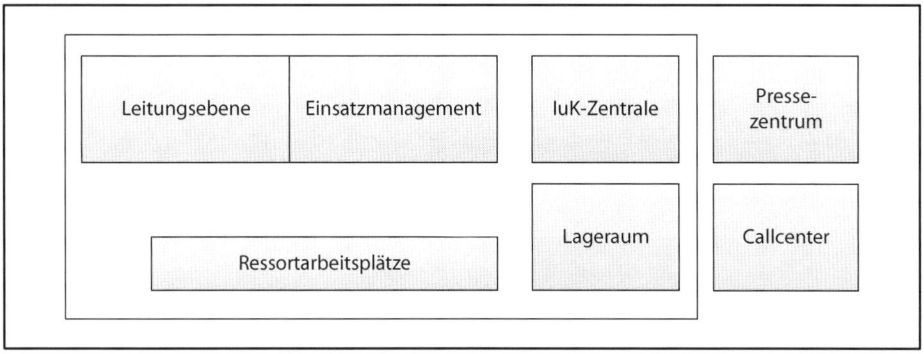

Abb. 11.1 Struktur des Krisenstabes der hessischen Landesregierung

11.2 Presse- und Öffentlichkeitsarbeit

Die Presse- und Öffentlichkeitsarbeit wird vom Pressesprecher des Ministeriums des Innern und für Sport in Absprache mit der Regierungssprecherin wahrgenommen. Ausnahmen bilden Krisen, die auf Straftaten fußen – in diesem Fall ist das Justizministerium zuständig. Binnen 2 Stunden können die räumlich abgesetzten ständigen Konferenzräume des Innenministeriums in ein Pressezentrum mit 144 Plätzen umgebaut werden.

11.3 Daten- und Informationsmanagement

Alle eingehenden Daten werden durch moderne Visualisierungstechnik und Informations- und Dokumentationssoftware aufbereitet. Eine Netzersatzanlage sorgt auch bei Stromausfällen für ein Funktionieren der Technik. Dennoch werden als Rückfallebene analoge Darstellungstechnik sowie Formulare für den händischen Belegfluss vorgehalten.

Der Leitungsraum verfügt im Bereich aktiver Kommunikationsmittel lediglich über ein konferenzfähiges Telefon. Informationen werden über Visualisierungsflächen bereitgestellt und eine Tischmikrofonanlage sorgt für die Kommunikation untereinander.

Der Zutritt in die Stabsräumlichkeiten wird mit eigenem Sicherheitspersonal überwacht. Am Eingang muss jeder – ausnahmslos – sein Mobiltelefon abgeben und die Räumlichkeiten werden regelmäßig auf Abhörtechnik untersucht.

Die Anzahl der Mitarbeiter pendelt um die 180 in den Stab eingewiesener Menschen der unterschiedlichsten Ressorts; sie besetzen die Stabsfunktionen dreifach redundant. Die Erfahrungswerte und Affinität der einzelnen Mitarbeiter zu den Abläufen im Krisenstab sind naturgemäß unterschiedlich. Mit regelmäßigen Schulungsangeboten, Stabsrahmenübungen wie der steten Teilnahme an der LÜKEX-Übungsfolge (▶ Kap. 41), ständiger Information und nicht zuletzt immer wiederkehrenden Alarmierungsübungen werden die Mitwirkenden qualifiziert und an ihre Aufgaben im Krisenfall erinnert.

Dienstvorschriften, Normen und Gesetze

- Hessisches Gesetz über den Brandschutz, die Allgemeine Hilfe und den Katastrophenschutz (Hessisches Brand- und Katastrophenschutzgesetz – HBKG) i. d. F. vom 14. Januar 2014.
- Kabinettsbeschluss der Hessischen Landesregierung vom 18. April 2005 – Errichtung eines Krisenstabes der Hessischen Landesregierung.

Krisenbewältigungsstrukturen in der chemischen Industrie: Das Instrument betriebliche Notfall- und Krisenstäbe

Stephan Hummel, Norbert Jetten

G. Hofinger, R. Heimann (Hrsg.), *Handbuch Stabsarbeit*,
DOI 10.1007/978-3-662-48187-5_12,

In der deutschen chemischen Industrie ist das Notfall- und Krisenmanagement seit Jahrzehnten integraler Bestandteil der Sicherheitsarchitektur. Insbesondere die großen Chemiestandorte, mit einer Vielzahl von Störfallanlagen, verfügen über professionelle Notfall- und Krisenmanagementorganisationen mit den dazugehörigen leistungsfähigen Führungsstäben zur Bewältigung von akuten Schadensfällen und anderen Ereignissen mit Krisenpotenzial. Die Zielsetzung und grundsätzliche Struktur sowie die besonderen Anforderungen an ein betriebliches Notfall- und Krisenmanagement werden im Folgenden am Beispiel eines großen Chemieparkstandortes vorgestellt.

12.1 Zielsetzung

Das betriebliche Notfall- und Krisenmanagement dient dem Schutz von Menschen, der Umwelt und dem Erhalt von Unternehmenswerten sowie der Erfüllung der Betreiberpflichten, die sich u. a. aus der Störfallverordnung aus dem Jahr 2013 ableiten lassen. Insbesondere die Unternehmensreputation stellt einen hohen immateriellen Wert dar. Um im Ereignisfall Imageschäden zu vermeiden bzw. zu reduzieren, ist eine professionelle Krisenkommunikation zwingend erforderlich. Des Weiteren sind wirtschaftliche Schäden, die z. B. durch ereignisbedingte Betriebsunterbrechungen entstehen können, zu minimieren und wesentliche Geschäftsprozesse aufrechtzuerhalten (»Business Continuity Management«). Im Ereignisfall ist eine permanente **Entscheidungs- und Handlungsfähigkeit** des Unternehmens im Sinne der Betreiberpflichten und der Betreiberinteressen sicherzustellen.

Diese Zielsetzung kann im Regelfall nicht durch die Alltagsorganisation erreicht werden. Daher muss im Ereignisfall ein leistungsfähiges Notfall- und Krisenmanagement zur Verfügung stehen, welches innerhalb einer Richtzeit von 30 bis 60 Minuten arbeitsfähig ist.

12.2 Relevante Szenarien

Die für das betriebliche Notfall- und Krisenmanagement relevanten Szenarien lassen sich grundlegend in die zwei Gruppen einteilen: »**Sicherheitsrelevante Szenarien**« und »**Compliance-Szenarien**«.

Beispiele für Notfall- und Krisenszenarien

Sicherheitsrelevante Szenarien:

- Brand / Explosion
- Produktaustritt
- Schwere und tödliche Arbeitsunfälle
- Akute Bedrohung
- Kampfmittelfund
- Hochwasser
- Unwetter
- Pandemie
- Störung der Ver-/Entsorgung

Compliance-Szenarien:

- Haftungsrechtliche Fragen
- Eigentumsdelikte
- Straftaten (ohne akute Bedrohung)
- Sabotage

Der Fokus der Krisenstabsorganisation liegt eindeutig im Bereich der sicherheitsrelevanten Szenarien.

12.3 Aufbau und Struktur

Im Wesentlichen besteht das betriebliche Notfall- und Krisenmanagement aus zwei Komponenten. Diese lehnen sich an die Krisenbewältigungsstrukturen der kommunalen Gefahrenabwehr für Großschadens- oder Katastrophenfälle an (◘ Abb. 12.1). Die bundesweit einheitlich eingeführte Feuerwehrdienstvorschrift 100 unterscheidet zwischen der operativ-taktischen Komponente (▶ Kap. 7) und der administrativ-organisatorischen Komponente (▶ Kap. 10).

Genau diese Strukturen finden sich auch im betrieblichen Notfall- und Krisenmanagement häufig wieder. Die administrativ-organisatorische Komponente wird durch einen betrieblichen **Krisenstab bzw. Werkseinsatzleitung** abgebildet. Der Begriff Werkseinsatzleitung kann aber im Ereignisfall zur Verwirrung führen: Wer leitet denn nun, die Einsatzleitung oder die Werkseinsatzleitung?

Große Chemieparkstandorte verfügen über hauptberufliche **Werkfeuerwehren**, die die operativ-taktische Komponente bei größeren Schadenlagen durch die Bildung einer stabsmäßig arbeitenden Einsatzleitung sicherstellen. Dabei ist der Einsatzleiter bzw. die Einsatzleiterin der staatlich angeordneten/anerkannten Werkfeuerwehr grundsätzlich weisungsfrei, d. h., er oder sie ist unabhängig von übergeordneten Managemententscheidungen. Damit wird der Gefahrenabwehr klar Vorrang gegenüber betriebswirtschaftlichen Aspekten eingeräumt. In der Praxis findet ein sehr enger Dialog zwischen diesen beiden Führungsgremien statt, um abgestimmte Entscheidungen sicherzustellen. Daher ist eine räumliche Nähe zwischen diesen beiden Führungsgremien sinnvoll. Voraussetzung für optimale Arbeitsbedingungen sind passend ausgestattete und jederzeit einsatzbereite Stabsräume für den Krisenstab (▶ Kap. 26) sowie für die rückwärtige Einsatzleitung, im Verbund mit einer leistungsfähigen Sicherheitszentrale (Leitstelle). Darüber hinaus benötigen die operativen Kräfte vor Ort, zur Koordination der Gefahrenabwehrmaßnahmen, einen geeigneten Einsatzleitwagen (ELW) als Führungsmittel.

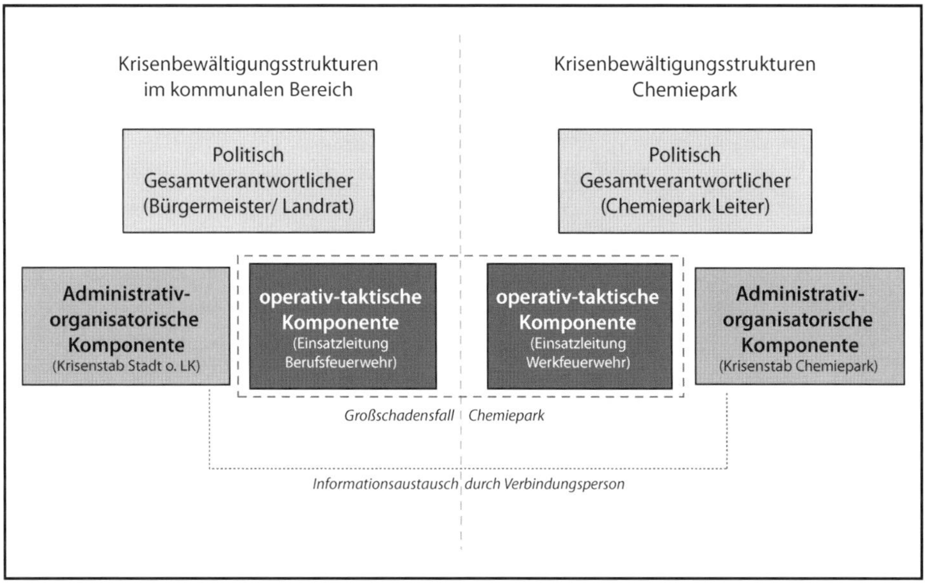

Abb. 12.1 Krisenbewältigungsstrukturen

Im Ereignisfall hat die Gefahrenabwehr Vorrang vor betriebswirtschaftlichen Interessen.

Bei dem Aufbau und der Besetzung von betrieblichen Krisenstäben bzw. Werkseinsatzleitungen sind unterschiedlichste Konzepte vorzufinden (Abb. 12.2). Diese hängen sehr häufig von der Unternehmensgröße und -struktur ab. Bei großen Standorten sind überwiegend Spezialisten der relevanten Bereiche (Brand-, Umwelt- und Werkschutz, Öffentlichkeitsarbeit) als feste Mitglieder des Krisenstabes eingebunden. Hinzu kommt ein hauptberuflicher **Krisenmanager**, der oder die den Stab moderiert, die Entscheidungsfindung steuert sowie die Auftragserledigung sicherstellt. Situativ kann der Krisenstab um Vertreter der betroffenen Unternehmen sowie Fachberater ergänzt werden, wie z. B. Mediziner, Toxikologen, Ökologen und Juristen.

Als oberster Entscheidungsträger steht dem Krisenstab der oder die »politisch« Gesamtverantwortliche (z. B. der **Chemieparkleiter** bzw. **Werkleiter**) vor. In dieser Funktion ist er in der Regel auch das Gesicht des Standortes nach außen, d. h., er steht für Interviews und Pressekonferenzen zur Verfügung. Diese Doppelspitze aus Chemieparkleiter und Krisenmanager hat sich in der Praxis bewährt. Eine kontinuierliche Führung des Krisenstabes ist somit auch dann sichergestellt, wenn der Chemieparkleiter aufgrund von Presseterminen nicht im Stab anwesend ist. Darüber hinaus kann sich der Chemieparkleiter um die politisch, strategische Ausrichtung des Krisenstabes kümmern und muss sich nicht mental mit der Moderation des Krisenstabes belasten.

12.4 Entwicklungen

Die Anforderungen an das Notfall- und Krisenmanagement von Unternehmen in der chemischen Industrie sind in den letzten Jahren deutlich gestiegen. Viele Chemiestandorte haben sich aus den ursprünglichen homogenen Werken hin zu Chemieparks, mit einer Vielzahl von rechtlich eigenständigen Unternehmen, weiterentwickelt. Die dadurch entstandenen organisa-

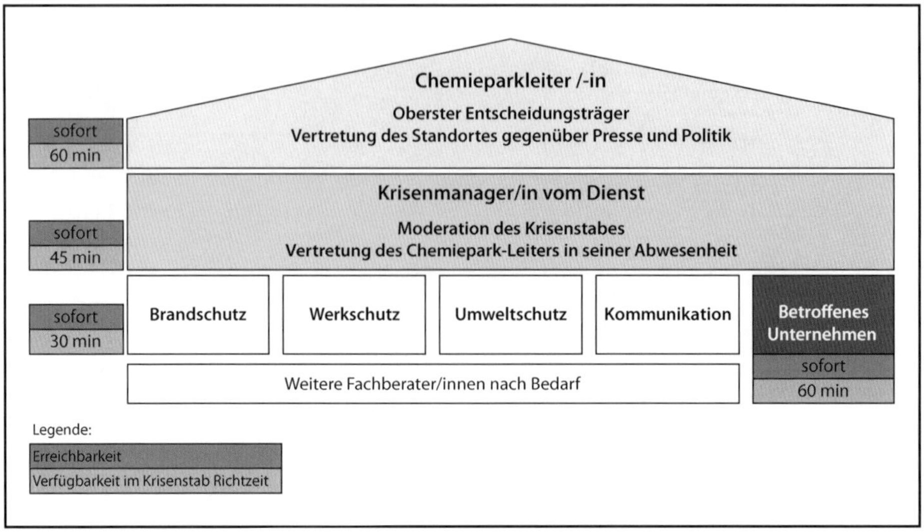

Abb. 12.2 Beispiel für die Aufbauorganisation eines betrieblichen Krisenstabes

torischen und rechtlichen Schnittstellen müssen wirksam in das Notfall- und Krisenmanagement integriert werden (▶ Kap. 44).

Darüber hinaus sind die zeitlichen Reaktionsfenster, insbesondere im Bereich der Krisenkommunikation (▶ Kap. 36) erheblich kleiner geworden. Neben den sog. »Blaulicht-Reportern«, die Polizei- und Feuerwehrfunk mithören, um möglichst frühzeitig die ersten Live-Bilder von der Einsatzstelle machen zu können, kommt den »Social Media« eine immer größere Bedeutung zu. Über größere Schadensereignisse wird heute in der Regel binnen weniger Minuten mit Bild- und Videomaterial in den diversen Onlinemedien berichtet. Der »Bürgerjournalismus« stellt eine große Herausforderung für die Krisenkommunikation da.

Der Bürgerjournalismus führt zu einer Verkürzung der Reaktionszeiten im Krisenfall.

Des Weiteren sind die Schnittstellen zu den Gefahrenabwehrbehörden, wie Feuerwehr und Polizei, den Entwicklungen anzupassen. Und auch die unterschiedlichen unternehmensinternen sowie behördlichen Meldeverpflichtungen sind vielschichtiger geworden und müssen koordiniert werden. Wesentliches Merkmal einer guten Krisenkommunikation ist es, die unterschiedlichen »stakeholder« wie Nachbarn, Behörden, Medien, eigene Mitarbeiter etc. spezifisch und nahezu gleichzeitig zu informieren und auf dem Laufenden zu halten.

Diese Beispiele zeigen auf, mit welchen Entwicklungen und Herausforderungen das betriebliche Notfall- und Krisenmanagement in den letzten Jahren konfrontiert wurde. Daher sind ständige Anpassungen und kontinuierliche Weiterentwicklungen integraler Bestandteil der Krisenprävention geworden.

Dienstvorschriften, Normen und Gesetze

- FwDV 100 (1999). Feuerwehrdienstvorschrift 100. Führung und Leitung im Einsatz – Führungssystem. Arbeitskreis V der Ständigen Konferenz der Innenminister und -senatoren der Länder.
- Störfallverordnung 12. Bundes-Immissionsschutzverordnung (BImSchV), zuletzt geändert durch Art. 1 V vom 14.08.2013.

Literatur

Störfallkommission (2005). *Arbeitshilfe für die Anwendung der Störfall-Verordnung bei Industrieparks.* Bonn: GFI.

Verband der chemischen Industrie (2010). *Leitfaden Notfallmanagement und Gefahrenabwehr.* Frankfurt am Main: VCI.

Krisenstäbe in Wirtschaftsunternehmen

Katrin Osarek

G. Hofinger, R. Heimann (Hrsg.), *Handbuch Stabsarbeit*,
DOI 10.1007/978-3-662-48187-5_13, © Springer-Verlag Berlin Heidelberg 2016

Grundsätzlich unterscheiden sich Krisenstäbe in Unternehmen und deren Auftrag nicht von anderen Krisenstäben: Ad hoc sollen komplexe Probleme durch klare Verantwortlichkeiten strukturiert und effizient bewältigt werden. Die Ausprägung von Krisenstäben in Unternehmen ist maßgeblich durch zwei Faktoren bestimmt: Gesetzliche Anforderungen und Wirtschaftlichkeit. Ihre Balance ist Ursache, Treiber und Ziel von Investition und Aufbau. Diese Spannungsfelder werden im Folgenden beleuchtet.

13.1 Struktur von Unternehmenskrisenstäben

Die nachhaltige Sicherung des geschäftlichen Erfolgs ist eines der Kernziele der Krisenstabsarbeit. Die finanziellen, reputativen und regulatorischen Auswirkungen im Falle einer Krise sollen auf ein Minimum reduziert werden. Dadurch ergibt sich ein meist recht ähnlicher Aufbau von Krisenstäben (◘ Abb. 13.1). Diese sind häufig flexibel gestaltet, sodass je nach Ereignis eine Reihe von beratenden Experten hinzugerufen werden kann. Der Personalpool besteht aus den auch im Normalbetrieb für die Ressourcen zuständigen Personen und beruht nicht auf einer Einschätzung der individuellen Krisenmanagementfähigkeit. Nicht zuletzt aufgrund der leitenden Stellung der Stabsmitglieder bilden sich darunter Assistenzteams, welche auf taktischer und operativer Ebene Aufgaben aus dem Krisenstab abarbeiten. Gegliedert in 3 Gruppen sind meist Repräsentanten des betroffenen **Geschäftsbereichs**, Vertreter der **Kernbereiche** des Unternehmens und die unmittelbar auf die Krise **reagierenden Einheiten** vertreten. Dabei ist eine wabenförmige Struktur, welche sich durch klar definierte Schnittstellen und einen formschlüssigen Gesamtaufbau auszeichnet, ein Idealbild. Eine Aktiengesellschaft, welche weltweit in unterschiedlichsten Märkten und Geschäftsfeldern agiert, wird dabei mehrere Eskalationsebenen des Krisenmanagements aufweisen.

13.2 Auf welche Ressourcen kann zurückgegriffen werden?

Die genutzten Räumlichkeiten reichen von einfachen Besprechungsräumen bis hin zu technisch hochmodernen Lagezentren. **Ausweichstandorte** mit ähnlicher Ausstattung stehen meist ebenfalls zur Verfügung. Wirtschaftlichkeit spielt wie bei fast allen Überlegungen in Unternehmen auch hier eine Rolle, sodass es durchaus zu Kooperationen zwischen Unternehmen kommen kann. Diese sind jedoch meist inoffiziell, basieren auf persönlichen Netzwerken und werden ggf. ad hoc genutzt.

In den seltensten Fällen werden die Mitglieder intensiv auf ihre Aufgabe im Krisenstab vorbereitet. Ausbildungen werden meist nur rudimentär durchgeführt, sodass eine Vielzahl

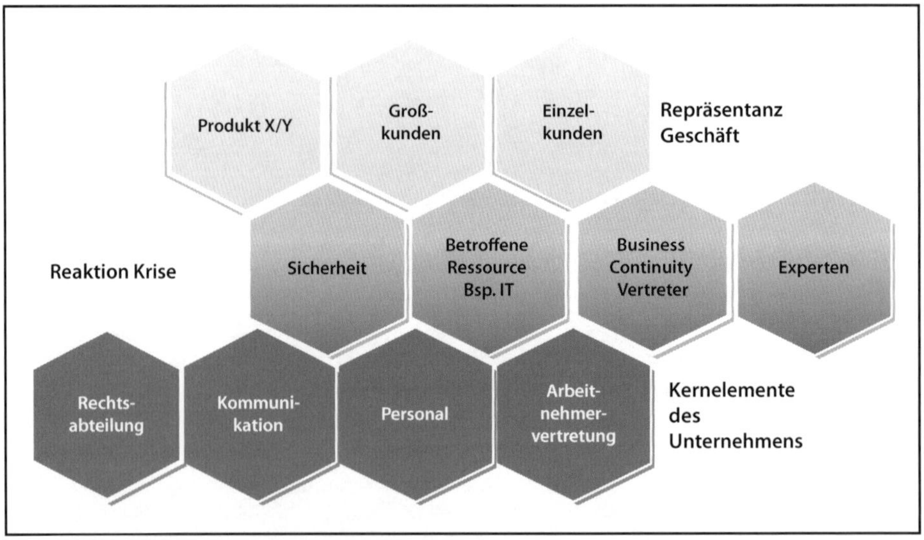

Abb. 13.1 Wabenförmige Struktur von Unternehmenskrisenstäben

von Vorlagen und Checklisten zum Einsatz kommt. Der häufige Wechsel von Positionen und Zuständigkeiten sowie das seltene Auftreten von Krisen lassen Ausbildung und Training für Expertenpositionen nicht rentabel erscheinen. Geübt wird mit Schlüsselpositionen und je nach Szenario mit wenigen relevanten Experten.

13.3 Aufgaben von Unternehmenskrisenstäben

Die Aufgaben sind je nach Vorfall und Unternehmensstruktur unterschiedlich komplex und umfangreich. Zu beantwortende Kernfragen sind jedoch immer ähnlich:

- **Wie kann ich die Unversehrtheit meiner Mitarbeiter und externer Interessensgruppen sicherstellen?**

Diese Fragestellung erfordert meist jemanden aus der Sicherheitsabteilung eines Unternehmens; oft ist auch in diesem Bereich die Krisenmanagementorganisation angesiedelt. Rufbereitschaften und automatische Alarmierungssysteme ermöglichen einen zügigen Übergang von Notfall- zu Krisenmanagement. In fast allen Fällen werden die **Arbeitnehmervertretung,** das für **Personal** zuständige Management und die **interne Kommunikation** hinzugezogen. Letztere, um die Information an die eigenen Mitarbeiter sicherzustellen. Optional und je nach Lage kommen Gesundheitswesen bzw. Werksmedizin hinzu.

- **Wie kann ich mein Geschäft mit möglichst wenigen Einbußen weiterführen?**

Eine auch präventiv agierende Krisenmanagementorganisation beschäftigt sich mit dieser Fragestellung schon im Vorfeld von Krisen. Zuständig hierfür ist das Business Continuity Management (BCM).

Im Zuge des BCM wird für die Nichtverfügbarkeit von Kernressourcen, unabhängig von der Ursache, vorgesorgt.

Die BCM-Planung kann in vier Szenarien unterteilt werden: Ausfall von Gebäuden, Personal, IT/Infrastruktur sowie den von externer Dienstleistern/Lieferanten (ISO 22301 2012; Good Practice Guidelines, 2013). Im Krisenstab ist dann meist nur eine Verbindungsperson zur BCM-Organisation und ggf. dem betroffene Geschäftsbereich erforderlich. Diese berichten über Kapazitäten, relevante Probleme und können Informationen sowie Aufträge an die nachgeordneten BCM-Verantwortlichen und -Abteilungen weiterleiten.

- **Wie komme ich zurück in den Normalbetrieb?**

Zusätzlich zur Fortführung des Geschäftsbetriebs ist es erforderlich, sich über die Rückführung in einen Normalbetrieb Gedanken zu machen. Ähnlich wie im BCM wird auch im Zuge des Wiederanlaufs und der Wiederherstellung auf vorbereitete Pläne zurückgegriffen. Je nach betroffener Ressource sitzt dann im Krisenstab ein Experte oder eine Expertin, welche(r) über den Status berichtet und Aufgaben gezielt an die Fachbereiche weiterleitet.

- **Wie kann ich mein Image, meine Marke oder auch meine Reputation schützen?**

Eine für die Privatwirtschaft überaus wichtige Funktion ist die der **Kommunikation**. Hier geht es meist weniger um den Schutz des Kunden (außer natürlich bei Rückrufaktionen), sondern vielmehr darum, den Ruf bzw. das Image des Unternehmens zu schützen. Ein Reputationsschaden bedeutet unter Umständen die Insolvenz. Der Verlust eines Marktanteils bzw. des Vertrauens der Kunden findet sich direkt in den Umsatzzahlen des Unternehmens wieder. Gerade durch die neuen Medien und deren Geschwindigkeit ist eine früh getroffene und gute Kommunikationsstrategie ein entscheidender Beitrag, um die Krise zu überstehen und weitere negative Auswirkungen zu verhindern (▶ Kap. 36).

13.4 Krisenstäbe und Wirtschaftlichkeitsüberlegungen

Es sind zwei regulierende Faktoren für Krisenstäbe in Unternehmen, die aufgrund ihrer Dienstleistungen oder Produkte kein explizites Gefahrenpotenzial aufweisen (▶ Kap. 12), entscheidend. Zum einen die **gesetzlichen Anforderungen**, zum anderen die **Wirtschaftlichkeit** (◘ Abb. 13.2). Je nach Unternehmen sind diese in unterschiedlicher Ausprägung relevant und haben Einfluss auf die Beschaffenheit und Struktur des Krisenstabes. Ziel von Unternehmen ist der geschäftliche Erfolg. Dazu müssen die Erbringung von Dienstleistungen bzw. die Herstellung von Produkten und die Akzeptanz am Markt gewährleistet sein. Dies unter der Prämisse der Wirtschaftlichkeit; d. h., der Ertrag muss größer sein als der Aufwand. Krisenmanagement ist hier wie eine Versicherung zu sehen; der Nutzen tritt erst zu Tage, wenn ein Ereignis eintritt, welches eigentlich vermieden werden soll. Dies bedeutet, dass ein Krisenstab nicht nur keinen Ertrag bringt, sondern auch der Nutzen nicht zwangsläufig erkennbar wird. Dies hat Auswirkungen auf die Prioritätensetzung und das Investitionsverhalten des Managements.

Gerade bei Geschäftsmodellen, welche mit vielen Risiken kurzfristig hohe Gewinne am Markt anstreben, steht die Nachhaltigkeit nicht im Vordergrund. Der Leidtragende im Falle einer Krise ist dann häufig der Steuerzahler, welcher die durch die Geschäftsführung provozierte Insolvenz finanziert. Um diesem Prozess entgegenzuwirken bzw. die Wahrscheinlichkeit des Eintritts zu reduzieren, ist der Gesetzgeber bemüht, Unternehmen zu Investitionen in die Sicherheit/Nachhaltigkeit und somit auch in Krisenstäbe zu bewegen (MaRisk AT 2). Daraus

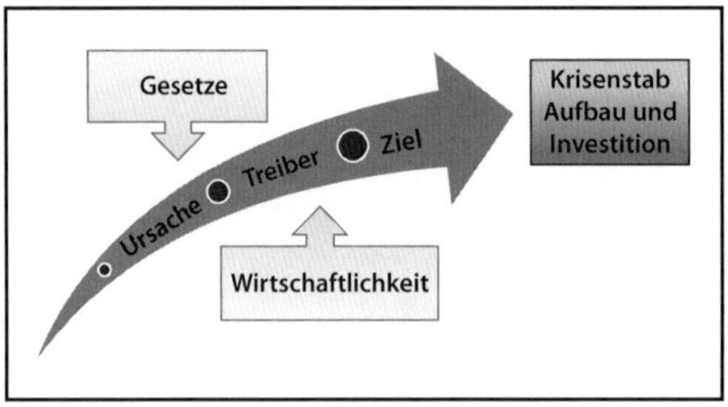

Abb. 13.2 Einflüsse auf Krisenstäbe in Wirtschaftsunternehmen

resultieren gesetzliche Anforderungen für kritische Infrastrukturen, wie z. B. das Telekommunikationsgesetz (§ 109 TKG) oder die Mindestanforderungen an das Risikomanagement für Banken (MaRisk AT 7.3).

13.5 Fazit

Die Ausführungen machen deutlich, dass Unternehmen klare Regelungen für die Krise treffen müssen. Globalisierung, Just-in-Time-Produktion und gesetzliche Anforderungen machen eine stete Weiterentwicklung notwendig. Der Bedarf wird im besten Fall vor der Notwendigkeit erkannt und erfüllt.

Die Stärke vieler Unternehmen, schnelle und flexible Lösungen zu finden, hilft auch im Krisenmanagement. Innovation zeichnet erfolgreiche Unternehmen aus, dies trifft auch auf deren Krisenstäbe zu.

Dienstvorschriften, Normen und Gesetze

- Telekommunikationsgesetz vom 22. Juni 2004 (BGBl. I S. 1190), zuletzt geändert durch Art. 22 des Gesetzes vom 25. Juli 2014 (BGBl. I S. 1266). ► http://www.gesetze-im-internet.de/bundesrecht/tkg_2004/gesamt.pdf. Zugegriffen: 01.02.2015.
- Bundesanstalt für Finanzdienstleistungsaufsicht (BaFin) (2012). Mindestanforderungen an das Risikomanagement Rundschreiben 10/2012 (BA). Bonn. ► http://www.bafin.de/SharedDocs/Downloads/DE/Rundschreiben/dl_rs1210_marisk_pdf_ba.pdf?__blob=publicationFile&v=5. Zugegriffen: 01.02.2015.
- ISO (2012). ISO 22301:2012 Societal security – Business continuity management systems – Requirements, Geneva: ISO.
- Business Continuity Institute (BCI) (2013). Good Practice Guidelines 2013 – Leitfaden für die Umsetzung von Business Continuity. Reading: BCI. ► https://shop.thebci.org/shop/product_detail.php?prodID=578. Zugegriffen: 01.02.2015.

Führen und Entscheiden im Stab

Führen und Entscheiden im Stab

In dieser Sektion wird betrachtet, wie in Stäben geführt, zusammengearbeitet und entschieden wird. Dazu gehören stabsspezifische Prozesse wie Lagebewertungen, Lagebesprechungen und Führungszyklen, zudem auch generelle Problemlöseaspekte wie Entscheidungsformen und gemeinsame mentale Modelle sowie psychologische Einflussfaktoren. Grundlagenthemen wie Führen, Entscheiden oder Umgang mit Stress werden auf Stabsarbeit fokussiert. Die Stabsprozesse werden hier anhand konkreter Stäbe (▶ Teil II) diskutiert, sind aber für alle im Buch behandelten Stabsformen gültig oder übertragbar.

Planung und Kontrolle von Lagen mit Zeitstrahl in Abhängigkeit von Führungsphilosophien in Führungsstäben

Florentin v. Kaufmann

G. Hofinger, R. Heimann (Hrsg.), *Handbuch Stabsarbeit*,
DOI 10.1007/978-3-662-48187-5_14, © Springer-Verlag Berlin Heidelberg 2016

Erkenntnisse des Autors aus einer Vielzahl von Stabsübungen zeigen, dass die Umsetzungsplanung und Weitergabe der Entschlüsse durch die Stäbe oftmals unbefriedigend war. Nachgeordnete Stellen konnten durch die fehlende Information oder das fehlende Verständnis nicht erkennen, was von ihnen verlangt wurde, und daher die Weisungen des Stabes nicht oder nicht in dessen Sinne ausführen. Der bei der Stabsarbeit in der Regel eingesetzte Führungsprozess setzt sich aus den Prozessschritten Lagefeststellung, Durchführungsplanung und Effektkontrolle zusammen. Das Planungsinstrument des Zeitstrahls betrifft alle drei Bereiche. Der limitierende Faktor bei der Planung ist meist die Zeit. Aufgrund der verbleibenden Zeit für die Planungen und der Dynamik der Lageentwicklung steht die Methode jedoch in enger Abhängigkeit mit der angewendeten Führungsphilosophie und der Art des »command« und »control«.

Der bei der Stabsarbeit in der Regel eingesetzte Führungsprozess setzt sich aus den Prozessschritten **Lagefeststellung, Durchführungsplan** und **Effektkontrolle** zusammen (▸ Kap. 16).

14.1 Aufgabenstellung bei der Umsetzung von Entschlüssen

Van Creveld (1985) unterscheidet drei Führungsphilosophien: Führung durch Weisung, Planung und Auftrag (◘ Tab. 14.1).

Führung durch Weisung bedeutet persönliches Führen eines jeden Details und das Erteilen unmittelbarer und detaillierter Befehle in der aktuell ablaufenden Lage. Das Lagebild der höchsten Führungsebene kann aufgrund der Komplexität des Einsatzes nicht vollständig erstellt und auch nicht aktuell gehalten werden. Die Folge ist, dass der Führer oder die Führerin persönlich führen muss, was er oder sie nur an einer Stelle kann. Da ein übergeordnetes Ziel bei den anderen nachgeordneten Stellen nicht bekannt ist, entwickeln sich eigenständige und parallele Strukturen.

Führung durch Planung entspricht der Vorausplanung aller Eventualitäten. Der Führer führt nicht mehr unmittelbar, sondern räumt den nachgeordneten Führungskräften vorausgeplante Entscheidungsoptionen ein. Das Ergebnis ist ein Einsatzplan, der alle Eventualitäten berücksichtigen muss und Pfade vorgibt. Insbesondere, wenn Handlungszwänge vorliegen, die eine Synchronisation von Raum und Zeit erfordern, ist dies eine Option – solange sich die Lage nach den Vorstellungen der vorausplanen Stelle entwickelt und keine grundlegenden Lageänderungen eintreten.

Tab. 14.1 Führungsansätze unterschieden in Ursache, Folge und Wirkung (nach van Creveld, 1985)

	Ursache	Folge	Wirkung
Führung durch Weisung	Nachgeordnete Stellen kennen das übergeordnete Ziel und die Absicht der übergeordneten Führung nicht	Entwicklung eines gemeinsamen Lageverständnisses ist nicht möglich	Statische Einsatzführung, insbesondere bei komplexen Schadenslagen; kaum angepasste Reaktion ohne Weisung der vorgesetzten Stellen; hoher und detaillierter Planungsaufwand
Führung durch Planung	Nachgeordnete Stellen kennen das übergeordnete Ziel und die Absicht der übergeordneten Führung kaum	Aufbau eines gemeinsamen Lageverständnisses ist bedingt vorhanden	Träge Einsatzführung, insbesondere bei komplexen Schadenslagen: nur Reaktion, wenn die Eventualität vorgesehen ist; hoher und detaillierter Planungsaufwand, der alle Eventualitäten vorsehen muss
Führung durch Auftrag	Nachgeordnete Stellen haben das übergeordnete Ziel und die Absicht der übergeordneten Führung verinnerlicht	Ein gemeinsames Lageverständnis ist vorhanden	Das Handeln der nachgeordneten Stellen richtet sich nur an der Absicht der übergeordneten Führung und der Zielsetzung aus, infolgedessen lageangepasstes und zielgerichtetes Handeln der nachgeordneten Stellen

Führung durch Auftrag bedeutet die Vorgabe der eigenen Absicht, verbunden mit Zielen, die zu erreichen sind. Die wenigen geregelten Details lassen den nachgeordneten Stellen ein Höchstmaß an Freiraum bei der Auftragserfüllung. Wichtig ist der Erhalt der Selbstständigkeit der nachgeordneten Stellen. Diese müssen über alle notwendigen Fähigkeiten verfügen, um den Einsatzauftrag erfüllen zu können. Die Arbeit des Stabes beschränkt sich damit auf das Erhalten und Zurverfügungstellen der notwendigen Fähigkeiten und eine Zielvorgabe mit der eigenen Absicht und wenigen Vorgaben. Durch die Handlungsfreiheit der nachgeordneten Stellen kann auch in komplexen Lagen schnell und lageangepasst reagiert werden. Der Stab beansprucht für sich nicht, den Einsatz bis ins letzte Detail zu planen. Der Grundsatz Moltkes des Älteren gilt hier als akzeptiert (zit. nach Oetting, 1993): »Keine Operation reicht mit einiger Sicherheit über das Zusammentreffen mit der … Hauptmacht hinaus. Nur der Laie glaubt, den Verlauf … einer konsequenten Durchführung eines voraus gefassten, in alle Einzelheiten überlegten und bis ans Ende festgehaltenen, ursprünglichen Gedanken zu erblicken.«

14

Die Führung durch Weisung, durch Planung und durch Auftrag sind mögliche Führungsphilosophien, die im Stab angewendet werden können. Führen mit Auftrag ist insbesondere in komplexen Lagen das geeignete Mittel, um flexibel und lageangepasst, auch bei unvorhersehbaren und dynamischen Einsatzentwicklungen agieren zu können.

14.2 Einfluss der Zeit auf die Führung von Lagen

Diese Klassifizierung der Führungsphilosophie zeigt deutlich, dass das Umsetzen der Entschlüsse dabei eng mit der Art der Einsatzführung zusammenhängt, folglich der Art zu befehlen und zu kontrollieren (»command« und »control«; Albert & Hayes, 2005).

Alberts und Hayes (2005) unterscheiden dabei verschiedene Formen des Command und Control (Tab. 14.2). Die sechs Formen (zyklisch, einmischend, problemlösend, problemein-

Tab. 14.2 Führungsansätze van Crevelds (1985) im Vergleich zu den 2C-Ansätzen von Alberts und Hayes (2005)

Führungsarten nach van Creveld	Arten des Controlling nach Alberts und Hayes	
	Arten	**Beschreibung**
Führung durch Weisung	Zyklisch	Kontrollieren detaillierter Befehle und Weisungen, die aktuell von der jeweiligen Führungsausrichtung ausgegeben werden. Die Menge und Qualität der ausgetauschten Informationen ist begrenzt. Die Aktionen der nachgeordneten Organisationen, die voneinander abhängen, müssen einzeln koordiniert werden.
	Einmischend	Wie das zyklische Modell, jedoch mit besseren Kommunikationskapazitäten, was ein lageangepasstes Einmischen und besseres Abändern, je nach Situation erlaubt.
Führung durch Planung	Problemlösend	Wie einmischend, jedoch wird begrenzte Innovation und Flexibilität der nachgeordneten Führungskräfte zugelassen.
	Problem-eingrenzend	Zunehmend mehr auf die Zielvorgaben ausgerichtet, jedoch Befehle für Zwischenziele und Eingrenzen der Handlungsfreiheit.
Führung durch Auftrag	Selektive Kontrolle	Lediglich Schaffen der Ausgangsbedingungen für den Erfolg, allgemein gehaltene Aufträge, jedoch genaues Beobachten der Situation, um keine Bedrohung für den Einsatzerfolg zu übersehen.
	Frei von Kontrolle	Nur noch das Schaffen der Ausgangsbedingungen für den Erfolg mit allgemein gehaltenen Aufträgen, kaum bis keine Kontrolle.

grenzend, selektive Kontrolle und frei von Kontrolle) geben im Wesentlichen van Crevelds Führungsphilosophien wieder. Sie gehen jedoch von dem umgekehrten Ansatz aus, dass die Art des Controls erheblichen Einfluss auf die Art des Commands und damit unmittelbar auf die Ausarbeitung der gefassten Entschlüsse ausübt. Sie unterscheiden nach einem stark einmischenden und zentralen Führungsansatz bis hin zur dezentralen Führung. Ihre Folgerung ist, dass das stark einmischende Element eine engmaschige Kontrolle notwendig macht. Diese bedingt wiederum auch eine detaillierte und wenig Freiräume gewährende Planung, um ständig den Soll-Ist-Zustand abgleichen zu können. Der dezentrale Führungsansatz wird im optimalen Fall als »ohne Kontrolle« beschrieben. Das heißt, dass es lediglich ein **gemeinsames Lageverständnis** (► Kap. 17) und ein gemeinsames definiertes und übergeordnetes Ziel mit einer Idee dahinter gibt. Alberts und Hayes (2005) beschreiben dies mit der **Selbstsynchronisation** der Kräfte – dem selbstständigen Ausrichten aller verfügbaren Kräfte auf ein gemeinsames Ziel.

Die Verfahren der Führung durch Weisung und Führung durch Planung unterscheiden sich von der Führung durch Auftrag im Wesentlichen durch das Fehlen von Intuition und Flexibilität bei den nachgeordneten Führungsebenen. Die Geschwindigkeit der Lagefeststellung, der Erarbeitung des Entschlusses und des Befehls sowie die Ausführungsgeschwindigkeit, also die Zeit, in der die nachgeordneten Kräfte von einem Zustand in den anderen übergehen und sich zur Wirkung entfalten, muss so ausgewogen sein, dass das Einsatzziel fristgerecht erreicht wird.

Die Planungen beziehen sich somit auf die Koordinierung von Kraft und Raum mit dem Fokus auf der Zeit. Das bestätigt auch Oetting (1993, S. 66): »Obgleich die drei genannten Faktoren von grundsätzlich gleicher Bedeutung sind, wird hier dem Zeitfaktor besondere Aufmerksamkeit zugewandt. Denn mit seiner Hilfe sind Nachteile bei Kräften und Raum am ehesten auszugleichen. Kräfte lassen sich oft verstärken, verlorener Raum kann oft wiedergewonnen werden. Verlorene Zeit bleibt jedoch endgültig verloren.«

Die Geschwindigkeit der Lagefeststellung, des Entschlusses, des Befehls und der Ausführung desselben, also die Transformationszeit, in der die nachgeordneten Kräfte sich zur Wirkung entfalten, muss Ziel der Planung sein. Der eindeutige Fokus liegt dabei auf der Zeit. Nur so ist eine realistische Umsetzung der Planung möglich.

14.3 Zeitstrahl als Planungsinstrument

Nachfolgend wird eine mögliche Methode zur Koordinierung von Kraft, Raum und Zeit vorgestellt, mit der der Autor positive Erfahrungen gesammelt hat, insbesondere, wenn es um das Austarieren der Geschwindigkeit der einzelnen Schritte des Führungsprozesses und der anschließenden Umsetzung handelt.

Planungsarbeit in einem Stab ist grundsätzlich mit Projektgruppenarbeit zu vergleichen. Folglich liegt es nahe, dass die gängigen Methoden des Projektmanagements angewendet werden können. Das Instrument des Zeitstrahls ist nicht neu und in der Projektplanung oft zu finden. Der Zeitstrahl als Planungs- und Kontrollinstrument unter der Berücksichtigung der oben beschriebenen Führungsgrundsätze kommt als wesentliches Element des Führungsprozesses dreimal zum Einsatz: Beim **Feststellen der Möglichkeiten**, beim **Ausplanen** nach dem Entschluss und als **Kontrollinstrument** für die Umsetzung.

14.3.1 Zeitstrahl zur Vorbereitung des Entschlusses

Der Entschluss entwickelt sich aus der Auswertung des Auftrages, der Informationsgewinnung, als Bestandteil der Beurteilung der Lage und dem Feststellen der Möglichkeiten. Der Entschluss muss in die Zukunft gerichtet sein. Hierfür ist zumindest eine Grobplanung des Einsatzes in die Zukunft wichtig.

Der Zeitstrahl wird so eingerichtet, dass er in der Horizontalen den Zeitablauf darstellt und sich in der Vertikalen in verschiedene Optionen unterteilen lässt (▣ Abb. 14.1). Ausgangspunkt der Planungen ist die Rahmenlage mit der eigenen Lage und der Schadenslage. Ausgehend vom aktuellen Zeitpunkt der Lagefeststellung gilt es, die Lageentwicklung in die Zukunft zu denken und die Handlungszwänge zu definieren. Unter Handlungszwängen werden in diesem Fall unvermeidliche Tatsachen verstanden, die unter Umständen den eigenen Spielraum einengen. Beispiele hierfür sind der Anstieg eines Hochwassers mit dem Überschreiten verschiedener Pegelstände oder das Festlegen eines geeigneten Zeitpunktes für eine Bombensprengung aufgrund der gegeben Rahmenlage (Berufsverkehr, Sichern von industriellen Anlagen, Art des Zündmechanismus). Wichtig ist hierbei, dass Optionen der Gefahrenabwehr noch keine Rolle spielen, sondern der Blick lediglich auf die Entwicklung der Schadenslage in der Zukunft liegt.

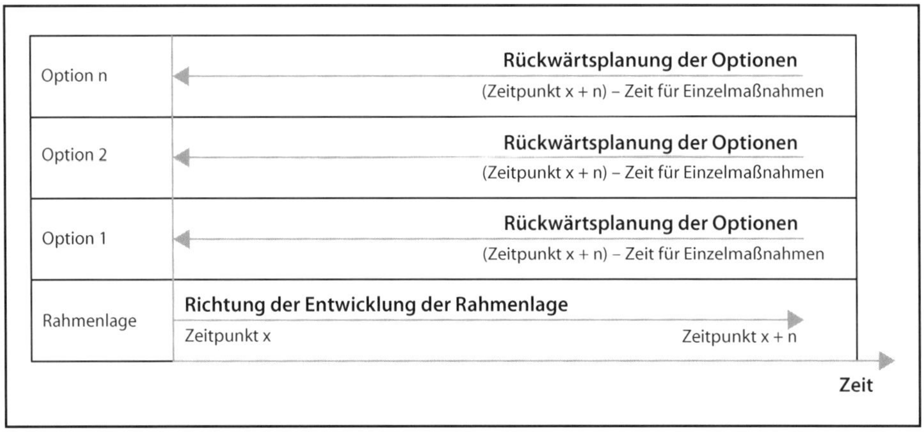

Abb. 14.1 Zeitstrahl zur Vorbereitung des Entschlusses

Da das Ziel die Darstellung der Rahmenlage in die Zukunft gerichtet auf einen Zeitstrahl ist und transparent diejenigen Handlungszwänge dargestellt werden, die bestimmte Optionen von Beginn an ausschließen, lassen sich erhebliche Kraftanstrengungen aller beteiligten Stellen und der Einsatz von Ressourcen für eine nicht zu lösende Aufgabe vermeiden. Zudem wird hier auch deutlich, inwieweit überhaupt noch Planungszeit besteht oder ob das Festlegen der eigenen Absicht und eines übergeordneten Zieles ausreichen muss. Planungen müssen nicht nur im Stab durchgeführt werden, sondern auch bei den nachgeordneten Stellen. Die Zeit für die Umsetzung der entsprechenden Maßnahmen ist auch zu berücksichtigen, wenn Planungstätigkeiten parallel durchgeführt werden können. Dazu kommen die Transformationszeiten der eingesetzten Kräfte vom Ruhezustand hin zur Wirkung.

Der Zeitstrahl stellt insbesondere diejenigen Zeitpunkte der Rahmenlage dar, die als Ausgangspunkt für eine Rückwärtsbetrachtung verschiedener Optionen gelten. Während die Entwicklung der Rahmenlage von der Ausgangslage (Zeitpunkt x) »nach vorne« in die Zukunft gerichtet durchdacht wird, werden die Optionen von der gewünschten Zielzeit der Umsetzung zurück berechnet. Dabei muss ebenfalls auf eine einfache Umsetzbarkeit und ausreichende Pufferzeit geachtet werden.

Das Bewusstsein über die noch zur Verfügung stehende Zeit ist maßgeblich für eine realistische Umsetzung von Maßnahmen. Hier ist der Zeitstrahl ein geeignetes Instrument. Anhand der verbleibenden Zeit kann eine Planung mehr oder weniger detailliert vorangetrieben werden.

14.3.2 Zeitstrahl zur Ausplanung des Entschlusses

Im Wesentlichen wird hier wie bei der Planung zur Vorbereitung des Entschlusses vorgegangen. Der Unterschied ist, dass statt der verschiedenen Optionen die einzelnen Handlungsfelder der gewählten Option und deren gegenseitige Abhängigkeiten dargestellt werden. Der Stab muss den Fokus der Planungen dabei auf das Schaffen der entsprechenden Rahmenbedingungen legen. Zu Beginn der Ausplanung steht die Erarbeitung der eigenen Absicht und des übergeordneten Ziels. Beides erlaubt, die Planung auf das Wesentliche zu lenken. Ein Einmischen in die Planungen der nachgeordneten Stellen ist somit kontraproduktiv. Führung mit Auftrag als Ergebnis aus den Planungen sollte der Grundsatz sein. Führung durch Planung kann in Ausnahmefällen notwendig werden, insbesondere, wenn durch den Stab auch Kräfte geführt werden, die das Prinzip der Führung durch Auftrag nicht kennen und die gewährte Handlungsfreiheit daher nicht nutzen können.

Das Arbeiten mit dem Zeitstrahl schafft einen Überblick über die Entwicklung des Einsatzgeschehens. Mit dem Zeitstrahl zur **Gliederung der Zeit** in Verbindung mit einer Lagekarte (**Gliederung des Raumes**) und einer Übersicht der **Kräftegliederung** werden die wesentlichen Elemente der Planung eines Einsatzes berücksichtigt und übersichtlich grafisch dargestellt. Alle drei Elemente entwickeln sich aus der Auswertung des Auftrages und der eigenen Absicht und müssen sich, deutlich erkennbar für jeden, wiederfinden. So richtet sich der Fokus auf die wesentlichen Aufgaben und der Stab verzettelt sich nicht in Bagatellmaßnahmen.

Um einen Plan umsetzen zu können, muss den nachgeordneten Stellen bewusst sein, was die übergeordneten Ziele des Einsatzes sind. Folglich ist es wichtig, diese klar und verständlich zu vermitteln. Zudem müssen die Fähigkeiten zur Verfügung gestellt und erhalten werden, die für die Umsetzung der Maßnahmen für die nachgeordnete Stelle notwendig sind.

14.3.3 Zeitstrahl als Instrument des Controllings

Im vorangegangenen Abschnitt ist die »Soll-Lage« beschrieben worden, also die Lage, wie sie sich nach der Vorstellung der Einsatzleitung in die Zukunft entwickeln soll. Jedoch muss dies nicht immer dem tatsächlichen Realitätsablauf entsprechen. Es ist daher zumindest notwendig zu verfolgen, wie und wann die gesetzten Zeitpunkte (Meilensteine) erreicht werden. Grundlage hierfür ist ein fortlaufend aktualisiertes Lagebild (▶ Kap. 30).

Das Controlling ist wiederum stark abhängig von der Zeit und dem gewählten Führungsansatz. Es kann folglich nur mit dem Detaillierungsgrad stattfinden, in dem die Planung stattgefunden hat. Insofern bietet es sich an, den Zeitstrahl zur Entwicklung des Einsatzplanes auch für das Controlling zu verwenden. Somit erfordert Führung durch Planung, im Gegensatz zur Führung mit Auftrag, deutlich mehr Zeitaufwand beim Nachsteuern von unvorhersehbaren Lageentwicklungen, insbesondere für den Stab. Zudem wird die Flexibilität für die nachgeordneten Stellen bei dynamischen Einsatzsituationen weiter eingeschränkt.

Die Effektkontrolle kann ebenfalls mit Hilfe eines Zeitstrahles stattfinden. Generell findet die Effektkontrolle in demselben Detaillierungsgrad wie die Planung statt.

14.4 Fazit

Der Zeitstrahl als wesentliches Instrument zur zeitlichen Planung des Einsatzgeschehens und zur Darstellung der gegenseitigen Abhängigkeiten der einzelnen Prozess- und Arbeitsschritte schafft ein verbessertes Lagebewusstsein. Er darf jedoch nicht das einzige Instrument der Lagedarstellung sein. Insbesondere ist er abhängig von der klaren Formulierung der eigenen Absicht und der übergeordneten Ziele, die die zwingende Basis für die Führung mit Auftrag darstellen.

Literatur

Alberts, D. S. & Hayes, R. E. (2005). *Power to the edge: Command and control in the information age*. Washington, DC: CCRP Publications.

Karsten, A. (2012). Entscheidungsfindung in operativ-taktischen Stäben, *Bevölkerungsschutz, 3*, 2–6.

Oetting, W. D. (1993). *Auftragstaktik, Geschichte und Gegenwart einer Führungskonzeption*. Frankfurt am Main: Report.

Van Creveld, M. (1985). *Command in war*. Cambridge: Harvard University Press.

Grundsätze und Leitlinien zum Führen von (Unternehmens-)Krisenstäben

Axel Bédé

G. Hofinger, R. Heimann (Hrsg.), *Handbuch Stabsarbeit*,
DOI 10.1007/978-3-662-48187-5_15,

»Der Mensch bleibt in kritischen Situationen selten auf seinem gewohnten Niveau. Er hebt sich darüber oder sinkt darunter« (Alexis de Tocqueville zugeschrieben). Die Führung in einer Krise ist eine echte Nagelprobe für jede Führungskraft – oder, wie der Ex-Bundeskanzler Helmut Schmidt es einmal ausgedrückt hat: »In der Krise beweist sich der Charakter.« Wer die Leitung eines Krisenstabes dagegen lediglich als potenzielles Karrieresprungbrett betrachtet, kann sich schnell verkalkulieren, denn Krisenmanagement ist in gewisser Hinsicht ungerecht – man wird nur am Resultat gemessen (und nicht daran, wie schwer es war, das Problem zu lösen).

Krisen sind nicht planbar, aber es gibt allgemeine Krisenmerkmale, die es uns ermöglichen, Vorbereitungen zu treffen und sich im Vorfeld mit der Führung in einer Krise zu befassen. Nachfolgend geht es daher auch nicht um einen nicht existenten »Masterplan«, sondern um **allgemeine Grundsätze und Leitlinien** zum Führen von (Unternehmens-)Krisenstäben.

15.1 Prozessorganisation und Problemlösung trennen

Gerade die Zeit unmittelbar nach Bekanntwerden einer Krise ist meist durch operative Hektik geprägt. Alle Beteiligten sehen sich plötzlich mit einer Bedrohung in Form einer oftmals noch unklaren Gesamtsituation konfrontiert, die ein hohes Eskalationspotenzial in sich trägt.

Informationsdefizite, Komplexität, Intransparenz, Dynamik, Zeit- und Entscheidungsdruck – die Anspannung ist geradezu spürbar. Erste Anzeichen von Stress sind wahrzunehmen, jeder ist aktiviert und möchte seinen Teil zur Lagelösung beitragen (▶ Kap. 22). Ideen, Hinweise und Lösungsvorschläge schwirren durch den Raum, obwohl die Lage noch gar nicht erfasst, Probleme noch nicht definiert wurden.

Es gibt noch keine Protokollführung zur Dokumentation, geschweige denn eine Visualisierung der Lagedarstellung – Aufgaben, die ein gut trainiertes Assistenzteam möglichst frühzeitig eigenständig umsetzen sollte. Die Krisenstabsmitglieder sind zwar anwesend und hochmotiviert, agieren aber noch nicht strukturiert, sondern eher planlos und etwas hemdsärmelig – sie befinden sich in der »chaotischen Phase« (teilweise etwas schönfärberisch auch als »Initial- oder Improvisationsphase« bezeichnet). Erstes Ziel des Leiters Krisenstab muss es daher sein, die Chaosphase, deren Aktionismus mit zunehmender Dauer immer kontraproduktiver wirkt, schnellstmöglich zu durchbrechen und in eine Phase der strukturierten Prozessorganisation zu überführen. Erst dann sollte der Einstieg in die Problemlösung beginnen. Startsignal dafür ist die erste Stabsbesprechung, die den »Zyklus der Stabsarbeit« einleitet (s. unten; ▶ Kap. 16, ▶ Kap. 17).

Praxistipp

Während das Assistenzteam sofort mit Dokumentation und Visualisierung beginnt, konzentriert sich der Leiter des Krisenstabes darauf, unverzüglich die erste Stabsbesprechung durchzuführen.

15.2 Einhaltung des Zyklus der Stabsarbeit

Militär, Behörden und Organisationen mit Sicherheitsaufgaben (BOS) und andere Organisationen mit professionellen Stabsstrukturen wissen aus Erfahrung, dass der Entscheidungsprozess in Krisensituationen standardisiert erfolgen muss, um die negativen Einflüsse von Zeitdruck, Ungewissheit und Existenzbedrohung zu minimieren. Stabsarbeit folgt dabei immer einem modellhaften Prozess, der im Sinne von »best practice« auch von Unternehmen unter Berücksichtigung der eigenen Bedürfnisse problemlos adaptiert werden kann. Auch wenn sich die einzelnen Modelle namentlich und inhaltlich geringfügig unterscheiden (▶ Kap. 16, ▶ Kap. 18), ist unstrittig, dass Stabsarbeit eine feste Struktur der Informationsverarbeitung benötigt, die überwiegend in Form eines Regelkreises dargestellt wird.

Dieser Regelkreis – Lagefeststellung, Lagebeurteilung, Entscheidung und Maßnahmenumsetzung, Kontrolle – wirkt zunächst banal; dessen Umsetzung ist aber insbesondere für untrainierte Krisenstäbe oftmals eine echte Herausforderung: Lagefeststellung und Lagebeurteilung erfolgen oft nicht mehr als einzelne Schritte, sondern werden vermischt, Entscheidungen werden nicht oder zu spät getroffen, Aufträge und deren Umsetzung verkümmern zu Absichtserklärungen. Ein beliebter Fehler ist hier die Formulierung einer vermeintlichen Entscheidung im Konjunktiv ohne Benennung eines konkreten Adressaten (»Jemand müsste sich mal kümmern …!«), geschweige denn einer schriftlichen Auftragsfixierung im Protokoll.

Die stringente Einhaltung des »Zyklus der Stabsarbeit« ermöglicht eine strukturierte Problemlösung mit Effektkontrolle (»Maßnahmentracking«) und schützt vor ausufernden Diskussionen sowie dem Hin- und Herspringen zwischen verschiedenen Problemen, ohne abschließende Entscheidung (**thematisches Vagabundieren**; Dörner, 1989).

Praxistipp

Positionieren Sie eine Grafik mit dem »Zyklus der Stabsarbeit« gut sichtbar in den Führungsraum und achten Sie auf dessen Einhaltung.

15

15.3 Vor die Lage kommen

Beherrschen Sie die Krise oder beherrscht die Krise Sie? Oder, wie es der amerikanische Kommunikationsprofessor Robert L. Heath ausdrückt: »If you don't manage issues, issues will manage you« (Heath & Nelson, 1986, S. 9). Ein Krisenstab darf nicht zum Getriebenen der Lage werden, sein taktisches Ziel ist es, durch **Antizipation** die potenzielle Lageentwicklung mental vorwegzunehmen, kurz: Er muss »**vor die Lage kommen**«.

Diese Formulierung bringt die Erfolgsformel der Arbeit eines Krisenstabes auf den Punkt, da sie den Übergang vom bloßen Reagieren zum aktiven Agieren durch Antizipation beschreibt. Was das bedeutet, macht das berühmte Zitat des ehemaligen kanadischen Weltklasse-

Eishockeyspielers Wayne Gretzky anschaulich: »Es ist nicht so wichtig, zu wissen, wo der Puck jetzt ist, als vielmehr zu wissen, wo er sein wird«.

Der Krisenstab muss den möglichen Krisenverlauf prognostizieren (»Erwarte das Unerwartete!«) um zu erkennen, wie Eskalationsprozesse noch vor Schadenseintritt unterbrochen oder zumindest minimiert werden können. Erforderlich sind eine Abkehr vom monokausalen Ursache-Wirkungs-Denken und eine Hinwendung zur systemischen Problemanalyse (Vester, 2002), die hilft, die Komplexität der Lage zu durchdringen.

Praxistipp

Achten Sie darauf, dass der Krisenstab nicht zur »Reiz-Reaktions-Maschine« mutiert – Stabsbesprechungen sollten immer genug Raum für Antizipation bieten.

15.4 »Worst-Case«-Denken, positiv Führen – Kein Widerspruch!

Das Prinzip, sich gedanklich mit der denkbar schlimmsten Lageentwicklung zu befassen (»Das Undenkbare denken!«), folgt dem Grundsatz der Antizipation. Dabei geht es ausdrücklich nicht um »Schwarzmalerei«, sondern um das bewusste Verhindern eines Wettlaufs der gedanklichen Deeskalation nach dem Motto: »Was nicht sein darf, kann auch nicht sein«. Es schützt den Krisenstab davor, jede Verschärfung der Lage als Frustrationserlebnis mit Überraschungseffekt wahrzunehmen und beugt der Gefahr einer mentalen Umdeutung von Realitäten (»Pippi-Langstrumpf-Syndrom«: »Ich mach‘ mir die Welt, wie sie mir gefällt!«; »confirmation bias«, ▶ Kap. 21) vor.

Praxistipp

»Worst-Case«-Szenariotechnik schützt vor »Wishful Thinking«!

Dem Argument, diese Technik führe zu Resignation und Fatalismus ist Folgendes entgegenzuhalten: Wurde der schlimmste Fall bereits gedanklich durchgespielt, erscheint jede etwas positivere Entwicklung bereits als kleiner Erfolg und wirkt so auch psychologisch stabilisierend.

Dem Leiter des Krisenstabes obliegt es, durch Vermittlung von Zuversicht und seines festen Willens zur Zielerreichung den gesamten Stab immer wieder auf ein positives Ergebnis zu fokussieren und in Richtung Lagebewältigung zu führen. Dabei kann manchmal bereits die Art der Fragestellung die Richtung des Denkens positiv beeinflussen (z. B. »Was ist noch einsatzfähig?« versus »Was ist alles zerstört«?).

15.5 Wichtigkeit vor Dringlichkeit

Ohne Erläuterung wirkt dieser Grundsatz wie eine Binsenweisheit ohne praktischen Nutzwert. Bei näherer Betrachtung wird jedoch schnell klar, dass Dringlichkeit offenbar ein immanenter Bestandteil von Krisensituationen ist, da diese ja immer von Zeit- und Entscheidungsdruck geprägt sind (»Der Vorstand will sofort einen Bericht!«; »Die Presse macht Druck!« etc.). Erschwerend hinzu kommt (insbesondere in der Anfangsphase) ein erheblicher Kräfte- und Ressourcenmangel, der unweigerlich in eine Dilemmasituation mit erheblichen Zielkonflikten führen würde, wenn keine Prioritäten gesetzt würden.

Prioritäten setzen heißt, vieles zu lassen, um eines richtig tun zu können, statt alles zu versuchen, aber nichts zu bewirken. Kurz gesagt: »Wichtig ist, dass etwas wichtig ist!«

Praxistipp

Die beiden zentralen Fragen in der ersten Stabsbesprechung lauten:
- Worum geht es?
- Was können wir tun, um den Eskalationsprozess zu unterbrechen und eine weitere Schadensausbreitung zu verhindern?

15.6 Wer führt, muss frei sein von Arbeit

Diese Aussage steht zunächst im Widerspruch zu dem Bild, das uns medial oft von Krisenmanagern vermittelt wird – der Macher, der selbst anpackt und die Dinge höchstpersönlich regelt. Frei sein von Arbeit klingt dagegen nach einem entspannten Job für die Leitungsfunktion.

Das Gegenteil ist der Fall! Der Leiter des Krisenstabes darf sich nicht in operativen Tätigkeiten verlieren, da sonst schnell der Gesamtüberblick verloren geht und er oder sie sich nicht auf die Kernaufgabe konzentrieren kann: Zu führen, zu entscheiden und Verantwortung zu übernehmen. Dabei ist es wichtig, in der Führungsrolle regelmäßig eine kritische Selbstreflexion im Stabsteam zu initiieren, um der Gefahr zu begegnen, sich emotional zu sehr von der Situation gefangen nehmen zu lassen. Ziel muss es sein, einen »kühlen Kopf« zu bewahren und mit möglichst emotionaler Distanz zur aktuellen Lage zu erkennen, ob der Kurs gegebenenfalls korrigiert werden muss.

Praxistipp

Die (Kontroll-)Frage lautet nicht: »Machen wir die Dinge richtig?«, sondern »Machen wir (noch) die richtigen Dinge?!«

15.7 Klare Führungs- und Vertretungsregelungen

Es kann nur eine(n) geben!

Für die Führung eines Krisenstabes gilt das »Highlander-Prinzip« (frei nach dem Spielfilm »Highlander – Es kann nur einen geben« von Russell Mulcahy, 1986). Das bedeutet, Führung ist ausdrücklich zu übernehmen und explizit zu kommunizieren. Stabsarbeit ist zwar eine Sonderform der Teamarbeit, aber sicherlich keine Basisdemokratie. Während die Stabsmitglieder im Rahmen ihrer Beratungsfunktion grundsätzlich gleichberechtigt sind, trägt der Leiter oder die Leiterin des Krisenstabes die alleinige und unteilbare Verantwortung für alle übergeordneten Entscheidungen im Stab.

Dies darf im Umkehrschluss aber nicht bedeuten, dass die Stabsmitglieder frei von Verantwortung sind – ihre bezieht sich jedoch auf den jeweiligen Fachbereich, nicht auf die übergeordnete Entscheidungs- und Gesamtverantwortung. Unklare Zuständigkeiten und Verantwortlichkeiten sind (neben Kommunikationsproblemen) der häufigste Grund für mangelhafte Krisenbewältigung.

Praxistipp

Keine Verantwortungsdiffusion! – Achten Sie auf klare Führungs- und Vertretungsregelungen.

15.8 Schaffung einer konstruktiven Gesprächskultur

Der Stab ist ein Beratungs- und Unterstützungsgremium. Er kann dieser Rolle jedoch nur gerecht werden, wenn der gesamtverantwortliche Entscheider sich auch beraten lässt und dies auch entsprechend zum Ausdruck bringt. Andernfalls erreichen die wesentlichen Informationen die Führungskraft oftmals nicht (»Don't wake the Master«), sondern es wird nur gesagt, *was* (gut) ankommt, aber nicht, *worauf* es ankommt!

Ranghohe Personen beenden Diskussions- und Entscheidungsprozesse oft vorzeitig dann, wenn sie ihre Interessen und Überzeugungen gefährdet sehen. Personen mit relevantem Wissen, aber geringem Status werden oft nicht gehört, Stabsmitglieder mit abweichender Meinung geraten unter Konformitätsdruck. Im Zusammenhang damit steht das Phänomen des »**Gruppendenkens**« (»**groupthink**«; Janis, 1972, ► Kap. 4), bei dem eine Gruppe von an sich kompetenten Personen schlechtere oder realitätsfernere Entscheidungen als möglich trifft, weil jede beteiligte Person ihre eigene Meinung an die erwartete Gruppenmeinung anpasst.

Dem Leiter oder der Leiterin des Krisenstabes obliegt es deshalb, eine offene, ehrliche und selbstkritische Gesprächsatmosphäre zu schaffen, die die Basis für einen unverzerrten Umgang mit Informationen bietet und so das Entstehen eines gemeinsamen mentalen Modells (»shared mental model«; ► Kap. 17) ermöglicht. Dieses bietet eine gemeinsame gedankliche Landkarte als Kristallisationspunkt problembezogener Kommunikation (»alle wissen/verstehen, worüber gerade gesprochen wird«). Er sollte sich der präjudizierenden Wirkung seiner Meinungsäußerung bewusst sein und seine Auffassung bei Beratungsrunden erst am Schluss äußern. Idealerweise versteht er sich dabei primär als Generalist, der von Spezialisten unterstützt wird.

Praxistipp

Die Etablierung einer konstruktiven Gesprächskultur im Stab ist ein erfolgskritischer Faktor mit direktem Einfluss auf die Qualität von Entscheidungen.

15.9 Kein »Krisenstabstourismus«

Der Krisenführungsraum übt eine magische Anziehungskraft aus und füllt sich schnell mit Personen der Managementebene, die weder dem Krisenstab noch dem Assistenzteam angehören, sondern sich »direkt informieren« wollen. Dabei wird nicht berücksichtigt, dass dieses Verhalten Unruhe produziert und zu Konzentrations- und Zeitverlust führt.

Natürlich hat die Managementebene jederzeit das Recht, sich beim Krisenstab über die aktuelle Lage zu informieren. Dies sollte allerdings möglichst durch ein vorab angekündigtes kurzes Gespräch mit dem Leiter des Krisenstabes im Anschluss einer Lagebesprechung erfolgen. Diese Variante funktioniert jedoch nur, wenn die Managementebene im Vorfeld entsprechend sensibilisiert wurde. Ansonsten besteht noch die Möglichkeit, einen sog. »Abfangjäger« oder »Cerberus« einzuteilen, der – wenn unumgänglich – VIPs durch den Krisenstab führt, ohne dessen Arbeit zu stören.

Praxistipp

Der Zutritt zum Krisenführungsraum sollte nur autorisiertem Personal nach entsprechender Zugangskontrolle vorbehalten sein.

15.10 Entscheiden Sie!

Machen Sie sich immer bewusst: Krisenmanagement bedeutet Aufrechterhaltung der *Entscheidungs*fähigkeit in einer kritischen Situation. Das Treffen von Entscheidungen ist somit die zentrale Führungsaufgabe – gefordert sind hier Erfolgssucher und nicht Misserfolgsvermeider!

Entscheidungen in Krisen sind immer eine Gratwanderung zwischen Gründlichkeit und Schnelligkeit. Dabei gilt: »Lieber der zweitbeste Entscheid zur rechten Zeit, als die Ideallösung (die es in Krisen meist ohnehin nicht gibt!), die zu spät kommt.« Wer keine Entscheidung trifft, hat sich auch entschieden – nämlich den Dingen ihren Lauf zu lassen. In Krisen ist »Aussitzen« daher keine empfehlenswerte Führungsstrategie, im Gegenteil – der Klärungsbedarf nimmt oft mit der Zeit zu.

Gerade in zeitkritischen Situationen ist es manchmal besser, durch die Kombination rationaler und intuitiver Entscheidungsfindung (»Kopf und Bauch«) zu einem zeitgerechten Entschluss zu gelangen (► Kap. 19). »Ein Bauchgefühl ist weder eine Laune noch ein sechster Sinn noch Gottes Stimme. Es ist eine Form unbewusster Intelligenz. Die Annahme, Intelligenz sei notwendigerweise bewusst und überlegt, ist ein Riesenirrtum.« (Gigerenzer, 2013, S. 46)

Praxistipp

Bei einem Übermaß an Informationen, bei denen eine systematische Abwägung aller Pros und Contras aus Zeitgründen nicht erfolgen kann, führt die Einbeziehung von Intuition oft zu besseren, schnelleren und sichereren Entscheidungen.

Zugrunde liegende Literatur

- Barton, B. (2008). *Crisis leadership now*. New York: Mc Graw Hill.
- Bédé, A. (2009). *Notfall und Krisenmanagement im Unternehmen*. Berlin: Steinbeis-Edition.
- Bundesministerium des Innern (2011). *Schutz Kritischer Infrastrukturen – Risiko- und Krisenmanagement*. ► https://www.bmi.bund.de/SharedDocs/Downloads/DE/Broschueren/2008/Leitfaden_Schutz_kritischer_Infrastrukturen.html. Zugegriffen: 29.06.2015.
- Carrel, L. F. (2010). *Leadership in Krisen* (2., vollst. überarb. akt. Aufl.). Zürich: Gabler.
- Fagel, M. (2014). *Crisis Management and Emergency Planning – Preparing for Today's Challenges*. Boca Raton: CRC Press.
- Fink, S. (2002). *Crisis Management – Planning for the Inevitable*. Lincoln: Backinprint.com.
- Heimann, R. (2008). Entscheidungsfindung in polizeilichen Einsatzlagen. In C. Buerschaper & S. Starke (Hrsg.), *Führung und Teamarbeit in kritischen Situationen* (S. 110–132). Frankfurt am Main: Verlag für Polizeiwissenschaft.
- Horn, G. & Strohschneider, S. (2005). Kommunikation im Krisenstab. In G. Hofinger (Hrsg.), *Kommunikation in kritischen Situationen* (S. 101–120). Frankfurt am Main: Verlag für Polizeiwissenschaft.
- Luecke, R. (2004). *Crisis Management – Master the Skills to Prevent Disasters*. Boston: Harvard Business School Press.
- Strohschneider, S. (Hrsg.). (2003). *Entscheiden in kritischen Situationen*. Frankfurt am Main: Verlag für Polizeiwissenschaft.

- Taleb, N. N. (2007). *Der Schwarze Schwan – die Macht höchst unwahrscheinlicher Ereignisse.* München: dtv.
- Thieme, U. & Bédé, A. (2008). Polizeiliche Stabsarbeit – zwischen Beraten und Entscheiden. In C. Buerschaper & S. Starke (Hrsg.), *Führung und Teamarbeit in kritischen Situationen* (S. 283–294). Frankfurt am Main: Verlag für Polizeiwissenschaft.
- Weick, K. E. & Sutcliffe, K. (2003). *Das Unerwartete managen.* Stuttgart: Klett-Cotta.

Literatur

Dörner, D. (1989). *Die Logik des Mißlingens. Strategisches Denken in komplexen Situationen.* Reinbek: Rowohlt.
Gigerenzer, G. (2013). *Risiko – Wie man die richtigen Entscheidungen trifft.* München: C. Bertelsmann.
Heath, R. L. & Nelson, R. A. (1986). *Issues management. Corporate public policymaking in an information society.* Beverly Hills: Newbury Park.
Janis, I. (1972). *Victims of groupthink: A psychological study of foreign-policy decisions and fiascoes.* Boston: Houghton Mifflin.
Vester, F. (2002). *Die Kunst, vernetzt zu denken.* München: dtv.

Lagebewertung in Führungsstäben der Feuerwehr

Christoph Lamers

G. Hofinger, R. Heimann (Hrsg.), *Handbuch Stabsarbeit*,
DOI 10.1007/978-3-662-48187-5_16, © Springer-Verlag Berlin Heidelberg 2016

In diesem Kapitel wird dargestellt, wie ein Führungsstab der Feuerwehr durch die Anwendung des Führungsvorgangs zu einer Lagebewertung kommt, aus der letztlich die Einsatzmaßnahmen abgeleitet werden. Herzstück der Bewertung ist dabei die Erfassung und Priorisierung der Gefahren, aus der hervorgeht, welche Maßnahmen als erste eingeleitet werden müssen.

Ein Führungsstab der Feuerwehr wird normalerweise nur dann einberufen, wenn mehrere Verbände an einer Einsatzstelle oder an mehreren Einsatzstellen im Schadensgebiet tätig sind. Der Stab steht vor der Aufgabe, aus einer Vielzahl oft lückenhafter und sich widersprechender Lageinformationen eine schlüssige Lagebewertung zu erstellen, die die Grundlage für die nachfolgenden Einsatzentscheidungen darstellen soll.

Die Feuerwehr-Dienstvorschrift FwDV 100 (Führung und Leitung im Einsatz) aus dem Jahr 1999 verlangt, dass die Führung von Einsätzen grundsätzlich nach dem »**Führungsvorgang**« erfolgen soll. Dieser beschreibt einen zyklisch zu durchlaufenden Prozess, wobei ein Zyklus aus der Lagefeststellung, der Einsatzplanung und der Befehlsgebung besteht (◘ Abb. 16.1).

Die Führung von Einsätzen bei der Feuerwehr erfolgt nach Maßgabe des Führungsvorgangs, eines Zyklus, der aus der Lagefeststellung mit Erkundung und Kontrolle, der Einsatzplanung mit Beurteilung und Entschluss und der Befehlsgebung besteht.

Ein Führungsstab, der sich in aller Regel nicht an der Einsatzstelle, sondern in einer abgesetzten Befehlsstelle befindet (► Kap. 7), ist zur Feststellung der Lage auf Meldungen der nachgeordneten Stellen angewiesen. Die eingehenden Lagemeldungen werden vom Sachgebiet 2 (Lage) ausgewertet; daraus wird ein Lagebild erstellt und an der Lagekarte für alle Stabsangehörigen visualisiert. Eine solche Lagekarte enthält typischerweise die folgenden Elemente (Ferch & Melioumis, 2011, S. 162 ff.; Klösters & Sölken, 2006, S. 112 ff.):

- topografische Karte oder Handskizze des Schadensgebietes, in dem Informationen über die Lage (Schäden, besondere Gefahren, Verletzte, aber auch die Struktur der Gefahrenabwehr wie Befehlsstellen, Bereitstellungsräume etc.) mit Hilfe taktischer Zeichen eingetragen werden,
- Anzeige des einsatzbezogenen Zustands (alarmiert, auf dem Marsch, im Bereitstellungsraum, im Einsatzabschnitt) der Einsatzfahrzeuge bzw. Einheiten,
- Darstellung der Einsatzorganisation, meist als Organigramm.

Das System der taktischen Zeichen ermöglicht es in gewissen Grenzen, Bewertungen von Lageinformationen in die Darstellung einfließen zu lassen; so können Vermutungen durch

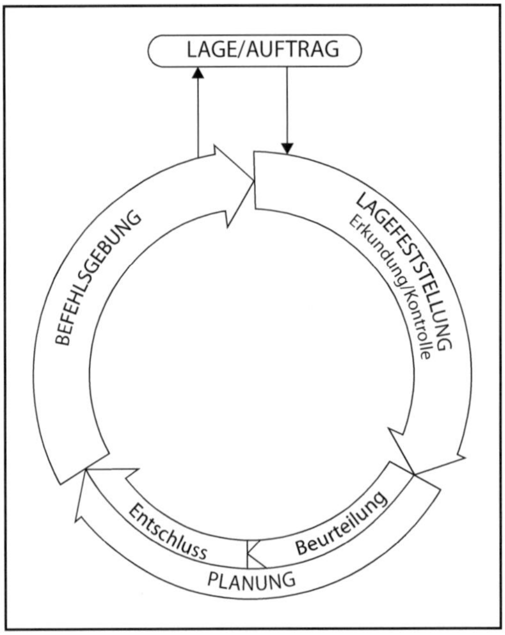

Abb. 16.1 Führungsvorgang nach FwDV 100

ein vorangestelltes Fragezeichen gekennzeichnet werden, etwa bei Verletztenzahlen, die auf Schätzungen beruhen.

Bei der **Lagedarstellung** ist zu berücksichtigen, dass die dazu ausgewerteten Lagemeldungen grundsätzlich Situationen in der Vergangenheit widerspiegeln. In der Zeit, in der die Meldung übermittelt und im Stab bearbeitet wurde, hat sich die Situation – nicht zuletzt durch die Einwirkung der Einsatzkräfte – in einer dem Stab nicht bekannten Weise geändert. Somit vermittelt die Lagekarte den Eindruck eines geschlossenen Bildes der aktuellen Situation, während sie in Wirklichkeit ein Puzzle verschiedener Momentaufnahmen der Vergangenheit darstellt (von Kaufmann & Karsten, 2012).

Die eigentliche Bewertung der Lage erfolgt in der Beurteilung als der ersten Phase der Einsatzplanung, in der gemäß FwDV 100 Nr. 3.3.2 die folgenden Fragen beantwortet werden sollen:

- Welche Gefahren sind für Menschen, Tiere, Umwelt, Sachwerte erkannt?
- Welche Gefahr muss zuerst und an welcher Stelle bekämpft werden?
- Welche Möglichkeiten bestehen für die Gefahrenabwehr?
- Vor welchen Gefahren müssen sich die Einsatzkräfte hierbei schützen?
- Welche Vor- und Nachteile haben die verschiedenen Möglichkeiten?
- Welche Möglichkeit ist die beste?

Zu den wesentlichen Aufgaben des Sachgebiets 3 (Einsatz) gehört es, aus den vom Sachgebiet 2 bereitgestellten Lageinformationen die relevanten Gefahren bzw. Probleme zu identifizieren und anschließend zu priorisieren.

Als Gedächtnisstütze bei der Erfassung von Gefahren wird in der Ausbildung der Führungskräfte der Feuerwehr häufig vermittelt, dass Gefahren vor allem durch **A**temgifte, **A**usbreitung,

atomare Stoffe, **A**ngstreaktion/Panik, **c**hemische Stoffe, **E**xplosion, **E**insturz, **E**lektrizität und **E**rkrankung/Verletzung drohen (häufig als Merkschema 4A-1C-4E dargestellt; Knorr, 2010). Dazu ist jedoch zum einen anzumerken, dass relevante Gefahren etwa durch Absturz, Ertrinken oder biologische Substanzen von dem Schema nicht erfasst werden. Zum anderen sollte man sich bei der Führung mit Stab nicht allzu sehr an diesem einfachen Gefahrenschema orientieren, da es für reine Feuerwehrlagen auf der Gruppen- oder Zugführerebene gedacht ist und der Komplexität der mit Stab zu bewältigenden Lagen nicht immer gerecht wird. So liegt bei einem Massenanfall von Verletzten häufig bei allen Betroffenen die Gefahr der Verletzung vor, sodass das Merkschema in diesem Fall zur Erarbeitung taktischer Maßnahmen kaum hilfreich ist. Ferner ist es in manchen Lagen ratsam, den Begriff »Gefahr« zum Begriff »Problem« zu erweitern. So ist es bei Waldbränden oft von entscheidender Bedeutung, ausreichend Löschwasser an die Einsatzstelle zu bringen. Dieser Umstand ist aber mit dem Begriff »Gefahr« nicht präzise zu erfassen; in diesem Fall ist es zielführender, vom Problem der Löschwasserversorgung statt von der Gefahr etwa der Brandausbreitung zu sprechen.

In manchen Fällen müssen zur Bewertung von Gefahren überschlägige Berechnungen angestellt werden, so etwa zur Beurteilung der Frage, wann ein Waldbrand einen bestimmten Punkt erreichen wird. Dazu müssen die relevanten Entfernungen bekannt sein; zudem muss die Ausbreitungsgeschwindigkeit des Brandes ermittelt oder zumindest aus Erfahrungswerten geschätzt werden.

Für einige wenige Szenarien wie Hochwasser oder Schadstoffausbreitungen in der Atmosphäre existieren Computerprogramme, mit denen künftige Lageentwicklungen anhand von Modellrechnungen prognostiziert werden können. Manche Softwaresysteme zur Administration der Stabsarbeit enthalten derartige Module, mit denen Schadensprognosen für Stofffreisetzungen, Brände, Explosionen und Überflutungen bei Hochwasser erstellt werden können.

In anderen Fällen ist der Stab gehalten, sich mittels Fachberatern (▶ Kap. 6) externen Sachverstand zur Beurteilung einer Gefahrenlage heranzuholen. So reicht beispielsweise das Fachwissen von Führungskräften über Gefahren durch chemische Stoffe nicht immer aus, um über die Notwendigkeit einer Räumung gefährdeter Bereiche bei deren Freisetzung qualifiziert entscheiden zu können. Dazu müssen vorliegende Messwerte interpretiert und in Beziehung zu festgelegten Grenzwerten wie etwa dem Einsatztoleranzwert (Wert zur Gefährdungsabschätzung für Einsatzkräfte der Feuerwehr; Vereinigung zur Förderung des Deutschen Brandschutzes (vfdb) e.V., 2014) gebracht werden.

Ein ganz wesentliches Element der Lagebewertung in Führungsstäben der Feuerwehr, die im Schwerpunkt vom Sachgebiet 3 (Einsatz) vorzunehmen ist, ist damit die Entscheidung, in welcher Reihenfolge die Gefahren bekämpft werden sollen; dies wird häufig als **Priorisierung** der Gefahren bezeichnet. Dies wirft die Frage auf, nach welchen Kriterien diese Priorisierung erfolgen soll. Im Allgemeinen geht man davon aus, dass die jeweils größte Gefahr zuerst bekämpft werden soll, wobei die Größe der Gefahr als Produkt aus der Höhe des eintretenden Schadens und der Eintrittswahrscheinlichkeit dieses Schadens definiert wird. Ein weiterer Ansatz zur Identifikation der zuerst zu bekämpfenden Gefahr besteht darin, gedanklich die Frage zu beantworten, wo der größte Schaden – bis hin zum Versterben von Menschen – einträte, wenn die Feuerwehr nicht eingreifen würde.

Der Priorisierung der Gefahren kommt bei der Lagebeurteilung entscheidende Bedeutung zu.

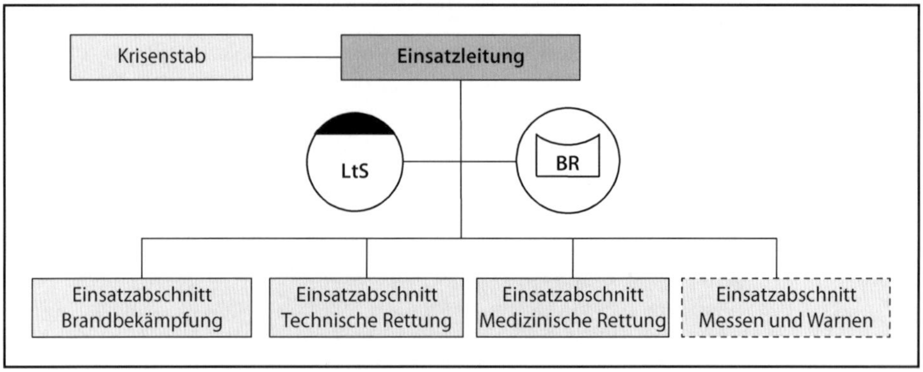

Abb. 16.2 Beispiel einer Führungsorganisation

Für die jeweils als nächste zu bekämpfende Gefahr sind die Möglichkeiten der Gefahrenabwehr zu eruieren und deren Vor- und Nachteile – einschließlich der Gefahren für die Einsatzkräfte – gegeneinander abzuwägen. Die Auswahl der besten Möglichkeit zur Gefahrenabwehr nach erfolgter Abwägung bildet den Abschluss der Beurteilung.

Auf die Beurteilung folgt der Entschluss, in dem die Art der Einsatzdurchführung festgelegt wird. Speziell bei größeren Schadenslagen, die eine Führung mit Stab erfordern, umfasst der Entschluss vor allem folgende Elemente:

- **Führungsorganisation**: Hier sind Unterstellungsverhältnisse sowie Befehls- und Meldewege klar zu regeln; zweckmäßigerweise erfolgt dies grafisch in einem Organigramm (Abb. 16.2). Bei größeren Einsatzlagen ist es in aller Regel ratsam, Einsatzabschnitte zu bilden, in denen Aufträge eigenverantwortlich erledigt werden. Die Einsatzabschnitte können entweder raumbezogen (EA West, EA Ost usw.) oder aufgabenbezogen wie in Abb. 16.2 definiert werden.
- **Ordnung des Raumes**: Für einen geordneten Einsatzablauf ist es unabdingbar, die Einsatzstelle auch räumlich klar zu gliedern. Hierzu sind Einsatzabschnittsgrenzen festzulegen (sofern die Einsatzabschnitte raumbezogen definiert sind) und Bereitstellungsräume auszuweisen. Je nach Lage und Einsatzorganisation sind weitere Elemente der Raumordnung wie Patientenablagen und Versorgungspunkte räumlich zuzuweisen. Besondere Bedeutung kommt dabei der interorganisationalen Koordination zu, um zu vermeiden, dass Flächen bzw. Einrichtungen von zwei Organisationen gleichzeitig (z. B. von Feuerwehr und Polizei) in Anspruch genommen werden.
- **Ermittlung des Kräftebedarfs**: Es ist zu ermitteln, wie viele Einsatzkräfte und -mittel für die geplanten Maßnahmen benötigt werden; dementsprechend sind diese den Einsatzabschnitten zuzuweisen. Reichen die vorhandenen Ressourcen nicht aus, sind Einheiten nachzufordern.

Bei der Führung mit Stab ist es empfehlenswert, die Einsatzplanung für alle zu visualisieren (► Kap. 33). Für das fiktive Fallbeispiel eines Großbrandes in einem Chemiebetrieb könnte eine solche Visualisierung wie als Fallbeispiel in Tab. 16.1 dargestellt aussehen.

Tab. 16.1 Visualisierung der Einsatzplanung des Führungsvorgangs nach FwDV 100 anhand eines fiktiven Beispiels

Priorität	Gefahr/Problem	Maßnahme	Nachforderung
6	Gefährdung der Bevölkerung im Umkreis durch den Brandrauch	Warnung mit Lautsprecherdurchsagen	Warnfahrzeuge von Feuerwehr und Polizei
2	Verletzte am Sammelpunkt	Erstversorgung, Transport in Krankenhäuser mit vorhandenen RTW und KTW	Patiententransport-Zug
1	Vermisste Personen in Halle B 2	Personensuche mit Löschzug der Werkfeuerwehr	2 Löschzüge zur Ablösung
3	Bersten des Tanks nahe B 2	Mit Wasserwerfern des Löschzugs 1 der Berufsfeuerwehr kühlen	
4	Gefahrstoffaustritt in Produktionshalle B 4	Auffangen und Abdichten mit Löschzug 2 der Berufsfeuerwehr und Abrollbehälter Gefahrgut	1 weiterer ABC-Zug
5	Unverletzte Betroffene am Sammelpunkt	Betreuung in Werkskantine	Betreuungsplatz-Bereitschaft

Ein Durchlauf des Führungsvorgangs endet mit dem Befehl, der gemäß FwDV 100 bei Großeinsätzen folgende Bestandteile enthalten soll:
- Lage,
- Auftrag (damit ist der ggf. von einer höheren Führungsebene erteilte Auftrag gemeint),
- Durchführung,
- Versorgung,
- Führung und Kommunikationswesen.

Sofern noch Gefahren zu bekämpfen sind, beginnt anschließend ein neuer Zyklus des Führungsvorgangs; d. h., der Stab ist gehalten, die Lagefeststellung durch die Auswertung der neu eingegangenen Informationen zu aktualisieren. Dies schließt auch ein, dass der Stab im Zuge der Kontrolle sein Augenmerk darauf richtet, wie sich die bisher eingeleiteten Maßnahmen auf die Lage ausgewirkt haben.

Die Bewertung einer Lage nach dem hier dargestellten Verfahren erfordert nicht nur ein sehr gutes **Fachwissen**, sondern auch eine weitreichende **Einsatzerfahrung**, sodass die Stabsarbeit am Ende der taktischen Ausbildung in der Feuerwehr steht. Um in einem Führungsstab tätig werden zu können, muss in aller Regel die gesamte Führungsausbildung bis zum Führer von Verbänden durchlaufen werden.

Dienstvorschriften, Normen und Gesetze

- FwDV 100 (1999). Feuerwehrdienstvorschrift 100. Führung und Leitung im Einsatz – Führungssystem. Arbeitskreis V der Ständigen Konferenz der Innenminister und -senatoren der Länder.
- Vereinigung zur Förderung des Deutschen Brandschutzes (vfdb) e. V. (2014). Richtlinie 10/01 – Bewertung von Schadstoffkonzentrationen im Feuerwehreinsatz. Altenberge: Vereinigung zur Förderung des Deutschen Brandschutzes (vfdb) e. V.

Literatur

Ferch, H. & Melioumis, M. (2011). *Führungsstrategie - Großschadenlagen beherrschen*. Stuttgart: Kohlhammer.

Hofinger, G. (2014). Entscheiden in komplexen Situationen - Anforderungen und Fehler. In R. Heimann, S. Strohschneider & H. Schaub (Hrsg.), *Entscheiden in kritischen Situationen: Neue Perspektiven und Erkenntnisse* (S. 3–21). Frankfurt am Main: Verlag für Polizeiwissenschaft.

Hofinger, G. (2007). Fehler und Fallen beim Entscheiden in kritischen Situationen. In S. Strohschneider (Hrsg.), *Entscheiden in kritischen Situationen* (S. 115–136). Frankfurt am Main: Verlag für Polizeiwissenschaft.

Kaufmann, F. von & Karsten, A. (2012). Aufgabenorientierte Lagedarstellung für operativ-taktische Stäbe. *Bevölkerungsschutz, 4*, 30–35.

Klösters, K. & Sölken, F. (2006). *Führen in Großschadenlagen*. München: Huss.

Knorr, K.-H. (2010). *Die Gefahren der Einsatzstelle*. Stuttgart: Kohlhammer.

Lagebesprechungen und gemeinsame mentale Modelle

Robert Zinke, Gesine Hofinger

G. Hofinger, R. Heimann (Hrsg.), *Handbuch Stabsarbeit*,
DOI 10.1007/978-3-662-48187-5_17, © Springer-Verlag Berlin Heidelberg 2016

Wie schaffen es Stäbe, z. T. weit entfernt vom Ereignisort, nicht den Überblick über die Lage zu verlieren? Was muss der Stab tun, damit jeder Funktionsbereich die gleichen »Bilder im Kopf« hat? Wie sollten Lagebesprechungen ablaufen, um geteiltes Wissen und gemeinsame Prioritäten zu ermöglichen, damit Maßnahmen und Entscheidungen zielgerichtet ausfallen können?

17.1 Lagebesprechungen

17.1.1 Ziele

Der Stab braucht stets ein möglichst zutreffendes und umfangreiches gemeinsames Bild der Situation. Den ersten Überblick erhält der Stab mit der »ersten Lage«, dabei trägt zu Beginn der Stabsarbeit die Stabsleitung oder der Leiter Lage die bereits vorliegenden Informationen vor. In regelmäßigen Abständen erfolgen Lagebesprechungen, bei denen die Lageentwicklung sowie Erkenntnisse und Entwicklungen aus Sicht der Stabsbereiche zusammengetragen werden.

Ziele der Lagebesprechungen im Stab sind:

- Bekanntgabe der Ziele, bisher getroffener Maßnahmen und erteilter Aufträge,
- Bekanntgabe vorhandener Ressourcen in Bezug auf Personal und Einsatzmittel,
- Überblick über Lageentwicklungen,
- Überprüfung des Erfolgs von Maßnahmen und des Stands von Aufträgen,
- Abstimmung bezüglich neuer Ziele und erforderlicher Maßnahmen,
- konkrete Aufgabenzuweisung sowie
- harmonisierte und nachvollziehbare Entscheidungen und Maßnahmen.

Praxisbeispiel

Bei der zweitägigen Länderübergreifenden Krisenmanagement-Übung/Exercise (LÜKEX; ► Kap. 41) wurde 2011 die Bewältigung von Cyber-Attacken geübt. Der beobachtete Landeskrisenstab musste zunächst klären, welchen Schwerpunkt die Lagebewältigung erforderte und ob der Stab durch die Polizei oder die Feuerwehr zu führen wäre. Aufgrund der ersten Lagebesprechung wurde der Stab unter die Leitung der Polizei gestellt, mit der Option, später die Leitung in Feuerwehrhand zu geben. Im Verlauf weiterer Lagebesprechungen blieb daher die Herausforderung, beide Blickwinkel kontinuierlich in die Lagebeurteilung zu integrieren, auch wenn kein Leitungswechsel vollzogen wurde (Zinke, 2012). Allerdings gab es im Verlauf einen Schichtwechsel, für den die Übergabe in einer Lagebesprechung erfolgte.

17.1.2 Ablauf: Vorgaben und Hilfsmittel

Die Gestaltung von Lagebesprechungen resultiert bei den Einsatzorganisationen vor allem aus Erfahrungswerten. Zum Ablauf gibt es wenig explizite Vorgaben in den Dienstvorschriften (vgl. FwDV 100 »Führen und Leiten im Einsatz«, 1999; PDV 100 »Führung und Einsatz der Polizei«, 1999); diese beziehen sich eher auf Inhalte bzw. Prozessschritte des allgemeinen Führungsvorgangs (Lagefeststellung; Planung inkl. Entschluss; Befehlsgebung) oder Form (Lagevortrag zur Unterrichtung; Lagevortrag zur Entscheidung; Befehl; Dokumentation) sowie Zuständigkeiten der Stabsbereiche in der Lagebesprechung (z. B. S 2 Lagedarstellung und Dokumentation) als auf den Ablauf. Als Führungsmittel im Führungsvorgang wird bei der Feuerwehr der Lagevortrag als Mittel der Lageerfassung und Lagedarstellung sowie die Lagebesprechung als Element der Planung (vgl. FwDV 100, 1999, S. 45) benannt. Bei der Polizei sind Lagevortrag und Teilnahme an Lagebesprechungen als Aufgaben der Führungsorgane im Stab vorgegeben (PDV 100, 1999, S. 17 f.). Ein Muster für den Lagevortrag, als wesentlicher Bestandteil von Stabsbesprechungen, ist zu finden bei Spielvogel (2013, S. 101 f.).

Für das Militär fasst Horstmann neben dem Entscheidungsprozess (2009, S. 324 f., 239–241) wesentliche Aspekte zu (Lage)Besprechungen zusammen, die auf andere Bereiche übertragbar sind:

- Vorbereitung (Welche Fragen sind zu klären?; rechtzeitige Einladung des relevanten Personenkreises; Bekanntgabe von Ziel und Zeitansatz),
- Durchführung (Lagevortrag; Agenda; Straffe Führung),
- Nachbereitung (Benennung Ansprechpartner/»Projektoffizier« für Rückfragen).

Der Schweizer »Führungsbehelf für Angehörige ziviler Führungsorgane« macht detailliertere Vorgaben für die Vorbereitung einer Stabsbesprechungen (»Rapport«), wonach eingeladene Teilnehmende ihre »Ressortlage« in knapper Form und möglichst visualisiert vorzubereiten haben und Anträge, z. B. Unterstützungsbedarf, formulieren sollen (Bundesamt für Bevölkerungsschutz 2010, S. 31). Zudem wird ein Ablaufplan eines Rapports (vgl. ebd., S. 49) formuliert.

17.1.3 Lagevortrag als Bestandteil von Lagebesprechungen

Im Lagevortrag, der die Stabsbesprechung einleitet, werden alle relevanten Informationen kurz und prägnant zusammengefasst, welche den Mitgliedern des Stabs ermöglichen, gemeinsam eine Lagelösung herbeizuführen. Der Lagevortrag dient der Bildung gemeinsamer mentaler Modelle (s. unten) durch Informationsabgleich und Zielvermittlung. Im Idealfall sollten neben Vertreterinnen und Vertretern aus den Stabsbereichen auch Führungskräfte der operativen Einsatzbewältigung am Lagevortrag per Funk oder Telefonschaltkonferenz teilnehmen, um wechselseitig Rückfragen, Ergänzungen oder Korrekturen zu ermöglichen. Ein Lagevortrag muss dabei Aussagen über den Lagesachverhalt sowie den Status von Kräften und Maßnahmen enthalten.

Der Lagevortrag dient dem Informationsabgleich sowie der Zielvermittlung und ist ein wesentliches Instrument zur Herstellung eines gemeinsamen mentalen Modells bei allen am Prozess der Lagebewältigung Beteiligten.

Während die Häufigkeit von Lagebesprechungen von der Dynamik der Lage beeinflusst ist, bleibt der allgemeine Ablauf, mit dem wesentlichen Element Lagevortrag, über verschiedene

Lagen und Organisationen hin gleich. Dabei unterscheidet sich lediglich die jeweilige Terminologie. Die folgende Checkliste gibt ein allgemeines Raster für den Ablauf von Lagebesprechungen, das aus einer Kombination des Führungsvorganges der Einsatzorganisationen und des Militärs (FwDV 100, 1999; PDV 100, 1999; Horstmann, 2009) aus Erfahrungen aus der Stabsarbeit (Spielvogel et al., 2013; Gahlen & Kranaster, 2012; Bundesamt für Bevölkerungsschutz, 2010) sowie Erfahrungswerten der Autoren resultiert.

Anhalt für die Durchführung einer Lagebesprechung

- Feststellung der Vollzähligkeit des relevanten Personenkreises
- Begrüßung durch Stabsleitung, Bekanntgabe Ziele, Themen und Zeitansatz der Besprechung
- Lagevortrag (zur Orientierung, Unterrichtung oder Entscheidung)
- Ergänzungen durch Anwesende/Stabsbereiche: Status Aufgabenbearbeitung, neue Probleme und Unterstützungsbedarfe
- Besprechung der Strategie (des Entscheiders) und der Aufgaben/Aufträge mit Prioritäten
- Abschluss: Festhalten der Ergebnisse/(Führungs-)Entscheidungen und Bekanntgabe Termin nächste Lagebesprechung

17.1.4 Durchführung

Damit Lagebesprechungen die Teilnehmenden nicht zu lange binden und damit von ihrem Stabsbereich und der Maßnahmenumsetzung fern halten, sollten mehr als 30 Minuten Dauer in Krisenstäben die Ausnahme sein; in Notfallstäben dauert eine Stabsbesprechung selten länger als 15 Minuten. Über die Redezeiten sollte ein Moderator wachen (Funktion Stabsmanagement bzw. Leiter/in Stab); die Moderation kann auch aus dem Bereich Lage kommen. Der oder die Gesamtverantwortliche sollte die Moderation nicht übernehmen müssen (▶ Kap. 47); Ausnahmen stellen hier hochdynamische und brisante Lagen dar, in denen der Gesamtverantwortliche auch zuerst das Wort ergreift und damit sein Bild der Lage darstellt. Damit ein straffer Ablauf möglich ist, muss die Lagebesprechung eng dem oben genannten Raster folgen; dessen sichere Anwendung muss gut geübt werden.

Trotz der knappen Zeit sind Lagebesprechungen die einzige Gelegenheit, die individuellen Vorstellungen und Meinungen der Stabsmitglieder in ein weitgehend »gemeinsames mentales Modell« (GMM) zu integrieren. Daher ist es wichtig, dass sie sich nicht nur auf den Lagevortrag beschränken. Wie viel zusätzliche Aspekte integrierbar sind, hängt auch von der Art des Stabs ab: Notfallstäbe müssen unmittelbar handeln, Krisenstäbe haben etwas mehr Zeit um neben Rahmenbedingungen der Lage bspw. auch Meinungen intensiver für die Entscheidungsfindung einzubeziehen. Ist wenig Zeit für Austausch vorhanden, wird das gemeinsame mentale Modell weniger umfänglich und differenziert sein, mit unklaren Folgen für die Zusammenarbeit. Detailabstimmungen und zusätzliche Informationsbeschaffung sollten außerhalb der Stabsbesprechungen stattfinden und in die nächste Stabsbesprechung eingebracht werden.

Lagebesprechungen sind die einzige Möglichkeit für den Stab, gemeinsam Fragen zu Entwicklungen und Risiken der Lage, zu Zielen des Stabs und zu erforderlichen Maßnahmen zu beantworten.

17.2 Gemeinsame mentale Modelle

Gemeinsame mentale Modelle scheinen *der* Schlüssel zum Erfolg, wenn man der Literatur zu Stabsarbeit bzw. Teamarbeit folgt. Was genau ist damit gemeint?

17.2.1 Begriffsklärung

Jeder Mensch hat eine individuelle Vorstellung über die Lebensumwelt und die aktuelle Lage. In dieses **mentale Modell** einer Situation fließen neben aktuellen Lageinformationen auch Wissen, Erfahrung und Bewertungen möglicher Zusammenhänge ein. Mentale Modelle sind daher immer subjektiv (auch wenn es »objektive« Lageinformation, z. B. eine Lagekarte gibt). Sie variieren individuell und entwickeln sich mit Lageveränderungen stetig weiter.

Im Team, also auch im Stab, müssen die mentalen Modelle der Einzelnen aktiv zu einem **gemeinsamen mentalen Modell** integriert werden (z. B. Lim & Klein, 2006; Stout et al., 1999; Cannon-Bowers et al., 1993). In der Literatur wird vor allem das geteilte **Wissen** besprochen, da man dieses messen kann. Jedoch geht es bei dem GMM auch um grundlegende **Werte** und **Erwartungen** der Teammitglieder, die neben Wissen ebenfalls im Team geteilt werden und zwar explizit. Nur so können alle im Team davon ausgehen, dass es geteiltes Wissen ist, auf das man sich dann verlassen kann. Das geteilte Wissen kann man in verschiedene Bereiche unterteilen. Hier werden vorgeschlagen: **Lage und Aufgabe, Team, Prozesse und Strukturen, Ressourcen, Umwelt und Rahmenbedingungen** (angelehnt an Cannon-Bowers et al., 1993, sowie Künzer, Knigge & Hofinger, 2012). Um den jeweiligen Fokus zu verdeutlichen, enthält ◘ Abb. 17.1 Beispielfragen für jeden dieser Bereiche.

17.2.2 GMM durch Lagebesprechungen

Wie erreicht der Stab ein GMM? Hierzu müssen im Stab gemeinsam Fragen (◘ Abb. 17.1) beantwortet werden. Dafür muss sich der Stab bewusst und regelmäßig Zeit für Kommunikation und Austausch nehmen. Dieser Zeitaufwand ist gerechtfertigt, da im Nachhinein durch bessere Koordination der Aufwand verringert wird. Gelingt es dem Stab, ein GMM zu erreichen, so erlangt er übereinstimmendes Wissen zu:

- **Zielen** in Bezug auf die Lage,
- **Unsicherheiten** und möglichen **Risiken** der Lage,
- **Vorgehen** und die nächsten erforderlichen Schritte im konkreten Fall,
- individuellen **Zuständigkeiten** und **Aufträgen,**
- etc.

> **Gemeinsame mentale Modelle sind die Grundlage, um individuelles Handeln eigenständig an den Zielen des Stabs und den Erfordernissen der Lage ausrichten zu können.**

17

17.3 Fazit

Regelmäßige, strukturierte Lagebesprechungen bringen den Stab auf Stand in Bezug auf die wesentlichen Entwicklungen der Lage. Der Lagevortrag trägt hierzu maßgeblich bei. Außerdem werden in der Lagebesprechung Festlegungen der nächsten erforderlichen Schritte und

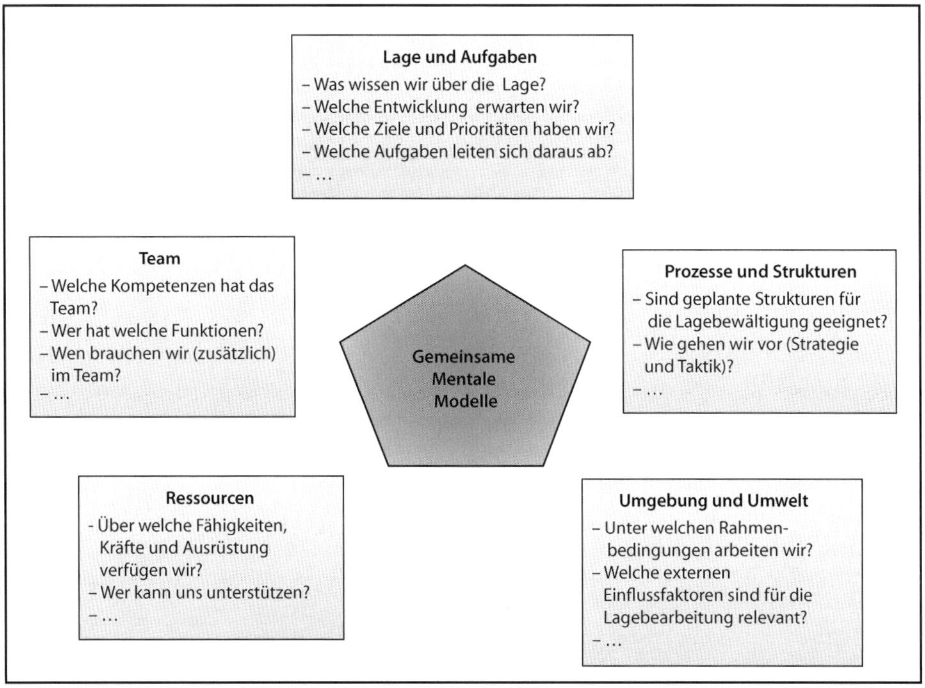

Abb. 17.1 Elemente gemeinsamer mentaler Modelle mit Beispielfragen

die Verteilung von Maßnahmen vollzogen. Lagebesprechungen dienen auch dazu, ein gemeinsames mentales Modell im Stab zu erreichen, das zielgerichtetes Handeln bei zugleich arbeitsteiliger Lagebewältigung ermöglicht; zur Harmonisierung von Maßnahmen reduziert sich der Abstimmungsbedarf und macht Stabsarbeit effizienter.

Dienstvorschriften, Normen und Gesetze

- Bundesamt für Bevölkerungsschutz (Schweizerische Eidgenossenschaft) (2010). Führungsbehelf für Angehörige von zivilen Führungsorganen. BABS 2010 1300-00-5-d. ▶ http://www.bevoelkerungsschutz.admin.ch/internet/bs/de/home/dokumente/aubildungsunterlagen/fuehrungsbehelf_fuer.html. Zugegriffen: 23.02.2015.
- FwDV 100 (1999). Feuerwehrdienstvorschrift 100. Führung und Leitung im Einsatz – Führungssystem. Arbeitskreis V der Ständigen Konferenz der Innenminister und -senatoren der Länder.
- PDV 100 (1999). Polizeidienstvorschrift 100 – Führung und Einsatz der Polizei.

Literatur

Cannon-Bowers, J. A., Salas, E. & Converse, S. (1993). Shared mental models in expert team decision making. In N. Castellan (Ed.), *Individual and group decision making* (pp. 221–246). Hillsdale: Lawrence Erlbaum.

Gahlen, M. & Kranaster, M. (2012). *Krisenmanagement. Planung und Organisation von Krisenstäben* (Handbuch, 2. erw. Aufl.). Stuttgart: Deutscher Gemeindeverlag.

Horstmann, H. (2009). *Der Rote Esel: Handbuch für den militärischen Stabsdienst und Führungsprozess* (2. überarb. Aufl.). Norderstedt: Books on demand.

Künzer, L., Knigge, I. & Hofinger, G. (2012). Gemeinsame Lagebilder und gemeinsame mentale Modelle in Stäben. In G. Hofinger (Hrsg.), *Kommunikation in kritischen Situationen. Im Auftrag der Plattform »Menschen in komplexen Arbeitswelten«* (2., überarb. u. erw. Aufl., S. 131–150). Frankfurt am Main: Verlag für Polizeiwissenschaft.

Lim, B.-C. & Klein, K. J. (2006). Team mental models and team performance: a field study of the effects of team mental model similarity and accuracy. *Journal of Organizational Behavior*, *27*(4), 403–418.

Spielvogel, C., Reissig-Hochweller, R., Trautmann K., Kappes, P. & Brunner, T. (2013). *Taschenbuch Stabsarbeit.* Stuttgart: Boorberg.

Stout, R., Cannon-Bowers, J. A., Salas, E. & Milanovich, D. (1999). Planning, shared mental models, and coordinated performance: An empirical link is established. *Human Factors*, 41, 61–71.

Zinke, R. (2012). Bericht 4. Beobachtungsschwerpunkt im Einsatzmanagement. In: Krisenstab der Landesregierung Hessen (Hrsg.), *Stabsrahmenübung »IT-Sicherheit« am 30. November und 01. Dezember 2011. Erfahrungsbericht LÜKEX 2011* (S. 57–61). Wiesbaden: Hausverlag.

17

Programmierte Entscheidungen und Entscheidungshilfen in der Stabsarbeit

Gerd Thielmann, Gesine Hofinger

G. Hofinger, R. Heimann (Hrsg.), *Handbuch Stabsarbeit*,
DOI 10.1007/978-3-662-48187-5_18, © Springer-Verlag Berlin Heidelberg 2016

Stabsarbeit ist in Höchstleistungsorganisationen oder High Responsibility Teams eine klassische Methode, um bei schlecht definierten, komplexen Problemen eine Vielzahl von Informationen effektiv und effizient zu verarbeiten sowie mittels rationaler Entscheidungsmethoden bestmögliche Lösungsmöglichkeiten zu erarbeiten. Kritisch wird es nicht selten, wenn für Führungskräfte hoher Entscheidungsdruck bei dynamischen Geschehensabläufen vorherrscht und die Zeit für umfassende Analysen und aufwändige Umsetzung von Methoden einfach nicht ausreicht. Eine Lösung dafür ist der Rückgriff auf programmierte Entscheidungen.

18.1 Status und Phasenverlauf von Entscheidungen

In der Stabsarbeit sind permanent Entscheidungen, häufig unter Zeitdruck, zu treffen. Für jede Entscheidung werden Informationen benötigt; zu Beginn der Stabsarbeit liegen meist nur wenige Informationen vor. Mit zunehmendem Zeitablauf wächst, je nach Intensität der Informationsbeschaffung und Qualität der Kommunikation, die Anzahl der Informationen. Eine optimal abgesicherte Entscheidung könnte bei Vorliegen aller Informationen getroffen werden. Diesen Fall, bei dem eine »Entscheidung bei Sicherheit« getroffen würde (◘ Abb. 18.1), trifft man aber in der Realität selten an. Für viele Stabslagen gilt, was für komplexe Probleme (Dörner, 1989) typisch ist: Eine Vielzahl an Einflussgrößen belastet kognitive Ressourcen; man verliert leicht den Überblick. Häufig sind viele Informationen (potenziell) verfügbar, deren Zuverlässigkeit und Relevanz nicht eindeutig ist. Es müssen also Informationen ausgewählt, bewertet und zu einem Gesamtbild integriert werden. Gleichzeitig sind andere Informationen nicht bekannt. Häufig hat man eine unklare Ausgangslage und kennt die Bedingungen, unter denen man handeln muss, nicht genau. Das bedeutet, dass man Entscheidungen unter Unsicherheit treffen müsste. Diese werden unterhalb der Grenze (subjektiv) ausreichender Informationen getroffen. Kann man die Folgen einer Entscheidung mit einer bestimmten Wahrscheinlichkeit abschätzen, liegt eine »Entscheidung bei Risiko« vor. Wann der Zeitpunkt für eine Entscheidung bei Risiko erreicht ist, ist einzelfallabhängig – eine Aussage, die die Praktiker in der Regel nicht wirklich zufriedenstellt. Es ist allerdings kein Modell bekannt, welches Entscheidern eine objektive und valide Methode anbietet, wann die Schwelle zur »Entscheidung bei Risiko« erreicht ist. Dieser Status wird in der Stabsarbeit angestrebt.

In komplexen Lagen sind Entscheidungen schnell und auf der Grundlage weniger, teilweise unsicherer Informationen zu treffen. Abhängig von den Informationen, ihrem Wissen und ihrer Unbestimmtheitstoleranz können Entscheiderinnen und Entscheider sich überfordert fühlen (oder überfordert sein, ohne sich so zu fühlen; Hofinger, 2013). Menschen neigen dann dazu, ad hoc zu entscheiden, sich von Voranahmen und Vorlieben leiten zu lassen und eher

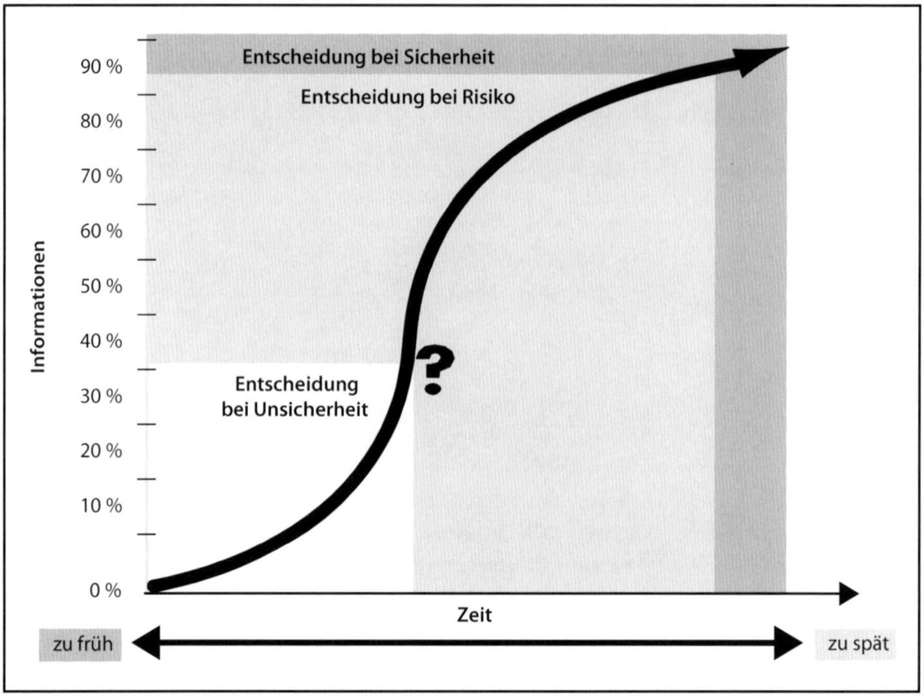

Abb. 18.1 Entscheidungsstatus bei unterschiedlichem Informationsniveau

Heuristiken (Faustregeln) zu folgen, als die Situation zu analysieren (z. B. Kahneman, Slovic & Tversky, 1982; Klein, 1989; Dörner, 1989). Um in solchen Situationen trotz der tendenziellen Überforderung dennoch strukturiert und systematisch zu entscheiden, gibt es zwei grundsätzliche Herangehensweisen: **Vorwegnehmen von Entscheidungen** durch Planung (z. B. durch programmierte Entscheidungen; Blessin & Wick, 2014, S. 395) und **Strukturieren des Entscheidungsprozesses** mit Hilfe von Entscheidungshilfen wie FOR-DEC (Hörmann, 1994; Hofinger et al. 2013).

18.2 Programmierte Entscheidungen

Programmierte Entscheidungen sind vorgedachte Entscheidungen. Sie formulieren Wenn-Dann-Regeln: Es werden für mögliche Fälle antizipativ Handlungsvarianten in mehr oder weniger detaillierten Anleitungen bzw. Vorschriften festgelegt. Für staatliche Organisationen sind dies u. a. gesetzliche Vorschriften, Dienstvorschriften, Erlasse, (Rahmen-)Befehle oder auch Einsatzakten (z. B. **Planentscheidungen**). In privaten Organisationen sind es z. B. Betriebsvorschriften, Notfallpläne, »standard operating procedures« oder »emergency operation procedures«. Gemeinsam ist diesen Regelungen, dass **Grundstrukturen** für Entscheidungen in bestimmten, **zu erwartenden Situationen** definiert werden.

Programmierte Entscheidungen sind Wenn-Dann-Regeln, die die Umsetzung vorgedachter Entscheidungen in definierten Situationen beschreiben.

Programmierte Entscheidungshilfen sparen Reaktionszeit und geben Hinweise, damit auch in chaotischen Phasen nichts vergessen wird; damit dienen sie der Entlastung der Führungspersonen.

Programmierte Entscheidungen beinhalten (strategische und taktische) **Zielvorgaben** sowie (organisatorische und taktische) **Maßnahmen**. Zunächst ist die Analyse der Ausgangssituation erforderlich – die **Klassifizierung der Lage**, die den Hinweis auf die passende programmierte Entscheidung gibt. In der Folge ist seitens der Verantwortlichen der ständige Abgleich erforderlich, ob die ablaufende Lageentwicklung den vorgedachten Handlungsoptionen entspricht. Trifft dies zu, dann können bzw. müssen die Vorschläge übernommen werden. Andernfalls müssen die Vorgaben modifiziert oder völlig neue Entscheidungen getroffen werden.

In der Stabsarbeit sind vorgedachte Entscheidungen in zwei Arten von Situationen relevant, um Entscheidungsfehler unter Stress (► Kap. 21, ► Kap. 22) zu minimieren:

- Wenn es auf eine Situation eine eindeutige, vorher festgelegte Antwort gibt. Hier muss nicht neu entschieden, sondern die passende Vorentscheidungen abgerufen, ggf. modifiziert und umgesetzt werden. Die Einsatzplanung wird als Planentscheidung zusammengefasst, sodass die Entscheidung nicht von Einsatz zu Einsatz geändert werden muss (Kleinschmidt & Rückheim, 2009, S. 10; Thieme & Hofinger, 2012).
- Bei hohem Zeitdruck: Wenn die Umstände der Situation ein Informieren oder eine Beratung über Handlungsalternativen nicht mehr zulassen, ist das Beherrschen von Entscheidungsmethoden wie programmierte Entscheidungen hilfreich.

Es bedarf professioneller Ausbildung und Erfahrung, um in der Stabsarbeit programmierte Entscheidungen situationsgerecht anzuwenden. Die Wenn-Dann-Regeln müssen inhaltlich-fachlich, aber auch als Methode kognitiv, affektiv und behavioral verankert werden.

18.3 Formen vorgedachter Entscheidungen in der Stabsarbeit

Eine bekannte Form der Fixierung von Wenn-Dann-Entscheidungen sind **Checklisten**. In fast allen Organisationen existieren – auch für die Stabsarbeit – für bestimmte Lagen vorgedachte Entscheidungen als prägnante Handlungsanweisungen, häufig nur in Stichwörtern, um bei bestimmten Zuständen Aktionen (z. B. Feuerwehr alarmieren) oder Überprüfungen von Zuständen (z. B. Sammelplatz ist frei) zu veranlassen.

Checklisten fixieren programmierte Entscheidungen in Form prägnanter Handlungsanweisungen.

Etwas komplexer sind Entscheidungsvorschläge für verzweigte oder vernetzte Handlungsstränge. Diese werden meist eingesetzt als **Prüfungsroutinen** oder aufeinander aufbauende Handlungsanweisungen (◘ Abb. 18.2).

Von höherer Komplexität und entsprechend mit mehr Arbeit bei der Erstellung verbunden sind vorformulierte Entscheidungen, wie sie auch in der Stabsarbeit Verwendung finden. Dies können unterschiedlich aufbereitete Informationen in EDV-Systemen (z. B. Stabssysteme, Einsatzleitsysteme) oder Rahmenbefehle bzw. -anweisungen mit ergänzungsbedürftigen Angaben wie Ort, Zeit, Namen für bestimmte Lagen (z. B. größeres Schadensereignis in einer Produktionsstätte) sein.

Die Grundlage für den Erfolg programmierter Entscheidungen liegt in der Vorbereitung. Interdisziplinäre Zusammensetzung der Teams, das Beherrschen von Problemlösetechniken,

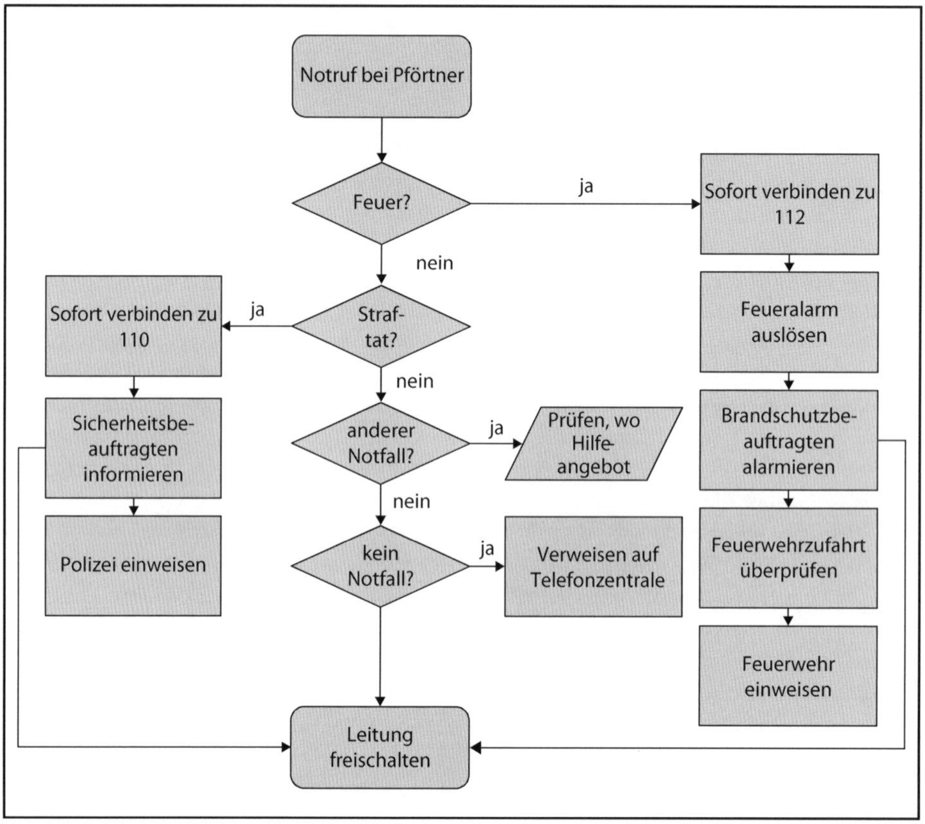

Abb. 18.2 Wenn-Dann-Entscheidungen als Flussdiagramm (vereinfachtes Beispiel)

Wissen über Stabsarbeit und ausreichend Zeit sind Erfolgsfaktoren. Für die Gestaltung der vorgedachten Maßnahmen ist das Beherrschen von Ideenfindungs-, Analyse-, Problemlösungs- und Strukturierungstechniken erforderlich (Beispiele in Schweizer, 2008). Interdisziplinarität hat den Vorteil, dass verschiedene Professionen, z. B. Taktiker, Technikerinnen, Juristen, Mediziner, Finanzexpertinnen, Wissenschaftler oder externe Ratgeber komplexe Sachverhalte aus verschiedenen Perspektiven analysieren und die Ergebnisse sowie deren Interdependenzen zu optimalen Entscheidungsvarianten entwickeln. In der Vorbereitungsphase kann man auch Personen heranziehen, die im Ernstfall nicht zur Verfügung stehen würden. Diese Vorbereitungsarbeiten sind auch für die Stabsmitarbeiter bzw. Entscheiderinnen und Entscheider (wenn sie daran aktiv mitarbeiten) für den Aufbau von Erfahrungswissen wertvoll.

18.4 Entscheidungshilfen für nicht vorgedachte, komplexe Situationen

Es ist evident, dass es für Organisationen, aber auch für jede individuelle Führungskraft fatal wäre, das Handlungsrepertoire (nicht nur in der Stabsarbeit) nur auf programmierte Entscheidungen abstützen zu wollen. Es wäre ein aufreibendes, kostentreibendes und letztendlich unmögliches Unterfangen, alle möglichen Lagen mit ihren Entwicklungen zu antizipieren und mit Lösungsansätzen zu versehen.

Entscheider müssen in neuartigen, komplexen Entscheidungssituationen auch nichtprogrammierte Entscheidungen treffen können.

Wenn die Lage anders abläuft, als (vor-)gedacht, etwas Unerwartetes, nicht Vorgesehenes geschieht oder ein zwar für möglich gehaltenes Ereignis zu einem überraschenden Zeitpunkt eintritt (Strohschneider, 2003), gibt es gerade in der Anfangsphase keine eindeutige Lösung oder Handlungsanweisung, der zu folgen wäre.

18.5 Strukturiertes Entscheiden statt Aktionismus

Zeitkritische Lagen erlauben kein umfassendes Nachdenken, also muss dieser Entscheidungsprozess kompakt und effizient sein. Damit auch in solchen Situationen Entscheiden nicht einfach »passiert«, sondern systematisch und strukturiert bleibt, wurden in verschiedenen Branchen, vor allem der Luftfahrt, Entscheidungshilfen erstellt. Diese bieten ein Ablaufschema in Phasen, häufig als Akronym formuliert. Das Abarbeiten der Phasen soll Ad-hoc-Entscheidungen verhindern, sodass zuvor unbeachtete Aspekte oder Handlungsoptionen mit einfließen (Hofinger et al., 2013, S. 135).

Bei den Einsatzorganisationen ist das systematische Treffen nichtprogrammierter Entscheidungen in der Stabsarbeit routinemäßig ausgebildet, z. B. als »Beurteilung der Lage«, Führungszyklus etc. (► Kap. 16; für Polizei: Kleinschmidt & Rückheim, 2009; Thielmann & Papenfuß, 2006; für Militär: Horstmann, 2009).

Entscheidungshilfen dienen der Strukturierung des Entscheidungsprozesses in Situationen, in denen keine vorgedachte Lösung vorliegt. Durch begründetes Abwägen von Handlungsoptionen sollen Aktionismus und andere Fehler vermieden werden.

Alle publizierten Anleitungen für strukturiertes Entscheiden in kritischen Situationen (Überblick in Hofinger et al., 2013; O'Hare, 2003) beinhalten mindestens drei Elemente, die Entscheidungen gemeinsam sind (Orasanu, 1993):
- Wahl zwischen Alternativen (Optionen),
- Situationsbeurteilung und
- Risikoeinschätzung.

Basis der meisten Entscheidungshilfen sind folgende Schritte (Hörmann, 1994, S. 80):
- Situationsanalyse,
- Handlungsalternativen sammeln,
- Handlungsalternativen bewerten,
- Entscheidung,
- Ausführung und
- Rückmeldung (inkl. Rückkopplung zu Situationsanalyse).

18.6 FOR-DEC als Methode auch für Stäbe

Ein bekannte Prozessmodell des Entscheidens ist das FOR-DEC-Modell, das 1994 von der Lufthansa mit dem DLR entwickelt wurde (Hörmann, 1994) und seitdem in etlichen Fluggesellschaften, aber auch in Kernkraftwerken, in der Medizin und anderen Bereichen Verbreitung gefunden hat. Es kann für die Stabsarbeit insbesondere dann nützlich sein, wenn der

Führungszyklus mit den dahinterliegenden Prozessschritten nicht geübt ist, z. B. in Verwaltungs- und Unternehmensstäben.

Die Phasen des Modells sind je mit einer Leitfrage gekoppelt (Hörmann, 1994, S. 92):

- Facts (»Was ist eigentlich Sache?«),
- Options (»Welche Möglichkeiten haben wir?«),
- Risks & Benefits (»Was spricht wofür?«),
- Decision (»Was tun wir also?«),
- Execution (»Wer tut was, wann und wie?«),
- Check (»Ist alles noch richtig?«).

Der Bindestrich zwischen »R« und »D« hat eine wichtige Doppelfunktion: Er erinnert daran, vor der eigentlichen Entscheidung noch einmal kurz innezuhalten, durchzuatmen und zu überprüfen, ob bis zu diesem Zeitpunkt etwas Wesentliches übersehen wurde und ob sich die Entscheidung »rund« anfühlt (▶ Kap. 19). Zum anderen markiert er bei Entscheidungen im Team, somit auch im Stab, den Übergang von der gemeinsamen Informationssammlung, -analyse und -bewertung zur Entscheidung durch eine verantwortliche Person.

FOR-DEC kann sinnvoll eingesetzt werden, wenn in einer komplexen Entscheidungssituation Zeit zum (gemeinsamen) Nachdenken vorhanden ist. Dann kann es helfen, Aktionismus zu vermeiden und nicht offensichtliche Optionen oder Risiken zu finden. Wenn jedoch die Entscheidung schon (durch Planentscheide, Verfahrensanweisungen oder andere Formen programmierter Entscheidungen) vorgegeben ist, kostet das Durchlaufen des FOR-DEC Modells unnötig Zeit.

18.7 Ausblick

Es ist der Stabsarbeit immanent, dass Situationen auftreten, bei denen Entscheidungen gefordert sind, obwohl

- nur unvollständige Informationen vorliegen,
- nicht alle Varianten der Handlungsmöglichkeiten und deren Konsequenzen bekannt sind,
- Handlungsalternativen unzureichend bewertbar sind, da es ausgeschlossen ist, Ergebnisse und Wahrscheinlichkeiten exakt zuzuordnen und
- im Voraus die optimale Lösung nicht bestimmbar ist.

Auch in diesen Situationen müssen Entscheidungen getroffen werden. Dann ist neben der Anwendung der hier vorgestellten Methoden Kreativität, Erfahrungswissen (▶ Kap. 19) und Teamarbeit gefordert.

Literatur

Blessin, B. & Wick, A. (2014). *Führen und führen lassen* (7. vollst. überarb. Aufl.). Konstanz: UVK.

Dörner, D. (1976). *Problemlösen als Informationsverarbeitung*. Stuttgart: Kohlhammer.

Dörner, D. (1989). *Die Logik des Mißlingens*. Reinbek: Rowohlt.

Hörmann, H.-J. (1994). Urteilsverhalten und Entscheidungsfindung. In H. Eißfeldt, K.-M. Goeters, H.-J. Hörmann, P. Maschke & A. Schiewe (Hrsg.), *Effektives Arbeiten im Team: Crew Resource-Management-Training für Piloten und Fluglotsen*. Hamburg: Deutsches Zentrum für Luft- und Raumfahrt.

Hofinger, G. (2013). Entscheiden in komplexen Situationen – Anforderungen und Fehler. In R. Heimann, S. Strohschneider & H. Schaub (Hrsg.), *Entscheiden in kritischen Situation: Neue Perspektiven und Erkenntnisse* (S. 3–22). Frankfurt am Main: Verlag für Polizeiwissenschaft.

Hofinger, G., Proske, S., Steinhardt, G. & Soll, H. (2013). FORDEC et al. – Entscheidungsmodelle in der Luftfahrt. In R. Heimann, S. Strohschneider & H. Schaub (Hrsg.), *Entscheiden in kritischen Situation: Neue Perspektiven und Erkenntnisse* (S. 119–137). Frankfurt am Main: Verlag für Polizeiwissenschaft.

Horstmann, H. (2009). *Der rote Esel. Handbuch für den militärischen Stabsdienst und Führungsprozess*. Norderstedt: Books on Demand.

Kahneman, D., Slovic, P. & Tversky, A. (1982). *Judgement under uncertainty: Heuristics and biases*. Cambridge: Cambridge University Press.

Klein, G. (1998). *Sources of power: how people make decisions*. Cambridge, MA: The MIT Press.

Kleinschmidt, K. & Rückheim, S. (2009). *Der polizeiliche Planungs- und Entscheidungsprozess im Vergleich*. Berlin: Dekan Polizei und Sicherheitsmanagement, Hochschule für Wirtschaft und Recht.

O'Hare, D. (2003). Aeronautical decision making: metaphors, models, and methods. In P. Tsang & M. Vidulich (Eds.), *Principles and practice of aviation psychology* (pp. 201–238). Mahwah, NJ: Lawrence Erlbaum.

Orasanu, J. (1993). Decision making in the cockpit. In E. L. Wiener, B. G. Kanki & R. L. Helmreich (eds.), *Cockpit resource management* (pp. 137–172). San Diego: Academic Press.

Schweizer, P. (2008). Entscheiden im turbulenten Umfeld. In P. Schweizer (Hrsg.), *Systematisch Lösungen finden. Eine Denkschule für Praktiker* (S. 194). Zürich: vdf Hochschulverlag.

Strohschneider, S. (Hrsg.) (2003). *Entscheiden in kritischen Situationen*. Frankfurt am Main: Verlag für Polizeiwissenschaft.

Thielmann, G. & Papenfuß, U. (2006). *Organisation und Methoden der Stabsarbeit in der Polizei. Grafische Übersichten und Erläuterungen*. Stuttgart: Boorberg.

Thieme, U. & Hofinger, G. (2012). Stabsarbeit und Ständige Stäbe bei der Polizei: Sicherheit durch Professionalisierung. In P. Badke-Schaub, G. Hofinger & K. Lauche (Hrsg.), *Human Factors. Psychologie sicheren Handelns in Risikobranchen* (S. 256–270). Heidelberg: Springer.

Sind Bauchentscheidungen (intuitive Entscheidungen) in der Stabsarbeit möglich?

Gerd Thielmann

G. Hofinger, R. Heimann (Hrsg.), *Handbuch Stabsarbeit*,
DOI 10.1007/978-3-662-48187-5_19,

Sogenannte Bauchentscheidungen (intuitive Entscheidungen) werden als eine ernsthafte Alternative für Entscheidungen im Managementbereich betrachtet. Damit ist die Frage naheliegend, ob diese Möglichkeit der Entscheidungsfindung nicht auch für Stabsarbeit in Erwägung gezogen werden sollte.
Einleitend wird diskutiert, was unter Bauchentscheidungen zu verstehen ist. Im Weiteren werden einfache Regeln für intuitive Entscheidungen dargestellt. Orientiert an den Rahmenbedingungen der Stabsarbeit folgt die Abwägung, dass einerseits diese Entscheidungsform in der Stabsarbeit aktuell kritisch zu sehen ist, andererseits durchaus im Blick behalten werden sollte.

19.1 Bauchentscheidungen und Intuition

Sich dem Phänomen über eine allgemeingültige Definition anzunähern, erscheint angesichts der unterschiedlichsten, manchmal vagen Erläuterungen in der Fachliteratur nicht erfolgversprechend. Als hilfreich bietet sich folgende Umschreibung von **Intuition** an: Es handelt sich um Urteile, die im Bewusstsein rasch auftauchen, deren tieferer Gründe der Mensch sich nicht bewusst ist und die stark genug sind, danach zu handeln. Es ist »gefühltes Wissen«, welches nicht begründet werden kann (Gigerenzer & Gaissmaier, 2012).

Hirnforscher lokalisieren dies als **emotionales Erfahrungsgedächtnis** im limbischen System. Erfahrungen werden dort als Emotionen und diffuse Körpersignale gespeichert. Steht ein Mensch vor Entscheidungen, entstehen mögliche Zukunftsszenarien im Gehirn, die mit bisherigen Erfahrungen abgeglichen werden und dann positive oder negative Empfindungen auslösen – das »Bauchgefühl«. Der Hirnforscher António Damásio (2002) hat diese Signale als »somatische Marker« bezeichnet.

Dass Führungskräfte mit Bauchentscheidungen durchaus erfolgreich sind, wird auch an anderer Stelle festgestellt. In einer Gegenüberstellung von rationaler Abwägung und Intuition kamen 65 % der Teilnehmer bei komplexen Entscheidungen durch Intuition zu der besten Alternative, im Gegensatz zu 26 % Erfolgsquote der rationalen Entscheider. Wurden – so in einer Erweiterung der Experimente – die einmal getroffenen Bauchentscheidungen nochmals überdacht, sank die Entscheidungsqualität bedeutend. Die Forscher zogen den Schluss, »auch wenn noch so viele Fragen offen bleiben, stützen die Ergebnisse folgende Empfehlung: Wenn es hart auf hart kommt, höre auf deinen Bauch – aber überdenke danach nicht deine Entscheidung« (Mikels et al., 2011, S. 752).

Bauchentscheidungen werden auch in unsicheren Situationen für eine angemessene Entscheidungsmethode gehalten (s. u. a. Andersen, 2000; Gigerenzer, 2007; Dijksterhuis, 2010; Mikels et al., 2011; modifiziert Kahneman, 2014). Der Philosoph Michael Becker (2012, S. 74) argumentiert sogar, es »können in einer wirklichen Krisensituation Entscheidungen sowieso immer nur intuitiv getroffen werden«. Er begründet es damit, dass in einer Krisensituation alle rationalen Maßstäbe fehlen würden – sonst wäre es ja keine Krisensituation. In stringenter Konsequenz kann man dem nicht folgen (ansonsten wäre Stabsarbeit ein vergebliches Unterfangen), aber der Gedankengang ist durchaus ein Hinweis darauf, sich mit der Problemstellung zu befassen.

Grundlagen für intuitive Entscheidungen sind – so häufig vertreten – unbewusste **Heuristiken**. Diese werden wie folgt beschrieben: »Tatsächlich haben wir im Lauf unserer Evolution und durch die Erfahrungen unseres eigenen Lebens Strategien gelernt, die uns sehr schnell zu den wesentlichen Aspekten einer Entscheidung vordringen lassen. Wir sprechen von Heuristiken, also einfachen Regeln, die in einer komplizierten Welt Orientierung geben und effizientes Handeln auch unter den Bedingungen begrenzter Rationalität ermöglichen« (Gigerenzer, 2014, S. 33). Zu beachten wären aber die Phänomene der kognitiven Verzerrungen bei emotional beeinflussten Entscheidungen, z. B. Überschätzen der eigenen Fähigkeiten oder vorherige Aussagen als selbsterfüllende Prophezeiung, wie sie in der neuen Erwartungstheorie (»prospect theory«) beschrieben werden (Kahneman & Tversky, 1979).

Damit kann es erfolgreich sein, Bauchentscheidungen als Führungstechnik anzuwenden. Evident dürfte sein, dass es nicht die einzige Strategie für Entscheidungsfindung sein kann und die Risiken bekannt sein sollten (► Kap. 18). Aber es scheint sich zu lohnen, sich mit dieser Möglichkeit einer Entscheidungsfindung auch im Kontext von Stabsarbeit zu beschäftigen.

Intuitive Entscheidungen (Bauchentscheidungen) werden als Alternative zu rationalen, kalkulierten Entscheidungen im Managementbereich akzeptiert und sind deshalb einer Betrachtung in der Stabsarbeit wert.

19.2 Bauchentscheidungen in der Stabsarbeit?

Die Überlegung, ob Intuition oder Bauchentscheidungen auch in der Stabsarbeit angewendet werden sollten, dürfte eher neu sein. Für den Bereich der Polizei ist die allgemeine Frage, ob für sie Intuition als Arbeitsmethodik in Frage kommt, immer wieder positiv, zumeist mit Blickrichtung auf kriminalistische Ermittlungen, beantwortet worden (z. B. Vitek, 2011). Aus dem Militärbereich wird sie als bekannt (»seit jeher misstrauisch, aber auch mit Respekt betrachtet«; Horstmann, 2009, S. 206) berichtet, aber den Truppenführern zugeschrieben, also gerade nicht der militärischen Stabsarbeit.

Ein Einstieg in die Diskussion über die Brauchbarkeit in der Stabsarbeit ist die Betrachtung, nach welchen Regeln, aus Sicht der Forscher, die intuitive Entscheidungen vertreten, entschieden werden sollte. Diese Regeln sollen sehr einfach, aber die Bausteine für komplexere Entscheidungen sein. »Einfachheit ist ein wesentlicher Bestandteil von erfolgreichen Entscheidungen unter Unsicherheit, wenn also nicht alle Risiken bekannt sind. Intuitive Regeln können nicht trotz, sondern gerade wegen ihrer Einfachheit erfolgreich sein« (Gigerenzer & Gaissmaier, 2012, unter Nennung weiterer Quellen, S. 13).

Die erste der einfachen Regeln lautet, dass auf Bekanntes gesetzt werden sollte. Bezogen auf Stabsarbeit kann das bedeuten, wenn eine Maßnahme oder ein Einsatzmittel einem sofort in den Sinn kommt, ist es erfolgversprechend, dies zu wählen. Diese Rekognitionsheuristik, wie Gigerenzer (2007, S. 94 f., 122 f.; Gigerenzer & Gaissmaier, 2012, S. 13) sie in Anlehnung an Gary Klein

(2003) nennt, und die daraus folgende Take-the-Best-Heuristik wird empirisch als erfolgreich dargestellt. Diese Erkenntnisse wurden allerdings nur unter Laborbedingungen gewonnen.

Die zweite Regel ist, sobald ein guter Grund vorliegt, den Entscheidungsprozess zum Abschluss zu bringen. Es ist zwar wahrscheinlich, dass bei der Bewertung einer Angelegenheit mehrere Gründe dagegen bzw. dafür sprechen. Entgegen der Grundannahme vieler, dass es besser wäre, mehrere Gründe abzuwägen, lautet der Ratschlag: Sobald *ein* guter Grund für die Entscheidung vorliegt, darauf setzen und alle anderen ignorieren, weil sie nur ablenken. Auch diese einfache Weniger-ist-mehr-Heuristik wird empirisch als erfolgreich belegt (Gigerenzer, 2007, S. 130 f.; Gigerenzer & Gaissmaier, 2012, S. 14) – hier wiederum der Hinweis auf die Laborsituation.

Als dritte Regel wird die Vernachlässigung der Gewichtung der Gründe genannt, sobald mehr als ein bedeutsam erscheinender Grund vorliegt. Der Psychologe Dawes vertritt die Auffassung, dass bei vielen Problemen es genauso gut und manchmal sogar besser sei, alle Gründe gleich stark zu gewichten (Dawes, 1979; Gigerenzer & Gaissmaier, 2012, S. 15). Daraus ergibt sich die Folgerung, nur die wenigen wirklich wichtigen Gründe zu erkennen und diese ungewichtet, also gleichberechtigt abzuwägen und sich für die einfache Mehrheit der Gründe zu entscheiden.

Eine kritische Betrachtung der drei Regeln unter den Bedingungen der Stabsarbeit, führt zu folgenden Überlegungen:

Entgegenhalten werden kann dem Vertrauen auf Urteilsheuristiken im Allgemeinen, dass diese »recht nützlich sind, aber manchmal zu schwerwiegenden, systematischen Fehlern führen« können (Kahneman, 2014, S. 22). Er räumt allerdings ein, dass sich dies auf die kognitiven Verzerrungen bezog und nicht auf die Intuition selbst.

Bei der ersten Regel der Rekognitionsheuristik stellen sich einige kritische Fragen: Wie wird gewährleistet, dass alle Mitglieder eines Stabes das gleiche oder auch nur ähnliches Vorwissen haben? Was ist, wenn einem erfahrenen Stabsmitarbeiter Maßnahmen in den Sinn kommen, die der Leiter des Führungsstabes nicht kennt? Und ist die Komplexität einer Lage, die zur Stabsarbeit geführt hat und die regelmäßig unter schwierigen Kommunikationsbedingungen abläuft, geeignet, die relevanten Informationen an den Entscheider heranzubringen, die dieses »Erkennen« auslösen?

Bei der zweiten Regel, *einen* guten Grund als ausreichend anzusehen, ist die Skepsis angebracht, ob denn alle Gründe, die zumindest ansatzweise wahrgenommen werden sollten, im Stab bekannt sind und in der richtigen Priorität in den Stab kommuniziert wurden.

Dies korrespondiert mit den Unwägbarkeiten der dritten Regel, die Gewichtung zu vernachlässigen. Stabsarbeit zeichnet sich gerade dadurch aus, dass möglichst viele Gründe im Blickfeld stehen und gewichtet werden sollen. Dies steht damit im direkten Widerspruch zu der intuitiven Regel.

Die Empfehlung des Autors für Führungskräfte in Stäben lautet deshalb, sich nicht auf das Bauchgefühl zu verlassen. Die Komplexität von Stabsarbeit und die grundlegende Philosophie in der Organisation von Stäben legen es nahe, sich nicht auf intuitive Entscheidungen zu stützen. Allerdings – man sollte diese nicht vollkommen verwerfen, wie zum Ende des Kapitels erörtert wird.

Eindeutig abzuraten ist Neulingen, sich auf ihre Intuition in der Bewältigung von Lagen, sei als Führungskraft in der Stabsarbeit oder als Einsatzleiter/in vor Ort, zu verlassen. Das sagen sogar die Befürworter für intuitive Entscheidungen: »In Bereichen, in denen Führungskräfte viel Erfahrung haben, ist es nicht zufällig, welche Handlungsmöglichkeiten ihnen als Erstes in den Sinn kommen. Wichtig ist daher, sich zu fragen, ob diese Erfahrungen für die aktuell anstehende Entscheidung repräsentativ sind. Verfügt eine Führungskraft in einem Bereich über wenig Erfahrung oder unterscheidet sich die Situation grundlegend von vertrauten Situationen, dann lohnt es sich, verschiedene Handlungsmöglichkeiten gründlicher abzuwägen«

(Gigerenzer & Gaissmaier, 2012). Gestützt wird dies aus einem anderen Blickwinkel: »Insbesondere die richtigen Intuitionen von Experten lassen sich besser mit den Folgen langjähriger Übung als mit Heuristiken erklären« (Kahneman, 2014, S. 22 f.).

Die aktuellen Erkenntnisse lassen eine Empfehlung der Übernahme der Methode »intuitive Entscheidungen« in die Stabsarbeit nicht zu.

19.3 Entscheidung über die Entscheidungsmethode – macht's die Mischung?

Es sollte eine weitere Überlegung wert sein, ob nicht trotz der vorstehenden Schlussfolgerung intuitive Entscheidungen in der Stabsarbeit in bestimmter Art und Weise Beachtung finden sollten.

Menschliche Entscheidungen werden in zwei Systemen getroffen (u. a. Kahneman, 2014). Das sehr schnelle, intuitiv und mühelos anmutende **System 1** und das länger dauernde, logisch-rationale und mühsam erscheinende **System 2**. Beide haben Vor- und Nachteile: Das intuitive ist ganzheitlicher und ständig aktiv, das rationale System präzise und detailgenau. Nachteilig ist, dass das rationale niemals alle komplexen Fakten erfassen kann, nicht dauerhaft anwendbar ist und unter Umständen zu lange dauert. Die Intuition kann oberflächlich sein und Fakten, die von Bedeutung sein könnten, schlichtweg ausblenden.

Weil Führungskräfte Bauchentscheidungen nicht rational begründen können, neigen sie zu defensivem Entscheidungen und selbst erfolgreiche Bauchentscheidungen werden häufig im Nachhinein rational begründet (Gigerenzer, 2013, S. 61 f.). Damit vergeben sich Entscheider aber eine durchaus erfolgreiche Entscheidungsmethodik.

Bei der Berücksichtigung intuitiver Entscheidungen müssten die folgenden Erkenntnisse beachtet und in die Praxis umgesetzt werden, da aus wissenschaftlicher Sicht für die intuitiven Entscheidungen zwei Voraussetzungen benannt werden, die eine »**meisterliche Intuition**« (Huber & Wolf, 2014, S. 22, unter Berufung auf Kahneman & Klein, 2009) entwickeln lassen:

- eine Umgebung, die hinreichend regelmäßig ist, um vorhersagbar zu sein, und
- Gelegenheit, diese Regelmäßigkeiten durch langjährige Übungen zu erlernen.

Zur ersten Bedingung ist anzumerken, dass Stabsarbeit darauf angelegt ist, zwar komplexe und phasenweise chaotisch anmutende Lebenssachverhalte zu bewältigen, die aber trotzdem strukturell ähnliche Geschehensabläufe aufweisen. Somit kann eine gewisse Vorhersehbarkeit unterstellt werden.

Für die zweite Erkenntnis erscheint relevant: Eine Übertragung der Aussage auf Stabsarbeit, Regelmäßigkeiten durch langjährige Übungen zu erlernen, könnte dafür sorgen, dass sich durch häufige Entscheidungsprozesse **kollektive Erfahrungen** für (fast) alle Stabsmitarbeiter aufbauen, die spontane Heuristiken ermöglichen.

So formulieren Brettel & Heinemann (2009, S. 55): »Das Problem im Umgang mit der Intuition besteht darin, dass es in einem Unternehmerteam nur schwer gelingen kann, die Entscheidung für andere Teammitglieder offen zu legen, außer, die anderen Teammitglieder verfügen über das gleiche implizite Wissen«.

Der Aufbau von (geteiltem) Erfahrungswissen (► Kap. 17) oder implizitem Wissen kann durch Übungen, aber auch reale Lagebewältigungen gewährleistet werden. Erreicht werden könnte damit, dass nicht nur die Leitung von Stäben, sondern die große Mehrheit der Beteiligten ein Bauchgefühl für eine bestimmte Entscheidung empfindet und teilt; damit spricht vieles dafür, dass das Kollektiv richtig liegt. Um dieses Erfahrungswissen aufzubauen, wird einerseits ein hoher Trainingsanteil, andererseits auch Berufserfahrung der Führungskräfte und aller anderen Stabsmitglieder benötigt. In seiner Veröffentlichung über *Die Klugheit der Intuition und ihre Grenzen* führt Plessner (2009, S. 119) aus, dass der Mensch sich auf seine Intuition verlassen könnte, wenn sie auf »einer repräsentativen Beobachtungsstichprobe der entscheidungsrelevanten Nutzungserfahrungen mit den Entscheidungsalternativen« beruhen würde, oder wie Kahneman (2014, S. 24) es formuliert: »Wenn die Person über sachdienliches Fachwissen verfügt, erkennt sie die Situation, und die intuitive Lösung, die ihr einfällt, wird wahrscheinlich richtig sein«.

Führungskräfte stehen in der Verantwortung, zum einen Stabsarbeit als eine relevante Arbeitsform in die Organisation zu implementieren, zum anderen, ihre Fähigkeiten und die ihrer Mitarbeiter/innen für Entscheidungsfindungen zu optimieren. Dazu bedarf es des Aufbaus von Erfahrungswissen – auch für intuitive Entscheidungen.

Durch ständiges Üben und häufige Anwendung in Reallagen von Stabsarbeiten baut sich (geteiltes) implizites Wissen auf, welches langfristig positive Auswirkungen auf intuitive Entscheidungen im Kollektiv haben kann.

Literatur

Andersen, J. A. (2000). Intuition in managers. Are intuitive managers more effective? *Journal of Managerial Psychology, 15*(1), 46–63.

Becker, M. (2012). *Subjektive Hermeneutik. Wege zu einem strukturellen Realismus in Philosophie und Kunst.* Wiesbaden: Book on demand.

Brettel, M. & Heineman, F. (2009). *Erfolgreiche Unternehmerteams. Teamstruktur, Zusammenarbeit, Praxisbeispiele.* Wiesbaden: Gabler.

Damásio, A. (2002). *Ich fühle, also bin ich – Die Entschlüsselung des Bewusstseins.* München: Ullstein.

Dawes, R. M. (1979). The robust beauty of improper linear models in decision making. *American Psychologist, 34,* 571–582.

Dijksterhuis, A. (2010). *Das kluge Unbewusste. Denken mit Gefühl und Intuition.* Stuttgart: Klett-Cotta.

Gigerenzer, G. (2007). *Bauchentscheidungen. Die Intelligenz des Unbewussten und die Macht der Intuition.* München: Bertelsmann.

Gigerenzer, G. (2013). *Risiko. Wie man richtige Entscheidungen trifft.* München: Bertelsmann.

Gigerenzer, G. (2014). Risikoforschung. »Werfen Sie einfach eine Münze …«. In M. Tschene (Hrsg.), *Wir haben die Lösungen. Gespräche über die neue Psychologie und ihre wichtigsten Erkenntnisse* (S. 13–49). Weinheim: Beltz.

Gigerenzer, G. & Gaissmaier, W. (2012). *Intuition und Führung. Wie gute Entscheidungen entstehen.* Gütersloh: Bertelsmann Stiftung.

Horstmann, H. (2009). *Der Rote Esel. Handbuch für den militärischen Stabsdienst und Führungsprozess.* Norderstedt: Book on demand.

Huber, A. & Wolf, A. (2014). Gute Entscheidungen treffen. Eine Anleitung. *Psychologie Heute, 9,* 20–27.

Kahneman, D. (2014). *Schnelles Denken, langsames Denken.* München: Siedler.

Kahneman, D. & Klein, G. (2009). Conditions for intuitive expertise. A failure to disagree. *American Psychologist,* September 2009, 515–526.

Kahneman, D. & Tversky, A. (1979). Prospect theory. An analysis of decision under risk. *Econometrica, 47*(2), 263–291.

Klein, G. (2003). *Natürliche Entscheidungsprozesse. Über die "Quellen der Macht", die unsere Entscheidungen lenken.* Paderborn: Junfermannsche Verlagsbuchhandlung.

Mikels, J. A., Maglio S. J., Reed, A. E. & Kaplowitz, L. J. (2011). Should I go with my gut? Investigating the benefits of emotion-focused decision making. *Emotion, 11*(4), 743–753.

Plessner, H. (2006). Die Klugheit der Intuition und ihre Grenzen. In A. Scherzberg (Hrsg.), *Kluges Entscheiden: disziplinäre Grundlagen und interdisziplinäre Verknüpfungen* (S. 109–120). Tübingen: Mohr Siebeck.

Vitek, E. (2011). Die Kraft der Intuition. Intuition, Bauchgefühl und sechster Sinn in der polizeilichen Arbeit. *Kriminalistik, 4,* 252–254.

Flexible Stäbe durch Berücksichtigung der Handlungsfelder Planung und Einsatz

Florentin v. Kaufmann

G. Hofinger, R. Heimann (Hrsg.), *Handbuch Stabsarbeit*,
DOI 10.1007/978-3-662-48187-5_20,

Komplexe und hochdynamische Schadenslagen erfordern mehr Flexibilität in der Einsatzführung als bislang möglich. Durch die Anpassung der Stärke der Stäbe der nichtpolizeilichen Gefahrenabwehr und deren Zusammensetzung nach Auftrag und Lage, bzw. der Möglichkeit der Umsetzung von Planentscheidungen oder der Notwendigkeit von Feedbackkoordination entwickeln sich aus den bisher statischen Stäben flexible Stäbe.

Die Komplexität bei Einsätzen, die durch Führungsstäbe der nichtpolizeilichen Gefahrenabwehr (▶ Kap. 7) geleitet werden, ist hoch. Die beteiligten Stäbe stehen unter großem Handlungsdruck bei sich ständig ändernden Informationen und einer dynamischen Lageentwicklung. Der Druck, Entscheidungen treffen zu müssen, deren Auswirkungen sich aufgrund der Informationslage nur schlecht absehen lassen, erfordert einerseits eine schnelle, standardisierte und aktive Informationsgewinnung sowie das Anstoßen standardisierter und vorausgeplanter Maßnahmenpakete durch in kurzer Zeit verfügbare (Kern-)Stäbe, andererseits aber auch ausreichend Zeit zur Erarbeitung von Entscheidungen durch entsprechend personell ausgestattete Stäbe. Der Stab muss in einer ersten Phase zumindest schnell grundsätzliche Entscheidungen treffen können, die die Handlungsfähigkeit für die nachgeordneten Stellen im Einsatz schaffen und aufrechterhalten, um dann, bei Bedarf, den Einsatz in die Zukunft gerichtet zu planen. Den Einfluss auf die aktuell ablaufende Lage wird deswegen der Stab zu Gunsten einer in die Zukunft gerichteten **Einsatzplanung**, der Vorgabe eines übergeordneten, gemeinsamen **Zieles** und des Schaffens von **Rahmenbedingungen** für die nachgeordneten Stellen Zug um Zug mehr zurücknehmen (■ Abb. 20.1).

Einerseits sind schnell verfügbare (Kern-)Stäbe notwendig, die grundsätzliche Entscheidungen treffen können, welche die Handlungsfähigkeit der nachgeordneten Stellen ermöglichen, andererseits muss ausreichend Zeit zur Erarbeitung von auf die zukünftige Lageentwicklung ausgerichteten Entscheidungen verfügbar sein.

20.1 Formen von Koordination

Organisationen sind arbeitsteilige Systeme. Das heißt, mehrere Menschen arbeiten mit demselben Ziel an einem gemeinsamen Objekt (Schulte-Zurhausen, 2013; Leavitt & Homa, 1988). Je komplexer das Objekt wird, desto mehr Menschen müssen an der Aufgabenstellung arbeiten. Um eine möglichst hohe Effizienz zu erreichen, spezialisieren sich die Menschen auf einzel-

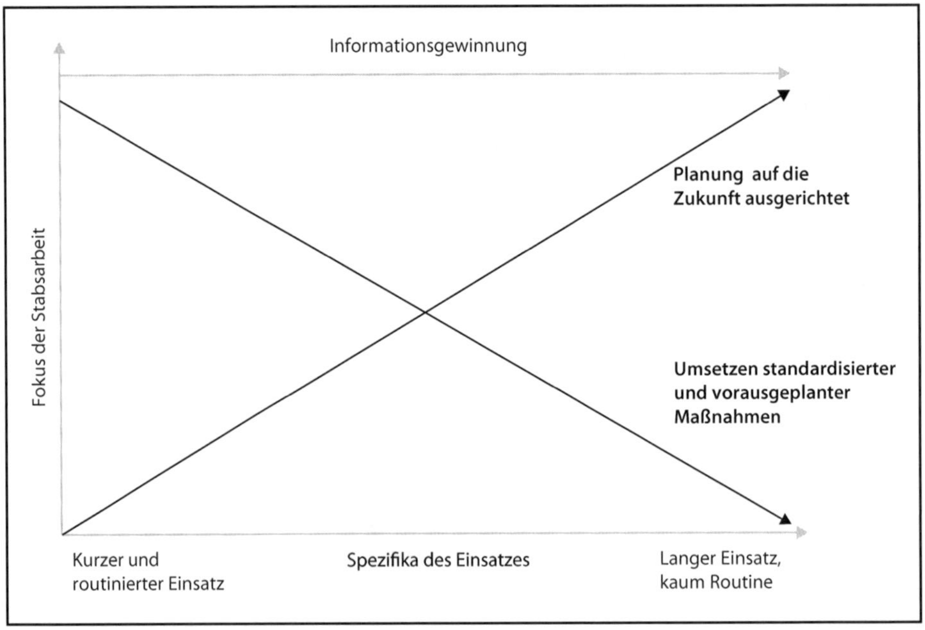

Abb. 20.1 Fokus der Stabsarbeit im Einsatzverlauf

ne Arbeitsschritte. Zunehmende Spezialisierung erfordert wachsende Koordination, um die vielen unterschiedlichen und stark spezialisierten Arbeitsschritte auf das gemeinsame Ziel zu lenken. Generell wird bei der Koordination zwischen der **Vorauskoordination** und der **Feedbackkoordination** unterschieden (Abb. 20.2; Schulte-Zurhausen, 2013).

Der Sinn der **Vorauskoordination** ist die Reduktion des Koordinationsbedarfes, indem möglichst viele Dinge innerhalb des Organisationsgefüges geregelt werden. Im Falle der Gefahrenabwehr bedeutet dies das Vorhalten gleicher oder ähnlicher Fähigkeiten in verschiedenen Organisationen und das Anlegen von Reserven. Die **Feedbackkoordination** hat das Ziel, den bleibenden Koordinationsbedarf zu decken. Sie geschieht einmal personenorientiert, beispielsweise durch persönliche Weisung und Selbstbestimmung der einzelnen Organisationseinheiten (selbstständiges Handeln im Sinne eines gemeinsamen Handlungszieles) und zum anderen informationsorientiert durch lageangepasste Planungen und das Vorgeben von Zielen.

Die Vorauskoordination ist die Reduktion des Koordinationsbedarfes, indem möglichst viele Dinge innerhalb des Organisationsgefüges geregelt werden. Die Feedbackkoordination deckt den verbleibenden Koordinationsbedarf.

20.2 Folgerung aus der Voraus- und Feedbackkoordination für die Stabsarbeit

Durch Voraus- und Feedbackkoordination erwachsen zwei Handlungsfelder für den Stab. Unter der Berücksichtigung des dezentralen Führungsansatzes sind dies das Handlungsfeld **Einsatz** (Vorauskoordination), das sich stark standardisieren lässt und insbesondere dem Erhalt der Handlungsfähigkeit und der Strukturierung des Einsatzes dient und das Handlungsfeld **Planung** (Feedbackkoordination), das die in die Zukunft gerichtete Planung beinhaltet. Dabei stützt sich

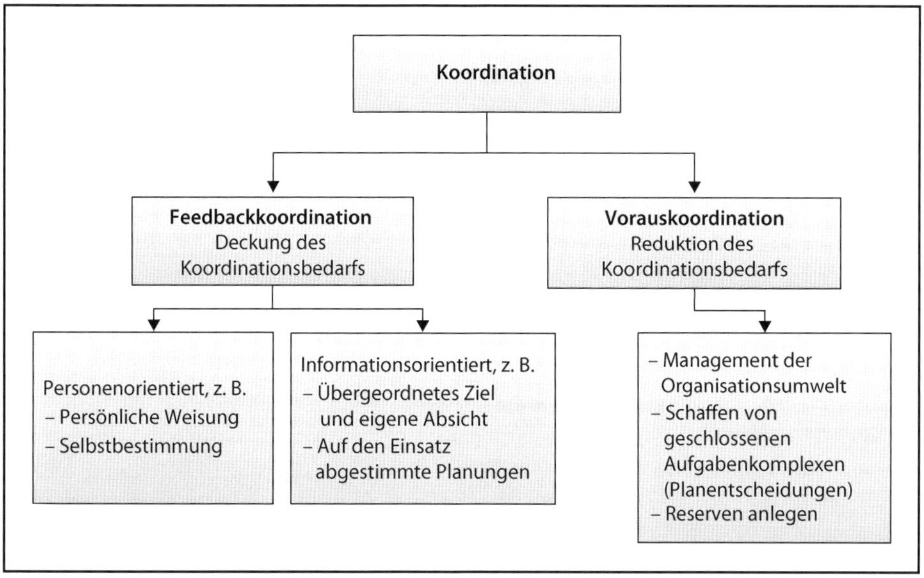

Abb. 20.2 Koordination im Einsatz

die Reduktion des Koordinationsbedarfs zum einen auf stark standardisierte Maßnahmen, in Verbindung mit der Schaffung von lageangepasste Strukturen und andererseits auf das zunehmende Delegieren von Verantwortung (**Führen mit Auftrag**, ▶ Kap. 14). Zwingende Grundlage hierfür ist jedoch ein Bild der Situation für ein gemeinsames Lageverständnis (gemeinsames mentales Modell; ▶ Kap. 17), also das schnelle Erfassen, Bewerten und Zusammenführen aller Informationen zu einem Lagebild. Dadurch agieren die Organisationen selbstständiger und schneller und eher horizontal (Abstimmung untereinander) als vertikal (hierarchisch) ausgerichtet. Das abgestimmte Erreichen des gemeinsamen Zieles wird durch das gemeinsame Lagebild unterstützt.

Das Handlungsfeld Einsatz (Vorauskoordination), lässt sich stark standardisieren und dient insbesondere dem Erhalt der Handlungsfähigkeit und der Strukturierung des Einsatzes. Das Handlungsfeld Planung (Feedbackkoordination) beinhaltet die in die Zukunft gerichtete Planung.

20.3 Handlungsfeld Einsatz

Standardisierte Maßnahmen sind für einen Stab schnell abrufbar und erlauben, erste Aktionen durchzuführen und sich Handlungsoptionen offen zu halten. Thieme und Hofinger (2012) beschreiben diese standardisierten Maßnahmen als **Planentscheidungen**. Dies sind im Voraus durchdachte und festgelegte Entscheidungsvorgaben, um sich unter Einsatzbedingungen auf vorgeplante Rahmenbedingungen stützen zu können (▶ Kap. 18). Das Umsetzen von Planentscheidungen steht auch immer in Verbindung mit der Etablierung oder dem Nachschärfen eines der Lage angepassten und entsprechend koordinierten und geführten arbeitsteiligen Systems. Dem Stab fällt somit als ein Arbeitsfeld die Lenkung des Einsatzes als klassisches Abarbeiten der Planentscheidungen (Reduzierung des Koordinationsbedarfs) zu. Im Wesentlichen schafft ein Stab somit für die weitere Einsatzentwicklung die Rahmenbedingungen, die den nachgeordneten Stellen das eigenständige Handeln erlauben.

Das setzt jedoch voraus, dass ein Stab (zumindest in den Kernfunktionen) so schnell einsatz- und arbeitsbereit ist, dass sein Wirken sich noch entscheidend auf den Gesamteinsatz auswirkt. Ebenso muss eine ausreichende Informationsgewinnung als zeitkritisch angesehen werden. Informationsgewinnung ist deswegen zu standardisieren und durch Planentscheidungen zu stützen. Informationen sollen nicht mehr durch eine zentrale Stelle verteilt werden (»push«), sondern müssen für alle gleichermaßen zur Verfügung stehen und werden dann bei Bedarf herangezogen (»pull«; ► Kap. 30). Planentscheidungen stützen ein gemeinsames Lagebild und somit ein gemeinsames Lageverständnis, das zwingend für das weitere und selbstständigere Handeln der nachgeordneten Stellen notwendig ist. Mit dem gemeinsamen Lageverständnis sind die nachgeordneten Stellen eher befähigt, auf die für sie entscheidenden Informationen zurückzugreifen.

Ein schnell einsatzbereiter und lageangepasster Stab, der rasch Planentscheidungen umsetzt, schafft die Voraussetzungen für eine erfolgreiche Einsatzbewältigung und die Rahmenbedingungen, um im Einsatzverlauf erfolgreich zu agieren und handlungsfähig zu bleiben.

20.4 Handlungsfeld Planung

Es darf an dieser Stelle nicht vergessen werden, dass mit dem Handlungsfeld Einsatz nicht die gesamte notwendige Koordination abgeschlossen ist. Je länger ein Einsatz andauert und umso mehr er von der Routine abweicht, umso weniger sind Planentscheidungen anwendbar und umso mehr rückt die Feedbackkoordination in den Vordergrund. Daraus ergeben sich der Bedarf und die Aufgabe der **Planung**. Ihr Ziel ist es, im Hinblick auf die zukünftige Entwicklung ein synchronisiertes Handeln auf ein gemeinsames Ziel zu ermöglichen. Dabei müssen das Erarbeiten der Absicht der übergeordneten Führung und der gemeinsamen Ziele sowie das Bereitstellen der entsprechenden Ressourcen im Mittelpunkt stehen.

Damit Entscheidungen des Stabs zeitgerecht erfolgen (beispielsweise die Organisation von Beleuchtungsgerät bei Anbruch der Nacht), darf er nicht darauf warten, bis der Bedarf vor Ort entsteht (◘ Abb. 20.3; zu den Möglichkeiten der Planung ► Kap. 14). Im Gegensatz zum Handlungsfeld Einsatz, das zwar sofort verfügbar sein muss, jedoch in der Regel nur wenige Stabsfunktionen erfordert, muss beim Handlungsfeld Planung mehr und vor allen auf den Planungsauftrag ausgerichtetes Personal zur Verfügung stehen.

Je länger die Einsatzsituation andauert und je unbekannter und damit weniger vorbereitet die Lage ist, umso mehr muss der Fokus auf das in die Zukunft gerichtete Planen des Einsatzes gerichtet werden.

20.5 Organisation des Stabes

20.5.1 Organisation für das Handlungsfeld Einsatz

Grundlage für das Handlungsfeld Einsatz ist ein gut vorbereiteter Stab, der zumindest in seinen Kernfunktionen schnell verfügbar ist. Die Polizei in Nordrhein-Westfalen und Mecklenburg-Vorpommern hält für diesen Zweck beispielsweise ständige Stäbe vor. In der nichtpolizeilichen Gefahrenabwehr ist das noch unüblich, jedoch gibt es Organisationen, in welchen

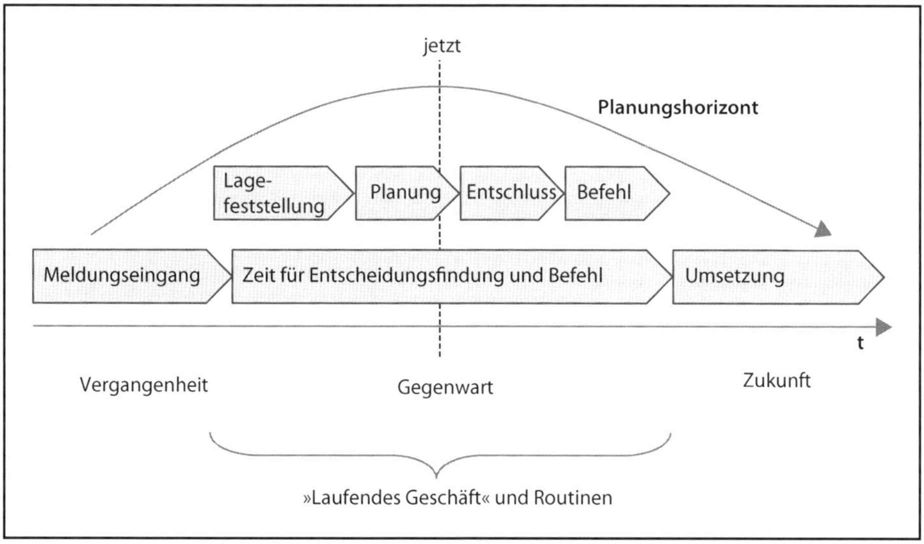

Abb. 20.3 Die Zeitdauer vom Meldungseingang bis zur Wirkung auf die Schadenslage (nach Karsten, 2013)

bereits ähnliche Ansätze zu finden sind. Bei der Berufsfeuerwehr München bildet der Lagedienst eine Art ständige Stabsstelle als Ausgangspunkt für das schnelle Aufwachsen eines rückwärtigen (operativen) Stabes. Die Alarmierungsschwelle für einen Stab sollte möglichst niedrig gehalten werden. Auch hier kann die Polizei als Vorbild gewählt werden, die in der Regel zu einem sehr frühen Zeitpunkt aus der allgemeinen in eine besondere Aufbauorganisation wechselt.

20.5.2 Organisation des Stabes im Handlungsfeld Planung

Das Handlungsfeld Planung kann als Projektarbeit im Stab angesehen werden. Im Prinzip ist eine Projektgruppe oder ein Aktionsteam vorstellbar, das durch den Leiter oder die Leiterin des Stabes eine Aufgabenstellung zu einer spezifischen Problemstellung bekommt und einen praktikablen Lösungsansatz für einen in der Zukunft liegenden Zeitpunkt der aktuellen Lage entwickelt. Die Gruppe sollte dabei so zusammengesetzt werden, dass sie das Problem gezielt bearbeiten kann. Die Mitglieder müssen folglich nicht zwingend den Querschnitt der Stabsgebiete abbilden. Der Vorteil ist, dass die Gruppe losgelöst vom aktuellen Einsatzgeschehen arbeiten und Handlungsoptionen ausarbeiten kann. Während man sich beispielsweise in den Einsatzabschnitten auf das Sichern der Deiche konzentriert, arbeiten die planenden Stabsmitglieder bereits an der weiteren Versorgung der Einsatzabschnitte mit Sandsäcken, der Ablösung und der Beschaffung von Beleuchtungsgerät für die Nachtstunden. Das Handlungsziel und die Absicht sowie die groben Züge des geplanten Verlaufs für die nachgeordneten Stellen transparent und verständlich darzustellen, ist weitaus wichtiger als das detaillierte Ausarbeiten eines Planes. Das Offenhalten der Möglichkeit für die nachgeordneten Stellen, ihren eigenen Weg zum Ziel beschreiten zu können, lässt die Gesamtorganisation in der sich ständig und schnell ändernden Einsatzsituation flexibler und beweglicher handeln. Die Planungsgruppe muss jedoch dafür den Rahmen, auch ressourcentechnisch, schaffen.

Die Zusammensetzung einer Gruppe für die Einsatzplanung muss sich auf den Einsatzauftrag ausrichten und wird maßgeblich durch diesen bestimmt. Nicht mehr die Art der Lage bestimmt die Struktur des Stabes, sondern der Auftrag. Die Größe und Zusammensetzung des Stabes kann sich im Laufe des Einsatzes ändern.

20.6 Ausblick und Zusammenfassung

Komplexe und hochdynamische Schadenslagen erfordern mehr Flexibilität in der Einsatzführung. Das bereits frühzeitige Etablieren und Aufwachsen eines Stabes in Verbindung mit der Verwendung von Planentscheidungen zur Deckung der Vorauskoordination und einer auftragsorientieren Besetzung der Stäbe, insbesondere im Handlungsfeld Planung, verbessert nicht nur den Einfluss auf das Einsatzgeschehen und die Durchhaltefähigkeit der Stäbe und sollte daher auch im Bereich der Feuerwehr konsequent entwickelt werden.

Literatur

Karsten, A. (2012). Entscheidungsfindung in operativ-taktischen Stäben. *Bevölkerungsschutz, 3*, 2–6.

Leavitt, H. J. & Homa, B. (1988). *Managerial psychology: Managing behavior in organizations*. Chicago, IL: University of Chicago Press.

London Assembly (2006). *Report of the 7 July Review Committee.* ► https://www.london.gov.uk/mayor-assembly/london-assembly/publications/report-7-july-review-committee. Zugegriffen: 08.03.2015.

Schulte-Zurhausen, M. (2013). *Organisation* (6., überarb. akt. Aufl.). München: Vahlen.

Thieme, U. & Hofinger, G. (2012). Stabsarbeit und Ständige Stäbe bei der Polizei: Sicherheit durch Professionalisierung. In P. Badke-Schaub, G. Hofinger & K. Lauche (Hrsg.), *Human Factors. Psychologie sicheren Handelns in Risikobranchen* (2., überarb. Aufl., S. 275–291). Heidelberg: Springer.

Einfluss individueller Human Factors auf Stabsarbeit

Laura Künzer, Gesine Hofinger, Mareike Mähler

G. Hofinger, R. Heimann (Hrsg.), *Handbuch Stabsarbeit*,
DOI 10.1007/978-3-662-48187-5_21,

»Wie konnte uns das nur passieren?« – Auch in gut geübten Stäben läuft die Stabsarbeit nicht immer optimal. Neben der Lage selbst mit ihrer Dynamik und Unbestimmtheit bestimmen die »menschlichen Faktoren« wie Kompetenzschutz, Wahrnehmung und Informationsverarbeitung oder Emotionen das Denken und Handeln im Stab. Einige dieser Faktoren und ihre Auswirkungen, die bei Beobachtungen von Stabsarbeit auffielen, werden im Folgenden vor dem Hintergrund psychologischer Theorien beschrieben.

21.1 Ist das denn wirklich so schwer? Unsicherheit aufgrund von Komplexität

Stäbe als besondere Organisationsform werden einberufen, wenn ein Ereignis durch die normalen Strukturen und Prozesse nicht mehr bewältigt werden kann und ein erhöhter Bedarf an Koordination und Entscheidungen besteht. Derartige Ereignisse beinhalten ein hohes Maß an **Komplexität**. Hohe Dynamik, ein großer Problemumfang und entsprechende Unsicherheit darüber, was zu tun ist, sowie die Vernetztheit der Einflussfaktoren sind einige Kennzeichen vom Komplexität (Dörner, 1989; Hofinger, 2013).

Grundsätzlich streben Menschen danach, sich sicher zu fühlen und Komplexität durch eigenes Denken und Handeln zu reduzieren. Da der Umgang mit Komplexität immer mit einem (kognitiven) Aufwand verbunden ist, wird dies als beanspruchend sowie belastend empfunden und führt zu fehlender Handlungssicherheit.

Komplexität hat Auswirkungen auf menschliches Denken, Fühlen und Handeln.

Ein Stab soll für den Entscheider oder die Entscheiderin durch Beratung und Koordination entlastend wirken. Wenn Stabsarbeit nicht gut geübt ist, erhöht sie zusätzlich die Komplexität der Lage für die Stabsmitglieder: Neben der Lagebewältigung selbst treten die Prozesse der Stabsarbeit, das Teammanagement und der Umgang mit eigenen Belastungen in den Vordergrund.

21.1.1 Fehlende Routine

Seltene Einsätze im Stab bedeuten fehlende Routinen. Stabsmitglieder, die wenig Erfahrung in der Stabsarbeit haben, empfinden neuartige Aufgaben im Stab als belastend und rufen deshalb bereits bestehende Denk-und Handlungsmuster ab, die aber für die Arbeit im Stab dysfunktional sein können (»Ich telefoniere, wenn ich etwas klären will«). Viele Stabsmitglieder berichten darüber hinaus über fehlendes Wissen zu den eigenen Aufgabengebieten und Verantwortungsbereichen (»Was genau muss ich als Lagekartenführer machen?«). Menschen ordnen ihre Erfahrungen und Erlebnisse in Denk- und Handlungsmuster ein (**kognitive Schemata**, Neisser, 1979 oder **mentale Modelle**, Fiore & Schooler, 2004). Fehlen Routinen und Erfahrungen, führt dies zu Unsicherheit, d. h., Wissen über die Arbeit im Stab muss aktiv reflektiert, geordnet und genutzt werden. Wenn Stabsmitgliedern Wissen über Prozesse und konkrete Abläufe im eigenen Stab fehlt, z. B. zum Ablauf einer Lagebesprechung oder Umgang mit der Stabssoftware, müssen erst neue Denk- und Handlungsmuster gebildet werden. Die Bildung neuer Schemata stellt eine besondere Herausforderung für Stabsmitglieder dar: Zum einen erfordert sie einen hohen kognitiven Aufwand, da Prozesse aus der alltäglichen Arbeit hinterfragt und mit den stabsspezifischen Prozessen abgeglichen werden müssen. Menschen empfinden dies als anstrengend. Zum anderen ist nicht jeder Mensch gleichermaßen reflexionsfähig.

Denk-und Handlungsmuster für die Aufgabe Stabsarbeit werden durch Routinen und Erfahrungen gebildet.

21.1.2 Kontrolle, Bestimmtheit und Kompetenz

Eng mit den Denk- und Handlungsmustern ist das Bedürfnis nach **Kontrolle, Bestimmtheit** und **Kompetenzschutz** verbunden (Dörner, 1999). Kontrolle wird ausgeübt und empfunden, wenn im Stab eine Aufgabe, z. B. Führen des Lagebildes, über den Verlauf der Lage hinweg zuverlässig erfüllt wird: Die eigene Arbeit wird als erfolgreich bewertet und das persönliche Kompetenzempfinden bestätigt. Ein Lagekartenführer, der das erste Mal an einer Lagewand steht, wird dieses Gefühl der Kontrolle eher nicht erfahren und kann sich überfordert fühlen. Das kann dazu führen, dass er oder sie sich eine zusätzliche Aufgabe sucht, die er oder sie beherrscht. Möglich ist auch, dass die eigenen Aufgaben vernachlässigt oder Tätigkeiten außerhalb des eigenen Aufgabenbereichs ausgeführt werden. Beispielsweise könnte ein Lagekartenführer damit beginnen, sich um die Essenversorgung der anderen Stabsmitglieder zu kümmern: Diese Tätigkeit stärkt die empfundene Kontrolle über die ausgeführten Handlungen. Zusätzlich erholt sich das Kompetenzgefühl durch Erfolg, auch bei erfolgreicher Ausführung von Nebensächlichkeiten, denn eine gut bekannte Aufgabe sorgt für Bestimmtheit.

21.2 Situationsbewusstsein und das Problem »vor die Lage zu kommen«

»Wir müssen vor die Lage kommen!« Diese Aussage hört man von Leitern eines Stabes oft zum Ende einer Lagebesprechung. Aber warum laufen Stabsmitglieder oft der Lage reaktiv hinterher, anstatt wie gewünscht proaktiv zu handeln? Läuft der Stab der Lage hinterher, hat er sein Situationsbewusstsein verloren.

Unter dem Begriff **Situationsbewusstsein** werden Aufmerksamkeit, Wahrnehmung, Wissen und Informationsverarbeitung integriert (Endsley, 1995; ▶ Kap. 30). Situationsbewusstsein umfasst drei Ebenen: Wahrnehmen, verstehen und antizipieren. Auf der ersten Ebene werden einlaufende Lageinformationen wahrgenommen. Auf der zweiten Ebene müssen diese Lageinformationen von den Stabsmitgliedern in ihrer Bedeutung für die eigene Aufgabe verarbeitet werden. Dadurch entsteht ein **mentales Bild der aktuellen Situation.** Auf der dritten Ebene muss dieses mentale Bild genutzt werden, um zu antizipieren, wie sich die Lage weiter entwickeln wird oder könnte. »Vor die Lage kommen« stellt diese dritte Ebene dar. Vorhersagen zu möglichen Ereignissen fallen dann schwer, wenn Stabsmitglieder bereits mit der Lagebewältigung selbst ausgelastet sind. Zusätzlich werden Überlegungen zu einer mögliche Lageentwicklung von den eigenen Erfahrungen und Erwartungen beeinflusst. Erfahrenen Stabsmitgliedern fällt es leichter, eine Lage einzuschätzen und Entwicklungen zu antizipieren. Auch der Abgleich mit früheren Lagen hilft dabei. Auf der anderen Seite können Erfahrungen aus anderen Lagen einschränken: Sie können die Wahrnehmung dahingehend verzerren, dass nur bereits Bekanntes als relevant eingestuft wird (»Evakuierung wegen Bombenfund hatten wir erst im letzten Jahr, das können wir jetzt.«). Es werden dann keine alternativen Lösungen für die aktuelle Situation gesucht und lagespezifische Aufgaben können unerkannt bleiben.

21.3 Informationsverarbeitung und der Einfluss eigener Erwartungen

Die Aufbereitung, Einstufung und Nutzung von Informationen ist eine der wichtigsten Aufgaben eines Stabs. Die menschliche Informationsverarbeitung hängt von der **Wahrnehmung** und der individuellen **Aufmerksamkeit** ab. Informationen können nur dann bewusst verarbeitet werden, wenn die Aufmerksamkeit gezielt auf sie ausgerichtet wird, z. B. durch aktives Zuhören in Lagebesprechungen oder Lesen der Informationen an der Lagewand. Um Aufmerksamkeit zu lenken, müssen Informationen im Stab, z. B. auf Lagekarten, angemessen aufbereitet werden. Für alle Stabsmitglieder relevante Informationen müssen betont und hervorgehoben werden (▶ Kap. 33).

Dass Informationen wahrgenommen wurden, bedeutet jedoch nicht, dass sie auch verstanden werden. Wahrnehmung und Verarbeitung von Informationen ist subjektiv und von Erwartungen bestimmt (Schaub, 2008). Informationen werden unbewusst so ausgewählt und interpretiert, dass die eigenen Erwartungen bestätigt werden, gegenläufige und mehrdeutige Informationen jedoch ausgeblendet oder nicht mehr hinterfragt werden (**Bestätigungsfehler**, Kahneman, Slovic & Tversky, 1982). Beispielsweise beriet in einer Übung zum Thema Stromausfall der Stab längere Zeit darüber, was zu tun sei, wenn der Strom mehrere Tage ausfiele. Mit diesem gedanklichen Setting wurde beim Stromversorger nach der voraussichtlichen Dauer gefragt. Die Antwort »ein bis sieben Tage« wurde vom S 3 als »eine Woche noch« in den Stab weitergegeben und in der weiteren Diskussion nicht mehr hinterfragt. Bestätigungsfehler sind der Reflexion kaum zugänglich, können aber durch gegenseitiges Monitoring entdeckt werden.

21.4 Planen und Entscheiden und aktionistisches Durchwursteln

Ein Altenheim muss aufgrund eines Bombenfundes evakuiert werden. Im Verwaltungsstab wird die Umsetzung der Evakuierung nicht angeordnet. Stattdessen wird längere Zeit über den Sand diskutiert, den die Feuerwehr zum Abdecken der Bombe braucht und versucht, Firmen, die kurzfristig Sand liefern können, zu erreichen. Planungen und Entscheidungen in unvertrauten Situationen bzw. einer so noch nie erlebten Lage können dem Kompetenzschutz dienen (z. B. Dörner, 1989; Hofinger, 2013): Manche Stäbe lösen immer nur gerade anstehende Probleme (»Durchwursteln«), sie beschäftigen sich nicht mit der **Antizipation** möglicher Lageentwicklungen. Nebenwirkungen der Entscheidungen des Stabes werden beim Planen außer Acht gelassen und es wird nicht damit gerechnet, dass beim Umsetzen des Plans »**Friktionen**« (»Reibungen« des Plans mit der Realität) auftreten können. Das, was man sowieso gut kann, wird dann bis ins Detail geplant. Dieser **planerische Aktionismus** hilft, das eigentliche Entscheiden zu umgehen. Die als belastend empfundene Komplexität einer Lage wird so psychisch reduziert. Der Stab »tut etwas«, wodurch die **Selbstwirksamkeit** (Bandura, 1977) der Stabsmitglieder erhöht wird.

Sind Entscheidungen einmal getroffen, kann es passieren, dass auf ihnen beharrt wird und sie nicht mehr revidiert werden. **Kognitive Dissonanzen**, also auftretende und als unangenehm empfundene Gefühle, Gedanken, Einstellungen und Wünsche (Festinger, 1957) werden so reduziert.

21.5 »Wir sind nicht gereizt, hungrig und müde« – Selbstmanagement im Stab

21.5.1 Emotion und Stress

»Lasst mich in Ruhe, ich kann jetzt nicht!« – Stabsmitglieder können von ihrer Aufgabe überfordert sein und sich in Situationen gestresst fühlen, in denen es besonders hektisch und laut wird und viele Informationen gleichzeitig in den Stab gelangen. Wer sich wann von Information überflutet fühlt und ob die Person dann gereizt reagiert oder »abschaltet«, ist von Mensch zu Mensch unterschiedlich. Oft ist unter Stress ein **Verlust von Selbstkritik** und der Fähigkeit zur (Selbst-)Reflexion zu beobachten. Stress wirkt sich auf emotionaler Ebene aus, z. B. schnelle Gereiztheit, Probleme werden personalisiert (»Kann denn der nicht mal schneller tippen!«) und Lautstärke ersetzt Argumente. Auch das Handeln und Denken werden von empfundenem Stress beeinflusst (▶ Kap. 22): Unter Stress wird nur gut gelerntes Wissen abgerufen. Alternativen anzudenken oder im Stab zu diskutieren kann schlicht »im Stress untergehen«. Durch gute Organisation der Stabsarbeit und ausreichend Training können Stressoren im Stab reduziert werden. Darüber hinaus sollte den Stabsmitgliedern Wissen über Auswirkungen von Stress und Möglichkeiten des Stressmanagements vermittelt werden.

21.5.2 Hunger, Durst und Müdigkeit

Der militärische Leitspruch »Ohne Mampf kein Kampf, ohne Verpflegung keine Bewegung« lässt sich ohne Weiteres auf den Stab übertragen. Trinken und Essen werden insbesondere in der Orientierungsphase und in langen Verläufen von Lagen oft vernachlässigt. Die zu geringe Aufnahme von Nahrung und vor allem **Flüssigkeit** hat aber Auswirkungen auf die Konzentrations- und Leistungsfähigkeit. Ebenso müssen **Ruhephasen** und **Schlafzeiten** berücksichtigt werden. Tageszeitliche Schwankungen und die Unterbrechung des gewohnten Tag-Nacht-Rhythmus führen bei langen Einsätzen auch zu Einbußen der Leistungs- und Konzentrationsfähigkeit. Die Auswirkungen von Schlafmangel werden jedoch oft unterschätzt, weil das subjektive Empfinden der Müdigkeit nicht mit der physiologischen Müdigkeit übereinstimmt: Auch wenn man sich noch fit fühlt, treten bereits vermehrt Handlungsfehler auf (Howard et al., 2002). Guer (2011) zeigt, dass die Auswirkungen von 3 Tagen verminderter Schlafzeiten zu einer Leistungsminderung ähnlich 0,5 ‰ Blutalkoholkonzentration führen kann. 24 Stunden Wachsein entsprechen in ihren Auswirkungen ca. 1 ‰ (Dawson & Reid, 1997). Die rechtzeitige Ablösung der Stabsmitglieder ist daher unerlässlich.

Wer gut im Stab arbeiten möchte, muss auf die eigenen physiologischen und psychologischen Bedürfnisse achten und mit Stress umgehen können.

Erfolgreiche Stabsarbeit muss psychologische Faktoren mit einbeziehen, da die Arbeit von Stäben durch menschliche Faktoren beeinflusst wird. Fehlende Routine, die Herstellung von Kontrolle und Kompetenz sowie das Selbstmanagement in der Stabsarbeit können nur durch Erfahrung und Ausbildung in Seminaren, Übungen und Einsätzen bzw. Nachbesprechungen ausgeglichen werden.

Literatur

Bandura, A. (1977). Self-efficacy: Toward a unifying theory of behavioral change. *Psychological Review, 84*(2), 191–215.

Dawson, D. & Reid, K. (1997). Fatigue, alcohol and performance impairment. *Nature*, 388, 235

Dörner, D. (1989). *Die Logik des Misslingens. Strategisches Denken in komplexen Situationen*. Reinbek bei Hamburg: Rowohlt.

Dörner, D. (1999). *Bauplan für eine Seele*. Reinbek bei Hamburg: Rowohlt.

Endsley, M. R. (1995). Toward a theory of situation awareness in dynamic systems. *Human Factors: The Journal of the Human Factors and Ergonomics Society, 37*(1), 32–64.

Festinger, L. (1957). *A theory of cognitive dissonance*. Stanford, CA: Stanford University Press.

Fiore, S. M. & Schooler, J. W. (2004). Process mapping and shared cognition: Teamwork and the development of shared problem models. In E. Salas & S. M. Fiore (Eds.), *Team cognition: understanding the factors that drive process and performance* (pp. 133–152). Washington: American Psychological Association.

Guer, O. (2011). *Messung der Leistungsfähigkeit mit der AGARD-STRES-Battery nach partiellem Schlafentzug im Vergleich zu Alkohol und Hypoxie* (Dissertation). Aachen: Rheinisch-Westfälische Technische Hochschule.

Hofinger, G. (2013). Entscheiden in komplexen Situationen – Anforderungen und Fehler. In R. Heimann, S. Strohschneider & H. Schaub (Hrsg.), *Entscheiden in kritischen Situationen: Neue Erkenntnisse und Perspektiven* (S. 3–21). Frankfurt am Main: Verlag für Polizeiwissenschaft.

Howard, S. K., Rosekind, M. R., Katz, J. D. & Berry, A. J. (2002). Fatigue in anesthesia: Implications and strategies for patient and provider safety. *Anesthesiology, 97*, 1281–1294.

Kahneman, D., Slovic, P. & Tversky, A. (1982). *Judgment under uncertainty: Heuristics and biases*. Cambridge, New York: Cambridge University Press.

Neisser, U. (1979). *Kognition und Wirklichkeit – Prinzipien und Implikationen der kognitiven Psychologie*. Stuttgart: Klett.

Schaub, H. (2008). Wahrnehmung, Aufmerksamkeit und Situation Awareness. In P. Badke-Schaub, G. Hofinger & K. Lauche (Hrsg.), *Human Factors: Psychologie sicheren Handelns in Risikobranchen* (S. 60–76). Heidelberg: Springer.

Stress und Stressbewältigung im Stab

Laura Künzer

G. Hofinger, R. Heimann (Hrsg.), *Handbuch Stabsarbeit*,
DOI 10.1007/978-3-662-48187-5_22, © Springer-Verlag Berlin Heidelberg 2016

»Ich bin gestresst …«, haben sicherlich schon die meisten Stabsmitglieder gesagt oder gedacht. Arbeit unter Zeitdruck, viele zu verarbeitende Informationen und die Komplexität der Lage stellen nur einige der Belastungen für die Mitglieder eines Stabs dar. Doch wie genau äußert sich Stress und was kann dagegen getan werden?

22.1 Stress – Was ist das?

Grundsätzlich entsteht Stress aus einem Ungleichgewicht von Anforderungen bzw. Belastungen und Ressourcen (■ Abb. 22.1). Stress wird unterschiedlich definiert (Cannon, 1967; Kaluza, 2014; Kaufmännische Krankenkasse, 2006). Allen Definitionen gemein ist der Zusammenhang zwischen **Stressoren** und einer daraus folgenden **Stressreaktion**. Ob eine Situation, eine Aufgabe oder ein Zustand als Stress empfunden wird, ist immer subjektiv. Das Stressempfinden wird beeinflusst durch eigene Erfahrungen, persönliche (unbewusste) Bewertungen und als zur Verfügung stehend wahrgenommene Ressourcen (Lazarus & Folkman, 1984). Ressourcen können dabei die eigenen Fähigkeiten, andere Personen oder die zur Verfügung stehende Zeit sein. Allgemein gesprochen: Menschen empfinden Stress, wenn sie eine Situation als persönliche Bedrohung empfinden und nicht klar ist, ob die zur Verfügung stehenden Ressourcen ausreichen, um die Situation zu bewältigen. Die Stressreaktion bereitet dann darauf vor, schnell und gezielt zu handeln. Erste Einsätze im Stab können z. B. als Stress empfunden werden, weil fehlende Erfahrung zu Unsicherheit führt und Bedenken bestehen können, ob man für die Arbeit im Stab ausreichend ausgebildet ist.

Stress ist immer subjektiv. Was als Stress empfunden wird, hängt von persönlichen Erfahrungen, Bewertungen und den zur Verfügung stehenden Ressourcen ab.

22.1.1 Stress ist nicht das Gleiche wie Aktivierung – Aktivierung tut gut

Um leistungs- und handlungsfähig zu sein, benötigt jeder Mensch ein bestimmtes Maß an Aktivierung. Nur mit dem richtigen Maß an Aktivierung ist konzentrierte Arbeit möglich. Für jede zu bewältigende Aufgabe gibt es ein bestimmtes Maß an Aktivierung, mit dem sie besonders effektiv und effizient bearbeitet werden kann (■ Abb. 22.2; Yerkes & Dodson, 1908). Leistungseinbußen bei zu niedriger und hoher Aktivierung zeigen ein Ungleichgewicht von Ressourcen und Anforderungen an.

Vor allem in der Orientierungsphase laufen eine Vielzahl an Informationen in den Stab ein. Der ■ Abb. 22.2 für Aufgabe 2 folgend, steigt entsprechend die Aktivierung eines Mitglieds des

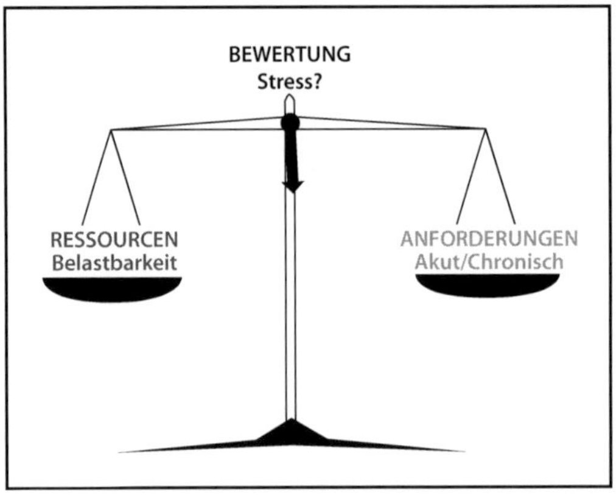

Abb. 22.1 Stress entsteht aus dem Ungleichgewicht aus Ressourcen und Anforderungen

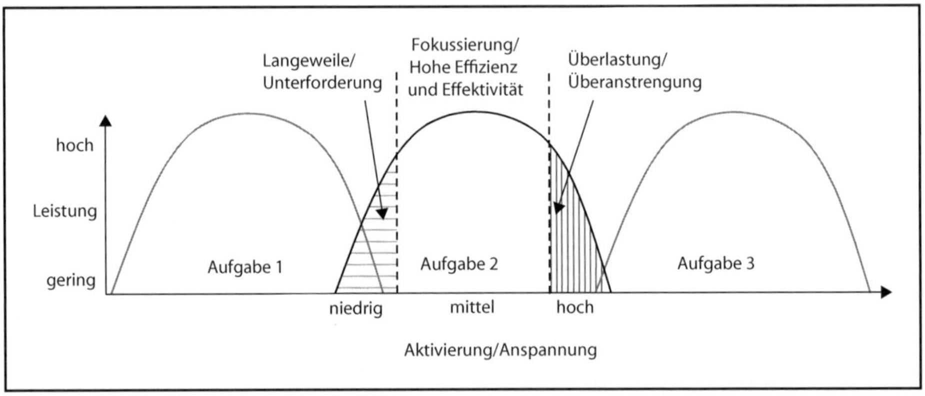

Abb. 22.2 Zusammenhang zwischen Aktvierung und Leistung für eine Aufgabe (angelehnt an Yerkes & Dodson, 1908)

Stabes. Geht über eine lange Zeit hinweg eine große Menge an neuen Informationen in den Stab ein und kann diese von dem Mitglied des Stabes nicht mehr abgearbeitet werden, tritt das Gefühl der Überlastung und Überanstrengung, d. h. Stress, ein (senkrecht schraffierter Bereich). Eine Aufgabe, die zunächst effektiv bearbeitet wurde, kann also plötzlich zur Überlastung führen. Dieser Übergang kann fließend erfolgen und dazu führen, dass das negative Empfinden der Überlastung erst verspätet wahrgenommen wird. Einer zu hohen Aktivierung steht eine zu geringe Aktivierung (waagrecht schraffierter Bereich) gegenüber; auch Langeweile oder Unterforderung können Stress darstellen. Lange Phasen, in denen z. B. ein Verwaltungsstab keine neuen Informationen zu einer Lage erhält und die Mitglieder dennoch im Stabsraum verweilen müssen, können belastend sein. Schaffen es Stabsmitglieder jedoch Aufgaben zu bewältigen, ohne dass die Aktivierung zu hoch oder zu gering war, setzt ein Lerneffekt ein (»Es war anstrengend, aber ich konnte das.«). Stress ist aus diesem Grund nicht per se gesundheitsschädlich, sondern nur dann, wenn er lange überdauert und zu Über- bzw. Unterforderung führt.

22.1.2 Stressoren – Auslöser von Stress

Stressauslösende Faktoren heißen Stressoren. Es wird zwischen **chronischen** und **akuten Stressoren** unterschieden. Chronische Stressoren sind Belastungen über einen längeren Zeitraum, z. B. chronische Krankheiten, Schlafstörungen oder berufliche Dauerbelastungen. In der Arbeit im Stab treten vor allem akute Stressoren wie Neuartigkeit der Lage, Arbeit in ungewohnten Strukturen oder Lärm im Stabsraum auf. Zu den Stressoren treten Mediatoren als persönliche Stressverstärker, die die Auswirkungen von Stressoren zusätzlich erhöhen können, wie Perfektionismus oder Ungeduld.

Auch wenn akute Stressoren für Stabsarbeit relevanter scheinen, können auch chronische Stressoren die Arbeit im Stab beeinflussen. Beim Betreten des Stabsraums werden chronische Stressoren nicht einfach an der Schwelle zurückgelassen. Vielmehr bleiben die chronischen Stressoren als eine Art »Grundlast« erhalten und können so zu einer geringeren Toleranz von hinzukommenden akuten Stressoren führen. Wer unter chronischen Belastungen leidet, ist anfälliger für akute Belastungen.

Chronische und akute Stressoren addieren sich auf. Wer unter chronischen Belastungen leidet, ist grundsätzlich anfälliger für akute Belastungen.

22.1.3 Akute Stressoren im Stab

Bei der Arbeit im Stab treten besondere akute Stressoren auf. Die folgende Übersicht zeigt akute Stressoren, die der Autorin von Stabsmitgliedern verschiedener Stäbe benannt wurden.

Akute Stressoren der Stabsarbeit

- **Körperliche Stressoren**
  - Müdigkeit aufgrund langer Einsatzzeiten/fehlende Ablösung
  - Hunger und Durst
- **Physikalische Stressoren im Stabsraum**
  - Lärm im Stabsraum
  - Klima im Stabsraum aufgrund Hitze/Kälte
  - Verbrauchte Luft
- **Soziale Stressoren**
  - Besondere Zusammensetzung des Stabs, z. B. Arbeiten in ungewohnten Stabsstrukturen; veränderte hierarchische Zusammensetzung; unbekannte Stabsmitglieder
  - Schlechte Stimmung
  - Führen müssen trotz eigener Unsicherheit
  - Verantwortung
  - Arbeit unter der Bewertung der Öffentlichkeit
- **Leistungsstressoren**
  - Paralleles Abarbeiten verschiedener Aufträge
  - Komplexität der Lage
  - Schweregrad der Lage/Persönliche Betroffenheit
  - Zeitdruck
  - Notwendigkeit schneller Entscheidungen
  - Versagensangst/Furcht vor Konsequenzen

  - Unterbrechungen der Arbeit (»fehlende Ruhe zur Arbeit«)
  - Umgang mit Wartezeiten, z. B. »Leerlaufphasen« oder Warten auf angeforderte Informationen
- **Prozessbezogene Stressoren der Stabsarbeit**
  - Fehlende Kenntnisse und Routinen zu
    - Ablauf und Verhalten bei einer Alarmierung
    - Aufbau und Nutzung des Stabsraums
    - Umgang mit Stabssoftware
    - Abläufen im Stab, z. B. Ablauf einer Lagebesprechung
  - Betrieb und Nutzung der Technik, z. B. fehlende Updates von Rechnern oder Büromaterialien, auftretende Defekte
  - Umgang mit eingehenden Informationen
    - Informationsflut insbesondere in der Orientierungsphase
    - Widersprüchliche Informationen/Validität von Informationen
    - Vollständigkeit von Informationen bzw. Suche und Beschaffung fehlender Informationen
  - Fehlendes Unterstützungspersonal (insbesondere in Stäbe von Nicht-Einsatzorganisationen)

22.2 Was macht Stress mit uns?

Allgemein ermöglicht die Stressreaktionen eine Fokussierung auf die Bewältigung einer bedrohlichen Situation. Cannon (1967) beschreibt aus der biologischen Perspektive zwei Stressreaktionen: Kampf oder Flucht. Diese beiden Stressreaktionen wurde im Laufe der Jahre noch um eine dritte erweitert (Gray, 1987; Bracha, Ralston, Matsukawa, Williams & Bracha, 2004): Nichts tun (»fight, flight or freeze«). Um Stressreaktionen im Kontext Stab zu erkennen und damit umzugehen, erscheint diese Unterscheidung jedoch weniger geeignet. Die Bekämpfung eines Gegners, Weglaufen aus dem Stabsraum oder Nichtstun sind in ihrer Reinform im Stab eher nicht möglich. Flin, O'Connor und Crichton (2008) schlagen für die Betrachtung der Auswirkungen von Stress auf individueller Ebene vier Bereiche vor: Verhalten (»behavioral«), Emotionen (»emotional«), Physiologisch-körperlich (»somatic«) und Denken bzw. Kognition (»thinking«); kurz BEST. Stress betrifft also den ganzen Menschen und führt zu körperlich-geistigen Reaktionen. Im Folgenden werden anhand dieser vier Bereiche Auswirkungen von akuten Stressoren im Stab beschrieben.

22.2.1 Verhalten (B)

Je besser sich die Mitglieder im Stab untereinander kennen, desto einfacher wird es sein, Veränderungen im Verhalten aufgrund von Stress zu erkennen:

- **Aggressives Verhalten**: Das Verhalten erscheint eher impulsgesteuert. Zwischenmenschliche Konflikte werden weniger sachlich gelöst und durch starke emotionale Reaktionen, wie Beleidigungen, begleitet. Reizbarkeit und plötzliches »Lautwerden« werden als Ventil verwendet, um dem Stress »Luft zu machen«.
- **Externalisierung des Handelns** (Dörner, Kreuzig, Reither & Stäudel, 1983): Das Handeln wird stärker durch Außenreize und Gefühle beeinflusst. Interne Prozesse wie Denken

und Problemlösen treten in den Hintergrund. In der Stabsarbeit zeigt sich dies durch sprunghaftes Vorgehen bei der Bewältigung von Arbeitsaufträgen. Komplizierte und länger dauernde Arbeitsaufträge werden nicht zu Ende bearbeitet, man lässt sich leichter durch dazukommende Aufgaben ablenken.
- **Veränderung von Kommunikation** (Hofinger, 2012): Wertschätzende und offene Kommunikation findet weniger statt. Erklärungen und Interpretationen werden nicht mehr geäußert und Kritik wird abgewehrt. Zusätzlich kann der physiologische Anspannungszustand nonverbale Signale beeinflussen. Missverständnisse können auftreten, wenn nonverbale und verbale Kommunikation gegenläufig verstanden werden können. Die Vorstellung tatsächlicher Fakten zur Lage kann durch die Anspannung des Sprechers von den anderen Stabsmitgliedern als Annahmen fehlinterpretiert werden.

22.2.2 Emotionen (E)

Anzeichen emotionaler Auswirkungen von Stress treten mehr oder weniger deutlich in Erscheinung:
- **Ängstlichkeit** und das Gefühl von der Situation überwältigt werden: Rückzug, fehlende Beteiligung an Arbeitsprozessen im Stab und Resignation kennzeichnen diese Art der emotionalen Stressreaktion. Das plötzliche Verstecken von Stabsmitgliedern hinter ihren Arbeitsbildschirmen verdeutlicht den Rückzug körperlich.
- Das Bedürfnis nach **Nähe und Zuwendung** steigt (Affiliation, z. B. in Taylor et al., 2000): Stabsmitglieder suchen verstärkt nach Bestätigung und Unterstützung durch andere Personen. Das Bedürfnis nach einer starken Führung oder einer stärkeren Strukturierung der Arbeit steigt.
- **Unzufriedenheit** und Traurigkeit, ohne dass es dafür konkrete Gründe aus der aktuellen Entwicklung der tatsächlichen Lage gibt.
- Gefühl der **Ermüdung** und Überforderung bis hin zu Erschöpfung.

22.2.3 Physiologische Reaktionen (S)

Stressreaktionen werden oft auf physiologische Reaktionen reduziert, da diese am ehesten von den Betroffenen selbst wahrgenommen werden. Beispiele für die physiologische Reaktion sind:
- Erhöhung der Herzfrequenz (»Herzklopfen«),
- starkes Schwitzen,
- Veränderung der Feinmotorik, z. B. Zittern,
- schnellere Atmung,
- Kopfschmerzen,
- innere Unruhe und Schlafstörungen nach Schichtende.

22.2.4 Veränderung des Denkens (T)

Insbesondere in komplexen Lagen mit hohem Zeit- und Entscheidungsdruck kann Stress zur Einengung des Denkens führen:
- Einschränkung der **Wahrnehmung** und **Konzentrationsfähigkeit**: Die dauerhafte Konzentration auf einen Arbeitsauftrag fällt zunehmend schwerer. In Extremfällen bewirkt

die eingeschränkte Wahrnehmung einen »Tunnelblick«, sodass für die Lage relevante Informationen vernachlässigt werden. Damit steigt die Wahrscheinlichkeit für Fehler.
- **Methodismus** und Bevorzugung von Routinen: Für die Planung von neuen Maßnahmen müssen (kognitive) Ressourcen zur Verfügung stehen. Fehlen diese unter Stress, werden eher bekannte Lösungen und gut trainierte Handlungen (Routinen) aufgegriffen.
- Verminderung des **kognitive Aufwands**: Stäbe sollen Entscheidungen für die Entscheider vorbereiten. Unter Stress kann die erstbeste Entscheidung gewählt werden, nur um möglichst schnell eine Entscheidung herbei zu führen (»**Adhocismus**«). Die Trennung von Annahmen und tatsächlichen Fakten zu der Lage wird unter Stress erschwert (**Bestätigungsfehler**; ► Kap. 21). Um den kognitiven Aufwand gering zu halten wird nicht mehr über die weitere Entwicklung einer Lage nachgedacht (fehlendes Situationsbewusstsein).
- **Kognitive Notfallreaktion** (Dörner et al., 1983): Zu hoher Stress führt dazu, dass das Denken nur noch auf die persönliche Bewältigung ausgerichtet wird, Sachziele treten in den Hintergrund (► Kap. 21, Kompetenzschutz). Unter Stress können Motive wichtiger werden als das Sachproblem.

> **Stressreaktionen zeigen sich in vier Bereichen: Verhalten, Emotionen, Physiologie und Körperfunktionen und Denken.**

22.3 Was können Stäbe tun? – Ressourcen gegen Stress

Grundsätzlich geht es in der Stressbewältigung darum, akute und chronische **Stressoren zu reduzieren** und **Ressourcen zu erhöhen** (St. Pierre & Hofinger, 2014). Je mehr Ressourcen für die Stressbewältigung zur Verfügung stehen, umso flexibler und widerstandfähiger können Menschen auf Stress reagieren. Da die Entstehung von Stress individuell verschieden ist, müssen Maßnahmen gegen Stress den persönlichen Bedürfnissen angepasst werden.

Ein erster Schritt der Stressbewältigung muss immer die Identifikation von Stressoren sein (s. oben). Flin et al. (2008) schlagen einen dreistufigen Prozess gegen Stress vor: Prävention – Bewältigung – Nachsorge, der sowohl Individuen als auch Maßnahmen der Organisation einbezieht. Flin et al. (2008) beziehen diese Stufen auf Hochrisikobranchen und nicht direkt auf Stäbe. Angelehnt an diese drei Stufen werden im Folgenden Maßnahmen zur Bewältigung von Stress vorgeschlagen. Da die drei Stufen nicht trennscharf sind, können einige Maßnahmen auch mehreren Stufen zugeordnet werden.

22.3.1 Stufe 1 – Prävention

Auf Stufe 1 stehen Maßnahmen zur **Erhöhung** und Verbesserung von Ressourcen und falls möglich, Beseitigung von Stressoren im ganzheitlichen Ansatz im Stab *vor* einem Einsatz.

Präventive Maßnahmen der Stressbewältigung

Jedes Stabsmitglied
- Verbesserung der eigenen Kenntnisse: Wissen über Stabsarbeit, Aufgaben und Verantwortlichkeiten sowie lagebezogene Maßnahmen
- Möglichkeiten für die Sammlung von Erfahrungen in der Stabsarbeit nutzen, z. B. an angebotenen Übungen teilnehmen

- Kennenlernen der anderen Stabsmitglieder: Rollen und Funktionen klären
- Entscheidungshilfen einüben und nutzen
- Bekanntmachen mit den Stabsräumen
- Verbesserung der Gesundheit, z. B. durch Sport
- Erlernen von Stressbewältigungstechniken, z. B. Entspannungsmethoden
- Balance zwischen Arbeit und Freizeit schaffen

Organisation/Stab

- Ausbildungsangebote und Handlungssicherheit fördern: Trainings, Übungen, Seminare zu Stabsarbeit
- Prozesse überdenken und Inhalte vordenken, z. B. durch Checklisten und Planentscheide
- Aus Erfahrungen lernen, Nachbesprechungen zu Verbesserung von Arbeitsprozessen nutzen
- Ressourcen- und Personalplanung, z. B. Technik auf dem neuesten Stand; Ablösung
- Vereinbarkeit von Beruf und Privatleben ermöglichen

22.3.2 Stufe 2 – Bewältigung

Auf Stufe 2 geht es vor allem darum, Maßnahmen für die Bewältigung von akutem Stress anzuwenden (»coping«). Dazu gehört, ein Bewusstsein für Stressoren und Stressreaktionen im Einsatz zu entwickeln und mögliche Ressourcen zu nutzen.

Bewältigung von akutem Stress
Jedes Stabsmitglied

- Reflexion: Stressreaktionen (BEST) bei sich selbst und anderen Stabsmitgliedern erkennen
- Kognitiver Umgang, z. B. Anpassung von eigenen Erwartungen, Einstellungen und Einschätzung einer Situation
- Problemorientierter Umgang mit Stress:
  - Priorisierung von Aufgaben an aktuelle Zielstellung anpassen; wichtige Aufgaben zu Ende bringen, bevor mit einer neuen Aufgabe begonnen wird
  - In Handlungspausen nächste Schritte planen
  - Checklisten und Pläne nutzen
  - Vorhandene Ressourcen nutzen, z. B. Unterstützungspersonal
- Soziale Unterstützung annehmen/Hilfe anbieten, für sich selbst sorgen und Ruhephasen nutzen: Essen, Trinken
- (Handlungs-)Pausen machen
- Ablösung einplanen und ablösen lassen (auch Führungskräfte)
- Anwendung von Stressbewältigungsstrategien, z. B. Atemtechniken, Progressive Muskelentspannung

Organisation/Stab

- Schulungen und Trainings zum Thema Stress
- In Nachbesprechungen Stress thematisieren: Reflexion von aufgetretenen Stressoren und Stressreaktionen
- Angebot zur Ausbildung verschiedener Stressbewältigungsstrategien

22

22.3.3 Stufe 3 – Nachsorge

Die 3. Stufe zielt darauf ab, Behandlungs- und Rehabilitationsmaßnahmen im Umgang mit Stress nach belastenden Situationen zu nutzen (individuelle Ebene) oder zur Verfügung zu stellen (organisationale Ebene). Da Stress ein Spannungszustand ist, ist es wichtig, nach Phasen intensiver Arbeit einen Wechsel zwischen Anspannung und Entspannung zu schaffen um eine Erholung zu gewährleisten.

Nach besonders beanspruchenden Lagen können Traumata oder Belastungsstörungen bei Stabsmitgliedern auftreten. Um diese Lagen konstruktiv zu bewältigen, sollten Organisationen Angebote zu Nachbesprechungen und Stressbearbeitung nach belastenden Ereignissen für Stabsmitglieder zur Verfügung stellen.

Stressbewältigung setzt auf die Reduzierung von akuten und chronischen Stressoren und die Erhöhung von Ressourcen auf individueller und organisationaler Ebene.

Für die Mitglieder im Stab bedeutet gutes Stressmanagement, dass sie weniger durch Stress belastet werden und sich so eher der Bewältigung der Lage und Arbeitsaufgaben zuwenden können. Zudem fördert gutes Stressmanagement die physiologische und psychische Gesundheit.

Literatur

Bracha, H. S., Ralston, T. C., Matsukawa, J. M., Williams, A. E. & Bracha, A. S. (2004). Does »fight or flight« need updating? *Psychosomatics, 45*(5), 448–449.

Cannon, W. B. (1967). *The wisdom of the body* (rev. and enl. ed.). New York: Norton.

Dörner, D., Kreuzig, H. W., Reither, F. & Stäudel, T. (1983). *Lohhausen. Vom Umgang mit Unbestimmtheit und Komplexität*. Bern: Huber.

Flin, R. H., O'Connor, P. & Crichton, M. (2008). *Safety at the sharp end. A Guide to non-technical skills*. Aldershot: Ashgate.

Gray, J. A. (1987). *The psychology of fear and stress*. Cambridge: Cambridge University Press.

Hofinger, G. (Hrsg.). (2012). *Kommunikation in kritischen Situationen* (2. überarb. erw. Aufl.). Frankfurt am Main: Verlag für Polizeiwissenschaft.

Kaluza, G. (2014). *Gelassen und sicher im Stress. Das Stresskompetenz-Buch. Stress erkennen, verstehen, bewältigen* (5., korr. Aufl.). Berlin: Springer.

Kaufmännische Krankenkasse (Hrsg.). (2006). *Weißbuch Prävention 2005/2006: Streß? Ursachen, Erklärungsmodelle und präventive Ansätze*. Berlin: Springer.

Lazarus, R. & Folkman, S. (1984). *Stress, appraisal, and coping*. New York, NY: Springer Publishing Company.

St.Pierre, M. & Hofinger, G. (2014). *Human Factors und Patientensicherheit in der Akutmedizin* (3. überarb. erw. Aufl.). Berlin: Springer.

Taylor, S. E., Klein, L. C., Lewis, B. P., Gruenewald, T. L., Gurung, R. A. R. & Updegraff, J. A. (2000). Biobehavioral responses to stress in females: Tend-and-befriend, not fight-or-flight. *Psychological Review, 107*(3), 411–429.

Yerkes, R. M. & Dodson, J. D. (1908). The relation of strength of stimulus to rapidity of habit-formation. *Journal of Comparative Neurology and Psychology, 18*, 459–482.

Stabsräume: Konzepte und Gestaltung

Stabsräume: Konzepte und Gestaltung

Die materielle Ausstattung von Stäben ist so vielfältig wie ihre Strukturen und Aufgaben. Da es zur Gestaltung von Stabsräumen wenig spezifische wissenschaftliche Erkenntnisse gibt, werden Modelle aus der Praxis vorgestellt, um Anregungen für die Gestaltung von Stabsräumen zu geben. Die vorgestellten Räume – verschiedene Stabsräume der Polizei, von Verwaltungen und eines Chemieparks – wurden anhand der Anforderungen an die jeweiligen Stäbe entwickelt. Zusätzlich werden Erkenntnisse über die Relevanz der Sitzordnung und die Übertragbarkeit von Gestaltungskonzepten moderner Arbeitsplätze dargestellt.

Mobile und abgesetzte Befehlsstellen am Beispiel eines Spezialeinsatzkommandos

Tobias Meier, Norbert Kanschus

G. Hofinger, R. Heimann (Hrsg.), *Handbuch Stabsarbeit*,
DOI 10.1007/978-3-662-48187-5_23, © Springer-Verlag Berlin Heidelberg 2016

In mobilen Befehlsstellen existieren nicht nur die gleichen Herausforderungen wie in den großen Befehlsstellen der Führung, sondern die Dynamik des Einsatzes – unmittelbar am Geschehen – wird hautnah miterlebt. Der Beitrag stellt die Besonderheiten von mobilen und abgesetzten Befehlsstellen dar.

Polizeiliche Einsatzlagen, deren Bewältigung die polizeilichen Institutionen in all ihren Kompetenzen fordern, finden regelmäßig in Form einer besonderen Aufbauorganisation (BAO) statt, die aus Einsatzabschnitten (EA) besteht und deren Spitze der Polizeiführer mit seinem Führungsstab bildet (▶ Kap. 6).

Nachfolgend wird die Konzeption der Befehlsstelle (BefSt) des Einsatzabschnittes Tatobjekt (EA TO) in ihrer Struktur und mit ihren Aufgabenschwerpunkten beschrieben.

Der EA TO wird z. B. im Rahmen einer Bedrohungs- oder Geisellage gebildet. Er ist in mehrere Unterabschnitte (UA) gegliedert, die ab einer bestimmten Einsatzphase für alle gefahrenabwehrenden oder strafverfolgenden Maßnahmen im unmittelbaren Tatortbereich zuständig sind. Hierzu gehören Festnahme- und Zugriffsszenarien, Maßnahmen zur Verhinderung einer Flucht oder die Übergabe von durch den Täter geforderten Gegenständen. Im EA TO werden ausschließlich Mitarbeiter des Spezialeinsatzkommandos (SEK) eingesetzt, die über einen hohen Ausbildungs- und Qualifizierungsstand verfügen.

Die BefSt stellt als Führungsgruppe den zentralen Kommunikations- und Informationsknotenpunkt im EA TO dar und steuert Informationen und Aufträge an über- und nachgeordnete Stellen. Darüber hinaus hält die BefSt über Verbindungsbeamte engen Kontakt zu benachbarten Einsatzabschnitten wie dem EA Verhandlungen und ist Service- und Ansprechpartner der im EA TO befindlichen UA.

23.1 Mobile Befehlsstellenarbeit

Eine erfolgreiche Befehlsstellenarbeit gelingt insbesondere in mobilen Befehlsstellen nur dann, wenn jeder Mitarbeiter und jede Mitarbeiterin das gleiche Verständnis von der arbeitsteiligen Aufbau- und Ablaufstruktur hat. Um dies zu gewährleisten, werden Funktions-, Prozess- und Aufgabenbeschreibungen schriftlich fixiert. Die Arbeitsprozesse in der Befehlsstelle sind so gestaltet, dass die Entwicklung eines redundanten Wissens ermöglicht und gefördert wird (▶ Kap. 17). Erst die gemeinsamen mentalen Modelle bringen die Stärken des Teams zum Vorschein (Bierhals, 2008).

Grundlage der Qualifizierung der Mitarbeiter sind niedergelegte standardisierte Planentscheidungen, die so gestaltet sind, dass die kognitiven Ressourcen des Teams für die unvorhersehbaren Problemstellungen zur Verfügung stehen. So kann eine standardisierte Zuordnung von

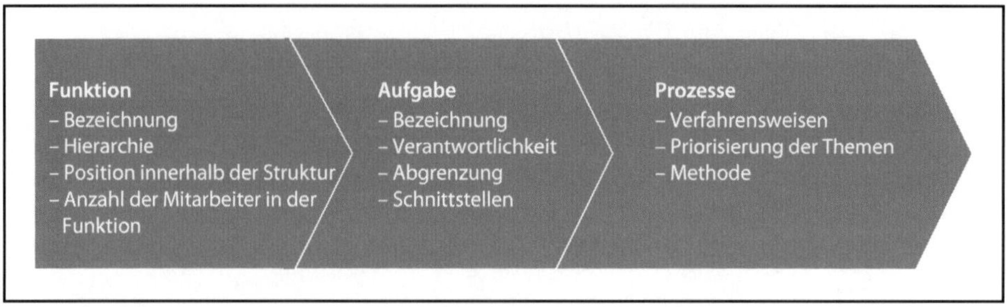

Abb. 23.1 Funktions-, Aufgaben- und Prozessbeschreibung allgemein

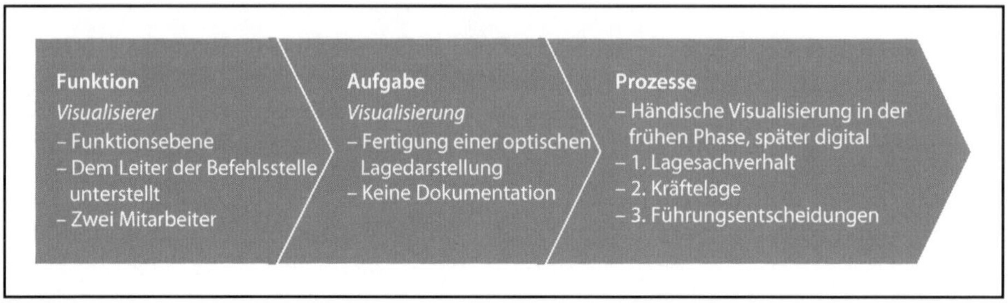

Abb. 23.2 Funktions-, Aufgaben- und Prozessbeschreibung am Beispiel Visualisierung

Aufgabengebieten und festen Sitzplätzen eine Hilfe sein, die **chaotische Phase** am Anfang einer Lage zeitlich zu begrenzen. Die Herausforderung solcher Standards liegt darin, den Mitarbeiterinnen in Hochstressphasen die erforderliche Sicherheit zu geben, ihnen aber auch den notwendigen Spielraum zu lassen, um flexibel auf die aktuelle Einsatzlage reagieren zu können. Mit zunehmender Erfahrung und Qualifizierung kann die Vorgabe von Planentscheidungen reduziert und sich noch stärker an den individuellen Lagebedürfnissen orientiert werden. Da die Tätigkeit in der mobilen Befehlsstelle nur eine von vielen Aufgaben der Mitarbeiter ist, ist es umso wichtiger, dass sie sich präzise an ihrer Aufgabenbeschreibung orientieren (Abb. 23.1, Abb. 23.2).

Erfolgreiche Befehlsstellenarbeit basiert auf dem gleichen Verständnis aller Mitwirkenden von der Aufbau- und Ablauforganisation.

23.2 Aufbaustruktur und Einzelaufträge in der Befehlsstelle EA Tatobjekt

Die Befehlsstelle gliedert sich in die Bereiche Entscheidungsebene, Funktionsebene und Verbindungselement (Abb. 23.3). Diese werden im Folgenden beschrieben.

23.2.1 Entscheidungsebene

In dieser Ebene findet der Beratungs- und Entscheidungsprozess des Einsatzabschnittsleiters statt. Die Beratung soll die Risiken und Chancen der Optionen zur Lagelösung abwägen, sowie Alternativen herausarbeiten. Die Entscheidungsebene trifft im Auftrag und in Absprache mit

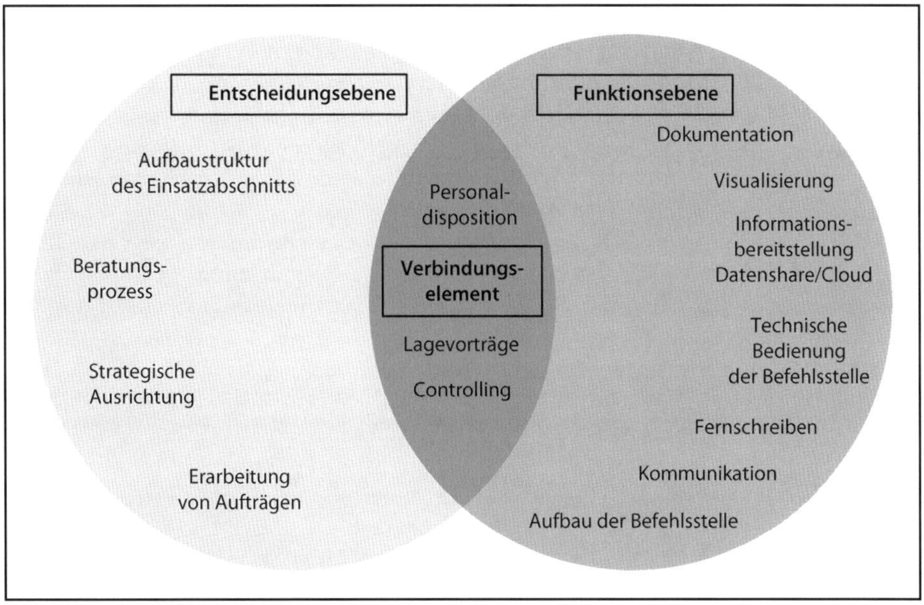

Abb. 23.3 Strukturbereiche der mobilen Befehlsstelle

dem Polizeiführer die maßgeblichen Entscheidungen zur Lagelösung. Damit dort alle verfügbaren Ressourcen auf den Beratungsprozess konzentriert werden können, erfolgt die Informationsweitergabe und Umsetzung von Aufträgen durch die Funktionsebene.

Der Entscheider sollte sich nicht aktiv an Arbeitsprozessen beteiligen.

Im Abschnitt ist der Einsatzabschnittsleiter Tatobjekt (L-EA TO) für alle Entscheidungen im Rahmen der Handlungsvorgaben des Polizeiführers verantwortlich. Die BAO-Struktur des EA TO wird durch ihn festgelegt. Zur Unterstützung in der Entscheidungsfindung wird er fachlich beraten. In der Regelorganisation ist der Einsatzabschnittsleiter der Kommandoführer des SEK oder sein Vertreter.

Der Fachberater Spezialeinheit (SE) im EA Tatobjekt (FBerater SE/EA TO) berät den L-EA TO hinsichtlich der taktischen Einsatzmöglichkeiten, erarbeitet und formuliert entsprechende Rahmenaufträge zur Vorlage beim Polizeiführer. Er oder sie ist Teil des Beratungsprozesses. Diese Aufgabe erfordert ein detailliertes Wissen über die Taktik und Technik eines SEK sowie langjährige Einsatzerfahrung.

23.2.2 Funktionsebene

Die Funktionsebene stellt die praktischen Abläufe in der BefSt sicher. Jeder Funktionsbeamte hat einen Schwerpunktauftrag aus den Bereichen Visualisierung, Dokumentation oder Kommunikation. Sie unterstützen sich je nach Verfügbarkeit gegenseitig und vertreten sich im Idealfall multifunktional. Die Funktionsbeamten sind grundsätzlich nicht Teil des Beratungsprozesses.

An der Position der Kommunikationsbeamten (KOM) werden grundsätzlich zwei Beamte eingesetzt. Sie betreiben die Kommunikation mit über- und nachgeordneten Stellen, unabhängig vom Kommunikationsmedium. Eine Zuteilung der KOM auf je einen Kommunikationsstrang zu über- oder nachgeordnete Stellen kann sinnvoll sein. Die Leistungsfähigkeit der KOM und der Kommunikationsmittel und -strukturen sind erfolgskritisch. Sie stellen das »Nadelöhr« dar, durch das jede Information geleitet werden muss. Sind diese Schnittstellen nicht leistungsfähig genug, so entsteht die negative »Bypass-Kommunikation«: Die Informationsträger der operativen Ebene kommunizieren unter Ausschluss der BefSt untereinander – etwa per Telefon. Hierdurch würde die BefSt vom Informationsfluss abgeschnitten und ihrer Koordinierungs- und Steuerungsfunktion beraubt.

Nur bei genehmigungspflichtigen Maßnahmen der Unterabschnitte erfolgt eine Rückkopplung mit der Entscheidungsebene. Dadurch kann die Beantwortung von Anfragen oder Genehmigung von Maßnahmen der Unterabschnitte selbstständig durch die KOM aus dem Kontext der Ergebnisse des Beratungsprozesses erfolgen.

Die KOM gewährleisten die permanente Erreichbarkeit der Befehlsstelle für die UA-Leiter und bei Bedarf für jeden Einsatzbeamten. Darüber hinaus achten die KOM auf Sprachdisziplin und einen hinreichenden Gebrauch der Funkbetriebssprache.

Die Leistungsfähigkeit der Kommunikationsstrukturen und Kommunikationstechnik ist entscheidend für eine erfolgreiche Einsatzbewältigung.

In der BefSt EA TO generieren zwei weitere Mitarbeiter eine visuelle Lagedarstellung (VISU), um den Beratungsprozess in der Entscheidungsebene zu unterstützen und ein einheitliches Lageverständnis bei allen BefSt-Mitarbeitern zu erreichen. Es liegt in der Verantwortung der VISU, die Inhalte permanent auf Aktualität und Plausibilität zu überprüfen sowie Anpassungen an die Bedürfnisse des Beratungsprozesses vorzunehmen. Sie bedienen sich dazu analoger und digitaler Visualisierungstechniken. Zu Beginn einer Lageentwicklung kann dies zunächst eine bunt gezeichnete Übersichtsskizze auf einem Flipchart sein, die später zu einer mit Computer erstellten Kartografie optimiert und per Beamer visualisiert wird.

Im Regelfall wird ein Beamter als Dokumentationsbeamter (DOKU) eingesetzt. Durch diesen DOKU wird die eigens dafür vorgesehene Software bedient. Hierbei handelt es sich um ein serverbasierendes Programm. Dies hat den Vorteil, dass von verschiedenen Örtlichkeiten in einer Dokumentation gearbeitet werden kann und keine sensiblen Daten auf Endgeräten vorgehalten werden.

Es werden alle relevanten Informationen und Aufträge dokumentiert. Der DOKU liest zusätzlich die Dokumentation des Führungsstabes sowie anlassbezogen benachbarter Einsatzabschnitte mit.

23.2.3 Verbindungselement

Um einen reibungslosen Ablauf in der BefSt zu gewährleisten, wird zwischen der Entscheidungs- und Funktionsebene ein Verbindungselement eingerichtet, das beide Elemente aufeinander abstimmt und disponiert. Für die Gestaltung und Durchführung aller Prozesse in der BefSt, insbesondere für Kommunikation, Dokumentation, Auftragskontrolle und Visualisierung ist der Leiter der Befehlsstelle (L-BefSt) verantwortlich. Er überwacht den Informationsfluss und die Informationssteuerung zu über- und nachgeordneten Stellen und achtet auf einen einheitlichen Informationsstand im EA TO. In diesem Zusammenhang obliegt ihm die regelmäßige Gestaltung von Lagevorträgen in der BefSt unter Beteiligung der UA-Leiter.

Im Falle einer mobilen Befehlsstelle im Fahrzeug ist er für die Befehlsstellenlogistik zuständig und stellt die technische Ausstattung sicher. Die Prüfung, ob aus einer fahrzeuggestützten Befehlsstelle heraus eine abgesetzte Befehlsstelle aufzubauen ist, obliegt dem L-BefSt. Er hat dazu entsprechende Räumlichkeiten zu organisieren und zu bewerten.

Der L-BefSt organisiert, überwacht und reguliert die Entsendung von Verbindungsbeamten und -beratern in den Führungsstab und in andere EA.

Werden weitere Einsatzkräfte bzw. Ablösekräfte benötigt, so übernimmt er die Anforderung sowie die Zuweisung in die Unterabschnitte.

Der L-BefSt kann Teil des Beratungsprozesses sein, Tätigkeitsschwerpunkt ist jedoch die Koordination der Befehlsstellenarbeit.

Der L-BefSt nimmt durch die Koordinierung und permanente Kontrolle aller Prozesse eine Schlüsselposition in der Befehlsstellenarbeit ein.

23.3 Infrastruktur der BefSt EA TO

23.3.1 Allgemeine Anforderungen

Die technische Ausstattung der Befehlsstelle unterstützt die einzelnen Funktionen. Gleichfalls müssen die Mitarbeiter die Technik in angemessener Zeit bedienen können. Die beste digitale Visualisierung ist nutzlos, wenn sie erst nach Beendigung der Lage fertiggestellt wird. Da die Mitarbeiter der Tätigkeit im Nebenamt nachgehen, wird die Bedienung möglichst einfach gehalten.

In räumlicher Hinsicht wird neben den hier nicht betrachteten vorbereiteten festen Befehlsstellen in einer Polizeiliegenschaft, zwischen einer mobilen BefSt im Fahrzeug und einer abgesetzten BefSt in einer sonstigen Räumlichkeit differenziert. Je komplexer und langwieriger sich eine Lage darstellt, umso mehr bietet sich eine vorbereitete Befehlsstelle an.

Der Aufbau sollte stets so gewählt werden, dass alle Mitarbeiter von ihrem Arbeitsplatz aus Blickkontakt zueinander und auf die Visualisierung haben. Dazu bietet sich eine U-förmige Aufstellung der Arbeitsplätze an.

Neben der Positionierung der Mitarbeiter in Bezug auf die Sichtlinien zueinander ist die Positionierung im Hinblick auf die Kommunikationsstrukturen im Raum wichtig. Mitarbeiterinnen, die sich in hoher Qualität und Quantität miteinander austauschen müssen, sollten nebeneinander positioniert werden. So sollten der L-EA neben seinem FBerater SE sitzen. Zwingend ist die direkte Positionierung der beiden KOM nebeneinander, um Informationen aus der über- und nachgeordneten Linie unmittelbar austauschen zu können. Durch eine günstige Anordnung lässt sich der Geräuschpegel deutlich reduzieren.

23.3.2 IT-Infrastruktur

Jedem BefSt-Mitarbeiter muss ein PC mit abgeschirmter Befehlsstellensoftware zur Verfügung stehen. Anhand der dort vorhandenen Dokumentationen kann er Informationen aufnehmen. Diese Systematik erspart mündlichen Informationstransfer und reduziert das Kommunikationsvolumen in der BefSt erheblich. Zusätzlich ist ein offener Internetzugang für allgemeine Recherchen erforderlich (Heimann, 2008).

Um Einsatzkräften außerhalb der BefSt digitale Informationen, wie Bilder, Skizzen oder schriftliche Aufträge, zukommen zu lassen, hat sich ein gegen unbefugten Zugriff besonders geschütztes System bewährt.

Das Abspielen von Video- und Audioinhalten kann ebenfalls erforderlich sein, damit beispielsweise aufgezeichnete Notrufe oder Sequenzen einer Kameraüberwachung ausgewertet werden können.

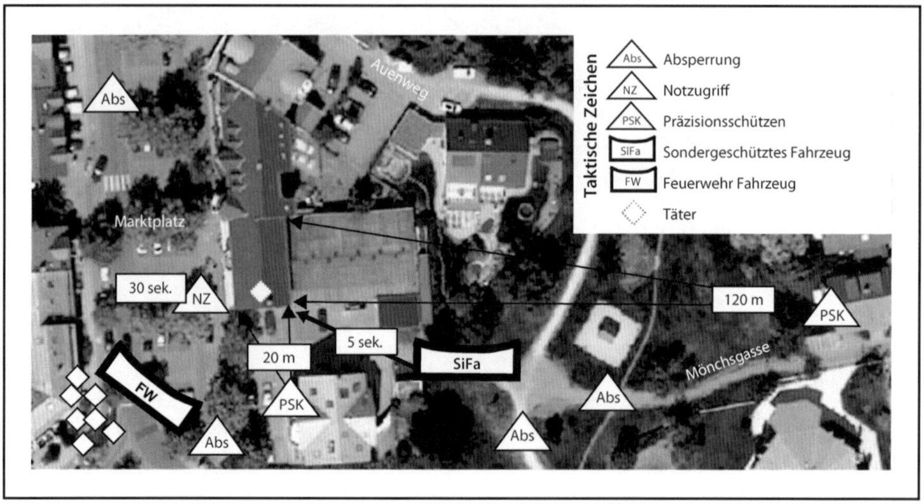

Abb. 23.4 Taktisch-räumliche Lagedarstellung

23.3.3 Visualisierung

Um eine zügige Visualisierung in einer frühen Einsatzphase realisieren zu können, ist eine händische Visualisierung geeignet. Dazu müssen etwa Whiteboards und Papierrollen vorhanden sein. In weniger dynamischen Phasen kann eine digitale Visualisierung mittels Computer erstellt werden (Abb. 23.4). Hierfür sind Beamer und Projektionsflächen notwendig. Berührungsempfindliche Touchpanels oder Kombinationsgeräte, die mittels Beamer eine händische und gleichzeitig digitale Visualisierung erlauben, sind eine optimale Lösung.

23.3.4 Kommunikation

Da durch die BefSt EA TO in der Regel mehrere nachgeordnete Stellen betreut werden müssen, ist die Nutzung von Mehrfachverbindungen, wie etwa Funk oder Telefonkonferenzen unabdingbar. Einzelverbindungen wie Telefonate führen zwangsläufig zu Informationsverlust und sind anfälliger für Übertragungsfehler. Bedienerfreundliche Kombigeräte, die alle Kommunikationsmedien vereinen, sind zu priorisieren. Daneben müssen diese Geräte über einen Kopfhörer mit Mikrofon sowie Lautsprecherfunktion verfügen, wobei die Headset-Funktion standardmäßig genutzt wird. Eine Nutzung von drahtlosen Kopfhörern mit Mikrofon ist sinnvoll.

23.3.5 Dokumentation

In technischer Hinsicht ist die Dokumentation das Aufgabengebiet mit den geringsten technischen Anforderungen. Ein Netzwerk-Computer mit Zugriff auf die entsprechende Software ist ausreichend. Da Dokumentation und Kommunikation durch unterschiedliche Beamte wahrgenommen wird, ist es sinnvoll, wenn der DOKU die genutzten Kommunikationskanäle mithören kann, um die Inhalte selbstständig dokumentieren zu können.

23.3.6 Abgesetzte Befehlsstellen

Abgesetzte Befehlsstellen befinden sich innerhalb eines Gebäudes, das für diese Verwendung nicht spezifisch ausgerüstet ist. Dabei kann es sich um eine polizeieigene Räumlichkeit, aber auch polizeifremde Liegenschaften handeln. Der Vorteil einer abgesetzten BefSt gegenüber einer mobilen BefSt im Fahrzeug liegt in der Größe des zur Verfügung stehenden Raumes, dem Witterungsschutz und der regelmäßig vorhandenen Stromversorgung. Sofern die entsprechende Ausrüstung mitgeführt wird und die Anbindung an das Mobilfunknetz oder Telefonnetz gewährleistet ist, kann eine abgesetzte Befehlsstelle die Vorteile einer mobilen BefSt im Fahrzeug, nämlich die räumliche Nähe zu den Einsatzkräften, mit der Ausstattung und dem Raumgewinn der festen BefSt im Polizeipräsidium vereinen.

Der Nachteil einer abgesetzten BefSt liegt darin, dass zunächst alle technischen Einrichtungen aufgebaut werden müssen. Dazu ist Zeit und technischer Sachverstand erforderlich, während sich die Einsatzlage dynamisch weiterentwickelt. In der Zeit des Aufbaus sind entsprechende Redundanzen in Form einer mobilen BefSt aus einem Fahrzeug zu gewährleisten, um die permanente Führung des EA TO sicherzustellen. Ein Aufbau der BefSt sollte durch die BefSt-Mitarbeiter eigenständig erfolgen, da die anderen Einsatzkräfte für die unmittelbaren polizeilichen Maßnahmen benötigt werden.

Sofern eine mobile BefSt aus einem Fahrzeug über einen längeren, nicht absehbaren Zeitraum betrieben wird, ist der Aufbau einer abgesetzten BefSt stets anzudenken.

Die Anbindung an das Telefonnetz ist ausschlaggebend für den erfolgreichen Betrieb einer abgesetzten BefSt.

Eine schlechte Anbindung an das Mobilfunknetz schränkt die Möglichkeiten, Informationen an die Einsatzkräfte auf digitalem Weg zu übermitteln, stark ein. Hier können technische Maßnahmen, wie die Einrichtung eines Routers oder eines Repeaters in Betracht gezogen werden.

Die Visualisierungsmöglichkeiten in einer abgesetzten BefSt sind reduziert. Es muss auf Laptops mit Mobilfunk- oder DSL-Anbindung zurückgegriffen werden. Als analoge Medien können Whiteboard-Folien und Flip-Charts in Verbindung mit Moderationsmaterial verwendet werden. Digitale Visualisierungsmöglichkeiten können ebenfalls Verwendung finden.

Im Rahmen einer abgesetzten Befehlsstelle müssen mobile Kommunikationsmittel genutzt werden. Hierbei sollte darauf geachtet werden, dass diese sowohl Lautsprecher als auch Kopfhörer mit Mikrofon besitzen und kompakt in robusten Transportbehältnissen verbaut sind. Der Betrieb aller Kommunikationseinrichtungen muss auch unabhängig vom Stromnetz möglich sein; hierzu ist auf Stromspeicher oder Generatoren zurückzugreifen. Das benötigte Material muss übersichtlich und zentral in geeigneten Transportkisten zur Verfügung stehen.

Abgesetzte Befehlsstellen können bei optimalen Rahmenbedingungen die Vorteile mobiler und vorbereiteter BefSt miteinander verbinden.

23.3.7 Mobile Befehlsstelle im Fahrzeug

Der wesentliche Unterschied zwischen einer mobilen BefSt im Fahrzeug und anderen Variationen liegt wegen des unterschiedlichen Platzangebotes in der Anzahl der eingesetzten Beamten. Als Grundlage der konzeptionellen Überlegungen dient ein PKW in der Größe eines Vans.

In einer mobilen BefSt im Fahrzeug sind mindestens vier Mitarbeiter notwendig. Sie bilden vorrangig folgende Funktionen ab:

- L-EA Tatobjekt gleichzeitig L-BefSt,
- FBeraterin SEK/EA TO,
- KOM,
- VISU gleichzeitig DOKU und Fahrer.

Hierbei entstehen besondere Anforderungen an den Visualisierungsbeamten. Durch das reduzierte Raumangebot muss er gleichzeitig die Funktion des Dokumentationsbeamten übernehmen. Darüber hinaus sind die Visualisierungsflächen stark reduziert und müssen flexibel verwendbar sein; hierzu sind die Fensterflächen mit einzubeziehen. Diese können mit elektrostatischer Whiteboard-Folie oder laminierten Papierflächen genutzt werden.

Bei der Verwendung von Visualisierungsflächen außerhalb des Fahrzeugs, z. B. mittels Magneten an der Fahrzeugseite, dürfen die Inhalte für Unbefugte, wie etwa Medienvertreter oder Schaulustige nicht einsehbar sein; zudem müssen wechselnde Witterungsverhältnisse beachtet werden.

Die Kommunikation erfordert zwingend die Nutzung eines Kopfhörers mit Mikrofon, da es andernfalls zu einer deutlichen Steigerung des Geräuschpegels im Fahrzeug kommt und der Beratungsprozess gestört wird.

Trotz der geschilderten Widrigkeiten bietet die unmittelbare Führung am Ereignisort den Vorteil, dass direkte Absprachen mit den Verantwortlichen der Unterabschnitte getroffen werden können. Zudem ist der direkte Blick auf örtliche Gegebenheiten oder Geschehensabläufe möglich. Getreu der Erkenntnis »the map is not the landscape« wird hierdurch ein unmittelbares Realitätsmodell erzeugt, ohne dass Gegebenheiten aufwendig kommuniziert werden müssen.

Selbstverständlich gilt auch für die hier vorgestellte Konzeption der Grundsatz, dass die festgelegten Standards fortwährend auf Praxistauglichkeit erprobt und trainiert werden sollten. Dies betrifft sowohl die Mitarbeiter der eigenen Organisationseinheit als auch den Polizeiführer mit seinem Führungsstab. Hierbei liegt es in der Verantwortung der Institution, welchen Aufwand sie betreibt und wie viele Ressourcen sie zur Verfügung stellt.

Literatur

Badke-Schaub, P., Hofinger, G. & Lauche, K. (Hrsg.). (2008). *Human Factors. Psychologie sicheren Handelns in Risikobranchen*. Heidelberg: Springer.

Bierhals, R. (2008). Führung mit geteilten mentalen Modellen. In C. Buerschaper & S. Starke (Hrsg.), *Führung und Teamarbeit in kritischen Situationen* . (S. 86–109). Frankfurt am Main: Verlag für Polizeiwissenschaft.

Heimann, R. (2008). Entscheidungsfindung in polizeilichen Einsatzlagen – Softwareunterstütztes Informations- und Kommunikationsmanagement für Teams. In C. Buerschaper & S. Starke (Hrsg.), *Führung und Teamarbeit in kritischen Situationen.* (S. 110–132). Frankfurt am Main: Verlag für Polizeiwissenschaft.

Hofinger, G. (2008). Teamtrainings für die Krisenbewältigung. In C. Buerschaper & S. Starke (Hrsg.), *Führung und Teamarbeit in kritischen Situationen.* (S. 190–205). Frankfurt am Main: Verlag für Polizeiwissenschaft.

Thieme, U. & Hofinger, G. (2008). Stabsarbeit und »Ständige Stäbe« bei der Polizei: Sicherheit durch Professionalisierung. In P. Badke-Schaub, G. Hofinger & K. Lauche (Hrsg.), *Human Factors. Psychologie sicheren Handelns in Risikobranchen* (S. 257–270). Heidelberg: Springer.

Praxisbeitrag: Planung und Gestaltung von Stabsräumen am Beispiel zweier Hamburger Katastrophenschutzstäbe

Christian Dührkop, Gesine Hofinger

G. Hofinger, R. Heimann (Hrsg.), *Handbuch Stabsarbeit*,
DOI 10.1007/978-3-662-48187-5_24, © Springer-Verlag Berlin Heidelberg 2016

Der Neubau eines Stabsraumes oder gar eines ganzen Lagezentrums, aber auch die Umgestaltung vorhandener Räume bieten die Chance, die Stabsarbeit durch Schaffung guter Rahmenbedingungen wirksam zu unterstützen. Für die Planung muss man die Prozesse der Stabsarbeit, die wahrscheinlichen Einsatzszenarien und -notwendigkeiten sowie verfügbare Technik und Medien kennen. Ein ausreichendes Budget und politische Unterstützung verbessern die Chance auf einen richtig guten Stabsraum weiter.

Wenn man Stabsräume verschiedener Organisationen besucht, fällt auf, dass trotz ähnlicher Aufgaben der Stäbe ihre Arbeitsplätze sehr unterschiedlich sind. Für die konkrete Gestaltung der Räume gibt es – unabhängig von ihrer Qualität – oft nur die Begründung, dass es dem jeweiligen Feuerwehrkommandanten so gefallen habe, von einem Vorvorgänger geplant worden sei u. Ä. Es scheint keine systematische Literatur zur Gestaltung von Stabsräumen zu geben. Selbst die Ausstattung von Befehlsstellen ist nur oberflächlich geregelt; beispielsweise nennt die Feuerwehr-Dienstvorschrift 100 aus dem Jahr 1999 als Anforderung »geeignete Räumlichkeiten« und »geeignete Fernmeldeanschlüsse und Endgeräte« (ebd., S. 18). Auch gibt es keine veröffentlichte empirische Evaluierung verschiedener Stabsraumkonzepte. Wer einen Stabsraum baut oder umbaut und nicht nur auf das eigene Wissen bauen will, wird deshalb von Erfahrungen anderer profitieren. Diese werden mündlich und bei gegenseitigen Besuchen weitergegeben. Der Erstautor hatte zweimal die Aufgabe, einen Stabsraum zu planen: den Neubau eines Stabsraumes für den Katastrophenschutzstab des Bezirksamtes Hamburg-Altona (2010) und die Erarbeitung einer temporären Lösung für Stabsräume im Bezirksamt Hamburg-Mitte (2014). Erfahrungen aus diesen Planungen sowie Erkenntnisse aus den Besuchen beider Autoren in vielen verschiedenen Stabsräumen werden hier weitergegeben, in der Hoffnung, dass damit eine Diskussion um »best practice« für Stabsräume angeregt wird. Der Beitrag bezieht sich auf Verwaltungsstäbe; die Erfahrungen sind wohl vorrangig auf Unternehmensstäbe übertragbar, können aber auch für Führungsstäbe der Einsatzorganisationen nützlich sein.

24.1 Vor der Planung: Auftrag und Rahmenbedingungen

Stabsräume werden gebaut oder neu eingerichtet, wenn die politisch Verantwortlichen die Notwendigkeit gut funktionierender Stäbe kennen und vielleicht sogar zu schätzen wissen. Wenn der Stab öfter zum Einsatz kommt, wie es in den »nassen« Bezirken Hamburgs (▶ Kap. 9) oder auch in Chemieparks (▶ Kap. 44) der Fall ist, mag es einfacher sein, das nötige Budget zu erhalten. In jedem Fall müssen im Vorfeld Festlegungen getroffen werden, beispielsweise wie viel Geld zur Verfügung steht, wer die Planung des Stabsraumes verantwortet und wann der Raum fertig sein soll. Aus den Rahmenbedingungen werden sich in der Realität immer Beschränkungen ergeben, sodass eine **Priorisierung** der Wünsche nötig ist. Um diese nicht nur nach dem eigenen Geschmack vorzunehmen, ist eine **Anforderungsanalyse** hilfreich, in die möglichst erfahrene Personen aus allen Stabsbereichen einbezogen werden sollten.

Diese Analyse hat den Vorteil, dass den Budgetverantwortlichen auch die Grenzen aufgezeigt werden können, die durch Limitierungen hervorgerufen werden.

In Hamburg-Altona war der Auftrag, den bestehenden Status quo – keine Stabsräume vorhanden – zu verbessern. Rahmenbedingungen waren die Lage der Räume im 3. Obergeschoss unter dem Dach sowie das Budget von ca. 270.000 €. Die Priorität wurde auf einen schnell funktions- und einsatzfähigen Stab mit entsprechenden Räumlichkeiten für alle Stabsbereiche gesetzt.

In Hamburg-Mitte war der Auftrag ähnlich strukturiert, aus dem bestehenden suboptimalen Status quo – Sitzungssaal der Bezirkspolitik, Umbauzeit zum Stabsraum fast zwei Stunden – eine optimierte Situation zu schaffen. Hilfreich war das Vorhandensein von mehreren Großraumbüros auf einer Etage. Vorgabe der Amtsleitung war, weiterhin eine Einsatzbereitschaft innerhalb von 30 Min. zu gewährleisten und ausreichend Arbeitsplatz für alle Stabsmitarbeiter zu schaffen.

24.2 Vorbereitung: Von anderen lernen

Erfahrene Stabsmitglieder meinen oft zu wissen, wie ein guter Stabsraum sein muss – entweder sie haben einen oder sie wissen, was sie schmerzlich vermissen. Dennoch lohnt der Blick über den Tellerrand, weil in anderen Stäben vielleicht Lösungen für Probleme gefunden wurden, die bisher noch nicht in Erwägung gezogen wurden, oder Technik eingesetzt wird, die man noch nicht kannte. Die Lösungen anderer Stäbe lassen sich auch 2015 nur eingeschränkt durch Internetrecherche finden – es gibt dort erstaunlich wenig Information zu konkreten Räumen. Nicht nur deshalb sind Besuche bei anderen Stäben hilfreich – Anfassen, Sitzen und Ausprobieren erlauben ein qualifizierteres Urteil. Solche Besuche in Stabsräumen sind innerhalb der gleichen Organisationsart oder des eigenen Bundeslandes sicher einfacher zu arrangieren, aber ein Besuch lohnt auch über Länder- und Organisationsgrenzen hinweg. Der Erstautor besuchte vor der Planung des Raumes für Altona beispielsweise die Lagezentren der Polizei und Feuerwehr Hamburg sowie den Zentralen Katastrophendienststab (▶ Kap. 9). Ein Beispiel für die erhaltenen Anregungen ist die Darstellung des aktuellen Wasserstandes der Elbe auf einem LED-Laufband oder verglaste Nebenräume (Verbesserung der Kommunikation innerhalb des Stabes).

Nur die interdisziplinäre Planung im Team kann zum Erfolg führen: einem funktionierenden Stabsraum/Lagezentrum.

24.3 Planung der Räumlichkeiten

Meist wird man für einen konkreten Stab planen. Dieser hat eine bestimmte Anzahl Mitglieder, benötigt entsprechende Arbeitsplätze und Räume. Neben dem eigentlichen **Stabsraum** sind dabei verschiedene **Nebenräume** nötig (▶ Kap. 25, ▶ Kap. 26). Diese sind einerseits für stabsbezogene Aufgaben vorzusehen, hierzu gehören abgesetzte Besprechungsmöglichkeiten und

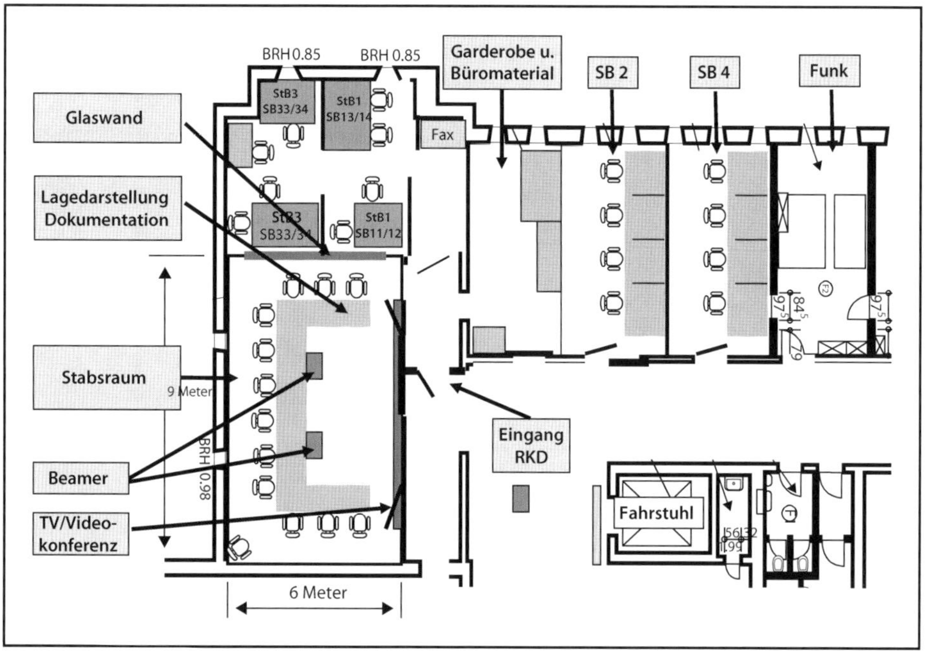

Abb. 24.1 Skizze des Lagezentrums in Hamburg-Altona

Schreibräume mit Druck- und Kopiermöglichkeiten sowie ein Materiallager. Andererseits ist Platz für Räume, die dem Wohlbefinden der Stabsmitglieder dienen, nötig (gerade bei längeren Lagen): Teeküche, Raucherzone, Ruhebereich und leicht erreichbare Toiletten gehören dazu. Durch geeignete akustische Maßnahmen, u. a. Bodenbeläge (z. B. Teppiche), sollte in Nebenräumen (Ruhezonen) Schall absorbiert werden, in den Arbeitsräumen ist die Sprachverständlichkeit sicherzustellen.

Für die Anordnung der Arbeitsplätze muss man die Zusammenhänge innerhalb des Stabes sowie die Kommunikationswege kennen – welcher Stabsbereich arbeitet mit welchem anderen, wer braucht wie viel Platz für Visualisierungen etc.

Im Folgenden wird nur auf das Innere der Räume eingegangen. Selbstverständlich sind die Regelungen rund um den Zugang wie Zutritt außerhalb der regulären Dienstzeiten, Zutrittsregelungen, Verfügbarkeit der Schlüssel, Parkmöglichkeiten etc. gleichfalls zu bedenken.

24.3.1 Raumanordnung in Hamburg-Altona

In Altona konnte ein ganzes Lagezentrum neu geplant werden. Hier wurde bei der Anordnung der Räumlichkeiten Wert darauf gelegt, dass der zentrale Lageraum ausreichend groß geplant wird und die Mitarbeiter des Stabes nicht abgeschnitten sind – durch lange Wege, weit entfernte Arbeitsbereiche –, sondern sich die Arbeitsbereiche vielmehr direkt an den zentralen Lageraum anlehnen (Abb. 24.1).

In den Hamburger Katastrophendienststäben haben die Stabsbereiche S 1 (Lage) und S 3 (Bevölkerung) durch ihre operativen Aufgaben ein hohes Aufkommen an Telefonaten und Gesprächen. Finden diese im Stabsraum statt, stört das. Finden sie in Nebenräumen statt,

Abb. 24.2 Verglaste Nebenräume für die Stabsbereiche S1 (Lage) und S3 (Bevölkerung) in Hamburg-Altona

sind die entsprechenden Personen vom Rest des Stabs abgeschnitten. Daraus entstand die Idee, Nebenräume für diese Stabsbereiche, in denen die Stabsmitglieder der operativen Ebene arbeiten können, zu verglasen. Dadurch ist der Sichtkontakt zur Leitungsebene gewahrt, aber Störungen durch Telefonate unterbleiben (Abb. 24.2).

24.3.2 Raumanordnung in Hamburg-Mitte

In Hamburg-Mitte wurde aufgrund der Vorüberlegungen und Analysen die Anordnung der Räume und Arbeitsplätze festgelegt wie in Abb. 24.3 gezeigt.

Funk und Videokonferenz sind abgesetzt in einem anderen Stockwerk untergebracht, da die Kosten für die temporäre Verlegung (bis 2017) zu hoch gewesen wären.

24.4 Technische Ausstattung

Eine Notstromversorgung gehört zur Basisausstattung jedes Stabsraums. Welche technische Ausstattung für Visualisierung und Kommunikation benötigt wird, hängt von den Aufgaben des jeweiligen Stabs ab (▶ Kap. 32) – wird hier keine saubere Anforderungsanalyse vorgenommen, wird sich die Lust an technischen Neuheiten und an Maximalausstattung selbst in einem eher beratend tätigen Unternehmensstab eher durchsetzen können. In jedem Fall sollte in allen Räumen, in denen PC stehen werden, antistatische Fußbodenbeläge verwendet werden. Wo kommuniziert wird, ist eine lärmreduzierende Ausstattung wichtig (▶ Kap. 25).

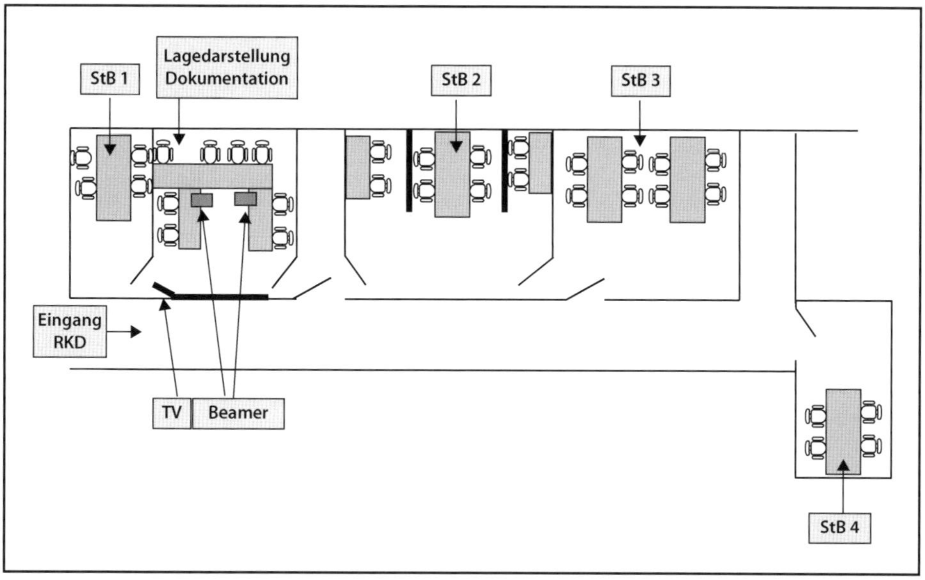

Abb. 24.3 Skizze der Stabsräume in Hamburg-Mitte

So wenig wie möglich, aber so viel wie nötig; dieser Balanceakt erfordert eine ausgewogene Planung in der Auswahl relevanter Visualisierungs- und Kommunikationsmittel.

24.5 Planen, bauen, testen

Für das Bauen ist selbstverständlich nicht nur Wissen über Stabsarbeit nötig – Architektinnen, Bauleiter, Ingenieure, Informatikerinnen, Innenarchitekten und andere haben eigene Ideen und Prioritäten und werden manche Wünsche aus gutem Grund für unmöglich erklären. Beispielsweise wurde in Hamburg erlebt, dass sich die Planer der Einzelgewerke mit dieser für sie komplett neuen Thematik intensiv befassen mussten, weil sie sich über die Komplexität der Zusammenhänge nicht im Klaren waren.

Dass sich weitere Überraschungen in der Bauphase ergeben, insbesondere bei der Renovierung von Altbauten, versteht sich fast von selbst. Beispielsweise musste eine fast vier Meter hohe Wand entfernt werden. Bei den Abrissarbeiten wurde dann festgestellt, dass diese Wand zweigeteilt war und sich im mittleren Bereich noch ein Stahlträger befand. Somit mussten neue statische Berechnungen angestellt und die Planungen angepasst werden.

Nach Fertigstellung der Räume sollten **Funktionstests** durchgeführt werden. Wenn diese erfolgreich verlaufen, schließt sich eine erste Übung an, in der der Stab seine neuen Räume »in Besitz« nimmt; diese Übung sollte inhaltlich nicht überfordernd sein, da das Arbeiten in ungewohnter Umgebung mehr Zeit braucht und sich gewiss der eine oder andere technische Fehler jetzt erst zeigen wird.

24.6 Fazit: »Top-10«-Prinzipien für Stabsräume

Die folgenden Empfehlungen werden aufgrund der Erfahrungen mit der Planung und Ausstattung der Hamburger Stabsräume gegeben:

Empfehlungen zur Planung und Ausstattung von Stabsräumen

1. Notstromversorgung (kostenintensive Entscheidung, aber unabdingbar)
2. Klimaanlage (auch kostenintensiv)
3. Abgesetzte Räume für Sacharbeit
4. Abgesetzte Besprechungsmöglichkeit für Leitungen, Fachberater
5. Zugang auch außerhalb der regulären Dienstzeiten/Wachdienst
6. Darstellungsmöglichkeiten
7. Lärmreduzierende Ausstattung
8. Antistatische Bodenbeläge (bei PC-Nutzung)
9. Teeküche und Toiletten
10. Parkmöglichkeiten

Dienstvorschriften, Normen und Gesetze

- FwDV 100 (1999). Feuerwehrdienstvorschrift 100. Führung und Leitung im Einsatz – Führungssystem. Arbeitskreis V der Ständigen Konferenz der Innenminister und -senatoren der Länder.

Praxisbeitrag: Krisenstabsräume für Verwaltungen

Maike Kranaster

G. Hofinger, R. Heimann (Hrsg.), *Handbuch Stabsarbeit*,
DOI 10.1007/978-3-662-48187-5_25, © Springer-Verlag Berlin Heidelberg 2016

Die Beurteilung, welcher Stabsraum gut ist und welcher weniger, fällt schwer. Es gibt räumliche Aspekte, die für die Stabsarbeit eher hilfreich sind und andere, die nicht ideal sind. Letztlich entscheidet aber immer der arbeitende Stab, was individuell für ihn funktioniert. Dennoch lohnt es sich, bei der Einrichtung von Stabsräumen auf einige Details zu achten.

Als Gastdozentin für das Institut der Feuerwehr Nordrhein-Westfalen habe ich viele Krisenstabsübungen in den Kommunen und Kreisen des Landes begleitet. Mein Wissen über die Qualität von Stabsräumen habe ich neben der eigenen Tätigkeit in einem Krisenstab durch Besuche, auch bei Übungen und Einsätzen, erlangt. Dazu habe ich viele Stabsräume besichtigt und dabei von Erfahrungen anderer Stäbe lernen können. Viele Räume waren gut geeignet, andere wiesen noch Optimierungspotenzial auf. Verschiedene Stabsräume zu besuchen, bevor der eigene eingerichtet wird, ist sehr empfehlenswert; dabei lohnt es sich auch, Stabsräume anderer Organisationen zu besichtigen. Ich habe z. B. sehr viel beim Besuch des Stabsraumes des Ständigen Stabs der Polizei in Dortmund gelernt.

25.1 Raumbedarf von Krisenstäben

Grundsätzlich benötigt ein Krisenstab neben dem **Stabsraum** noch weitere Räume. Das sind z. B. ein Raum für die **Nachrichtenzentrale**, ggf. eine **Küche** und ein **Lager**. Und nach Möglichkeit einen oder mehrere Räume zur **freien Verfügung** für Besprechungen in Kleingruppen. Die **Toiletten** (für beide Geschlechter) und ein **Raucherbereich** sollten möglichst nah am Stabsraum sein.

Häufig kann man die benötigten Räume in Behörden in räumlicher Nähe zueinander finden, z. B. vorhandene Besprechungsräume. Beispiele für die Anordnung von Stabsräumen bei Behörden und Organisationen mit Sicherheitsaufgaben sowie Verwaltungen finden sich in ▶ Teil II.

Die größte Herausforderung ist letztlich, dass die Stabsräume meistens in bestehende Strukturen integriert werden müssen. Nur wenige Behörden haben die Chance, bei einem Gebäudeneubau ihren idealen Stabsraum bauen lassen zu können. Insofern sind den Bedarfen häufig Grenzen gesetzt, aber vieles ist auch mit ein wenig Kreativität und Pragmatismus anpassbar.

Anspruchsvoller werden dann die spezifischen Anforderungen, die an Stabsräume gestellt werden.

25.2 Anforderungen an Räumlichkeiten für Stabsarbeit

Bei Räumen für die Stabsarbeit bestehen deutlich andere Anforderungen an die Ausstattung, als das bei normalen Besprechungs- oder Büroräumen der Fall ist:

25.2.1 Zugangsregelung, Abgeschiedenheit

Der Stab muss in Ruhe tagen können und darf nicht von Bürgern, Pressevertretern oder anderen Personen gestört werden. Dazu braucht es eine **Zugangsregelung** für die Räume. Diese kann technisch vorhanden sein, z. B. mit Schließsystemen oder auch durch Identitätskontrolleinrichtungen. Alternativ sollte der Zugang mit Personen besetzt sein, die notfalls auch das Hausrecht durchsetzen können und unbefugte Personen abweisen können.

Unabhängig von der Art der Zugangsregelung muss sichergestellt sein, dass die Räume für die Stabsmitglieder rund um die Uhr zugänglich sind, auch an Wochenenden und Feiertagen.

Des Weiteren sollten die Räume von außen nicht einsehbar sein. Zum einen stören »Zuschauer« bei der komplexen Arbeit. Zum anderen sollten die Visualisierungen, mit denen der Stab arbeitet, nicht in der Presse oder im Social Web landen. In dieser Beziehung sind Räume im Erdgeschoss oft schwieriger zu sichern als im Keller oder in den oberen Etagen.

Hilfreich ist auch, wenn der Ort, an dem die Stabsräume sind, nicht allgemein bekannt gemacht wird, um schon auf diese Weise ungewollte Besucher fernzuhalten.

25.2.2 Technische Ausstattung

Für Stabsräume bedarf es besonderer technischer Vorkehrungen. So braucht ein Stabsraum dringend eine möglichst störungssichere Klimaanlage. Schlechte Luft ist in Stabsräumen eines der größten Probleme bei der Arbeit. Die vielen Menschen und die eingesetzte Technik verbrauchen viel Sauerstoff. Das Öffnen der Fenster ist häufig keine geeignete Alternative: Im Winter wird es dann schnell zu kalt, es ist in der Regel (v. a. bei der Lage des Verwaltungsgebäudes in der Innenstadt) zu laut und bei Sturmeinsätzen können die Fenster sowieso nicht geöffnet werden. Darüber hinaus muss man auch immer bedenken, dass Diskussionsinhalte bei geöffnetem Fenster auch nach draußen dringen können.

Die gesamte **Haustechnik** sollte rund um die Uhr steuerbar sein. Zum Beispiel werden sonst automatische Temperaturabsenkungen außerhalb der regulären Dienstzeiten schnell zum Problem. Gegebenenfalls ist es auch hilfreich, wenn Techniker bei Bedarf auch außerhalb der Dienstzeiten verfügbar sind.

Zusätzlich muss der Raum über eine unterbrechungsfreie **Notstromversorgung** verfügen. Ein länger dauernder Stromausfall ist nicht allzu unwahrscheinlich und wird sicher den Einsatz des Krisenstabes erfordern. Wenn dieser dann keinen funktionsfähigen Raum hat, liegt direkt ein Organisationsverschulden nah.

Die Stabsräume müssen zwingend mit einer geeigneten Zugangskontrolle, einer Klimaanlage, unterbrechungsfreier Notstromversorgung und geeigneter Haustechnik ausgestattet sein, um die Arbeitsfähigkeit des Stabes sicherzustellen.

25.3 Stabsraum

Der Stabsraum ist das Herzstück des Krisenmanagements. Bei der Auswahl und der Gestaltung sollte drauf geachtet werden, dass er den Stabsmitgliedern möglichst ideale Voraussetzungen für ihre anspruchsvolle Arbeit bietet.

25.3.1 Raumgröße und Möblierung

Der Raum muss ausreichend groß sein. Er muss einen Tisch beherbergen, der für alle nötigen Stabsmitglieder einen Platz am Tisch bereithält. Bei der Ermittlung der Anzahl nötiger Personen sollte nicht zu knapp gedacht werden. Lagen sind oft komplizierter als man zuvor dachte, sodass dann doch mehr Personen im Raum sitzen als geplant.

Der **Tisch** hat eine zentrale Rolle bei der Stabsarbeit. Folgende Aspekte sind dabei zu beachten: Die Entfernung der Stabsmitglieder zueinander sollte möglichst gering sein. Auf jeden Fall muss die Stabsleitung so zentral untergebracht sein, damit sie alle Mitglieder sehen und verstehen kann. Außerdem müssen die Sitzplätze und die Visualisierungsflächen so angebracht sein, dass jedes Stabsmitglied die visualisierten Informationen an Tafeln, auf Leinwänden etc. ungehindert sehen kann.

Des Weiteren werden möglichst viele **Wandflächen** benötigt, um die Lage und die Maßnahmen des Stabes visualisieren zu können. Sollten im Raum viele Fensterflächen oder Schrankwände vorhanden sein, kann man davor ggf. Projektions-Leinwände installieren und dort die elektronischen Daten präsentieren. Für die Art und die Positionierung der Visualisierung sollte auf jeden Fall vorab ein Konzept erstellt werden, damit dies in die Raumgestaltung mit einbezogen werden kann.

25.3.2 Technikausstattung

Zu klären ist auch im Vorfeld, ob der Stab mit oder ohne Technik arbeiten soll (► Kap. 31, ► Kap. 32), damit die nötige Infrastruktur vorhanden ist. Einige Stäbe haben nach wie vor keine Technik im Stabsraum. Dabei muss aber auch gesagt werden, dass es heutzutage fast fahrlässig ist, einen Raum ohne die Möglichkeit einer technischen Anbindung zu bauen, da die Entwicklung der Stabsarbeit und damit auch die Arbeitsweise der Mitarbeiter immer technikorientierter wird. Insofern empfiehlt es sich, im Raum bzw. im Tisch bereits Anschlüsse für Telefon und PCs sowie eine notstromgesicherte Stromversorgung einzubauen.

Die Frage, ob im Raum PCs vorgehalten werden, hängt von den individuellen Umständen im Haus ab. PCs, die nur für den Krisenfall vorgehalten werden, haben den Nachteil, dass die Nutzerinnen und Nutzer sich häufig nicht so gut mit der Hard- und Software auskennen. Hinzu kommt, dass die Geräte lange nicht genutzt werden und damit keine Software-Updates durchgeführt wurden.

Daher bewährt sich eher die Variante, die Mitglieder mit Laptops auszustatten, die sie auch für die alltägliche Arbeit nutzen. Sie bringen diese dann bei einem Einsatz mit in den Krisenstab und müssen sich zumindest bezüglich der Technik nicht umstellen.

Der Aufwand, der im Vorfeld für gute Arbeitsbedingungen des Krisenstabes betrieben wird, macht sich im Einsatz deutlich bemerkbar. Schlechte Umstände erschweren die ohnehin schwierige Stabsarbeit unnötig.

25.4 Nachrichtenzentrale

Die Mitarbeitenden in der Nachrichtenzentrale sind zuständig für den Informationsfluss zwischen dem Stab und der Außenwelt. Je nach Struktur des Stabes sind sie für Anrufe, Faxe, Mails und Funk zuständig.

Technisch muss dieser Raum deshalb über ausreichende Kapazitäten für die geplanten Kommunikationswege verfügen.

Zusätzlich sollten die Arbeitsplätze dort mit **Schallschutz** ausgestattet sein. Dies lässt sich durch bauliche Maßnahmen lösen. Einfacher ist es, die Plätze durch z. B. vorhandene Metaplanwände abzutrennen. Dann kann der Raum auch außerhalb der Einsätze anders genutzt werden.

Aber auch hier ist es wichtig, die Mitarbeitenden, die in diesem Bereich arbeiten, nach ihren Anforderungen zu fragen, damit sie hinterher gute Arbeitsbedingungen vorfinden.

25.5 Gemeinsame Nutzung von Besprechungsräumen durch den Stab und die übrige Verwaltung

Bei der Planung der Stabsräume stellt sich die Frage, ob eine Lösung gewünscht wird, die ausschließlich dem Krisenstab zu Verfügung steht oder ob man auf bestehende Besprechungsräume zurückgreifen muss.

Werden die Stabsräume auch von anderen Personen genutzt, besteht die Gefahr, dass im Einsatz erst alles wieder aufgerüstet werden muss, weil der Raum in der Zwischenzeit von den Mitnutzern »umgebaut« wurde. Außerdem ist das Arbeitsmaterial des Stabes außerhalb der Einsatzzeiten zu sichern. All dies kostet Zeit und birgt ein gewisses Risiko, was die Einsatzbereitschaft des Raumes angeht. Hinzu kommt, dass bei längeren Lagen der Verwaltung keine normalen Besprechungsräume zu Verfügung stehen, wenn diese als Stabsräume genutzt werden.

Die sicherere Lösung ist insofern das Vorhalten eigener Räumlichkeiten. Ob das finanzierbar ist, muss individuell abgewogen werden.

Praxisbeitrag: Lagezentrum des Industrieparks Höchst

Günter Horn, Martin Schnauber

G. Hofinger, R. Heimann (Hrsg.), *Handbuch Stabsarbeit*,
DOI 10.1007/978-3-662-48187-5_26,

Das Lagezentrum des Industrieparks Höchst bietet im Ereignisfall, wie z. B. bei Bränden, Stoffaustritten oder schweren Unfällen, mit seiner Funktionalität, seinen Räumlichkeiten und seiner technischen und organisatorischen Ausstattung die Grundvoraussetzung für eine hocheffiziente und effektive Stabsarbeit.

Der Industriepark Höchst ist ein 4,6 Quadratkilometer großer Verbundstandort der chemischen und pharmazeutischen Industrie im Westen Frankfurts mit rund 90 Unternehmen, 22.000 Mitarbeitern und 120 Produktionsbetrieben. Die Notfallorganisation besteht aus verschiedenen Fachabteilungen, die in einem Einsatz zusammenarbeiten.

Im Falle von Bränden, Stoffaustritten, schweren Arbeitsunfällen, etc. wird bei Überschreitung bestimmter vordefinierter Kriterien ein rückwärtiger, administrativ-organisatorischer Krisenstab aktiviert (▶ Kap. 12, ▶ Kap. 44). Dieser tagt im Lagezentrum des Industrieparks Höchst, welches nachfolgend mit seiner Ausstattung beschrieben wird.

Das Lagezentrum erstreckt sich mit seinem Stabsraum und den dazugehörigen Funktionsräumen über ein komplettes Stockwerk in der Hauptfeuerwache des Industrieparks. Hierdurch sind kurze Kommunikationswege gewährleistet. Im gleichen Gebäude befindet sich die Gefahrenabwehr-Meldezentrale, eine integrierte Leitstelle für Einsätze der Werkfeuerwehr, der Unternehmenssicherheit (Werkschutz) und des Rettungsdienstes des Arbeitsmedizinischen Zentrums. Die Gefahrenabwehr-Meldezentrale ist auch für die Ereignisdokumentation über den sog. »Einsatzleitrechner« (ELR) zuständig. Nach Alarmierung des Werkeinsatzstabes treffen die über Bereitschaftsdienste ständig innerhalb von 30 Minuten verfügbaren Teilnehmer des Krisenstabs im Lagezentrum (◘ Abb. 26.1) ein.

Beim sog. **Zerberus**, der Zutrittskontrolle, erhalten die Teilnehmer verschiedenfarbige Anmeldekarten, die je nach Funktion zum Zutritt in den Stabsraum oder ggf. nur zu den Funktionsräumen des Lagezentrums berechtigen. Die Zugangstüren zum Stabsraum sind von außen nur vom Zerberus oder dem Notfallmanager im Nachrichtenraum mit Schlüssel zu öffnen. Hierdurch wird eine Abschirmung gegen Störungen von außen gewährleistet.

26.1 Sitzordnung im Stabsraum

Die **Sitzanordnung** der Fachfunktionen (◘ Abb. 26.2) in U-Form bietet bestmöglichen Blickkontakt zwischen den Teilnehmern untereinander, dem Notfallmanager als Moderator/in sowie auf die Lagedarstellung. Der Werkeinsatzleiter (Entscheider/in) sitzt in der Mitte, womit auch eine gute nonverbale Kommunikation zum Moderator gegeben ist. Neben den Vertretern

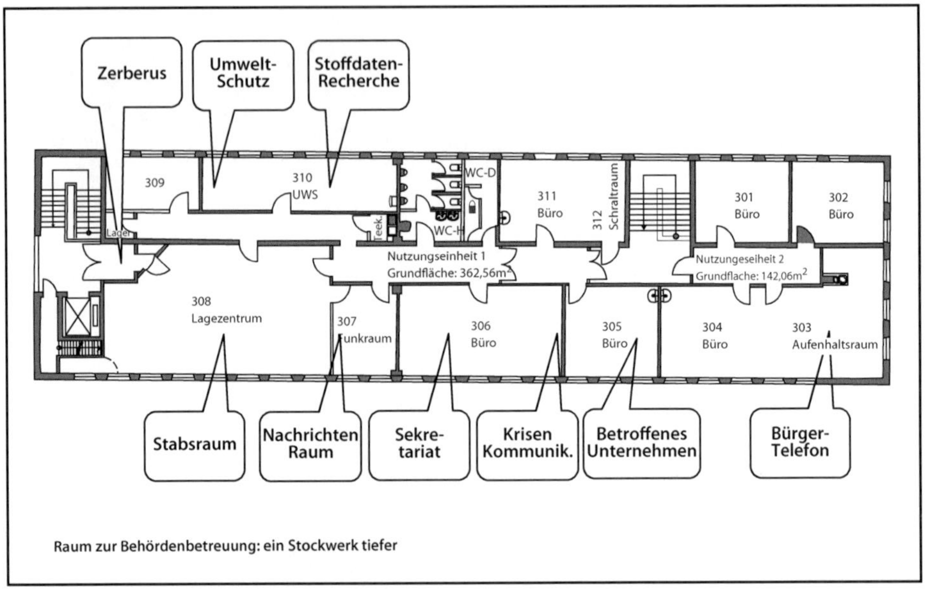

Abb. 26.1 Raumbelegungsplan des Lagezentrums

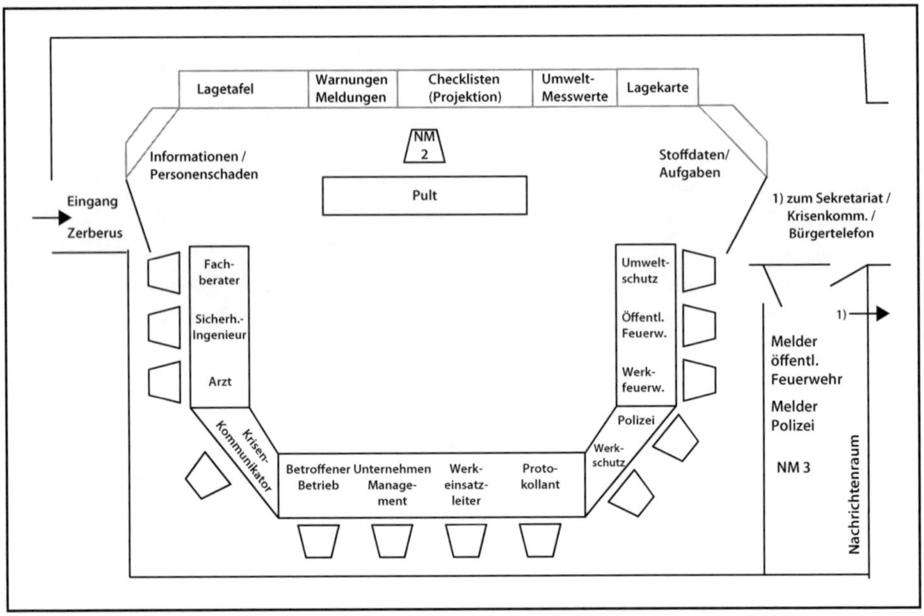

Abb. 26.2 Sitzordnung im Stabsraum

der Fachfunktionen aus dem Industriepark Höchst nehmen bei entsprechenden Lagen auch Vertreter der öffentlichen Gefahrenabwehr (Polizei und öffentliche Feuerwehr) teil, was zu erheblichen Zeiteinsparungen bei der Abstimmung von Maßnahmen außerhalb des Industrieparks führt.

Um eine hohe Effizienz und Effektivität des Stabes zu erreichen, sind feste »Spielregeln« vereinbart. Alle Stabsteilnehmer haben während aller Sitzungen **Anwesenheitspflicht** im Stabsraum. Um ungestört und konzentriert arbeiten zu können und zu einem gemeinsamen mentalen Bild der Lage zu kommen, werden Funkgeräte, Telefone und Laptops/Smartphones nur in den Sitzungspausen benutzt, Nebengespräche und Grundsatzdiskussionen werden unterbunden. Der typische Ablauf der Stabssitzungen mit Lageerfassung, Gefährdungsbeurteilung, Festlegung und Kontrolle von Maßnahmen sowie Erstellung und Versand von Medien- und Behördeninformationen wird in ► Kap. 12 ausführlich erläutert.

26.2 Visualisierungsmittel im Stabsraum

Um ein möglichst einheitliches Lagebild im Stab zu erzeugen und zu erhalten, erfolgt die Visualisierung auf mehreren strukturiert vorbeschrifteten Tafeln (Whiteboards; ◘ Abb. 26.2). Seitlich befinden sich Tafeln, auf denen generelle Informationen, Angaben zu Personenschäden und dem Verbleib verletzter Personen festgehalten werden. Im mittleren Bereich sind die Tafeln »Fortschreibung der Lage«, »Informationen zu Warnungen, Meldungen und Sperrungen« sowie eine Leinwand für die Projektion der »Standardtagesordnung«, der ereignisabhängigen Checklisten und die Abstimmung der Medieninformationen. Daneben gibt es eine Tafel für die Umweltmesswerte und eine Lagekarte. An der Seite befindet sich eine Tafel zur Stoffdatenbewertung sowie zur Aufgabenverteilung und der Kontrolle der Umsetzung.

Die ca. 20-minütigen Stabssitzungen finden im Wechsel mit ca. 20-minütigen Arbeitspausen zur Erledigung der Aufgaben der Stabsteilnehmer, der Kommunikation von und nach außen und der Fortschreibung der Lagedarstellung statt. Dieser Ablauf wird mindestens so lange fortgesetzt, bis nach der Deeskalation des Ereignisses die Einsatzstelle an den Betrieb übergeben wurde und die Maßnahmen zur Gefahrenabwehr abgeschlossen sowie die notwendigen Behörden- und Medieninformationen versendet sind. Durch die Verwendung der Tafeln für die Lagedarstellung wird sichergestellt, dass alle Lagedaten vollständig für alle Stabsteilnehmer permanent vom Beginn bis zum Ende der Stabsarbeit sichtbar sind. Ein Protokollant dokumentiert die Lagedarstellung auf entsprechenden Formblättern und stellt diese dem Werkeinsatzleiter, dem Management des betroffenen Betriebes/Unternehmens und bei Bedarf den Teilnehmenden von Pressekonferenzen zur Verfügung. Zusätzlich werden die Beschriftungen der Lagetafeln nach dem Ende der Stabsarbeit in einem Fotoprotokoll festgehalten.

Vorbeschriftete Tafeln und Pläne, die je nach Ereignis benutzt werden können, ermöglichen eine optimale Visualisierung.

26.3 Nachrichtenraum und Sekretariat

Ein Notfallmanager im mittels Glaswand abgetrennten Nachrichtenraum mit Zugang zu den Kommunikationsmitteln (PC, Zugang zum ELR, Telefon, Fax und Funk) gibt die eingehenden Informationen nach Sichtung ausgewählt und nach Dringlichkeit sofort oder zeitnah, z. B. in der nächsten Arbeitspause, in den Stab. Hierfür werden Ausdrucke aus dem ELR-Protokoll und Vierfarb-Durchschreibsätze benutzt. Mittels audiovisueller Übertragung kann er oder sie das Geschehen im Stabsraum jederzeit verfolgen. Außerdem hält er von hier aus den Kontakt zur Einsatzstelle. Durch eine Durchreiche zum Sekretariat leitet er alle Beschlüsse und Informationen vom Stab zu den entsprechenden Fachfunktionen nach außen weiter. Wenn erforderlich, ist dieser Raum auch mit Verbindungsbeamten der öffentlichen Gefahrenabwehr besetzt, die von hier aus mit ihren jeweiligen Lagezentren kommunizieren.

Nachrichteneingang und -ausgang sind als eigenständiger unterstützender Prozess aufgebaut.

Zur Unterstützung steht im Sekretariat, welches mit Faxgeräten, Kopierer und Arbeitscomputern sowie Fax- und Telefonlisten als Rückfallebene ausgerüstet ist, eine **Assistenz** im Bereitschaftsdienst zur Verfügung. Im gleichen Raum befindet sich der Arbeitsplatz des **Koordinators Krisenkommunikation**, der für die Erstellung von Entwürfen und den Versand der vom Werkeinsatzleiter freigegebenen Medieninformationen an je nach Ereigniskategorie vorgegebene Verteiler zuständig ist. Zusätzlich sorgt von diesem Raum aus ein weiterer Kommunikator für den Informationsfluss von und zu den Mitarbeitern des Bürgertelefons und beantwortet ggf. telefonische Medienanfragen, betreut Journalisten oder eröffnet das Pressezentrum, welches sich in einem anderen von außen zugänglichen Gebäude an der Peripherie des Industrieparks befindet.

26.4 Weitere Räume

Ein weiteres Büro ist für unterstützende Mitarbeiter des betroffenen Betriebes/Unternehmens reserviert, die so den Kontakt zu ihren Unternehmenszentralen und/oder Krisenstäben halten können. Im Bürgertelefonraum stehen bis zu 12 schnurlos betriebene Telefone mit Headsets zur Beantwortung von Anfragen der Anwohner des Industrieparks zur Verfügung. Diese werden auf Vierfarb-Vordrucken dokumentiert und ggf. über den Nachrichtenraum in den Stabsraum gebracht.

Den Krisenstab unterstützende Funktionen haben in benachbarten Räumen individuell ausgestattete Büros.

Ferner gibt es für die Funktion »Stoffdatenrecherche« einen Raum mit Zugang zu eigenen und internationalen Stoffdatenbanken sowie entsprechenden Loseblattsammlungen als Rückfallebene. In diesem Raum kann auch auf die Server mit den Umweltmessdaten, den meteorologischen Daten, das Programm zur Ausbreitungsberechnung bei Stoffaustritten und das Prozessleitsystem der Kanäle des Industrieparks zugegriffen werden. Die weiteren Büros im Lagezentrum stehen für Kleingruppenarbeit oder das Führen von vertraulichen Telefonaten während der Arbeitspausen des Stabes zur Verfügung.

Eventuell eintreffende Behördenvertreter, wie Ermittlungsbehörden, Genehmigungs- und Aufsichtsbehörden oder Berufsgenossenschaft, werden in einem Behördeninformationsraum, der sich in einem anderen Stockwerk des gleichen Gebäudes befindet, betreut.

Entstehung eines Stabsraummodells

Rudi Heimann, Gunther Lockner

G. Hofinger, R. Heimann (Hrsg.), *Handbuch Stabsarbeit*,
DOI 10.1007/978-3-662-48187-5_27, © Springer-Verlag Berlin Heidelberg 2016

Die Arbeit mit Führungsstäben ist in der hessischen Polizei eine seit mehreren Jahrzehnten geübte Praxis. Während der Anfänge stand die operative Ebene dem Instrument jedoch kritisch gegenüber. Wie kann eine Gruppe von Menschen mit einem Entscheider an der Spitze, die überhaupt nicht am Ort des Geschehens sind, Entscheidungen zum Einsatzverlauf treffen wollen? Entscheidungsfindungsprozesse nahmen lange Zeit in Anspruch und nicht selten überholte die Lage die Stabsprozesse und damit die Entscheider. Scheinbar war die Einschätzung, Lagen sollten grundsätzlich direkt vor Ort geführt werden, die richtigere. Einen erheblichen Anteil an der Revision dieser Haltung hatte die Entwicklung eines besonderen Stabsraummodells für die Befehlsstellen der hessischen Polizei. Dieser Beitrag skizziert den Weg und die Hintergründe der Entstehung.

Durch die Polizeidienstvorschrift 100 VS-NfD (Anlage 6) ist vor dem Hintergrund des Stab-Linien-Modells die Anzahl der Stabspositionen in einem polizeilichen Führungsstab grundsätzlich vorgegeben (► Kap. 6). In den 1990er Jahren existierten in der hessischen Polizei nur an sehr wenigen Stellen verbindlich vorgesehene Räume für Führungsstäbe (**Befehlsstellen**); und auch diese Räumlichkeiten waren lediglich umgewidmete größere Büroräume, in die Tische, Sitzmöbel und Kommunikationseinrichtungen der damaligen Generation (Funk, Telefon, Fernschreiber, Telefax) verbaut wurden. Komfort, wie Klimaanlagen, gab es keinen. Keine dieser Räumlichkeiten war in der Bauphase der Gebäude als künftige Befehlsstelle vorgesehen worden.

Ein Fachbereich der Polizeiakademie Hessens widmet sich exklusiv der Aus- und Fortbildung von Spezialeinheiten und des Stabs- und Führungspersonals. Dort finden seit 1998 Stabsseminare statt, mit denen ein ebenen- und funktionsübergreifender Ansatz für ein gesamtstrategisches kreatives Verständnis gefördert wird. Dabei stellte das Informations- und Kommunikationsmanagement eine der größten Herausforderungen dar. Die in der Polizei verwendete Normsprache mit den ihr innewohnenden taktischen Wirkungen, durchsetzt mit vielfältigsten (auch doppeldeutigen) Abbreviationen verlangt nach einer außerordentlich hohen **Sprachverständlichkeit** in den Stabsräumen.

Für den Prozess der Sprachkommunikation müssen sprachliche Mitteilungen von einem Sprecher so produziert werden können, dass sie im Raum übertragen den Hörer so erreichen, dass sie von diesem gehört, decodiert und verstanden werden.

Diese Herausforderung mit all ihrem Fehlerpotenzial knüpft sich u. a. an die räumliche Position der Handelnden im Stabsraum (► Kap. 28). Aufbauten auf Tischen (Monitore, Tischerhöhungen) erschweren in Stabsräumen den Kommunikationsprozess oder verhindern ihn sogar.

Im Zuge der Optimierungsbestrebungen wurde deutlich, dass eine bauliche Veränderung der Räume zunächst nicht in Frage kam. Zudem war die Grundform der vorhandenen Räume ideal. Während runde Räume oder gar Kuppelbauten eine raumakustische Katastrophe darstellen (Kuttruff, 2004), waren die rechteckigen Büroräume grundsätzlich geeignet.

Hierbei war ein Mittelweg für ein immerwährendes Problem zu finden: Es ist wichtig, auch über größere Entfernungen alles zu hören. Gleichzeitig sollte der großraumbüroartige Geräuschpegel die Hörsamkeit nicht beeinträchtigen; zwei Ziele, die sich gegenseitig ausschließen.

Zu Beginn der Seminare wurden die Tische analog der existierenden Befehlsstellen zusammengestellt. Die Platzkapazitäten reichten zwar aus, das Tischrechteck wurde aber sehr groß und stimmte nicht mehr mit den räumlichen Möglichkeiten der Realität überein (das Zusammenstellen fand in großen, eher quadratischen, Seminarräumen statt.). Über weitere Zwischenstufen und die Feststellung, dass die defizitäre Akustik ein alles überlagerndes Problem zu sein schien, entwickelte sich ein (alter) Gedanke neu:

Warum war in antiken Freilufttheatern die Akustik so überragend? Woran lag es, dass selbst im letzten Winkel auf Strecken von bis zu 60 Metern die Sprache noch gut verstanden werden konnte (Farnetani, Prodi & Pompoli, 2008)? Wir wissen heute, dass es zum einen an den verwendeten Baumaterialien lag, die störende Nebengeräusche schluckten (Declercq & Dekeyser, 2007) und zum anderen an dem Aufbau der Sitzreihen: Die Überhöhung der Sitzreihen der antiken Theater um rund 35 cm förderte die Sprachverständlichkeit (Georgia Institute of Technology, 2007).

Positiv verstärkt wurde die Akustik durch die fehlenden Wände, die keine störenden Reflexionen hervorriefen (für den Leser, der hier einen Widerspruch zur obigen Aussage der runden Räume vermutet: Weil diese Freilufttheater grundsätzlich in (halb-)runder Form angelegt waren).

Für die Stabsräume der Polizei musste eine Lösung gefunden werden, die:
- möglichst viel und gleichmäßigen **Direktschall**,
- deutlichkeitserhöhende **Anfangsreflexionen** und
- für Sprache angemessenen **Grenzwerte für die Nachhallzeit** aufwies, um störende Echos zu vermeiden, die Sprachverständlichkeit zu steigern und die Arbeitsplätze untereinander möglichst akustisch zu entkoppeln (DIN 18041, 2004).

Weitere organisatorische, räumliche und gestalterische Erfordernisse sind, dass:
- eine standardisierte Prozessvisualisierung in der Anfangsphase einer Lage begonnen, in späteren Phasen weitergeführt wird und die ständige Wahrnehmungsmöglichkeit der Visualisierungsflächen (▶ Kap. 33) von jedem Arbeitsplatz aus besteht,
- gewährleistet ist, dass die im kommunikativen Beratungsprozess akut benötigten Spezialisten und Spezialistinnen ständig verfügbar und in unmittelbarer Nähe der Entscheidungsebene positioniert sind, um in vertretbaren Zeiträumen ihre Beratungsfunktion wahrzunehmen,
- die Gefahr von Selektion, Verkürzung oder Wertung von Information durch informationsübermittelnde Stellen verringert wird,
- eine schnelle und präzise Übermittlung von Aufträgen und Entscheidungen erfolgen kann,
- die Nutzbarkeit des Stabsmodells für alle polizeiliche Lagen gegeben ist,
- die Trennung des Planungs- und Entscheidungszirkels von dem Arbeits- und Realisierungszirkel vorhanden ist.

Unter Berücksichtigung dieser Ziele wurde das sog. **Zweikreis-Stabsmodell** (◘ Abb. 27.1) entwickelt, in dem zwei geöffnete Kreise oder U-förmige Segmente plenarartig auf eine Visualisierungswand ausgerichtet sind.

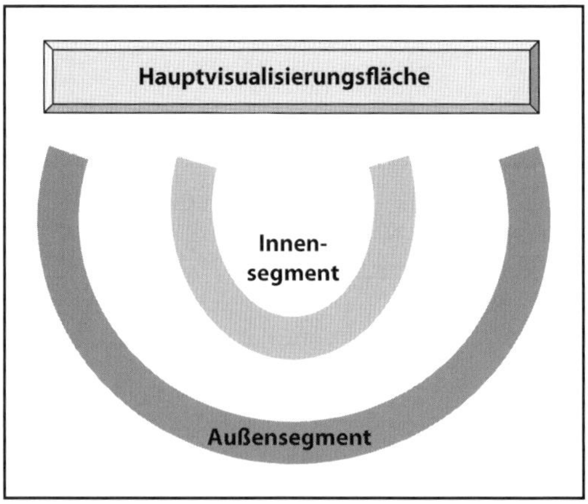

Abb. 27.1 Zweikreis-Stabsmodell der hessischen Polizei

Die konkrete Platzierung der Stabspositionen kann in unterschiedlichen Lagen und auch während einer Lage differieren, weil jeweils andere Spezialisten (Stabs- oder Beratungspositionen) den unmittelbaren Zugang zum alleinigen Entscheidungsträger – dem Polizeiführer – haben sollten. Dieser Wechsel der Sitzpositionen ist den räumlichen Gegebenheiten und kommunikativen Erfordernissen geschuldet (ausladende Tische, notwendige Visualisierung). Damit ist auch dieses Modell der Kompromiss zu einem »Stuhlkreismodell«, in dem hypothetisch gleichberechtigte übergreifende Kommunikationsbeziehungen aufgebaut werden können und jeder Beteiligte alle Informationen aufnehmen könnte.

In dem inneren Segment befindet sich der Leiter des Führungsstabes, die Leiter der wichtigsten Stabsbereiche, der Polizeiführer und die für diesen Zeitpunkt wichtigsten Berater. Im äußeren Segment sind die dazugehörigen Arbeitspositionen und die Lagedarstellung mit einer der Raumgröße angemessenen **Sitzreihenüberhöhung** angesiedelt.

Ziel ist es, dem Planungsbereich den notwendigen Freiraum zu geben, um iterative Entscheidungsprozesse zu durchschreiten und die Resultate zum geeigneten Zeitpunkt an die Realisierungsebene im äußeren Segment weiterzugeben. Der Außenbereich kann die Prozesse im inneren Segment durch die räumliche Nähe und die Erhöhung wahrnehmen, selbst in geeigneten Momenten Informationen einbringen oder diese aufnehmen und in die operative Ebene außerhalb des Stabes transportieren.

Das **Hufeisenmodell** hat nach McCorskey und McVetta (1978, S. 103; Adams, 1969) gerade in kognitiv anspruchsvollen Umgebungen gegenüber anderen Varianten den Vorteil, dass es kommunikationssteigernde Effekte aufweist; ein höherer Grad von Beteiligung und Interaktion wird möglich (Mc Corskey & Mc Vetta, 1978, S. 110; Sommer, 1967).

Die gewählte Konstellation führt durch die direkte Beteiligung der Spezialisten an der Entscheidungsfindung (durch Sitzposition im inneren Segment) zu einer höheren Identifikation mit dem Auftrag, insbesondere, wenn sie durch die informatorische Beteiligung einen Gesamtüberblick gewinnen können.

Seine Vorteile kann dieses Modell nur dann unter Beweis stellen, wenn die Akteure für den Kommunikationsaustausch zwischen den beiden Segmenten gut trainiert sind und dieses Stabsmodell in seiner Funktion als Matrixorganisation zu nutzen wissen.

Dienstvorschriften, Normen und Gesetze

- PDV 100 VS-NfD (2012). Polizeidienstvorschrift 100 – Führung und Einsatz der Polizei. Verschlusssache – Nur für den Dienstgebrauch. Nur teilweise veröffentlicht.
- DIN 18041: 2004-05 (2004). Hörsamkeit in kleinen bis mittelgroßen Räumen. Berlin: Beuth.

Literatur

Adams, R. (1969). Location as a feature of instructional interaction. *Merrill-Palmer Quarterly*, *15*, 309–332.

Declercq, N. F. & Dekeyser, C. S. (2007). Acoustic diffraction effects at the Hellenistic amphitheater of Epidaurus: seat rows responsible for the marvelous acoustics, *Journal of the Acoustical Society of America*, *121*(4), 2011–2022.

Farnetani, A., Prodi, N. & Pompoli, R. (2008). On the acoustics of ancient Greek and Roman theatres, *Journal of the Acoustical Society of America*, *124*(3), 1557–1567.

Georgia Institute of Technology (2007). *Ancient greek amphitheater: Why you can hear from back row*. ScienceDaily. ► http://www.sciencedaily.com/releases/2007/04/070404162237.htm. Zugegriffen: 03.02.2015.

Kuttruff, H. (2004). *Akustik – Eine Einführung*. Stuttgart: Hirzel.

McCorskey, J. C. & McVetta, R. W. (1978). Classroom seating arrangements: Instructional communication theory versus student preferences. *Communication Education*, *27*(2), 99–111.

Sommer, R. (1967). Classroom Ecology. *Journal of Applied Behavioral Science*, *3*, 489–503.

Praxisbeitrag: Relevanz der Sitzposition für die Informationsaufnahme in Stabsräumen

Rudi Heimann, Swen Eigenbrodt

G. Hofinger, R. Heimann (Hrsg.), *Handbuch Stabsarbeit*,
DOI 10.1007/978-3-662-48187-5_28, © Springer-Verlag Berlin Heidelberg 2016

Die im Führungsstab enthaltenen Informationen finden sich an unterschiedlichen Stellen und in unterschiedlichen Modi. Der Raum stellt sie durch die in ihm angebrachte Visualisierung (digitale und analoge Darstellungstechnik) zur Verfügung, er beherbergt die technischen Systeme (Funk, Bildschirme), die Daten auditiv und visuell anbieten und darin halten sich die Menschen auf, die durch ihre Kommunikation weitere Informationen anbieten.
Die Sitzposition in einem Führungsstab hat bedeutende Auswirkungen auf die Wahrnehmung der angebotenen Informationen. Dies wiederum beeinflusst das Situationsbewusstsein der handelnden Stabsmitarbeiter. Hieraus ergeben sich unmittelbare Handlungsempfehlungen für die Analyse des Raumes, dessen Gestaltung und die gewählte Position der Beteiligten.

Es gibt nicht viele Stabsgefüge, die eine ähnlich hohe Entscheidungsdichte aufweisen, wie sie in polizeilichen Führungsstäben zu finden ist. Dies ist regelmäßig der Fall, wenn Straftäter Opfer in ihrer Gewalt haben, sich polizeilichen Maßnahmen ausgesetzt sehen und in diesen Momenten alles versuchen, um den Erfolg der polizeilichen Bemühungen zu verhindern. Im Rahmen einer internen Untersuchung des in Führungsstäben angewendeten Führungsstils während unterschiedlicher Zeitpunkte einer hochdynamischen (Übungs-)Lage wurde im Rahmen des Design-Vortestes eine Besonderheit deutlich, die im Ergebnis Auswirkungen auf die räumliche Anordnung und die Wahl der Sitzplätze in einem Führungsstab hat (Eigenbrodt, 2012).

28.1 Stabsraum mit Zweikreis-Modell

Seit Ende der 1990er Jahre etablierte sich in den Befehlsstellen der hessischen Polizei das sog. **Zweikreis-Stabsmodell**. Zwei geöffnete Kreise oder U-förmige Segmente sind plenarartig auf eine Visualisierungswand ausgerichtet. Das innere Segment beinhaltet die für diese Lage wichtigen Berater, den Polizeiführer, den Leiter des Führungsstabes und die wichtigsten Stabsbereiche. Im zweiten Segment befinden sich dann die Arbeitspositionen, die Außenkontakte zu den Einsatzkräften herstellen und für die Lagedarstellung zuständig sind. Dieses Modell hat bestimmte Vorteile, stellt jedoch bereits durch seine räumliche Ausdehnung hohe Ansprüche an den Prozess der Informationsverarbeitung (▶ Kap. 27).

In der Untersuchung wurden zu festgelegten Zeitpunkten in einer rund zweistündigen Geiselnahmeübung 14 unterschiedliche Entscheidungen durch den Polizeiführer erforderlich; diese Entscheidungen gliederten sich je nach Entscheidungsverhalten in weitere »Sub-Entscheidungen«. Bei diesem fünfminütigen Zyklus handelte es sich um eine Situation, in der unter hohem Zeitdruck bedeutsame Entscheidungen generiert werden mussten. Die im Folgenden erwähnten Kontakte fanden zwischen dem allein verantwortlichen Entscheidungsträger und denen – in dieser konkreten Situation – wichtigsten Beratungsfunktionen statt.

Die für die Untersuchung eingesetzten fünf Beobachtungspersonen betrachteten offen und gleichzeitig die Interaktionen der Prozesse (nacheinander) in mehreren Stäben und bewerteten diese. Für jedes Entscheidungserfordernis wurde ein strukturiertes und standardisiertes Interaktionsdiagramm erstellt sowie der Grad der Beteiligung des Stabes und der Berater an den Entscheidungsprozessen innerhalb der jeweiligen Entscheidungseinheit bewertet. Der Vortest führte zunächst zu nicht erklärbar **unterschiedlichen Interaktionsdiagrammen** der Beobachter; es entstand der Eindruck, dass sich die Beobachter in unterschiedlichen Stabsräumen befunden hätten oder in andere Entscheidungssequenzen involviert gewesen wären. Obwohl sich alle Beobachter zum gleichen Zeitpunkt im selben Raum aufgehalten hatten und das identische Szenario wahrnehmen konnten, unterschieden sich ihre Wahrnehmungen signifikant. Während beispielsweise zwei Beobachter keinen Kontakt zwischen dem psychologischen Berater und dem Polizeiführer (PF) als Entscheidungsträger bemerkten, stellten die drei übrigen Beobachter den häufigsten Kontakt zwischen diesen beiden Positionen fest. Aus vier Beobachterperspektiven heraus wurde in derselben Entscheidungssituation kein Kontakt zwischen dem PF und dem Berater des Spezialeinsatzkommandos festgestellt, während eine Beobachterposition Kontakt wahrnahm. Mit dem Berater der Verhandlungsgruppe nahm in diesem Entscheidungszyklus ein Beobachter drei Kontakte zum PF wahr und andere wiederum keinen.

28.2 Sitzposition und Wahrnehmbarkeit von Informationen

Vor Beginn des Vortests suchten sich die fünf Beobachter eigenständig einen Sitzplatz innerhalb des Zweikreismodells, je nach Möglichkeit des Stabsraumes oder Verfügbarkeit von Sitzgelegenheiten. Bewusste Überlegungen, von welcher Position oder in welcher Konstellation optimale Beobachtungsergebnisse hätten erzielt werden können, fanden nicht statt. Im Ergebnis saßen die fünf Beobachter unstrukturiert und zufällig im Stabsraum verteilt; sehr unterschiedlich in Position und Entfernung zum Polizeiführer. Es wurde festgestellt, dass die Beobachter im gleichen Maße divergierend die vollzogenen Kommunikationsprozesse wahrnahmen, wie sie ihre Sitzpositionen unterschiedlich gewählt hatten. Je weiter weg und je weniger direkter visueller Kontakt zum Polizeiführer, negativ verstärkt durch akustische oder optische Barrieren, desto häufiger wurde »kein Kontakt« beobachtet. Als Konsequenz dieser Auswertung wurde die Entscheidung getroffen, die Beobachter in der Hauptstudie rechts und links neben den Polizeiführer und somit in gleichwertiger Sitzposition – zwischen den nächstgelegenen Stabsmitgliedern – zu platzieren. Daraufhin nahmen alle Beobachter die Kommunikationsprozesse in gleicher Güte (Häufigkeit) wahr. In allen weiteren Übungen der Untersuchungsreihe wurden diese Sitzpositionen beibehalten.

Unabhängig von weiteren Einflussfaktoren, wie der subjektiven und willkürlichen Wahrnehmung durch Einzelpersonen, hatte die Veränderung der Sitzpositionen der Beobachter eine gleichwertigere Möglichkeit zur Wahrnehmung im Laufe der Untersuchung zur Folge und stellte, unabhängig von subjektiven Prozessen wie Interpretation, den **Informationstransfer** für alle gleichermaßen sicher. Nicht ohne Grund ist die Sitzordnung anerkannter Bestandteil der

Prozessebene als eine Ebene der Kommunikation (Kounin, 1976, S. 85 ff.; Langfeldt, 2006, S. 146 f.; Siebert, 2003, S. 202 ff.).

Wird denn der Kontakt nicht bemerkt, kann dem Inhalt des Gespräches keine Aufmerksamkeit gewidmet werden – sodass in der Folge auch kein Verständnis erzeugt werden kann.

Die möglichen Konsequenzen aus dieser Feststellung liegen in realen Einsatzlagen in einem **Informationsverlust**, mit denkbaren unmittelbaren Auswirkungen auf Entscheidungen des Führungsstabes und des Polizeiführers.

Der Verlust von Informationen führt nahezu zwangsläufig zu unvollständigem Lage- oder Situationsbewusstsein der Beteiligten.

Unterschiedliche Sitzpositionen führen zu unterschiedlichen Wahrnehmungsmöglichkeiten. Die resultierende permanente Gefahr von Wahrnehmungs- und Informationsverlusten muss durch bewusste Optimierung der Informationsübermittlung minimiert werden. Das oberste Ziel ist, dass alle Stabsmitglieder zu jeder Zeit über den identischen Informationsumfang verfügen.

28.3 Stabsraumgestaltung als Planungsaufgabe – Positionierung als Führungsaufgabe

Bereits in der Frühpädagogik finden Prinzipien und Qualitätskriterien für **Raumgestaltung** Anwendung, die garantieren sollen, dass die Raumgestaltung den Grundbedürfnissen und Entwicklungsaufgaben der Raumnutzer gerecht wird. Sie sollen sich zugehörig und wohl fühlen, der Raum soll die Fähigkeit unterstützen, sich zu beteiligen und die eigenen Aufgaben weiterzuentwickeln. Der Raum wird von Pädagogen als wichtige Komponente, bis hin zum »ersten Erzieher« (Schäfer, 2005) bezeichnet.

Bei der Gestaltung von Stabsräumen wird darauf geachtet, was in den Räumen mit Einrichtungsgegenständen und Material getan und wie möglichst viel in dem Raum untergebracht werden kann. Was einen Raum ausmacht oder wie er empfunden wird, wird regelmäßig nicht berücksichtigt.

Es wird ohne technische Unterstützung und damit strikte Offenlegung aller Gespräche letztlich keine ideale Platzierung einer Vielzahl von Menschen in einem Raum geben, die eine gleichmäßige oder gar lückenlose Informationswahrnehmung gewährleistet. Gleichzeitig bleibt es Aufgabe von Raumplanern im Vorfeld und eines Leiters oder einer Leiterin Führungsstab während der Lage, für das bestmögliche Informations- und Kommunikationsmanagement zu sorgen. Dies mag im Einsatzfall nur die regelmäßige Frage an die Stabsmitarbeiter sein, ob die akustische Wahrnehmung sichergestellt ist, die immer wiederkehrende Analyse der Sitzpositionen in der Nachbereitung von Übungen und Einsätzen oder das bewusste Wechseln von Sitzpositionen im Einsatzverlauf, wenn sich Einsatzschwerpunkte verlagern und die Kommunikation mit bestimmten Stabsmitarbeitern priorisiert werden sollte.

Während und nach Übungen sowie Einsatzlagen muss die angemessene Sitzposition immer wieder überprüft und erforderlichenfalls korrigiert werden.

Literatur

Eigenbrodt, S. (2012). *Führungs- und Entscheidungsprozesse von Polizeiführerinnen oder Polizeiführern mit einem polizeilichen Führungsstab bei der Bewältigung einer polizeilichen Sofortlage; Anwendung des Elementes »Beteiligung« des Kooperativen Führungssystems in dynamischen Phasen polizeilicher Sofortlagen.* Unveröffentlichtes Manuskript. Verschlusssache – Nur für den Dienstgebrauch.

Kounin, J. S. (1976). *Techniken der Klassenführung*. Bern: Hans Huber.

Langfeldt, H. P. (2006). *Psychologie für die Schule*. Weinheim: Beltz.

Schäfer, G. E. (2005). Der Raum als erster Erzieher. Konkrete Erfahrungen sind Voraussetzung für symbolisches Denken. *Theorie und Praxis der Sozialpädagogik, 1,* 6–9.

Siebert, H. (2003). *Didaktisches Handeln in der Erwachsenenbildung – Didaktik aus konstruktivistischer Sicht* (4. Aufl.). München: Luchterhand.

Übertragbarkeit von Architekturkonzepten auf Stabsräume

Ingrid Knigge

G. Hofinger, R. Heimann (Hrsg.), *Handbuch Stabsarbeit,*
DOI 10.1007/978-3-662-48187-5_29, © Springer-Verlag Berlin Heidelberg 2016

Was weiß man über Bedingungen für eine erfolgreiche und effektive Zusammenarbeit in offenen Bürolandschaften? Welche Gemeinsamkeiten und Unterschiede gibt es zur Arbeit in einem Stabsraum und welche Elemente des Arbeitens in offenen Bürostrukturen lassen sich für erfolgreiche Stabsarbeit ableiten und anwenden, die bisher noch nicht eingesetzt wurden?

29.1 Moderne Bürokonzepte

Der aktuelle Trend im Bereich der Büroraumgestaltung geht weg von der Einzelbüro- und Zellstruktur hin zu offenen Arbeitswelten, in welchen die Kommunikation und der Austausch der Mitarbeiter bei gleichzeitigem Vorhalten ausreichender Rückzugsfläche für konzentriertes Arbeiten im Vordergrund stehen.

Die freie Auswahl zwischen verschiedenen Arbeitsplatzelementen ist das herausragende Charakteristikum eines modernen Bürokonzepts. Der zeitgemäße Arbeitsplatz besteht somit nicht mehr nur aus dem eigenen Schreibtisch. Vielmehr wird dieser im »Arbeitsplatz 2.0« im Sinne der Flexibilität und internen Mobilität um zusätzliche Flächen erweitert. Dies sind Besprechungsräume, »Think Tanks« und »Fokusboxen« (kleine nicht buchbare Module, eingebettet in die offene Arbeitsumgebung für spontane Meetings, Telefonate oder konzentriertes Arbeiten), »Hot desks«/»Touchdown« (Arbeitsplätze für Kurzaufenthalte), informelle Besprechungsmöglichkeiten, Stehmeetings, Videokonferenz-, Projekt- und Teamräume, Besucherbereiche, Kaffeebars, Entspannungs- und Ruheräume oder Fitnessstudios.

Dabei wird nicht selten ein nonterritoriales Konzept verfolgt: Mobiles Arbeiten in der gesamten Fläche mit entsprechender unterstützender IT (Laptop, Handy) und anstelle eines persönlich zugewiesenen Schreibtischs die Möglichkeit, sich je nach Inhalt des Arbeitstages in der Bürolandschaft zu bewegen und freie Flächen zu nutzen. Das »Desk Sharing« sieht genau das vor: Besteht der Tag aus Meetings, bewegt man sich hauptsächlich in Besprechungsräumen und der Platz an einem Schreibtisch steht für den Kollegen oder die Kollegin zur Verfügung, die beispielsweise konzentriert Berichte zu verfassen hat. Die Haltung »mein Schreibtisch« gibt es also nicht mehr. Auch das Arbeiten von Zuhause aus oder von unterwegs ist Teil dieser Konzepte.

Neben Flächen- und damit Kostenreduzierung soll vor allem auch die Kommunikation und Zusammenarbeit zwischen den Mitarbeitenden und Abteilungen unterstützt werden. Durch die räumliche Offenheit und Bereitstellung von Gemeinschafts- und Austauschflächen sollen Informationen für jeden Mitarbeiter zugänglicher und damit schnellere Reaktionen und bessere Entscheidungen möglich werden. In der Planung sind dabei Themen wie **Vertraulichkeit, Akustik, Ablage, Mobilität, Technik, Besprechungs- und Rückzugsmöglichkeiten** immer zu berücksichtigen.

Ein eher ausgefallenes Beispiel für eine offene Bürofläche, welches entfernt an einen Stabstisch erinnern könnte, konzipierte der Architekt Clive Wilkinson für eine New Yorker Marketingagentur: Dort richtete er einen 335 Meter langen, sich durch das Büro schlängelnden kurvigen Schreibtisch für bis zu 150 Mitarbeiter ein (Czaja & Hierner, 2014). Dies ist nicht als Empfehlung für die Stabsarbeit zu sehen, vermittelt jedoch einen guten Eindruck des modernen Arbeitens und begründet die Assoziation zwischen Stabsraum und offener Bürostruktur.

Der Arbeitsplatz einer modernen Bürowelt besteht zusätzlich zum Schreibtisch aus vielen weiteren Flächen und Modulen, die die Arbeit und Mobilität unterstützen.

29.2 Gemeinsamkeiten des Arbeitens in offenen Bürostrukturen und im Stabsraum

In beiden Kontexten ist grundsätzlich der integrative Ansatz bei der Planung und Gestaltung der Fläche zu befolgen, welcher nicht nur auf den Raum allein beschränkt ist, sondern drei weitere essenzielle Elemente beinhaltet:

1. den **Mensch**, der im Raum produktiv und zufrieden arbeiten können soll,
2. die **Möbel und Architektur**, die die jeweiligen Arbeitsstile unterstützen und
3. die **Technik**, die Kommunikation und ggf. Mobilität unterstützt.

Der Mensch steht dabei im Mittelpunkt und soll durch die Umgebung bestmöglich gefördert werden.

Eine elementare Voraussetzung für beide Arbeitskontexte ist eine ausreichende Raumgröße mit 12–15 m^2 pro Arbeitsplatz (Richtwert für Großraumbüro, BAuA, 2013). Des Weiteren ist die Fläche sowohl für die Arbeit in einer offenen Bürostruktur als auch in einem Stabsraum so zu gestalten, dass sie die **Kommunikation** der anwesenden Mitarbeiter zur Entwicklung eines gemeinsamen (Lage-)Verständnisses und mentalen Modells ermöglicht (Cannon-Bowers, Salas & Converse, 1993; Stout, Cannon-Bowers, Salas & Milanovich, 1999; ► Kap. 17).

Zudem müssen in beiden Kontexten **Besprechungsmöglichkeiten** für Kleingruppen bereitgestellt werden (► Kap. 24, ► Kap. 25) bei gleichzeitiger Bereitstellung ausreichender Rückzugsflächen für konzentriertes Arbeiten. Ebenfalls sind Sozial- und Pausenräumen in beiden Arbeitsumgebungen nötig.

Akustikprobleme aufgrund von Gesprächen, Telefonaten, Technik etc., die auftreten, wenn viele Personen in einer gemeinsamen Fläche arbeiten, müssen ebenfalls gelöst werden. Daher verwendet man sowohl in offenen Büros als auch in Stabsräumen häufig geräuscharme Laptops, Klimaanlagen und schallschluckende Wand-, Decken- und Bodenbeläge. Auch werden Schallschutzwände und Headsets eingesetzt (Heimann, 2013).

Ein weiteres Kernelement für das Arbeiten in offener Struktur wie auch im Stabsraum ist die **prozessunterstützende Technik**. Vor allem mobile Technik für ortsflexibles Arbeiten ist essenziell. Für Stabsmitarbeiter hat mobile Technik den zusätzlichen Vorteil, im Krisenfall ihre im Arbeitsalltag genutzten Laptops verwenden und unter Stress mit der vertrauten und aktualisierten Hard- und Software arbeiten zu können.

In beiden Umgebungen muss auf die Mitarbeitergesundheit geachtet werden. Neben ergonomischer und flexibler Möblierung, die wechselnde Sitz- und Stehpositionen anbietet und fördert, sollten Stressoren wie schlechte Akustik, Beleuchtung, Raumklima und Luftqualität reduziert werden (Praus, 2014).

Die Tätigkeit in einer offenen Fläche mit z. T. vielen anderen Personen bringt auch die Notwendigkeit mit sich, gewisse »Spielregeln« einzuhalten, um eine rücksichtsvolle Atmosphäre zu schaffen. Dies ist auf die Stabsarbeit übertragbar. So ist es aus akustischen Gründen wichtig, z. B. Nebendiskussionen im Raum oder am Tisch auf ein Minimum zu reduzieren oder sich dafür in Nebenflächen zurückzuziehen.

Bei dem Um- oder Neubau von Büro- und Stabsflächen ist es wichtig, künftige Nutzer frühzeitig in den Planungsprozess und die Umsetzung von Maßnahmen einzubeziehen (Neubert & Tomczyk, 1986; ► Kap. 24). Durch Mitwirkung der Nutzer und auf ihre Bedürfnisse abgestimmte Gestaltung der Arbeitsumgebung ist langfristige Akzeptanz und sinnvolle Nutzung möglich (Welter et al., 1996; Reich, 2004). Dies setzt für die Planung von Stabsräumen voraus, erfahrene und einsatzerprobte Nutzer zu beteiligen.

Die Gemeinsamkeiten zwischen Stabsraum und offenen Bürostrukturen beziehen sich auf Personenfokus, einzuhaltende Flächenmaße, Kommunikationsförderung, Rückzugsflächenangebot, Akustiklösungen, Technik, Gesundheit und Nutzereinbindung bei der Planung.

29.3 Unterschiede zwischen Arbeiten in offenen Bürostrukturen und im Stabsraum

Abgesehen davon, dass in der Stabslage ein schnelleres Einrichten und Zurechtfinden im Raum notwendig ist, muss man Stabsarbeit selbst bei mehrtägigen Lagen im Vergleich zum Büroalltag als »kurzfristig« bezeichnen. Auch die Wichtigkeit eines gemeinsamen Lageverständnisses und die Bildung eines gemeinsamen mentalen Modells sind in der Stabsarbeit als höher einzustufen. Im »normalen« Büro mag es projekt- oder prozessabhängig zwar ebenfalls gemeinsame mentale Modelle (► Kap. 17) geben, jedoch meist nicht übergeordnet für das gesamte Büro und nicht so raumabhängig.

Ein weiterer Unterschied liegt in der Tatsache, dass die Besprechungstische (Gahlen & Kranaster, 2012, S. 44 f.) sowie die vorzuhaltende **Fläche zur Lagedarstellung** die »Herzstücke« eines Stabsraums sind. Sie dienen der Entwicklung eines gemeinsamen Lagebilds und bedürfen dementsprechend mehr Aufmerksamkeit bei der Planung als dies bei Büros der Fall ist. Außerdem gibt es im Stabskontext »besondere« Support- und Nebenflächen wie Nachrichtenzentrale, Sichterraum, Besucherraum, ggf. Schreibräume für die Hintergrundarbeit der Funktionen (Gahlen/Kranaster, 2012, S. 43), die zusätzlich zu »alltäglichen« Nebenflächen wie Teeküchen, Lager, Raucherraum und Ruhe-/ Pausenräume organisiert und bereitgehalten werden müssen (► Kap. 24, ► Kap. 25).

Im Gegensatz zum flexiblen Arbeiten in einer offenen Struktur ist die »Belegungsplanung« im Stab klar definiert und für die zielgerichtete Kommunikation entscheidend: Wer sitzt wo und wer muss wann mit wem kommunizieren bzw. zusammenarbeiten? So heißt es in einem Landesteil der PDV 100 VS-NfD, dass »die Sitzordnung im Führungsstab so zu wählen [ist], dass ein mündlicher Informationsaustausch zwischen Polizeiführer und den mit taktischen

Aufgaben betrauten Mitarbeitern bzw. polizeilichen Beratern ermöglicht wird.« (zit. nach Heimann, 2013, S. 2). Auch ist für Entscheidungen eine ungehinderte und ständige Sicht auf den Polizeiführer erforderlich (ebd., S. 2). Zudem muss Kommunikation und konzentriertes Arbeiten gleichzeitig in der Fläche stattfinden können, da ggf. durch die Dynamik und Unvorhersagbarkeit einer Lage Mobilität innerhalb und außerhalb des Stabsraumes nur begrenzt möglich ist.

In modernen Bürokonzepten wird durch die Offenheit der Strukturen häufig eine flachere Hierarchie angestrebt, d. h. die Führungskraft ist sichtbarer und schneller ansprechbar. Dies ist auch im Stabsraum der Fall; die rasche Kontaktaufnahme zwischen Stabsleiter und Stabsmitgliedern eines der wichtigsten Elemente erfolgreicher Stabsarbeit. Allerdings ist trotz eines vertrauensvollen Umgangs der Abbau von Hierarchien vor allem in Organisationen wie Polizei, Feuerwehr und Rettungsdienst nicht Ziel und Zweck – klare Hierarchien sind vielmehr entscheidend bei der Lagebewältigung.

Der Stabsraum unterscheidet sich von offenen Bürolandschaften hinsichtlich zeitlicher Nutzungsdauer, Relevanz von Visualisierung, Lagedarstellung und gemeinsamem mentalem Modell, besondere Nebenflächen, Belegungsplanung sowie Hierarchieverständnis.

29.4 Planung nutzerangepasster Arbeitsflächen: Der Mensch im Mittelpunkt

29

Trotz der Unterschiede, die das Arbeiten im Stabsraum im Vergleich zum offenen Bürokonzept aufweist, gibt es Prinzipien, die bei der Planung für beide Flächenarten hilfreich sind. Hierbei ist besonders die Nutzungs- und Nutzeranalyse hervorzuheben, da es »den einen für alle passenden« Raum aufgrund der Vielzahl an Einsatzzwecken für Stäbe nicht geben kann.

Schritte der Nutzungsanalyse

1. **Gebäudeanalyse** im Hinblick auf bauliche und strukturelle Möglichkeiten für ein neues Raumkonzept
2. **Organisationsanalyse:** Welche Kultur und Standards herrschen im Unternehmen oder in der Behörde und was ist die Vision hinsichtlich der zukünftigen Weiterentwicklung?
3. **Sondierungsphase** (»research«) umfassend
   a. Besuch von Musterbeispielen (»best practice«) (▶ Kap. 24, ▶ Kap. 25)
   b. Nutzeranalyse mit Sammlung von Vorstellungen und Bedürfnissen der künftigen Nutzer in Workshops, Umfragen, Interviews (Richter, 2009); Flächennutzungsstudien: Welche Arbeitsstile gibt es und welche Anforderungen resultieren daraus hinsichtlich Räumlichkeit, Technik, Kommunikation, Positionierung, Visualisierung, Dokumentation (Praus, 2014; ▶ Kap. 23, ▶ Kap. 32)?
4. **Entwicklung eines Raumkonzepts:** Aus der Analyse- und Sondierungsphase abgeleitete Konzeptionierung aus geschlossener, offener oder gemischter Bürostruktur, Tischanordnung, Bandbreite, Anzahl und Verteilung der Neben- und Supportflächen, Ablage, Zonierung und Zirkulation

5. **Erstellung eines »Testfits«**: Übersetzung der definierten Prinzipien des Raumkonzepts in ein erstes allgemeines Gebäudelayout für ein typisches Stockwerk. Es enthält mögliche Anordnungsszenarien, Möbelvorschläge und Nachbarschaften (ausgeglichene Verteilung der Einrichtungen, z. B. Besprechungs- und Rückzugsmöglichkeiten in erreichbarer Nähe eines jeden Arbeitsplatzes sowie akustische Abtrennung)
6. »Stacking and Blocking«:
   a. **Stacking** = Ort und Art der vertikalen Verteilung der Abteilungen im Gebäude: In welchem Stockwerk ist welche Abteilung am sinnvollsten zu platzieren?
   b. **Blocking** = Horizontale Verteilung des Raumes: Wie sind Flächen auf den jeweiligen Stockwerken verteilt und den Abteilungen zugewiesen?
   c. **Nachbarschaften**: Welche Abteilungen sollten abhängig von ihrem Interaktionsgrad zueinander platziert werden?
7. **Detaillierte Raumplanung** mit exakten Anforderungen jedes Teams und Feinbelegungsplanung
8. **Innendesign**: Definition aller Elemente im Layout, d. h. aller Oberflächen, Farben, Möbel, Beleuchtung, Pflanzen, Accessoires, Signaletik/Beschilderung
9. POE (nutzerorientierte »**post occupancy evaluation**«) nach Inbetriebnahme: Prüfung, ob und in welchem Maße die Gestaltungsmaßnahme Ziele und Kriterien aus Nutzersicht erreicht hat (Richter, 2009)

Eine vorgelagerte Analyse- und Planungsphase mit den zukünftigen Nutzerinnen und Nutzern ist essenziell. »Die Lösung *für* jemanden kann nur die Lösung *mit* jemandem sein.« (Jürgen Neubert, zit. nach Richter, 2009, S. 361; s. auch das ► Fallbeispiel).

Fallbeispiel

Beim Bau eines neuen Kommandoraums kooperierte die Landespolizeidirektion Oberösterreich in Linz im Rahmen des KIRAS-Projekts ERiC (Emergency Response and Information Center) mit einem international tätigen Möbelentwickler. Ein Schwerpunkt lag auf der Entwicklung geeigneter Einsatzzentrumsmöbel und des Stabsraums. Die Gestaltung des Kommandoraums erfolgte basierend auf typischen Arbeitsabläufen im Einsatzzentrum und gemäß den Anforderungen für eine erfolgreiche Einsatzabarbeitung, aber auch für die zukünftige Nutzung für normale Besprechungen und Schulungen (Kiras Sicherheitsforschung, 2013; Aigner, 2014, persönl. Mitteilung; Projekt ERiC, 2014). So wurde ein spezieller Einsatzbearbeitertisch entwickelt, in den bisher vertikal platzierte Monitore integriert wurden. Weitere Umsetzungen waren:

- Versenkung der Monitore in 45°-Schräglage in die Tischplatte für PC-Arbeit, um den Blick auf Kollegen oder das Lagebild auf der Medienwand nicht zu verdecken,
- zusätzlicher Konferenztisch für Lagebesprechungen und Diskussionen in der Mitte des Einsatzraumes mit freiem Blick auf das Lagebild während Besprechungen,
- Verlegung der für die Technik benötigten Leitungen im doppelten Boden des Raums,
- Spezieller akustisch wirksamer Fußboden,
- Klimaanlage,
- Ausleuchtung der interaktiven Wand von drei Weitwinkel-Beamern aus kurzer Distanz, welche somit fast schattenfrei und über digitale Stifte bedienbar ist (Projekt ERiC, 2014, S. 5)

Die Situierung der Möbel sollte sowohl die Teamarbeit innerhalb der Stabsbereiche als auch die Kommunikation mit anderen Stabsbereichen unterstützen (Aigner, 2014).
Ab Juni 2014 wurde der Raumprototyp (Software und Möbel) hinsichtlich der Verbesserung von Kommunikation und gemeinsamen Wissensstand im Rahmen von Übungsbeobachtungen evaluiert (Projekt ERiC, 2014).

29.5 Fazit

Raum alleine macht gute Stabsarbeit nicht aus, kann aber unterstützend wirken, wenn er die Anforderungen seiner Nutzer in ausreichendem Maße erfüllt.

Das Arbeiten in offenen Büroraumkonzepten ist zu einem gewissen Grad auf die Arbeit in einem Stabsraum übertragbar. Einige sinnvolle Planungsprinzipien können abgeschaut und ggf. übernommen werden: Die Sondierung und Analyse verschiedener Arten von Stabsräumen sowie der Nutzeranforderungen sind grundlegend.

Letztendlich entscheidend für eine erfolgreiche Lagebewältigung sind immer die agierenden Menschen. Ein gut funktionierender Stab, in dem psychologische Faktoren Beachtung finden, wird auch dann funktionieren, wenn der Raum unzureichend ausgestattet ist.

Dienstvorschriften, Normen und Gesetze

- BAuA (2013). Technische Regeln für Arbeitsstätten. Raumabmessungen und Bewegungsflächen ASR 1.2. ▶ http://www.baua.de/de/Themen-von-A-Z/Arbeitsstaetten/ASR/pdf/ASR-A1-2.pdf?__blob=publicationFile&v=3. Zugegriffen: 14.3.2015.

Literatur

Cannon-Bowers, J. A., Salas, E. & Converse, S. (1993). Shared mental models in expert team decision making. In N. J. Castellan (Ed.), *Individual and group decision making* (pp. 221–246). Hillsdale: Lawrence Erlbaum Associates.

Czaja, W. & Hierner, M. (2014). 150 Mitarbeiter an einem Tisch. *DER STANDARD*, 30.8.2014. ▶ http://derstandard.at/2000004922407/150-Mitarbeiter-an-einem-Tisch?_slide=1. Zugegriffen: 24.01.2015.

Gahlen, M. & Kranaster, M. (2012). *Krisenmanagement: Planung und Organisation von Krisenstäben* (2. erw. Aufl.). Stuttgart: Kohlhammer.

Gibson, J. J. (1979). *The ecological approach to visual perception*. Boston: Houghton Mifflin.

Gibson, J. J. (1982). *Wahrnehmung und Umwelt: der ökologische Ansatz in der visuellen Wahrnehmung*. München: Urban & Schwarzenberg.

Heimann, R. (2013). Expertenworkshop Stabsarbeit im Polizeipräsidium Frankfurt (Main). *Plattform-Newsletter 5. Ausgabe*, Mai 2013. ▶ http://www.plattform-ev.de/downloads/newsletter-plattform-2013_5.pdf. Zugegriffen: 25.01.2015.

Kiras Sicherheitsforschung (2013). *Projekt ERiC – Emergency Response and Information Center*. ▶ http://www.kiras.at/gefoerderte-projekte/detail/projekt/eric-emergency-response-and-information-center/. Zugegriffen: 25.01.2015.

Neubert, J. & Tomczyk, R. (1986). *Gruppenverfahren der Arbeitsanalyse und Arbeitsgestaltung*. Berlin: Deutscher Verlag der Wissenschaften.

Praus, A. (2014). Der Mensch steht im Fokus. Ergonomie im Büro – Neue Erkenntnisse zu einem alten Thema. *Mensch & Büro, 6*, 38.

Reich, D. (2004). Akzeptanz und Mitwirkung – Durch Beteiligung zum Wohlfühlbüro. *Büro Spezial, 6*, 22.

Projekt ERiC (2014). Unterlagen zur PK am 12. Mai 2014: Emergency Response and Information Center (ERIC) - der neue Lageraum in der LPD OÖ. ▶ http://www.polizei.gv.at/lpd_docs/882.pdf. Zugegriffen: 25.01.2015.

Welter, R., Sinnen, R. & Helwing, K. (1996). *Anders alt werden: Mitreden – Mitplanen*. Heidelberg: Carl Auer.

Kommunikation und Informationsflüsse

Kommunikation und Informationsflüsse

Stabsarbeit ist auf das gezielte Management der Informationen innerhalb des Stabs sowie von und nach außen angewiesen. In dieser Sektion werden Strategien der Informationsverteilung und der Darstellung von Informationen in verschiedenen, z. B. papiergebundenen und elektronischen Medien vorgestellt. Aber auch die Formen und Inhalte sprachlicher Kommunikation sind, unabhängig von der konkreten Stabsform, zentral für eine erfolgreiche Lagebewältigung; dies gilt umso mehr in Krisensituationen.

Informationsmanagement im Krisenstab

Andreas Queck, Harald Gonner

G. Hofinger, R. Heimann (Hrsg.), *Handbuch Stabsarbeit*,
DOI 10.1007/978-3-662-48187-5_30, © Springer-Verlag Berlin Heidelberg 2016

Für die Bewältigung einer Krisensituation ist das Informationsmanagement das zentrale Nervensystem, das alle involvierten Akteure und Stellen miteinander verbinden muss. Nur wenn Informationen zuverlässig und zeitgerecht dort ankommen, wo sie gebraucht werden, ist ein intelligent abgestimmtes Handeln aller Beteiligten möglich.
Stehen Informationen nur teilweise, fehlerhaft oder gar nicht zur Verfügung, führt dies zu Fehlinterpretationen oder Fehlentscheidungen. Mitglieder des Stabes können ein Problem nicht bearbeiten, wenn sie nicht wissen, was das Problem überhaupt ist und welche Auswirkungen es mit sich bringt. Eine effektive Bewältigung der Einsatzlage hängt von aktuellen, eindeutigen und objektiv aktualisierten Informationen ab.

Bei Einsätzen ab einer gewissen Größenordnung kommen neben den operativ-taktischen Einheiten auch Verwaltungsstäbe als oberste Spitze der besonderen Aufbauorganisation der Kreis- oder Stadtverwaltung, Unternehmensstäbe, Stäbe der Polizei und Feuerwehr oder Verwaltungsstäbe angrenzender Gebietskörperschaften zum Einsatz. So existieren häufig parallele, unterschiedlich strukturierte und voneinander unabhängige Führungssysteme (Karsten, 2014).

Es ist vielfach dokumentiert, dass es dabei zu Schwierigkeiten beim Informationsaustausch, der Kommunikation und Koordination kommt (Bharosa, Lee & Janssen, 2010; Comfort, 2007; Netten & Van Someren, 2011; Quarantelli, 1997).

Zudem wird das Informationsmanagement paradoxerweise sowohl als Problem, wie auch als die Lösung dafür gesehen, ausreichend **Situationsbewusstsein** (»situational awareness«, s. unten) zu generieren, um eine geregelte Koordination zu unterstützen (Wolbers & Boersma, 2013).

Im Folgenden wird ein Verfahren vorgestellt, das zum Ziel hat, ein **gemeinsam anerkanntes Lagebild** durch den Krisenstab zu erstellen. Der wesentliche Unterschied zur gewohnten Lagedarstellung besteht darin, dass dort nicht nur Angaben zum Ereignis dokumentiert werden, sondern dass eine zusammenfassende Bewertung und Interpretation der Situation erfolgt und zudem die Absichten der obersten Ebene formuliert werden. Dadurch wird ein gemeinsames Lageverständnis etabliert und ein Arbeiten nach Auftragstaktik (▶ Kap. 14) ermöglicht.

30.1 Verfügbarkeit von Informationen im Krisenstab

In einer Idealwelt gelangt die richtige Information zur richtigen Zeit an die richtige Person. Informationen werden gesammelt, bewertet, aufbereitet gesteuert und dokumentiert bzw. visualisiert. In der Realität ist dies anders.

Abhängig von der Ebene des Krisenstabes gilt es, entweder mit einer Informationsflut oder mit mangelndem Informationseingang umzugehen. Wenn Informationen nicht übermittelt werden, ist der Stab nicht in der Lage, das Ereignis richtig zu interpretieren und die Auswirkungen adäquat zu deuten. Eine Technische Einsatzleitung (am Ort des Geschehens) kann bei einem Ereignis mit einer Vielzahl von simultan einströmenden Meldungen konfrontiert sein. Nun gilt es, die relevanten Informationen für ein gemeinsames Lageverständnis herauszufiltern, aufzubereiten und an den Stab weiterzugeben. Dies ähnelt dann teilweise dem Versuch, aus einem unter Druck stehenden Feuerwehrschlauch einen Schluck Wasser trinken zu wollen.

Sind im Vorfeld keine ausreichenden Kommunikationsstrukturen zwischen allen beteiligten Akteuren (horizontal wie vertikal) etabliert worden, so ist der Wissensstand bei übergeordneten/parallel arbeitenden Stäben oft ungleich und mangelhaft. Nicht selten müssen dann durch die Verantwortungsträger weitreichende Entscheidungen auf der Grundlage unvollständiger Informationen getroffen werden, deren Tragweite meist nur schwer abzuschätzen ist (z. B. Räumung von Stadtvierteln aufgrund eines Gefahrstoffunfalls) und die auch irreversibel sein können. Wichtig bei der Informationssammlung und -bewertung ist die Trennung von Tatsachen und Vermutungen.

»Da der Wert oder die Bedeutung einer gegebenen Information von ihrem Kontext und/oder der Situation abhängt, kann ohne ein ausreichendes Wissen um die Situation der Besitzer dieser Information ihren potentiellen Wert und ihre Dringlichkeit nicht beurteilen. Dadurch wird es ziemlich schwierig für die Akteure zu wissen, wer was benötigt« (Alberts & Hayes, 2003, S. 50).

Für ein gemeinsames Lageverständnis sind die einzelnen Informationen relevant. Diese sind je nach Quelle unterschiedlich zu bewerten und einzuschätzen, besonders im Falle widersprüchlicher Informationen. Die Trennung von Tatsachen und Vermutungen muss klar und deutlich sein.

30

30.2 Situationsbewusstsein (Lageverständnis) – Situational Awareness

Das Verständnis einer Situation beginnt damit, die verfügbaren Informationen über eine Situation in einen Kontext zu bringen und die vorhandenen relevanten Muster zu identifizieren. Jedes einzelne Mitglied des Stabes muss die aktuelle Situation verstehen. Dieses Verständnis ermöglicht jedem Mitglied, aus früheren Erfahrungen abzuleiten, was bezüglich des existierenden Problems und der Problemlösung als nächstes geschehen könnte. Nur so wird es möglich sein »*vor die Lage* zu kommen«, also weg vom bloßen Reagieren hin zum Agieren.

Der Begriff **Situationsbewusstsein** (»situational awareness«) stammt aus der Militärfliegerei. Unter Situationsbewusstsein versteht man allgemein eine korrekte und umfassende **Situationswahrnehmung** sowie eine adäquate **Situationsinterpretation**. Im Bereich der Luftfahrt, letztendlich aber in allen hoch dynamischen und komplexen Bereichen (also auch im Krisenstab), wird hohes Situationsbewusstsein als wichtige Voraussetzung für sicheres und effizientes Handeln betrachtet (Kaber & Endsley, 1997, S. 126 ff.).

Die gängigste Definition von Situationsbewusstsein stammt von Mica Endsley, die sich mit ihrer Arbeitsgruppe intensiv mit dem Konzept im Bereich der Fliegerei beschäftigt hat. Nach ihr ist Situationsbewusstsein durch drei Teilaspekte gekennzeichnet (Endsley, 1988, S. 792):

1. Wahrnehmung: Die Objekte in der Umgebung werden wahrgenommen.
2. Verständnis: Ihre Bedeutung wird verstanden.
3. Projektion: Die Veränderungen in der Umgebung und der zukünftige Zustand der Objekte werden zutreffend für eine ausreichende Zeitspanne vorhergesagt.

Das bloße Erkennen eines Problems reicht nicht aus; erst eine Bewertung der Informationen und eine Projektion der Ereignisse führen zu einem Situationsbewusstsein.

Praxisbeispiel

Sie versorgen als Sanitäter einen bewusstlosen Patienten. Sie stellen bei der Untersuchung einen Blutzuckerwert von 30 fest (1. Ebene: Wahrnehmung). Aufgrund ihrer Ausbildung wissen Sie, dass dieser Wert weit unter dem Minimum liegt und eine Erklärung für die Bewusstlosigkeit sein kann (2. Ebene: Verständnis). Heben Sie den Blutzuckerspiegel des Patienten nicht an, wird er daran sterben (3. Ebene: Projektion).

Aus dem Beispiel wird klar: Nicht jede Person ist in der Lage, eine Situation richtig zu beurteilen. Gründe hierfür können vielseitig sein: Fehlende Erfahrung, fehlende Ausbildung, suboptimale persönliche Umstände (»schlechter Tag«).

Die Fähigkeit zum Anwenden verfügbarer Informationen umfasst mehr als das Sammeln erforderlicher Informationen. Das Umwandeln von Informationen in ein aktuelles **Lagebild** erfordert das Fachwissen und die Erfahrungen von vielen. »Das Deuten einer Situation bedeutet viel mehr als Informationsaustausch und das Identifizieren von Mustern. Es geht über das hinaus, was gerade passiert und was passieren könnte und führt zu dem, was dagegen getan werden kann: Generieren von Optionen, Vorhersagen von Entwicklungen sowie Wissen um die Auswirkungen bestimmter Handlungsweisen« (Alberts & Hayes, 2003, S. 68).

30.3 Techniken, um Situationsbewusstsein im Krisenstab zu erlangen

Um ein Situationsbewusstsein im Krisenstab zu erlangen, hat sich ein immerwährender Fragezyklus bewährt (mod. nach British Standards Institution, 2011, S. 15). Ziel ist es, ein Verständnis für das Gesamtbild zu erzielen. Der in der folgenden Übersicht dargestellte Fragezyklus soll regelmäßig durchlaufen werden:

Fragezyklus im Krisenstab

Größenordnung, Dauer

- Was ist passiert? (bestätigt, unklar, Vermutung)
- Wie bedeutend und weit verbreitet ist es oder könnte es werden?
- Wie lange wird es wahrscheinlich anhalten?

Auswirkungen

- Wie schlimm ist es, und wie schlimm kann es werden?
- Was ändert sich derzeit? (»Charakter« des Ereignisses, Ausmaß, Tempo, Schwere; evtl. vom Worst Case ausgehen).
- Was kann passieren? (überlegen, was man erwarten könnte, aber (noch) nicht beobachtet wurde); mögliche Szenarien visualisieren; Zeitachsen: kurz-, mittel-, langfristig; Best Case vs. Worst Case).

Interdependenzen

Diese müssen im Hinblick darauf identifiziert werden, was

a. offensichtlich passiert ist,
b. noch passieren kann und
c. die Folgen einer gegebenen Entscheidung herbeiführen können.

Handlungsoptionen

- Was kann man tun? (möglichst Vielfalt von Perspektiven und Sichtweisen)

Dieser Schritt der Bewertung ist ein wesentlicher Bestandteil, um ein gemeinsames Lageverständnis zu erreichen (► Kap. 17). Der damit verbundene Aufwand an Zeit und geeignetem Personal darf nicht unterschätzt werden. Streng genommen erfordert die Bewertung der Lage zwei Blickweisen: Eine in die Vergangenheit und eine in die Zukunft. Während sich die traditionelle Lagedarstellung schwerpunktmäßig damit beschäftigt, vorhandene Informationen zu sammeln (»hinter der Lage«), so ist es nun auch Aufgabe »vor die Lage« zu denken und mögliche **Auswirkungen** und **Interdependenzen** mental zu simulieren. Informationen müssen aktiv gesucht werden, Kanäle müssen überwacht werden.

30.4 Common Recognized Information Picture – CRIP: Gemeinsam anerkanntes Lagebild

Der holprige Begriff des **gemeinsam anerkannten Lagebildes**, ist die Übersetzung des englischen Begriffs »Common Recognized Information Picture« (CRIP). Ziel ist die Schaffung eines einheitlichen und gemeinsamen Lageverständnisses.

Ein schnell verfügbares gemeinsam anerkanntes Lagebild, schafft die Grundlage für eine profunde und erfolgreiche Entscheidungsfindung.

»A CRIP is a report that presents an agreed and formal statement of situational awareness« (British Standard Institution, 2011, S. 16). Ein CRIP ist also die Erklärung bzw. **Dokumentation des Verständnisses** eines Ereignisses. Es dient durch standardisierte Informationsweitergabe dem Informationsmanagement im Krisenstab und wird als die akzeptierte Grundlage für nachvollziehbare und vertretbare Entscheidungen verwendet.

Im Rahmen der Lageerfassung wird von allen vertretenen Bereichen im Krisenstab in standardisierter Form (sog. **Situationsreport**) schriftlich abgefragt, in wieweit sie betroffen sind, welche Auswirkungen zu beobachten und welche Folgewirkungen zu erwarten sind. »Dieser nuancierte Input wird anschließend an zentraler Stelle im Krisenstab zu einem einheitlichen Lagebild zusammengeführt und zu einem gemeinsamen Lagerverständnis verdichtet« (Zänker, 2011).

Praxisbeispiel

Die in ◘ Abb. 30.1, ◘ Abb. 30.2, ◘ Abb. 30.3, ◘ Abb. 30.4 und ◘ Abb. 30.5 vorgestellten Dokumente zeigen ein Beispiel, wie ein gemeinsam anerkanntes Lagebild in einem Unternehmenskrisenstab, in diesem Fall für einen Eisenbahnbetreiber, aufgebaut sein kann.

Situationsbericht

Konzernbereich: ____________________

Datum: ________ Uhrzeit: ________ Ersteller: ________ lfd-Nr.: ________

Was ist aus Ihrer Sicht passiert?	
Wie ist Ihr Bereich betroffen?	
Welche Auswirkungen hat das auf Ihren Bereich?	
Welche Sofortmaßnahmen laufen derzeit in Ihrem Bereich?	
Welche Folgewirkungen erwarten Sie für Ihren Bereich?	
Was ist zu tun? Wo liegt der Handlungsbedarf?	

Eigene Einschätzung der Situation:	☹ … ☺
Entwicklungspotential:	☹ … ☺

Abb. 30.1 Situationsbericht

CRIP
Common Recognised Information Picture

Datum: ________ Uhrzeit: ________ Ersteller: ________ lfd-Nr.: ________

Ereignis: ____________________ Status: vertraulich / offen

CRIP basiert auf letzter Besprechung des Krisenstabes mit Ende: ________ Uhr

Abb. 30.2 CRIP – Common Recognised Information Picture

Cargo	☹ … ☺	• **Auswirkungen:** • **Sofortmaßnahmen:** • **Folgewirkungen:** • **Handlungsbedarf:**
Security	☹ … ☺	• **Auswirkungen:** • **Sofortmaßnahmen:** • **Folgewirkungen:** • **Handlungsbedarf:**
Kom	☹ … ☺	• **Auswirkungen:** • **Sofortmaßnahmen:** • **Folgewirkungen:** • **Handlungsbedarf:**
…	☹ … ☺	• **Auswirkungen:** • **Sofortmaßnahmen:** • **Folgewirkungen:** • **Handlungsbedarf:**

Abb. 30.3 Teil 1: Situationsbericht der einzelnen Unternehmensbereiche

Zusammenfassende Beschreibung:	Was? Wann? Wo? Wer/was? Wie/warum? Personenschaden? Umweltschaden? Einsatzumfang? Laufende Sofortmaßnahmen: Reaktionen? Medien/Presse? Sachschaden? Behörden? Produkte? Liefersicherheit? Ansprechpartner vor Ort: Sonstige Informationen:
Bewertung und Prognose: – **Größenordnung** – **Dauer** – **Auswirkungen** – **Wechselseitige Abhängigkeiten**	Ziel ist es, ein Verständnis für das Gesamtbild zu erzielen: – Größenordnung: Wie bedeutend und weit verbreitet ist es oder könnte es werden? – Dauer: Wie lange wird es wahrscheinlich anhalten? – Auswirkungen: Wie schlimm ist es, und wie schlimm kann es werden? – Interdependenzen: Diese müssen im Hinblick darauf identifiziert werden, (A) was offensichtlich passiert ist, (B) was noch passieren kann und (C) was die Folgen einer getroffenen Entscheidung sein können. Nötig ist der immerwährende Fragezyklus: – Was ist passiert? (bestätigt, unklar, Vermutung) – Was passiert derzeit? (Charakter der Ereignisse, Ausmaß, Tempo, Schwere) – Was ändert sich derzeit? (evtl. vom »worst case« ausgehen und überlegen, was man erwarten könnte, aber (noch) nicht beobachtet wurde) – Was kann man tun? (möglichst Vielfalt von Perspektiven und Sichtweisen) – Was kann passieren? (in die Zukunft denken und sich mögliche Szenarien visualisieren →Zeitachsen: kurz-, mittel-, langfristig; »best case«vs. »worst case«)

Abb. 30.4 Teil 2: Zusammenfassung und Bewertung

Zielvorgabe:

Absicht / Ziel und Prioritäten des Krisenstabes sind folgende:

Aufträge, Anordnungen des Krisenstabes an die Unternehmensbereiche:

1. **2.** **3.** **4.** **5.**

Abb. 30.5 Teil 3: Entschlussfassungsbericht

Die Vorteile eines CRIP als Tool zur Entscheidungsfindung (modifiziert nach British Standard Institution, 2011, S. 16) sind:

- Das Situationsbewusstsein, auf dem das CRIP beruht, wird aus bereichsübergreifenden Analysen abgeleitet. Es sollte Konsens, soweit das möglich ist, widerspiegeln und so dazu beitragen, dass die Perspektiven aller Bereiche berücksichtigt und dargestellt werden. Dies reduziert das Risiko verzerrter Entscheidungsfindung.
- Indem man einen gemeinsamen Bericht über das Verständnis der Situation und der Beschränkungen des verfügbaren Wissens erstellt, wird die Tendenz für die Mitglieder des Krisenstabes zu widersprüchlichen Interpretationen der Informationen reduziert.
- Die Entscheidungsträger/innen werden selbstsicherer, weil sie wissen, dass die Informationen, die die Grundlage ihrer Entscheidungen bilden, durch eine bereichsübergreifende Analyse, Bewertung und Prüfung entstanden sind.
- Die Entscheidungsträger/innen können sich besser rechtfertigen, weil sie darauf verweisen können, dass die Informationen (die gemeinsame Erklärung der situativen Zusammenhänge), die die Grundlage ihrer Entscheidungen bilden, durch eine bereichsübergreifende Analyse, Bewertung und Prüfung entstanden sind.
- Das CRIP kann leicht und immer dann, wenn es die Umstände erfordern, aktualisiert werden. Es bildet so eine Grundlage für die laufenden Besprechungen, Reporting, Übergabe/Übernahme, Pressemitteilungen und Post-Action-Analyse.

Die Erstellung eines gemeinsamen anerkannten Informationsbildes kann und wird nicht Aufgabe eines operativ-taktisch agierenden Stabes sein. Diesem stehen weder die personellen noch zeitlichen Ressourcen im Einsatzfall zur Verfügung. Diese Leistung muss durch die **oberste Spitze** der am Krisenmanagement beteiligten Stellen erbracht werden, also vom Verwaltungsstab bei Einsätzen des Bevölkerungsschutzes bzw. vom Unternehmenskrisenstab bei außergewöhnlichen Ereignissen in einem Betrieb. Dieser Bericht kann und wird nicht in der Anfangsphase (Chaosphase) zur Verfügung stehen. Das CRIP beinhaltet immer Bewertungsprozesse, benötigt also **Zeit**. Zudem ist die Erstellung des CRIP ein kontinuierlicher Prozess und nicht ein einmal zu erstellendes Produkt. Sobald neue Informationen bekannt werden, müssen auch diese in den Bewertungsprozess mit einbezogen werden. Umfang und Detailtiefe des Lagebildes nehmen mit der Zeit zu; ggf. müssen Bewertungen der Realität angepasst sowie Ziele und Absichten überprüft und verfeinert werden.

Dienstvorschriften, Normen und Gesetze

- British Standards Institution (2011). PAS 200: 2011 Crisis management – Guidance and good practice. London: British Standard Institution.

Literatur

Alberts, D. S. & Hayes, R. E. (2003). *Power to the edge: command and control in the information age*. Information Age Transformation Series. DoD Command and Control Research Program (CCRP), June 2003: Washington, D.C. German language edition published by the German Ministry of Defence, Air Staff, July 2006.

Bharosa, N., Lee, J. & Janssen, M. (2010). Challenges and obstacles in sharing and coordinating information during multy-agency disaster response: propositions from field exercises. *Information Systems Frontiers, 12*(1), 49–65.

Comfort, L. K. (2007). Crisis management in hindsight: cognition, communication, coordination and control. *Public Administration Review, 67*(1), 189–197.

Endsley, M. R. (1988). Situation Awareness Global Assessment Technique (SAGAT). In Institute of Electrical and Electronics Engineers, Dayton Section (Ed.), *Proceedings of the National Aerospace and Electronics Conference (NAECON)* (pp. 789–795). New York: IEEE.

Kaber, D. B. & Endsley, M. R. (1997). Out-of-the-loop performance problems and the use of intermediate levels of automation for improved control system functioning and safety. *Process Safety Progress*, *16*(3), 126–131.

Karsten, A. (2014). Ist die FwDV/DV 100 im Zeitalter der Spontanhelfer noch zeitgemäß? *Journal of Emergency Management and Public Safety*. ► http://jemps.de/ist-die-fwdvdv-100-im-zeitalter-der-spontanhelfer-noch-zeitgemaess/. Zugegriffen: 13.12.2014.

Netten, N. & Van Someren, M. (2011). Improving communication in crisis management by evaluating the relevance of messages. *Journal of Contingencies and Crisis Management*, *19*(2), 75–85.

Quarantelli, E. L. (1997). Problematical aspects of the information/communication revolution for disaster planning and research: ten non-technical issues and questions. *Disaster Prevention and Management*, *6*(2), 94–106.

Wolbers, J. & Boersma, K. (2013). The common operational picture as collective sensemaking. *Journal of Contingencies and Crisis Management*, *21*(4), 187.

Zänker, C. (2011). PAS 200 und Business Continuity Management. *BCM News*. ► http://www.bcm-news.de/2011/11/28/pas-200-und-business-continuity-management/. Zugegriffen: 23.12.2011.

Belegfluss im polizeilichen Führungsstab

Rudi Heimann

G. Hofinger, R. Heimann (Hrsg.), *Handbuch Stabsarbeit*,
DOI 10.1007/978-3-662-48187-5_31, © Springer-Verlag Berlin Heidelberg 2016

In Behörden und Organisationen mit Sicherheitsaufgaben (BOS) ist der Belegfluss als Informations- und Kommunikationsmedium anerkannt. Auch Stäbe außerhalb der BOS greifen auf dieses Mittel zurück oder sollten darauf zurückgreifen können.
Der Belegfluss kann zu diesem Zweck das originäre Medium sein oder es stellt die analoge Rückfallebene für den Fall dar, dass die elektronischen Medien versagen. Das Verfahren existiert in verschiedenen Varianten als Drei-, Vier-, und Fünffach-Belegfluss und wird auch beispielsweise Drei-, Vier-, und Fünf-Farbverfahren oder Nachrichtenvordruck genannt. In diesem Beitrag wird der polizeiliche Fünffach-Belegfluss erörtert.

31.1 Hintergrund

Belegfluss ist die strukturierte Weitergabe von formalisiert vorliegenden Belegen. Der Begriff »Beleg« steht dabei für »Nachweis« der Weitergabe einer Anordnung (Befehl, Auftrag) oder Information. Damit werden Nachweispflichten erfüllt, die der öffentlichen Verwaltung immanent sind. Die konsequente Anwendung ist Ergebnis der Feststellungen von Höcherl (1978) und der jahrzehntelangen Erfahrungen in polizeilichen Einsatzlagen.

Die Polizei als Teil der öffentlichen Verwaltung vollzieht gem. Art. 20 (3) GG die Gesetze und ist dabei an Recht und Gesetz gebunden (Parlamentarischer Rat, 1949). Dies wird nur möglich, wenn einzelne Verwaltungsvorgänge dokumentiert werden. Die Dokumentation soll den Geschehensablauf **wahrheitsgetreu** und **vollständig** wiedergeben. Sie dient damit den Interessen der Betroffenen und der Behörde und ist Grundlage für die Rechts- und Fachaufsicht sowie die parlamentarische Kontrolle (BVerfG, NJW 1983, 2135).

Die PDV 100 VS-NfD (2012) gibt in Nr. 3.5 nähere Hinweise zum Umfang von Dokumentation: So soll grundsätzlich das gesamte polizeiliche Handeln einschließlich der Einsatzvorbereitung und Einsatznachbereitung dokumentiert werden; und sie umfasst die Nachvollziehbarkeit von Planungsabläufen und polizeilichem Handeln.

31.2 Zugrunde liegende Prinzipien und Ziele

Die Regelungen sind Ausdruck bestimmter Prinzipien:

- Interne und externe Information werden gesammelt und gespeichert.
- Stabsmitarbeiter können interne Arbeitskontakte herstellen.
- Keine Information an den Polizeiführer (PF) ohne Beteiligung des Führungsstabes.
- Keine Anordnung des PF an die Einsatzkräfte ohne Beteiligung des Führungsstabes.

Die damit verbundenen Ziele werden erreicht, wenn Folgendes durchgehend berücksichtigt wird:

- Die Arbeitsabläufe gestalten sich schnell und rationell.
- Jede Stabsstelle erhält die für sie bedeutsamen Informationen.
- Informationsverlust wird durch Ordnung, Rückkopplung und Redundanzen verhindert.
- Die Unterrichtung aller Beteiligten außerhalb des Stabes wird sichergestellt.

Moderne EDV-Stabsunterstützungssysteme greifen idealerweise mit ihren Ablauf- und Arbeitsprinzipien die Systematik des Belegflusses auf (▶ Kap. 34). Damit ist bei einem Systemausfall ein problemloser Medienwechsel zur analogen Rückfallebene (Vordrucke) bei Beibehaltung der Systematik möglich. Leistet ein Unterstützungssystem dies nicht, sind massive Probleme im Informations- und Kommunikationsmanagement vorprogrammiert.

Elektronische Medien benötigen analoge Rückfallebenen. Je ähnlicher sich diese in Systematik und Benutzeroberfläche sind, desto weniger Probleme sind bei einem Systemausfall zu erwarten.

Der Belegfluss geht – entsprechend der Realität – davon aus, dass Informationen an jeder Stelle des Stabes entstehen können. Dies sind interne Nachfragen in den anderen Stabsbereichen, Informationsbedürfnisse des Stabes an die operativen Ebenen, die dann als Anfrage den Stab verlassen, oder Koordinationsbedürfnisse, die von außerhalb an den Stab herangetragen werden. Somit muss jeder Stabsmitarbeiter mit dem Belegfluss vertraut sein, da er zum Urheber oder Mitwirkenden in dem Arbeitsablauf werden kann.

31.3 Aufbau des Beleges

Der Beleg besteht aus fünf Durchschreibblättern unterschiedlicher Farbe, die identisch aufgebaut sind.

Der Beleg ist grundsätzlich **geteilt**. Das bedeutet, es gibt eine (linke) Seite für den Informationseingang und eine (rechte) Seite für den Informationsausgang. Hier wird als Beispiel das Format der hessischen Polizei vorgestellt, das zusätzlich vereinfachende Hinweise für den Nutzer enthält (◘ Abb. 31.1). Es gibt Datenfelder für:

- **Ordnung der Belege:**
  - **Registriernummer/Datum** zur zusätzlichen Identifikation und Aufnahme in eine separate Belegliste, mit der der Bearbeitungsstatus überwacht wird.
- **Inhalt der Belege:**
  - **Absender** der Information mit Name, Funktion und ggf. Einsatzabschnitt. Dieser Absender kann sich auch im Führungsstab befinden.
  - **Inhaltsart** (Information, Vorschlag, Erledigung, Anfrage, Antwort) zum sofortigen Erkennen von eigenen Handlungsnotwendigkeiten, gefolgt von einem großen **Textfreifeld.**
- **Kommunikationswege der Belege:**
  - **Aufnehmende Stelle** mit Name, Stabsfunktion, Uhrzeit und Datum zur Möglichkeit von Rückfragen bei Leseschwierigkeiten oder Ergänzungsfragen zur eigentlichen Mitteilung.
  - Die **Übermittlungsart** (Funk, Telefon, Telefax, E-Mail, persönlich, Fernschreiben, Kurier) mit der Möglichkeit, auf etwaige Anhänge hinzuweisen.

Registrier-Nr. / Datum

Eingang in den Stab	**Ausgang** aus dem Stab
Aufgenommen: ______ Uhrzeit, ggf. Datum ______ Name / Stabsfunktion	Gefertigt: ______ Uhrzeit, ggf. Datum ______ Name / Stabsfunktion
Absender: ...... Name, Funktion, Einsatzabschnitt	Adressat(en): ...... Name, Funktion, Einsatzabschnitt

INHALT: (Eingang)

☐	Information	☐	Vorschlag
☐	Anfrage	☐	Erledigung
☐	Antwort	☐	

INHALT: (Ausgang)

☐	Information	☐	Vorschlag
☐	Anfrage	☐	Auftrag/Befehl
☐	Antwort	☐	

Übermittelt:
Ggf. Anhang

☐	Funk	☐	Telefon
☐	Telefax	☐	Kurier
☐	e-mail	☐	Fernschreiben
☐	Persönlich	☐	

Mitzeichnung:
Ankreuzen
Namenszeichen

StB 1	StB 2	StB 3	StB 4	
L-FüSt	**PF**	**VB….**		

Steuerung:
Ankreuzen (Zust.) - Einkreisen (Kts.)
Namenszeichen

	StB 1	StB 2	StB 3	StB 4
L-FüSt	**PF**	**VB….**		

Übermittlung:
Ggf. Anhang

☐	Funk	☐	Telefon
☐	Telefax	☐	Kurier
☐	e-mail	☐	Fernschreiben
☐	Persönlich	☐	

Bearbeitungsvermerk:

Übermittelt um: ...... Uhrzeit, ggf. Datum
An: ...... Name, Funktion, Einsatzabschnitt
Durch: ...... Name, Funktion, Namenszeichen

WEISS – Erstempfänger→ 4 an LZ	**GELB** – LZ (unerledigt)→ 3 zust. StB	**BLAU** – zust. StB→ 2 an LZ	**GRÜN** – LZ zu Gelb (erledigt) →	**ROSA** – Erstempfänger

Abb. 31.1 Fünffach-Beleg der Hessischen Polizei

- **Steuerungsfelder** für die Zuweisung von Zuständigkeiten zur Bearbeitung, Hinweise auf Kenntnisnahme von Information und vollzogene Bearbeitung bzw. Kenntnisnahme.
- **Mitzeichnungsfelder** zur Genehmigung von Maßnahmen.
- **Übermittlungsnachweise** mit Uhrzeit, Empfänger und Übermittelnden, z. B. im Fall der Weitergabe eines Auftrages über Funk oder Telefon an die operative Ebene.

31.4 Belegfluss

Das Beispiel einer einfachen Anfrage im Führungsstab während einer Ad-hoc-Veranstaltungslage legt das Wirkungs- und Ablaufprinzip (■ Abb. 31.2) dar: Der Sachbereich 11 (Sicherheitsaufgaben) erhält einen Anruf aus einem Einsatzabschnitt mit der Frage, an welchen Orten im Stadtgebiet die Getränkeversorgungspunkte für die operativen Kräfte eingerichtet werden. Der Mitarbeiter notiert die Anfrage (ausgefüllt werden die Bereiche »Aufgenommen«, »Absender«, »Inhaltsart«, »Inhalt«, »Übermittlungsart«). Bei der »Steuerung« trägt er seine Stabsbereichsleiterin Einsatz (StB 1) und den Stabsbereichsleiter Zentrale Dienste (StB 3) ein. Das vorgedruckte Kürzel des StB 1 wird eingekreist, was eine bloße »Kenntnisnahme« symbolisiert; das Kürzel des StB 3 wird angekreuzt, was für die zuständige Bearbeitung steht.

An dieser Stelle wird deutlich, dass Stabsmitarbeiter, die nicht zumindest grob über die Aufgabengebiete der jeweils anderen Stabsbereiche informiert sind, Informationen nicht sicher den richtigen Stellen zuordnen können. Dies kann die Verzugszeiten erhöhen.

Der Anrufempfänger aus SB 11 trennt den Beleg auseinander, behält das letzte Blatt (weiß, [5]) und legt es in seinen »Unerledigt«-Postkorb. Da es sich um einen Durchschreibesatz handelt, hat er so als Verfasser einerseits das größte Interesse daran, den Satz komplett durchzuschreiben. Außerdem kann er den schwächsten Durchdruck am besten lesen.

31

> **Stabsmitarbeiter, die die Aufgaben der anderen Stabsbereiche nicht kennen, können für Informationsirrläufer sorgen und erhöhen die Verzugs- und damit die Reaktionszeiten des Stabes.**

Abhängig von der räumlichen Gestaltung könnte an dieser Stelle aus Gründen der Arbeitsvereinfachung ein direktes Abzeichnen der Kenntnisnahme durch den Leiter des Stabsbereiches 1 (Einsatz) erfolgen; vorausgesetzt beide sitzen in unmittelbarer Nähe. Es kann ablauforganisatorisch auch so geregelt werden, dass Informationen erst dann den Stabsbereich verlassen, wenn der Stabsbereichsleiter davon Kenntnis genommen hat. Ein solches Verfahren läuft jedoch dem Verständnis einer eigenständigen und von Vertrauen geprägten Arbeitsatmosphäre entgegen. Gute Stabsmitarbeiter wissen, wann sie ihre Stabsbereichsleiterin informieren müssen.

Die vier verbleibenden Papiere werden zum Lagezentrum (LZ) geleitet. Diese Weiterleitung findet idealerweise durch **Läufer** statt. Diese Läufer halten sich an strategisch günstigen Punkten im Stabsraum auf und warten auf ein Aufzeigen eines Stabsmitglieds. Sodann holen sie die Belege ab und sorgen für die Weitergabe. Was zunächst altertümlich anmutet, verfolgt mehrere Ziele:

- Durcheinanderlaufen der Stabsmitglieder soll unterbunden werden.
- Die Arbeitsplätze der Stabsmitglieder bleiben besetzt.
- Der Läufer kontrolliert den Beleg auf Lesbarkeit und Vollständigkeit.

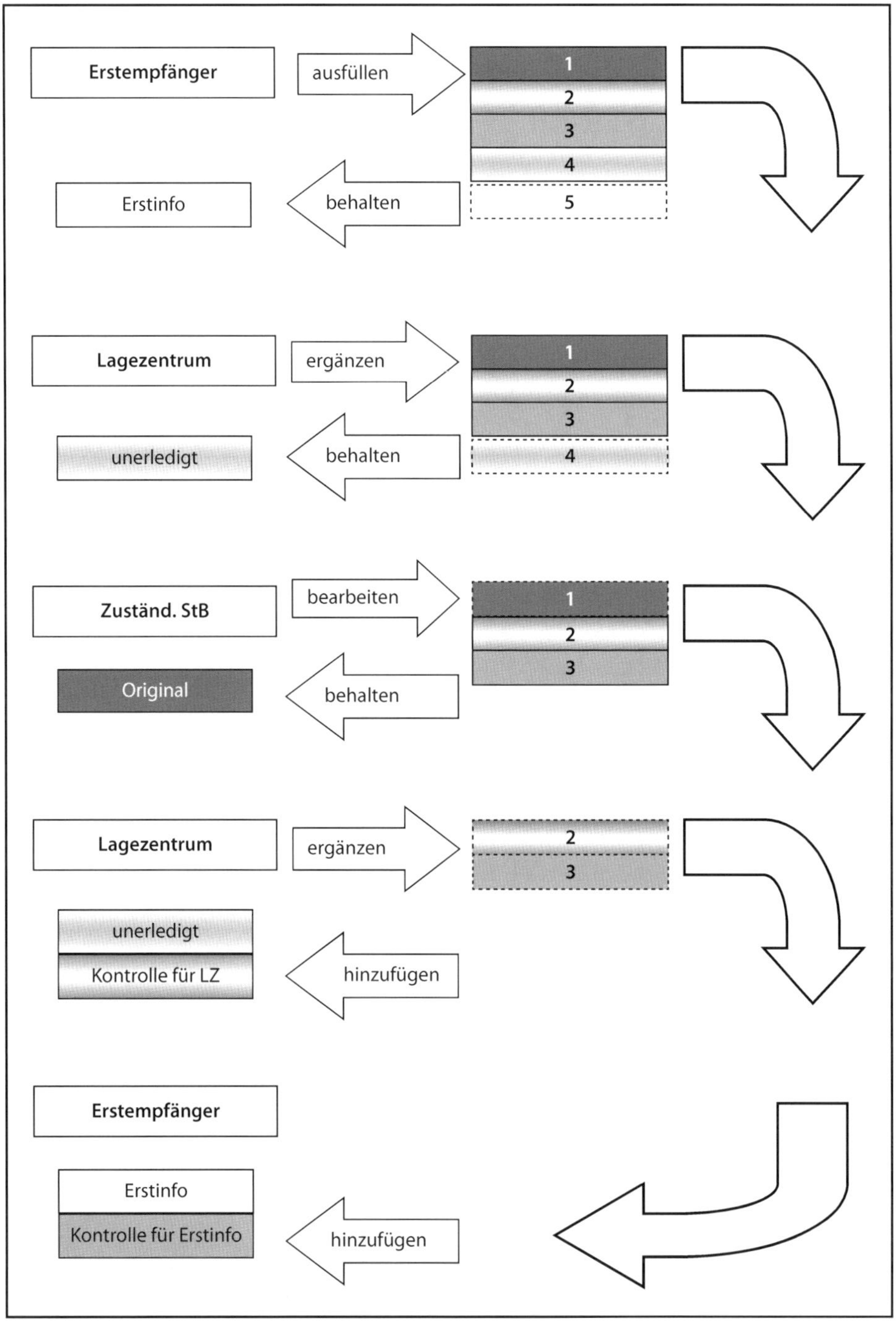

Abb. 31.2 Ablaufprozess des Belegflusses

Das LZ paginiert die vier entgegengenommen Formulare mit der Registriernummer (hierzu können Paginierstempel genutzt werden) und kontrolliert anschließend den Inhalt auf Lesbarkeit, Verständlichkeit und die grundsätzliche Schlüssigkeit der Steuerungsvermerke. Die Registriernummer ist Bestandteil einer Beleg-Übersichtsliste, in der Bearbeitungszeiten und -zuständigkeiten festgehalten werden. Sie dient dem schnellen Auffinden von Belegen im Stabsgefüge.

Steuerungsvermerke an das Lagezentrum gibt es nicht, weil das Lagezentrum ohnehin alle Belege erhält.

Das Lagezentrum löst den vierten Durchschlag (gelb, [4]) ab und gibt ihn im LZ in Umlauf. Dann wird er in den »Unerledigt«-Postkorb des LZ gelegt. Der Umlauf im LZ dient der Analyse, ob es im Bereich Lagedarstellung Handlungsnotwendigkeiten gibt. Hier dürfte die Beispielmeldung maximal dazu führen, dass sich die Mitarbeiterin, die mit den Aufgaben des LZ 02 betraut ist, die taktischen Zeichen von Versorgungsstellen bereitstellt, um sie später unverzüglich auf der Lagekarte einzeichnen oder elektronisch platzieren zu können.

Die drei übrigen Durchschläge werden an den zuständigen Stabsbereich 3 (Zentrale Dienste) gegeben. Dieser legt, erforderlichenfalls in Absprache mit anderen Stabsbereichen, die Standorte der Versorgungsstützpunkte fest und füllt den rechten Teil des Beleges mit dem Arbeitsergebnis aus. Als Adressaten legt er alle Einsatzabschnitte fest. Er kreuzt den StB 1 zur Mitzeichnung an, weil die Stützpunkte im Einsatzverlauf durchaus taktische Relevanz entfalten können. Ist das Blatt aus seiner Sicht vollständig ausgefüllt, löst er den oberen Durchschlag (blau, [1]) ab und legt ihn in seinen »Erledigt«-Postkorb.

Der Läufer transportiert den Beleg zum StB 1 und nach Mitzeichnung sofort zum Lagezentrum weiter; dieser Ablauf entspricht auch der natürlichen Leserichtung auf dem Beleg.

Alternativ könnte der StB 1 bereits im Rahmen der Abstimmung mitgezeichnet haben; dies hängt von der räumlichen Entfernung und der gewählten Abstimmungsmethode (Telefonat, gemeinsamer Blick auf Karte) ab.

Das LZ kontrolliert den Rücklauf des Beleges erneut auf die oben angegebenen Elemente und sorgt in seiner Eigenschaft als Kommunikationszentrale eigenständig für die Umsetzung der Information. Dazu veranlasst es eine Funkdurchsage an die eingesetzten Kräfte und vermerkt dies im Bereich »Übermittlung«. Nach der Durchsage wird der zweite Durchschlag (grün [2]) gelöst, mit dem im LZ vorhandenen vierten Durchschlag (gelb [4]) zusammengeführt und in den internen LZ-Umlauf gegeben. Die Lagekarte wird aktualisiert, der Beleg in der Belegliste als erledigt gekennzeichnet und in dem »Erledigt«-Postkorb abgelegt.

Der verbleibende Durchschlag (rosa [3]) läuft dann über den StB 1 zum Erstempfänger der Anfrage SB 11, der diesen mit dem ursprünglichen Durchschlag (weiß [5]) zusammenführt, erneut kontrolliert und in seinem »Erledigt«-Postkorb ablegt.

Werden für interne – von obiger Regelung abweichende – Informationsweitergaben weitere Durchschläge benötigt, werden diese über Fotokopien produziert. Dabei ist darauf zu achten, dass die Fotokopien zum *richtigen* Zeitpunkt gemacht werden und immer mit der Uhrzeit versehen werden, damit die Wahrscheinlichkeit von Doppelbefassungen reduziert wird. Eine bestehende Basisinformation verändert innerhalb ihres Aufenthaltes im Stab fortwährend ihren Charakter (daraus resultierende Aktivitäten, Bearbeitungsstatus).

Belege können nur im Bereich des Nachrichteneingangs (linke Seite) ausgefüllt sein, z. B. reine Sachstandsmeldung wie derzeitige Anzahl von Demonstranten im Zulauf; oder sie können auch nur im Bereich des Nachrichtenausgangs (rechte Seite) ausgefüllt sein, z. B. wenn der Stab die Versorgungsstützpunkte selbstständig ohne vorherige Anfrage festlegt.

Damit befinden sich im Führungsstab an mindestens drei Stellen Kontrollinstanzen, die die Schlüssigkeit von Informationen und Erledigung von Aufträgen kontrollieren. Eine sofortige Bearbeitung wichtigster Nachrichteneingänge bleibt von dem Belegfluss unberührt; die Belege können auch im Anschluss gefertigt werden.

Werden alternative Regelungen zu dem hier beschriebenen Ablauf konzipiert, sollte beachtet werden, dass die erforderlichen Redundanzen geschaffen werden und keine künstlichen Informationsüberlasten erzeugt werden. So hat der Autor schon Stabsdienstordnungen kennengelernt, in denen ein Durchschlag jedes Beleges unmittelbar nach Informationseingang und damit zu einem zu frühen Zeitpunkt exklusiv dem Polizeiführer zuzuleiten war. In einem anderen Fall wurden die Durchschläge mit zusätzlichen Kopien in Einbahnstraßenform im gesamten Stab verteilt oder für vier unterschiedliche Informationsqualitäten (Kern-, Ergänzungs-, Rand-, sonstige Information) unterschiedliche Ablaufsystematiken vorgesehen – ein System, das schon daran scheitert, die Informationsqualitäten eindeutig zu klassifizieren.

So gut der Belegfluss seine Aufgabe erfüllt – er weist klare Beschränkungen, Schwächen und Defizite auf:

- lange Fertigungszeiten durch handschriftliche Erfassung,
- mangelnde Verfügbarkeit von Information durch Begrenzung der Anzahl an Durchschlägen, dadurch in der Folge,
- weitestgehende Unkenntnis von Bearbeitungsständen,
- zeitaufwändige Ergänzungen bzw. Nachfragen,
- lange Umlaufzeiten durch manuelle Weitergabe,
- schwierige Recherche,
- Redundanzen durch Mehrfacherfassung,
- hohe Konzentration von Auswerteverantwortung an bestimmten Stabspositionen.

Neben diesen eher systemischen Beschränkungen können folgende Handhabungsfehler auftreten:

- mangelnde Verfügbarkeit von Information durch verlustig geratene Belege,
- eingeschränkte Lesbarkeit durch handschriftliche Erfassung bis hin zur Unleserlichkeit,
- Informationsverlust durch Nachträge auf den Belegen,
- fehlende Gesamtübersicht,
- unklare Verteilungsmodalitäten durch fehlende Eingängigkeit in der Handhabung.

Die dem Papierbelegfluss innewohnenden Prinzipien von lückenloser Dokumentation durch zeitgerechte Aufnahme, Speicherung, geeignete Bewertung und die gezielte Steuerung lassen sich auch in EDV-Form abbilden (▶ Kap. 34), wobei etliche der vorab genannten Beschränkungen entfallen.

Dienstvorschriften, Normen und Gesetze

- Parlamentarischer Rat (1949). Anlage zum stenographischen Bericht der 9. Sitzung am 6. Mai 1949. Schriftlicher Bericht des Abgeordneten Dr. Laforet über den Abschnitt VIII. Die Ausführung der Bundesgesetze und die Bundesverwaltung. Bonn.
- PDV 100 VS-NfD (2012). Polizeidienstvorschrift 100 - Führung und Einsatz der Polizei. Verschlusssache – Nur für den Dienstgebrauch. Nur teilweise veröffentlicht.

Literatur

Höcherl, H. (1978). *Deutscher Bundestag – 8. Wahlperiode. Drucksache 8/1881.* Bonn.

Praxisbeitrag: Kommunikationsmittel im Verwaltungsstab

Maike Kranaster

G. Hofinger, R. Heimann (Hrsg.), *Handbuch Stabsarbeit*,
DOI 10.1007/978-3-662-48187-5_32,

Im Bereich der Kommunikationsmittel in Krisenstäben hat es in den letzten Jahren eine deutliche Entwicklung gegeben. Diese wurde auch durch die veränderten Kommunikationswege im Alltag bedingt. Die Stäbe arbeiten hier sehr unterschiedlich. Wichtig ist es, eine funktionsfähige und flexible Variante zu finden, die die Arbeit der Stabsmitglieder unterstützt, aber dabei die Arbeit des Stabes gerichtsfest dokumentiert.

32.1 Informationsflüsse im Krisenstab

Im Krisenstab werden in der Regel sehr viele Informationen ausgetauscht. Dies gilt sowohl für die Kommunikation innerhalb des eigenen Stabes als auch für die Kommunikation mit externen Organisationen.

Der Umfang der Informationen und die Bedeutsamkeit der Situation stellen eine große Herausforderung für die Kommunikation in Krisenstäben dar. Zusätzlich gibt es einen weiteren Aspekt, der bei der Kommunikation beachtet werden muss: Alle ausgetauschten Informationen müssen gerichtssicher dokumentiert werden (▶ Kap. 31). Wenn bei dem Einsatz Personen oder große Sachwerte zu Schaden kommen, wird später die Staatsanwaltschaft ermitteln. Dafür ist es wichtig, dass eingehende Informationen, Aufträge und Entscheidungen **gut dokumentiert** sind.

Andererseits muss Kommunikation gerade in kritischen Situationen **schnell** sein. Diese beiden Aspekte beeinflussen sich gegenseitig: Schneller Kommunikation fehlt häufig eine entsprechende Dokumentation, wohingegen die gerichtsfeste Dokumentation mitunter zusätzliche Arbeitsschritte erfordert, für die häufig die Zeit fehlt.

Für dieses Problem hat man in den Verwaltungen lange versucht, geeignete Lösungen zu finden, um beide Aspekte - Geschwindigkeit und Dokumentation - zu bedienen. Mit papiergebundener Kommunikation ist es schwieriger, durch neuere technische Lösungen vereinfacht sich dies.

Die verschiedenen Varianten der Informationsflüsse in Verwaltungsstäben, die teilweise auch parallel nebeneinander genutzt werden, werden in diesem Kapitel anhand der Erfahrungen der Autorin aus Einsätzen und Übungen sowie Lehrtätigkeit erläutert.

32.2 Kommunikation im Stabsraum mit und ohne Technik

Zunächst ist es wichtig, dass die Besprechungs- und die Arbeitsphasen im Stab durch ein stringentes Stabsmanagement zu trennen sind.

In der meist angespannten Situation eines Einsatzes ist das Ziel, kurze und kompakte Besprechungen abzuhalten, in denen die aktuelle Lage dargestellt wird, Entscheidungen getroffen werden und Aufgaben zugeordnet werden. Das ist für ungeübte Stäbe häufig schwierig und sollte daher oft geübt werden.

In den Arbeitsphasen haben die Stabsmitglieder dann Zeit, Kontakt zu ihren Mitarbeiterinnen und Mitarbeitern aufzunehmen, ihre fachspezifische Lage abzufragen und Aufgaben zu erledigen oder zu delegieren.

Für die Kommunikation in den Arbeitsphasen gibt es unterschiedlichste Varianten. Bei der Entscheidung für die geeigneten Kommunikationsformen spielt auch die Frage eine Rolle, ob der Einsatz von Kommunikationstechnik wie Telefon, Handy, PC und Laptop im Stab erwünscht ist. Hier gibt es verschiedene Meinungen und verschiedenste Ausführungen; die Autorin hat viele Varianten kennengelernt.

32.2.1 Der technikfreie Stabsraum

Vorteil des »technikfreien« Stabsraumes ist, dass Stabsbesprechungen hier in der Regel ohne Störungen durch Anrufe durchgeführt werden können. Darüber hinaus haben die Stabsmitglieder weniger Gelegenheit, sich durch eingehende E-Mails auf dem PC von der Stabsbesprechung ablenken zu lassen.

Wenn keine Kommunikationstechnik im Stabsraum vorgesehen ist, gibt es meist in unmittelbarer Nähe zum Stabsraum Räume, in denen die Mitglieder in den Arbeitsphasen ihre Aufträge erledigen, Mails absetzen und empfangen sowie telefonieren können.

Manchmal werden dafür umliegende Büros genutzt, die dann für die eigentlich in ihnen untergebrachten Nutzer nicht zu Verfügung stehen. Teilweise sind aber auch die Wege der Mitglieder in ihre eigenen Büros nicht weit, sodass sie ihre Aufgaben in den Arbeitsphasen hier erledigen können. Der größte Nachteil dieser Variante ist, dass die Stabsmitglieder zum Arbeiten und für jegliche Kommunikation mit Personen außerhalb des Stabes den Raum verlassen müssen.

Sie verlieren durch die Wege wertvolle **Zeit**. Hinzu kommt, dass ihnen unter Umständen am einen Arbeitsplatz **Unterlagen** oder **Daten** fehlen, die sich am anderen Arbeitsplatz befinden. Gerade bei dynamischen Lagen, in denen z. B. stündliche Besprechungen erforderlich sind, kostet der Platzwechsel kognitive Ressourcen, die besser auf die Bewältigung der Lage verwendet werden können.

Darüber hinaus müssen die Stabsmitglieder bei akuten Veränderungen der Lage erst zusammengerufen werden, bevor eine spontane Besprechung abgehalten werden kann.

Aus diesen Gründen empfiehlt sich aus der Erfahrung der Autorin eher, Kommunikationstechnik im Verwaltungsstab vorzuhalten und dabei einige Regeln für die Nutzung aufzustellen:

- Die Wichtigste ist, dass während der Stabsbesprechungen nicht telefoniert wird. Telefone müssen währenddessen z. B. stumm geschaltet und möglichst auf die Nachrichtenzentrale umgeleitet werden, damit die Anrufe nicht verloren gehen. Das Stummschalten sollte von der Stabsleitung zu Beginn der Besprechungsphase noch einmal angeordnet werden. Das Gleiche gilt natürlich auch für den Hinweis zum Ende der Stabsbesprechung, die Telefone wieder anzuschalten.
- Ebenso müssen die Mitglieder sich dahingehend disziplinieren, dass sie während der Besprechung zuhören und keine anderen Arbeiten, z. B. am Laptop, erledigen.
- In den Arbeitsphasen muss im Stabsraum leise telefoniert werden, um den Geräuschpegel möglichst niedrig zu halten. Eine hilfreiche Alternative ist hier z. B. der Chat. Er ist

schnell, lautlos und der Empfänger sieht sofort, dass er oder sie angesprochen wird, anders als bei E-Mail.

Wie die Technik letztlich eingesetzt wird, ist abhängig von den vorhandenen Möglichkeiten und den Präferenzen der Mehrzahl der Stabsmitglieder. Sinnvoll ist, hier auf einfache bzw. im Alltag regelmäßig genutzte Kommunikationsformen zurückzugreifen, um keine unnötige Unsicherheit der Nutzer herbeizuführen.

Für die Frage, ob Kommunikationstechnik im Stabsraum genutzt wird oder nicht, sind verschiedene Faktoren ausschlaggebend: Zum einen die individuellen Wege der Stabsmitglieder zu ihren Büros, zum anderen die im Einsatz vorgesehene Kommunikationstechnik. Ein gut erarbeitetes Konzept für den Technikeinsatz hilft dem Stab im Einsatz.

32.3 Von analog nach digital

32.3.1 Vierfachvordruck

Zur Zeit des Kalten Krieges gab es noch eine gänzlich andere Struktur in den damaligen Katastrophenschutzstäben. Für die Kommunikation wurde der sog. **Vierfachvordruck** genutzt, der auch heute noch in Feuerwehr-Einsatzleitungen und mit Modifikationen in Polizeistäben verwendet wird. Dabei handelt es sich um selbstdurchschreibende Vordrucke, deren einzelne Durchschläge systematisch an verschiedene Funktionen im Stab verteilt werden (▶ Kap. 31).

Als Anfang der 2000er Jahre aufgrund der veränderten Gefährdungssituation bundesweit eine Neuorganisation des Krisenmanagements erfolgte, kam man in den meisten Verwaltungsstäben schnell vom Modell des Vierfachvordrucks ab. Grund hierfür ist, dass sich die Vierfachvordrucke für Verwaltungsstäbe als zu kompliziert herausgestellt hatten. Sie enthalten zu viele Felder, die mit Informationen gefüllt werden müssen und lassen sich eher schlecht auf die umfangreiche Aufbauorganisation der Verwaltung übertragen. Darüber hinaus ermüdet das erforderliche feste Schreiben mit der Hand nach einer Weile, sodass die hinteren Durchschläge oft nur noch schlecht zu lesen sind.

32.3.2 Meldebogen

In den meisten Krisenstäben wurde dann bald ein einfacher Meldebogen als Alternative zum Vierfachvordruck eingeführt. Dabei handelt es sich meist um einfache DIN A4-Bögen, die Felder für Datum, Uhrzeit, Absender, Adressat, Betreff, Inhalt und Unterschrift enthalten. Sie werden teilweise von Hand ausgefüllt, teilweise auch am PC.

Meist gibt es in den Krisenstäben noch Boten, die die Papier-Meldebögen abholen und weiterleiten. Je nach Kommunikationsform werden sie gescannt, kopiert, zur Dokumentation abgeheftet und/oder an mögliche Empfänger weitergeleitet.

Teilweise werden die Meldebögen auch nicht zur Kommunikation oder Auftragserteilung genutzt, sondern nur zur Dokumentation von Telefonaten, erteilten Arbeitsaufträgen, getroffenen Entscheidungen oder Ähnlichem verwendet.

Der Vorteil des Vierfachvordrucks und der einfachen Formulare ist, dass sie immer nutzbar sind, auch bei einem Strom- oder Technikausfall. Daher nutzt man diese Kommunikationsformen nach wie vor in einigen Bereichen oder plant mit ihnen als Rückfallebene. Die Formulare wurden meist durch die Kreise und Städte selbst entwickelt und sind damit individuelle Lösungen. Das Institut der Feuerwehr Nordrhein-Westfalen, das auch für die Ausbildung der Verwaltungskrisenstäbe in NRW zuständig ist, stellt in Seminaren Beispiele zu Verfügung.

32.3.3 E-Mails

E-Mails sind eine gute Möglichkeit, um bei der Stabsarbeit wie im Alltag Informationen schnell an andere Personen weiterzuleiten. Sie sind deutlich einfacher zu handhaben als Meldebögen, weil allein die Funktion des Weiterleitens den Kommunikationsfluss deutlich vereinfacht. So können Stabsmitglieder ihren Mitarbeitern schnell Aufträge und Hintergrundinformationen zu Verfügung stellen und andererseits umfassende Informationen von außen erhalten.

Für die Dokumentation sind E-Mails ebenfalls gut geeignet. Voraussetzung für die Nutzung von E-Mails ist natürlich, dass die Stabsmitglieder (auch im Stabsraum) Zugriff auf entsprechende Technik haben.

Auch wenn E-Mails in der Regel nicht direkt als Anlage am Einsatztagebuch oder an anderen Dokumentationsformen hängen, können sie bei Bedarf relativ einfach mit Zeitstempel bereitgestellt werden. Die Archivierung der Mails mit entsprechenden Backups dürfte in den Verwaltungen heutzutage überall Standard sein.

Ein weiterer Vorteil ist, dass diese Kommunikationsform geübt ist und so die wenigsten Probleme bereiten dürfte.

Bei der Nutzung von E-Mails bei der Stabsarbeit ist zu klären, welche Accounts genutzt werden. Der Krisenmanagementerlass Nordrhein-Westfalens (Ministerium für Inneres und Kommunales, 2013) regelt, dass es eine E-Mail-Adresse für jeden Krisenstab geben muss. Die Syntax der Mailadresse ist vorgegeben. Meist werden eingehende E-Mails im Krisenfall von der Nachrichtenzentrale entgegengenommen und an die zuständigen Bereiche weitergeleitet. Außerhalb der Einsätze muss die Adresse von einer ständig besetzen Stelle überwacht werden.

Zusätzlich dazu schreiben auch die Stabsmitglieder E-Mails. Dafür wird der Übersichtlichkeit wegen meist nicht die allgemeine Krisenstabsadresse genutzt. Hierfür wäre es am einfachsten, wenn jedes Stabsmitglied mit seiner eigenen Mailadresse arbeiten würde. Schwierig wird dies aber z. B. bei einem Schichtwechsel. Dann kann es schnell passieren, dass Informationen immer noch an die Person gesendet werden, die bereits abgelöst wurde. Hinzu kommt, dass die Person, die neu im Stab ist, nicht auf die vorhandenen Informationen zugreifen kann.

Eine gute Alternative ist es daher, Accounts für die verschiedenen Stabsfunktionen zu schaffen, auf die alle zugreifen können, die in dieser Funktion eingesetzt sind. Ein weiterer Vorteil hierbei ist, dass sich die Stabsmitglieder so auf die Stabsarbeit konzentrieren können und nicht parallel durch Mails aus dem normalen Tagesgeschäft abgelenkt werden.

32

32.3.4 Stabssoftware

Einige Stäbe arbeiten mittlerweile mit einer Stabssoftware (► Kap. 34). Diese vereint die Kommunikation innerhalb des Krisenstabs, Aufgabenverwaltung und Dokumentation, was ein entscheidender Vorteil ist. Es gibt verschiedenste Anbieter. Auch das Land Nordrhein-Westfalen hält eine eigene Stabssoftware für die Krisenstäbe vor, die aber für Krisenstäbe auf Kreis- und Kommunal-Ebene nicht verpflichtend ist.

Anforderungen an ein solches System sind, dass es leicht verständlich ist und möglichst den Strukturen ähnelt, die im Alltag genutzt werden. Da Krisenstäbe eher selten Einsätze haben, muss ein Stabssystem ziemlich simpel sein, damit es im Einsatz wirklich eine Unterstützung und nicht ein zusätzliches Hemmnis darstellt. Darüber hinaus muss das System absolut stabil laufen und ständig an die Veränderungen der Technik angepasst werden.

Der Einsatz einer Stabssoftware sollte gerade für Stäbe, die nicht so häufig damit arbeiten, gut überlegt werden. Es gab in Einsätzen und Übungen der Autorin einige Probleme mit der jeweiligen Stabssoftware, die die Stabsmitglieder so mit technischen Problemen beschäftigt haben, dass keine Ressourcen mehr für eigentliche Problemlösung vorhanden waren. Das ist kritisch und muss auf jeden Fall vermieden werden!

32.3.5 Telefon und Fax

Neben den schriftlichen Kommunikationsvarianten ist das Telefon eines der im Alltag am häufigsten genutzten Kommunikationsmittel. Das Telefonat hat den entscheidenden Vorteil, dass Informationen ausführlicher dargestellt werden können und Nachfragen direkt geklärt werden können.

Nachteil ist, dass die ausgetauschten Informationen nicht dokumentiert sind und die Information zunächst ausschließlich zwischen zwei Kommunikationspartnern ausgetauscht wird. Im Nachgang findet dann eine wiedergebende Dokumentation statt, die bereits durchaus Fehlerquellen beinhalten könnte. Wichtige Informationen, Aufträge etc. sollten also unbedingt mit Zeitangaben schriftlich dokumentiert werden. Damit das systematisch geschieht, bietet sich der Einsatz der oben erwähnten Meldebögen an.

Zusätzlich sind Telefonate immer davon abhängig, dass gerade beide Gesprächspartner verfügbar sind. Bei schriftlicher Kommunikation können auch Informationen weitergegeben werden, wenn der andere gerade nicht verfügbar ist.

32.3.6 Fax

Zuletzt sei noch das Fax als Kommunikationsmittel erwähnt. Es wird durch E-Mails immer mehr in den Hintergrund gedrängt, wird aber immer noch unterschiedlich viel genutzt. Deshalb sollte ein Stab über die Möglichkeit, Faxe zu senden und zu empfangen, verfügen. Wenn die Kommunikation bzw. Dokumentation im Stab elektronisch erfolgt, muss ein Scanner oder ähnliches vorhanden sein, um Faxe digitalisieren zu können.

Dienstvorschriften, Normen und Gesetze

- Ministerium für Inneres und Kommunales, NRW (2013). Erlass »Krisenmanagement durch Krisenstäbe im Land Nordrhein-Westfalen bei Großschadensereignissen, Krisen und Katastrophen«, RdErl d. Ministeriums für Inneres und Kommunales v. 04.10.2013. MBl NRW 2013, 27, 480.

Zugrunde liegende Literatur

Gahlen, M. & Kranaster, M. (2012). *Krisenmanagement – Planung und Organisation von Krisenstäben* (2. erw. Aufl.). Stuttgart: Kohlhammer Deutscher Gemeindeverlag.

Visualisierung im Stab

Rudi Heimann

G. Hofinger, R. Heimann (Hrsg.), *Handbuch Stabsarbeit*,
DOI 10.1007/978-3-662-48187-5_33, © Springer-Verlag Berlin Heidelberg 2016

Visualisierung in Stäben ist ein Ausschnitt aus der Welt der Visualisierung. Es handelt sich um Wissensvermittlung hinsichtlich Organisationsstrukturen, Denkmodellen, Fachinformationen, Daten, Fakten und auch Ideen, Fragen oder Vermutungen. Die Situation ist geprägt von freiwilligen Teilnehmern, einigen Zwangsverpflichteten sowie einem hochdynamischen und komplexen Kontext, der für die Beteiligten von hoher Bedeutung ist. Der Prozess des Visualisierens dient jedoch nicht nur der Wissensvermittlung, sondern auch der Dokumentation und der Offenlegung von Dialogen der Gruppe. Er ist zwar in erster Linie weniger Dokumentation des Handelns und der Entscheidungen, kann aber durch Snapshots von bestimmten Visualisierungszeitpunkten auch diese Funktion erfüllen.

Visualisierung – die zielgruppengerechte Aufbereitung von Daten – zur Entscheidungsunterstützung verlangt für alle Beteiligten den beständigen Zugang und einen Überblick zu den wesentlichen Lagedaten. Ohne Hintergrundwissen zu den Gesetzmäßigkeiten menschlicher Wahrnehmung, der zugrunde liegenden Aufbau- und Ablauforganisation und den handwerklichen Fähigkeiten wird diese Aufgabe nur bedingt zur allseitigen Zufriedenheit erfüllt werden können.

33.1 Zielgruppe und Rückschlüsse für die Darstellung

Die Zielgruppe der Visualisierung im Stab sind die Mitarbeiter und Entscheidungspositionen des Stabes. Diese Gruppe soll weder unterhalten, noch soll sie durch die Aufbereitung der Daten von etwas überzeugt werden. Vielmehr sollen aus den vorhandenen Daten Informationen zeitgerecht und übersichtlich bereitgestellt werden und die vorrangig rationalen Elemente der Visualisierung die Aufgabenerfüllung erleichtern oder gar ermöglichen. Die Aufbereitung erfolgt deshalb präzise und unterliegt wiederkehrenden Ordnungen, inhaltlich und formal gleichartigen Darstellungen sowie einer möglichst offensichtlichen Logik. Sie schafft Klarheit und Verständnis durch möglichst genaue Wiedergabe, berücksichtigt in ausreichender Weise alle relevanten Daten und wird durch überschneidungsfreie Aussagen eindeutig.

Visualisierung ist die zielgruppengerechte Aufbereitung von Daten, sodass sie den Status einer verwertbaren Information erreichen.

33.2 Ziele der Visualisierung

Die Aufbereitung der Daten verfolgt zwei grundsätzliche Zielrichtungen: Durch eine geeignete visuelle Repräsentation gibt sie einen rasch zu erfassenden Überblick über die vorhandenen Daten und gewährleistet eine **konfirmative Analyse**: Annahmen über die Daten werden geprüft oder innere, nicht offensichtliche Zusammenhänge zwischen den Daten aufgedeckt (Heimann, 2013). Mit der Veranschaulichung von Entwicklungen ist sie vor allem während hochdynamischer Phasen der Entscheidungsfindung ein hilfreiches Mittel zur **Komplexitätsreduktion**.

33.3 Eigenschaften der Daten

Den vorhandenen Informationen ist ihre Bedeutung für den Einsatzverlauf auf den ersten Blick oft nicht anzusehen, da sich diese Bedeutung im zeitlichen Verlauf ändern kann. Zunächst unbedeutend erscheinende Daten können in einem anderen Kontext einsatzentscheidend werden. Es handelt sich dabei nicht ausschließlich um konkrete Fakten wie Opferzahlen oder ausgetretene Flüssigkeitsmengen. Vielmehr existieren auch **weiche Daten**, die sich auf den ersten Blick quantitativ-statistischen Auswerteverfahren verschließen und sich nicht für eine automatische Aufbereitung nach standardisierten numerischen und grafischen Verfahren eignen. Bei jeder einzelnen Information muss entschieden werden, welches ihre wissenswerten Anteile sind. Welche Bedeutung hat es beispielsweise aus kriminalistischer Sicht, dass die Person A um X Uhr mit der Person B telefoniert hat und dabei das Mobiltelefon von C benutzte?

Dies bringt hohe Anforderungen für denjenigen mit sich, der die Daten aufbereitet und für die Betrachter bereitstellt und verlangt einen gedanklichen Gleichklang mit der Zielgruppe.

33.4 Die »Visualisierer«

Die Aufgabe der Visualisierung verlangt, in einer Echtzeitsituation unterschiedlichste Fachinhalte zu begreifen und miteinander zu verknüpfen. Strukturiertes Denken ist erforderlich und Inhalte müssen auf den Punkt gebracht werden.

Die hier nur angedeuteten Wissensgebiete menschlicher Wahrnehmungsgrenzen, gestalterischer Möglichkeiten und Stilmittel sowie der effektiven und effizienten Nutzung der Darstellungsmedien sind Mindestvoraussetzungen, um diese Aufgabe bewältigen zu können. Strukturwissen zur Aufbau- und Ablauforganisation der involvierten Institutionen sowie das sichere Beherrschen des – auch durch Fachberater – verwendeten speziellen Vokabulars ergänzen diese Fähigkeiten.

Insgesamt also Befähigungen, die nicht einmal jedes sonstige Stabsmitglied mitbringt oder bereit ist, sich anzueignen. Wenn Entscheidungen im Stab auf Basis der visualisierten Informationen getroffen werden, wäre es ein fataler Fehler, die Funktion der Menschen zu unterschätzen, die mit der Aufgabe der Visualisierung betraut werden.

33.4.1 Menschliche Wahrnehmung

Jedes Stabsmitglied unterliegt der menschlichen subjektiven, willkürlichen, erfahrungsgeleiteten und Heuristiken unterliegenden Wahrnehmung, die Daten verzerrt, unvollständig aufnimmt oder schlichtweg ausblendet (Heimann, 2013; Ware, 2000).

Die Qualität von Reizen steuert unsere Wahrnehmung und führt zur Unter- oder Überbewertung von Daten. Dabei gilt:

- Veränderung ist wichtiger als Stärke,
- Kontrast ist wichtiger als Veränderung,
- Neuheit ist wichtiger als Kontrast.

Je intensiver ein Reiz ist, desto wahrscheinlicher wird er wahrgenommen, je länger ein Reiz andauert, desto weniger intensiv wird er registriert.

Die Prozesse der Anpassung und Kontrastbetonung bringen unser Gedächtnis **in Ordnung** und ermöglichen es, unser eher chaotisches Gedächtnisbild **plausibler** zu machen (Goldstein, 1997).

Die herrschende Hektik im Stab und die schwierigen Entscheidungen, die für die Betroffenen erhebliche Auswirkungen haben können, führen zur eingeschränkten Aufnahme von Informationen (► Kap. 22). Weniger Details werden erinnert und die verminderte Genauigkeit beim Lesen von Zahlen oder beim Entdecken von Signalen ist eine unausweichliche Folge.

Praxisbeispiel

In einer Kartenübersicht mehrerer Personen, die im terroristischen Umfeld tätig sind, werden zwei Personen auf roten Karten dargestellt. Eine später hinzukommende Führungskraft, die gegenüber den Personen operative Maßnahmen durchführen soll, erkennt in der roten Farbe eine besondere Gefährlichkeit, was ihn dazu bewegt, für diese operativen Maßnahmen besonders qualifizierte Kräfte einzusetzen, die in diesem Einsatz wesentlich dringender an anderer Stelle benötigt würden. Am Ende stellt sich heraus, dass die für die Visualisierung verantwortliche Fachkraft »ein wenig Abwechslung« in das farblich eher triste Beziehungsgeflecht bringen wollte.

Subjektive Auswahl und Speicherung von Sinneseindrücken führen dazu, dass es nur sehr bedingt gelingt, beobachtete Ereignisse objektiv darzustellen und aufzunehmen.

33.5 Gestaltungsmerkmale der Informationsdarstellung

Gestaltungsmerkmale entfalten Wirkungen bei den Betrachtern, denen sie sich nur schwer entziehen können. Die Regeln für Hierarchien, Gruppierungen, Kausalketten und zeitliche Abfolgen müssen eingehalten werden, damit keine Missverständnisse auftreten (Heimann, 2013). Hierzu sollten die **Darstellungskonventionen** und der **Zweck** der Darstellung den Stabsmitarbeitern bekannt und verinnerlicht sein.

Die Grenzen und Möglichkeiten der Verwendung von Tabellen, einfachen Zahlenwerten, Diagrammen sowie Organisations-, Zeit- oder Prozesscharts und moderner Formen wie »mind maps«, »synergy maps« oder anderer kognitiver Karten sollten insbesondere den für die Visualisierung verantwortlichen Stabsmitarbeitern bekannt sein (Heimann, 2013; Novak, 1984). Insgesamt müssen unbeachtete Datengräber oder Mehrdeutigkeiten vermieden werden. Aber auch den Nutzerinnen und Nutzern der Visualisierung sollten die visuellen – wenn auch unbewusst eingebrachten – Manipulationsmöglichkeiten bekannt sein, damit sie die Kollegen um Korrektur bitten können oder den Fallstricken kognitiv ausweichen.

33.6 Visualisierung und Dokumentation

Erfolgt die Visualisierung mit Zeitstempeln und wird das Bild auf geeignete Weise (fotografisch, Computer-Snapshots) gesichert, lässt sich jeder Zeitpunkt des Lageverlaufs einer Ex-post-Betrachtung unterziehen. Damit kann eine Visualisierung das Ziel der **Dokumentation** erfüllen. Sie ist gerade in hochdynamischen Phasen möglicherweise die noch einzige sinnvoll verbleibende Form der Dokumentation, da die Visualisierung die zu diesem Zeitpunkt wesentliche Grundlage der Entscheidungen im Stab bildet.

33.7 Verwendung von Bildern

Die Informationsdarstellung in Bilderform gehört zu den ältesten Formen menschlicher Kommunikation. Der Erfahrungsschatz optisch erfasster bildhafter Sprache kann zehnmal höher eingeschätzt werden als der akustisch aufgenommener verbaler Kommunikation (Davies, Bathurst & Bathurst, 1990; Doelker, 1997).

Während Sprache ein Nacheinander in der Übermittlung und Aufnahme erfordert, erlauben Bilder »annähernde Gleichzeitigkeit und hohes Tempo« (Luhmann, 1987, S. 561) in der Wahrnehmung. Selbst komplexe bildliche Darstellungen lassen sich relativ mühelos »lesen«. Unbeabsichtigte oder beabsichtigte **indirekte Kommunikation**, die zu ungewollten Verständigungshindernissen führen könnte (Steuerung durch Takt, Höflichkeit, Scherz, Ernst, Kontaktabbruch oder Themenwechsel) wird vermieden. Die Wahrscheinlichkeit eines – möglicherweise diffusen – aber dennoch gemeinsamen Informationsbesitzes wird erhöht.

Hierbei ist in Stäben zu beobachten, dass der Versuch unternommen wird, die dreidimensionale Umgebung der Realität oder noch weiter dimensionierte Gedankenwelten mit Visualisierungstechnik umzusetzen; dieser Versuch endet nicht zwingend in einem Mehr an Kommunikationsqualität oder Nutzerakzeptanz.

Um über die Grenzen von Sprach- und Kulturgemeinschaften hinweg für Verständnis zu sorgen, bietet sich der Rückgriff auf möglichst allgemein verständliche Bildinformationen an. Dazu dienen bei Militär, Polizei und Feuerwehr **taktische Zeichen**, die durch einen hohen formellen Charakter Emotionalisierungs- oder Scheinwirkungen reduzieren (ADRP 1-02, 2015; DV 102, 2003; PDV 102, 1995; ZDv 1/11, 1990). Sie sind in Verbindung mit Karten als bildhaftes codiertes Wissen in der Lage, konkrete Fakten, Verläufe, Organisationsstrukturen, Entwicklungen und auch Theorien zeitgleich darzustellen. Der Wahrnehmungsverlauf des Betrachters erfolgt vom Gesamteindruck hin zu den Details. Taktische Zeichen beinhalten eine hohe inhaltliche Bindung und sind nur bedingt intuitiv erfassbar. Einige Inhalte jedoch lassen sich auch ohne spezielles fachliches Wissen herauslesen. Die Kombination von visuellen und verbalen Elementen in der gesamten Visualisierung führt dabei zu deutlichen Verständnisverbesserungen (Mayer, 2001).

Taktische Zeichen erhöhen die Wahrscheinlichkeit eines gemeinsamen Lageverständnisses und reduzieren kommunikative Hindernisse.

Eine Sonderform der Bilder stellen Simulations- und Animationsmodelle dar, die dem Wunsch nach Dynamik in der Darstellung entgegenkommen. Hierbei ermöglicht die algorithmische Abbildung zeitlicher Entwicklungsverläufe realer Prozesse, die räumlichen Bewegungsabfolgen visueller Objekte zu beobachten; wie die hypothetische Ausbreitung einer ausgetretenen Schadstoffwolke.

33.8 Inhalte der Visualisierung

Die Darstellung der Visualisierungsinhalte sollte immer zwischen Fakt und Vermutung trennen; regelmäßig durch Kennzeichnung der Vermutung. Die stetige Möglichkeit der Filterung und ebenengerechten Veranschaulichung sollte bestehen. Inhaltlich bezieht sich Visualisierung beispielsweise auf:

- Einsatzörtlichkeiten,
- Objektgrundrisse,
- Geodaten aufgezeichneter Bewegungsmuster,
- Datenströme (Telefon- oder Internetverbindungen, Geldflüsse) in qualitativer, quantitativer und zeitlicher Hinsicht,
- Ressourcen (Personalsituation von Einzelpersonen bis hin zu Großgruppen von Menschen, Fahrzeuge oder Führungs- und Einsatzmitteln) in qualitativer, quantitativer und zeitlicher Hinsicht,
- Beziehungsgeflechte zwischen Menschen (Handlungsbezüge, Verwandtschaftsbeziehungen oder Geschäftsbeziehungen),
- Kommunikationsbeziehungen,
- Personagramme,
- Potenziale (Droh- oder Gefährdungspotentiale von einzeln handelnden Personen, Gruppierungen oder Gefahrenbereiche),
- Auftragslage des eingesetzten Personals mit Erledigungsgrad,
- Leitlinien der Führung oder nachgeordneter Bereiche,
- Beurteilung der Lage,
- Handlungsalternativen von sequenziellen Entscheidungssträngen mit Quer- und Nebenwirkungen,
- Offene Fragestellungen zur Lagenbewältigung,
- Forderungen von Tätern in qualitativer, quantitativer und zeitlicher Hinsicht,
- Experteneinschätzungen zu nahezu allen vorgenannten Themen,
- Kerninformationen zum Lagefortgang.

Diese Inhalte lassen sich grundsätzlich in **zeitlichen Verläufen**, nach Lage der **Örtlichkeit**, nach **Inhalten** oder nach **Zuständen** wie Dringlichkeit, Wichtigkeit oder Bearbeitungsstand visualisieren.

33.9 Fazit

Die komplexen Wirkungszusammenhänge in Lagen, die von und mit Stäben bearbeitet werden, verlangen, Strukturen und Beziehungen mit Kontextbezug sichtbar zu machen und dabei gleichzeitig der begrenzten Rationalität und selektiven Wahrnehmung menschlicher Informationsverarbeitungsprozesse entgegenzukommen. Die digitalen und analogen Aspekte menschlicher Kommunikation müssen zusammengeführt und begriffliche mit bildhafter Informationsverarbeitung verknüpft werden.

Geeignete Visualisierung durch **handwerklich kundige Menschen** und die Aufnahme der Visualisierung durch **lesekundige Menschen** ist ein Weg, diese Ziele zu erreichen.

Dienstvorschriften, Normen und Gesetze

- ADRP 1-02 (2015). Terms and military symbols. Washington: Headquarters Department of the army.
- DV 102 (2003). Vorschlag einer Dienstvorschrift: DV 102 – Taktische Zeichen. Ständige Konferenz für Katastrophenvorsorge und Katastrophenschutz.
- PDV 102 (1995). Polizeidienstvorschrift 102 – Taktische Zeichen.
- ZDV 1/11 (1990). Taktische Zeichen. Bonn: Bundesministerium der Verteidigung.

Literatur

Davies, D., Bathurst, D. & Bathurst, R. (1990). *The telling image: the changing balance between pictures and words in a technological age*. Oxford: University Press.

Doelker, C. (1997). *Ein Bild ist mehr als ein Bild. Visuelle Kompetenz in der Multimedia-Gesellschaft.* Stuttgart: Klett-Cotta.

Goldstein, E. B. (1997). *Wahrnehmungspsychologie*. Heidelberg: Spektrum Akademischer Verlag.

Heimann, R. (2013). Teamkompetenzen herbeiführen und erhalten – Visualisierung zur Komplexitätsreduktion. In C. Felsenreich & H. Waleczek (Hrsg.), *Teamkompetenzen für sicheres Handeln* (S. 11–32). Frankfurt am Main: Verlag für Polizeiwissenschaft.

Luhmann, N. (1987). *Soziale Systeme. Grundriß einer allgemeinen Theorie*. Frankfurt am Main: Suhrkamp.

Mayer, R. E. (2001). *Multimedia learning*. New York: Cambridge University Press.

Novak, J. D. & Gowin, D. B. (1984). *Learning how to learn*. New York: Cambridge University Press.

Ware, C. (2000). *Information visualization. Perception for design*. San Diego: Academic Press.

Software zum Informations- und Kommunikationsmanagement in Stäben

Rudi Heimann

G. Hofinger, R. Heimann (Hrsg.), *Handbuch Stabsarbeit*,
DOI 10.1007/978-3-662-48187-5_34, © Springer-Verlag Berlin Heidelberg 2016

Als die Innenminister und -senatoren der Länder im Jahr 1978 Regelungen zum Informationsfluss in Führungsstäben trafen, konnte niemand die technischen Weiterentwicklungen antizipieren. Nicht nur die Möglichkeiten der EDV, auch die veränderte Rolle der Medien, die Macht des Internets und moderner Kommunikationsmittel waren damals nicht abzuschätzen. Das Informationsaufkommen in Führungsstäben unterliegt regelmäßig den gleichen Schwankungen wie die zu bewältigende Lage an sich. Dabei existiert ein erfolgskritischer Zusammenhang: In hochdynamischen und komplexen Phasen kann die Menge an zu verarbeitender Information besonders hoch sein und ihr Inhalt gleichzeitig wenig verlässlich. Umso bedeutsamer ist die Unterstützung des Informations- und Kommunikationsmanagements durch eine geeignete Softwarelösung. Unterschiedlichste Firmen haben sich in den letzten Jahren daran versucht. Bei dem Versuch entstanden teils Werkzeuge, die vom Nutzer nicht beherrschbar waren, weil sie auch die letzte denkbare Eventualität abdecken sollten, oder Anwendungen, die eine erforderliche Vertraulichkeit der sicherheitskritischen Kommunikation nicht sicherstellen konnten.
Der Beitrag stellt die Ergebnisse eines Softwareentwicklungsprozesses und über 10-jährige Erfahrungswerte in der täglichen Anwendung derselben dar. Im Jahr 2003 wurden die systemischen Stabsprozesse analysiert und ein Produkt entwickelt, das im Laufe der Jahre nur minimalen Modifikationen unterworfen wurde – ein Zeichen für die hohe Praktikabilität.

34.1 Vorbemerkungen

Wenn eine Aufgabe zu erledigen ist und dafür ein Werkzeug benötigt wird, dann ist zunächst eine Anforderungsanalyse sinnvoll (Lindemann, Pottebaum, Hofinger, Künzer & Koch, 2011): Um welche Aufgabe handelt es sich genau, wer soll das Werkzeug bedienen und unter welchen Umgebungsbedingungen findet dies statt? Erst nachdem die systemunabhängigen Prämissen für eine Informations- und Kommunikationssoftware zur Entscheidungsunterstützung in Stäben identifiziert wurden, sollten sich Gedanken über die Auswahl des Werkzeuges gemacht werden. Dieser Beitrag konzentriert sich auf die Aggregation und den Transfer von Daten zur Entscheidungsfindung; er befasst sich nicht mit Visualisierungstools von Lagebildern.

Die Umgebungsbedingungen der Tätigkeit von Führungsstäben werden mit den Beiträgen zu Personal (▶ Kap. 43), den kommunikativen Herausforderungen (▶ Kap. 35) und der Arbeitsumgebung (▶ Kap. 23, ▶ Kap. 24, ▶ Kap. 25, ▶ Kap. 26, ▶ Kap. 27, ▶ Kap. 28) dargelegt. Zudem unterliegen Stäbe der öffentlichen Verwaltung besonderen Nachweispflichten (▶ Kap. 34) und alle Stabsorganisationen stehen bei aufsehenerregenden Geschehnissen im Fokus von Medien, Bevölkerung und Politik (▶ Kap. 36).

Eine weitere relevante Rahmenbedingung ist die Anzahl der beteiligten Mitarbeiter: Führungsstäbe der Polizei können aus bis zu 40 Mitarbeitern bestehen. Die Zahl der gleichzeitig zu koordinierenden Gesamtarbeitsplätze kann durch angegliederte Führungsgruppen leicht auf über 80 ansteigen.

Die inneren Strukturen der Stäbe weisen nicht nur unterschiedliche Aufgabenbereiche aus, sie unterscheiden sich auch von Lage zu Lage und können sich während einer Lage verändern. Darüber hinaus gilt es unter Umständen, parallele Lagen gleichzeitig zu bearbeiten (▶ Kap. 48); erforderlichenfalls müssen Lagen an andere Führungsorganisationen übergeben werden.

Daraus ergibt sich, dass keine starren Steuerungsmodalitäten von Informationen bestehen oder vorgeschrieben werden sollten – beispielsweise an bestimmte Rechner gebunden. Je nach Fallgruppe und damit personeller Besetzung der Befehlsstelle müssen Steuerungsmöglichkeiten zur Laufzeit des Systems – also während der Lagebewältigung – angepasst werden.

Entscheidungen sollen trotz dieser erschwerenden Rahmenbedingungen zeitgerecht und auf der Grundlage möglichst valider Informationen unter Berücksichtigung von Risiken und Chancen der Entscheidungsalternativen, Wechselwirkungen auf bereits getroffene oder noch anstehende Entscheidungen und Auswirkungen auf Betroffene, Dritte oder Ressourcen getroffen werden.

Eine Software muss zur Organisation, der Aufgabe in der Lage, zum Menschen und den Umgebungsbedingungen passen.

34.2 Abzudeckende Teilprozesse des Informationsmanagements

Dabei kann nach folgenden Teilprozessen im Informationsmanagement unterschieden werden, die eine Software unterstützen können sollte:

- **Informationsaufnahme** – die bloße Entgegennahme eines Datums. Ist sie rationell gestaltet, können Folgearbeiten eingespart werden.
- **Informationsspeicherung** – vorübergehende oder auf Dauer angelegte Aufbewahrung eines Datums.
- **Informationsbewertung** – Analyse der Daten auf ihren objektiven Informationswert und ihre subjektive Bedeutung bzw. Wirkung im jeweiligen Kontext. Dieser Teilprozess führt in der Regel zu einer Entscheidung.
- **Informationssteuerung** – zielgerichtete, dokumentierte Weiterleitung eines Datums innerhalb oder außerhalb des Stabsgefüges.
- **Aufbereitung der Daten** – anlassbezogene Darstellung eines Datums oder mehrerer Daten in einer zielgruppenorientierten Form der Veranschaulichung.

34.3 Qualitätsmerkmale des Informationsmanagements im Stab

Die Qualität des Informationsmanagements im Stab bestimmt sich durch die Merkmale **Geschwindigkeit** der Informationsverarbeitung, inhaltliche **Fehlerfreiheit**, folgerichtige **Bewertung** für lagebezogene Entscheidungen und richtige **Steuerung von Informationen.**

34.3.1 Geschwindigkeit der Informationsverarbeitung

Die Geschwindigkeit des Handelns wird von dem Phänomen beeinflusst, dass bei jeglichen Planungsaufgaben vom Beschluss über eine Handlung (Entscheidung) bis zu den beabsichtigten (und unbeabsichtigten) Wirkungen Zeit verstreicht. Diese **Verzugszeiten** sind unterschiedlich lange. Je kürzer der Weg einer Information durch ein Stabssystem ist, desto kürzer ist die Verzugszeit. In dem Kommunikationssystem Stab-Linie führt bereits der Weg, den eine Information zurücklegen muss, zu Verzögerungen. Unabhängig von der Zeit, die für Entscheidungen benötigt wird. Ziel ist es, diese Zeit möglichst zu reduzieren und mittels Software ein effizientes **Wegesystem** für Informationen zu etablieren.

34.3.2 Informationsmenge und Antizipation

Daneben ist die Quantität des Informationsumsatzes für die erfolgreiche Bewältigung einer Einsatzlage von zentraler Bedeutung. Dieser Umsatz findet unter extremen Belastungen statt. Innerhalb des Stabsgefüges entstehen Informationen gleichzeitig an vielen Punkten. Insbesondere bei unerwarteten Lageentwicklungen bildet sich zu einem bestimmten kritischen Zeitpunkt eine Divergenz zwischen Informationsaufkommen und der Kapazität, diese Informationen zu verarbeiten – die »Lage läuft davon«. Das Ziel des Stabes ist es hingegen, mit den Entscheidungen und antizipativen Modellen einer Lageentwicklung gedanklich sogar vor den realen Geschehensablauf zu kommen – »vor die Lage«.

Wenn dies gelingt, ist es leider kein dauerhafter Zustand, sondern es muss permanent weiter antizipiert werden, um diesen Status zu halten. Dieses dynamische Moment wird in einer Lage nur dann erreicht, wenn Einsatzverantwortliche, reich an implizitem Wissen, unterstützt von einem leistungsfähigen Stab, mit ausreichenden und validen Informationen versorgt werden.

Der Anspruch an den Informations- und Kommunikationsumsatz in der Lage ist durchgehend hoch. Daher darf ein System keine doppelte Information oder Kommunikation produzieren oder verlangen.

34.3.3 Informationssteuerung über Hierarchie- und Führungsebenen hinweg

Einsatzkräfte sollen möglichst eigenständig im Rahmen einer Auftragstaktik agieren (► Kap. 14), um Führungskräften den Raum für die einsatztragenden Entscheidungen zu geben. Um die Notwendigkeit eigenständigen Tätigwerdens zu erkennen, ist der Zugriff auf Information erforderlich.

Jede neue Hierarchiestufe führt in Bezug auf die Steuerung von Informationen nicht nur zu einer Verlängerung der Verzugszeiten, auch die Wirkung einer jeden Anordnung wird durch zusätzliche Stufen geschwächt; von der Gefahr des »Stille-Post-Effekts« ganz zu schweigen.

Eine Krisenstabslage wird nicht unbedingt von Beginn an durch einen Stab geführt. Leitstellen können für viele Stunden vorgeschaltet sein und bereits dort entstehen wichtige Datensammlungen, die in Befehlsstellen überführt und fortführend genutzt werden können müssen.

Eine Software sollte Spiegelbild möglicher Systemprozesse im Führungsstab sein; es werden Informationen betreut und verwaltet, die Richtung einer Informationsweitergabe bestimmt und die Ausführung von Aufträgen kontrolliert.

34.3.4 Bewertung »weicher« Daten

In der Stabsorganisation wird mit weichen Daten gearbeitet: Sachverhalte, die sich den quantitativ-statistischen Auswerteverfahren verschließen, und die sich nicht für eine automatische Aufbereitung nach standardisierten numerischen und grafischen Verfahren eignen. Vielmehr Sachverhalte, die Kreativität, Interpretation komplexer Sinnzusammenhänge und »Lesen zwischen den Zeilen« erfordern. Bei der Frage nach dem Bedrohungspotenzial eines Geiselnehmers oder der Gefährdungseinschätzung eines Erpresserschreibens sind Automatismen mittels standardisierter Bewertungsmechanismen in keiner Weise hilfreich. Bei jeder Information muss entschieden werden, welches ihre wissenswerten Teile sind. Die Information unterliegt zudem einem zeitabhängigen Lebenszyklus – sie erlangt zu unterschiedlichen Zeitpunkten der Lage unterschiedliche Bedeutung.

»Für den Stab besteht das Problem, zu entscheiden, welche Informationen überhaupt wichtig sind oder wichtig werden können und welche neuen Informationen erzeugt werden müssen, damit Fragen beantwortet und Entscheidungen herbeigeführt werden können« (Heimann, 2008, S. 114).

Darüber hinaus entstehen die Informationen zeitgleich an vielen Stellen im Stabsgefüge. Die Informationsvielfalt, die in einem noch so kurzen Datum beinhaltet sein kann, führt neben dem grundsätzlichen Informationsbedürfnis in vielen Fällen dazu, zeitgleich in verschiedenen Stabsbereichen initiativ zu werden. Das Werkzeug »Software« soll den Stab bei der Sammlung, Bearbeitung und Steuerung unterstützen.

Das Gesamtaufkommen der Informationen soll allen Stabsmitarbeitern nahezu zeitgleich zugänglich sein. Dazu müssen die vorhandenen Informationen schnellstmöglich – sofort nach der Eingabe – zusammengeführt werden.

34.4 Merkmale einer Softwarelösung

Diesen Herausforderungen kann mit gezielten Steuerungen oder bidirektionalen Kommunikationsbeziehungen nicht begegnet werden. Ein solches System wäre davon abhängig, dass die Steuerungen richtig und vollzählig sind. Mitarbeiter warten in diesen Systemen auf die ihnen zugewiesenen Aufgaben. Solche Verfahrensweisen haben jedoch in der modernen Stabsarbeit keine Berechtigung mehr.

34.4.1 Informationspool und erweiterter virtueller Belegfluss

Die Lösung liegt in einem Informationspool, in dem zentral sämtliche Informationen zusammengeführt werden. Jeder Stabsmitarbeiter kann grundsätzlich sofort und jederzeit auf sämtliche dokumentierten Informationen zugreifen – so als ob die Daten an einer allgemein einsehbaren Pinnwand platziert wären.

Der Pool verringert Verzugszeiten und reduziert menschliche Fehlerquellen durch erwünschte Redundanz. Gleichzeitig gibt es eine **Holschuld** für Informationen (Heimann, 2014, S. 290). Das Stabsmitglied kann in Bereichen, zu denen es in starren Systemen keinen Zugang hat, aktiv mitwirken und gestalten. Der Stabsmitarbeiter ist damit nicht »willenloses« Glied einer Informationskette, sondern mündiges Teammitglied. So können durch den Informationspool virtuelle Verbindungsbrücken zwischen den Stabsbereichen geschaffen werden. Das gesamtstrategische Verständnis, das gerade in großen Befehlsstellen notwendig ist, kann so geweckt und gefördert werden. Durch das Aufgreifen der im Pool verwendeten Normsprache werden Fehlerquellen wie semantische Unterschiede und »Stille-Post-Effekte« reduziert. Zusätzlich schafft alleine die Möglichkeit, auf alle Information zugreifen zu können, bei den Mitarbeitern Vertrauen in die Organisation und deren Abläufe (Thielmann & Weibler, 2014, S. 30). In Phasen mit hohem Informationsaufkommen stellt ein solcher Informationspool allerdings hohe Ansprüche an die Mitarbeiter, da sie sich in kurzer Zeit eine Vielzahl von Daten erschließen müssen.

Durch Ordnungsmerkmale und normierte Formgebung entsteht eine übersichtliche und beherrschbare Struktur, die zusätzlich den Standardbelegfluss mit Steuerungsvermerken zu einem für jeden einsehbaren virtuellen Belegfluss erweitert.

Bearbeitungsvermerke lassen jeden den aktuellen Bearbeitungsstatus von Aktivitäten erkennen, bis hin zu Qualitätssicherungsvermerken des Lagezentrums.

Entscheidender Vorteil eines Informationspools für das Gesamtaufkommen der erforderlichen Kommunikation ist die erhebliche Senkung des störenden – durch Nachfragen initiierten – Kommunikationsaufkommens.

34.4.2 Merkmale von Datensätzen im Informationspool

Jeder einzelne Datensatz im Informationspool sollte bestimmten Normen entsprechen, damit die positiven Aspekte zu Tage treten können.

Bestandteile jedes Datensatzes

- Fortlaufendes **Identifikationsmerkmal**, das automatisch vergeben wird
- Automatisierte Erkennung des **Erfassers** und der **Erfassungszeit**
- Taktische **Ereigniszeiten**
- **Steuerungsvermerke**: Über die vom Erfasser entschieden wird und die eine freie Zuschreibung an jeden gewünschten Mitarbeiter gewährleisten
- Sachinhalte: Aufträge, Veranlassungen, Lagefeldzuordnungen
- **Priorisierungsmerkmale** wie »Wichtig«, »Auftrag« oder »Sofort«
- Bearbeitungs- und **Erledigungsvermerke** von Aufträgen oder der durchgeführten Qualitätssicherung, die für jeden sofort erkennbar sind
- Möglichkeit, **Bezüge** zu anderen Datensätzen herzustellen
- Möglichkeit für **Anlagen**
- **Recherchierbarkeit** durch Schlagworte
- **Urheber von Veränderungen** im Datensatz
- Im Rahmen einer Hintergrundprotokollierung:
  - Zeitpunkt der Änderung
  - Anwender
  - Ursprungszustand vor der Änderung
  - Zustand des Datums nach Veränderung des Datensatzes

- **Ultimatenfunktion**

Ultimaten von Tätern in polizeilichen Einsatzlagen oder feststehende Ereignisse in Schadenslagen wie steigende Pegelstände oder kurz vor der Explosion stehende brennende Kesselwagen erfordern die strikte Einhaltung von bestimmten Bearbeitungszeiten. Dieser von außen erzeugte Zeitdruck beeinflusst und begrenzt das Vorgehen. Weil er damit hohe Bedeutung für die Einsatzbewältigung haben kann, sollte eine hervorgehobene Ultimatendarstellung mit automatisierter Erinnerungsfunktion vorhanden sein.

- **Kompatibilität und Datentransfer**

Zusätzliches Datenmaterial, wie Daten aus polizeilichen Auskunftsdateien, kartografisches Material, Textanhänge, eingescannte Text- oder Bilddokumente, abgespeicherte Videosequenzen aus digitalen Bildaufzeichnungen, müssen systemunabhängig zur Verfügung stehen, deshalb muss die Kompatibilität sichergestellt sein.

Datentransfer über verschiedene Institutionen sowie in der eigenen Institution ist erforderlich. Die Software soll auf jedem EDV-Arbeitsplatz integrierbar sein und mobile Endgeräte erlauben einen Zugriff.

Die technische Umsetzung über Browsertechnologie sichert nicht nur ein systemübergreifendes Arbeiten, sondern führt auch dazu, dass keine sensiblen Daten auf Endgeräten vorgehalten werden müssen.

- **Recherche**

Eine Volltextrecherche sowie die Suche in allen/einzelnen Datenfeldern und eine damit verbundene Filter- /Sortierfunktion erfüllen die erforderlichen Rechercheansprüche.

- **Gerichtsverwertbarkeit**

Eine Hintergrundprotokollierung jeglicher Dateneingaben und -änderungen sichert ein nachvollziehbares Handeln (▶ Kap. 31). Nach der Korrektur einer Information ist aus dem Datensatz ersichtlich, dass er durch die Ebene der Qualitätssicherung im Krisenstab erneut überprüft werden muss. Die Nachvollziehbarkeit über die automatische Registrierung von Veränderungen im Hintergrund bleibt davon unberührt.

- **Anwenderfreundlichkeit**

Die Akzeptanz eines Systems und die Fähigkeit, sicher mit der Anwendung umzugehen, wird erheblich durch die Anwenderfreundlichkeit bestimmt; ideal ist, wenn die Erfahrung aus bereits verwendeten und bewährten Softwaresystemen genutzt werden kann. Das System ist möglichst in die Alltagsorganisation zu integrieren, sodass im Zuge der täglichen Arbeit die individuellen Fähigkeiten im Umgang mit der Software ausgebaut werden können. Das autodidaktische Erlernen sollte weitgehend möglich sein, damit Ressourcen geschont werden und die Akzeptanz erhöht wird.

- **Fehlbedienungsreduktion**

Ein System muss einfach zu bedienen und weitgehend unempfindlich gegen Fehlbedienung sein. Die Sicherung von Daten gegen fehlerhafte Bedienung, wie versehentliches Löschen oder Bedienungsschwächen beginnt mit Abfragen, ob ein Arbeitsbereich wirklich verlassen werden will, und führt bis hin zu Löschungsberechtigungen, die nur bestimmten Anwendern vorbehalten bleiben.

- **Verfügbarkeit**

Der Schutz vor Systemstörungen und -ausfällen, wird durch technische Redundanzen gewährleistet und eine hohe Verfügbarkeit gewährleistet in informationsintensiven Phasen ein angemessenes Antwort-Zeitverhalten.

- **Weiterentwicklungen**

Idealerweise sichert eine modulare Struktur die Möglichkeit der Erweiterung und damit die notwendige Flexibilität, um den sich ändernden taktischen Erfordernissen und technischen Entwicklungen gerecht zu werden.

Dabei sollte darauf geachtet werden, dass nicht jeder Gedanke sofort in das System einfließt. Der Hang dazu, jeden Lebenssachverhalt regeln zu wollen und eine Vielzahl von Abläufen zu automatisieren, ließe die Eigenständigkeit und Kreativität der eingesetzten Mitarbeiter verkümmern. Damit stellt ein aus Taktikern und Technikern gemischtes Weiterentwicklungsgremium die geeignete Kombination dar.

Fehlhandlungen entstehen durch einen Mangel an handlungsregulierenden Informationen, einen Rückgriff auf nicht valide Informationen, Nutzungsmängel objektiv vorhandener Informationen oder aus einem Informationsüberfluss (▶ Kap. 21). Eine Software, die den hier dargestellten Wirkungsprinzipien entspricht, kann dem entgegenwirken und unterstützen. Die Lage wird jedoch nach wie vor durch menschliches Handeln in der Form gedanklicher Analysen bewältigt. Eine Softwarelösung kann die dafür notwendigen Arbeitsabläufe erleichtern; sie löst keine Lagen.

Ein Software-System nimmt keine Bewertungen vor und entscheidet nicht.

Dienstvorschriften, Normen und Gesetze

- IMK (1978). Anlage zur Beschlußniederschrift über die Sitzung der Ständigen Konferenz der Innenminister/-senatoren der Länder am 29. August 1978 in Düsseldorf. Bundestagsdrucksache 8/2889.

Literatur

Heimann, R. (2008). Softwareunterstütztes Informations- und Kommunikationsmanagement. IT-Unterstützung für Teams. In C. Buerschaper & S. Starke (Hrsg.), *Führung und Teamarbeit in kritischen Situationen* (S. 110–132). Frankfurt am Main: Verlag für Polizeiwissenschaft.

Heimann, R. (2014). Der polizeiliche Führungsstab. Resilienz durch optimierte Organisationsformen. In U. Bargstedt, G. Horn & A. van Vegten (Hrsg.), *Resilienz in Organisationen stärken* (S. 283–294). Frankfurt am Main: Verlag für Polizeiwissenschaft.

Lindemann, C., Pottebaum, J., Hofinger, G., Künzer, L. & Koch, R. (2011). Interdisziplinäre Anforderungsanalyse bei der Gestaltung von Systemen zur Erstellung eines gemeinsamen Lagebilds in großen Schadenslagen. In R. Reussner, A. Pretschner & S. Jähnichen (Hrsg.), *Software Engineering 2011. Lecture Notes in Informatics (LNI), P-184* (S. 193–204). Bonn: Köllen.

Thielmann, G. & Weibler, J. (2014). *Polizeiliche Führungslehre.* Hilden: Verlag deutsche Polizeiliteratur.

Sprachliche Kommunikation im Stab – Grundsätze des Sprechens und Schreibens

Gesine Hofinger

G. Hofinger, R. Heimann (Hrsg.), *Handbuch Stabsarbeit*,
DOI 10.1007/978-3-662-48187-5_35, © Springer-Verlag Berlin Heidelberg 2016

Stabsarbeit ist intern und extern auf vielfältige Kommunikationsprozesse angewiesen: Informationsaustausch bezüglich der Schadenslage, Bewertungen der Lage, Beratungen, Prozesssteuerung, Entscheidungen oder Ablösung würden ohne Kommunikation nicht stattfinden können. Auch unter zunehmendem Einsatz von digitalen Medien findet ein Großteil der Kommunikation sprachlich statt – mündlich oder schriftlich. Diese Kommunikationsprozesse zuverlässig zu gestalten, und für Verständnis zu sorgen, ist eine fortwährende Herausforderung.

35.1 Kommunikation im Stab – Ein Drei-Ebenen-Modell

Gute Kommunikation im Stab ist keineswegs ein »Luxus«, den man sich neben fachlichem Wissen und Prozesskompetenz leisten kann oder auch nicht. Nur mit Hilfe von guter Kommunikation ist eine adäquate Situationsbeurteilung und angemessenes Entscheiden möglich – von der Lageinformation über die Beurteilung von Daten im Team bis zum Diskutieren von Optionen: Gute Entscheidungen beruhen auf guter Kommunikation. »Kommunikationsprobleme« werden entsprechend häufig als zentraler Faktor für suboptimale Stabsarbeit identifiziert. So pauschal nützt diese Feststellung aber kaum für die Verbesserung der Stabsarbeit: Unter »Kommunikationsproblem« wird beispielsweise Verhören verstanden, ungenaue Weitergabe von Information, Missverständnisse aufgrund unterschiedlichen Wissens oder Konflikte zwischen Personen.

Der Kern menschlicher Kommunikation ist, dass jemand jemand anderem etwas mitteilen möchte. Das setzt voraus, sich auf den anderen Menschen einzustellen: Kommunikation heißt auch, das eigene Denken und Handeln in eine Beziehung zu anderen Personen zu bringen (Buerschaper, 2005). Es geht also um **Interaktion** und um **Information**. Diese beiden Aspekte sind in menschlicher Kommunikation immer gemeinsam vorhanden (ausführlicher Hofinger, 2012).

Ein vereinfachtes Kommunikationsmodell (■ Abb. 35.1) zeigt drei Ebenen, die auch für die Stabsarbeit relevant sind:

- Den »Transport« einer Nachricht von A nach B: Auf dieser Ebene (1) stellt sich die Frage nach **zuverlässigem Informationstransfer**.
- Die Verarbeitung von Information auf der Grundlage von Wissen, Zielen, Werten etc.: Auf dieser Ebene (2) geht es um **Verstehen**.

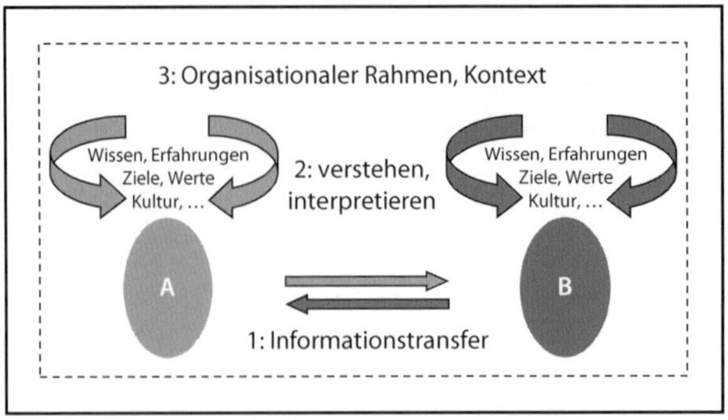

Abb. 35.1 Drei-Ebenen-Kommunikationsmodell

- Kommunikation im Stab findet in einem durch die Organisation definierten **Rahmen** statt: Auf dieser Ebene (3) geht es darum, wer, wozu, wann, wie und worüber mit wem spricht.

Um Kommunikation zu verstehen, muss man also neben der Übertragung und ihren Fehlerquellen die Interpretationsprozesse sowie die Beziehung der Kommunizierenden betrachten, und das im Kontext, der die Voraussetzungen der Kommunikation bestimmt. Die Ebenen sind als Hilfsmittel zu verstehen, denn einzelne Kommunikationsphänomene sind nicht immer strikt einer Ebene zuzuordnen. Um Kommunikation im Stab zu verbessern, gibt es auf allen drei Ebenen Ansatzpunkte:

35.2 Informationstransfer

Ebene 1 wird als **Sender-Empfänger-Modell** (Shannon & Weaver, 1949) mit einem **Kommunikationskanal**, über den eine **codierte Nachricht** übertragen wird, konzipiert. Dieses reduzierte Modell der Nachrichtenübertragung ist nützlich, um sicherzustellen, dass Information zuverlässig von A nach B kommt. Die Empfangsqualität der Nachricht wird durch die Art des Kanals, durch die Kanalkapazität und durch Störeinflüsse (Rauschen) im Kanal beeinflusst. Außerdem sind Sende- und Empfangsprobleme relevant.

Technische Störungen sind im Stab vor allem relevant, wenn die Kommunikation mit Einsatzkräften oder Unternehmensbereichen gestört ist (z. B. bei Ausfall der Handynetze). Redundanz der technischen Systeme und die Möglichkeit, notfalls auf Boten ausweichen zu können, ist dann Voraussetzung für die Aufrechterhaltung der Kommunikation.

35

Zu »Übertragungsproblemen« tragen z. B. Lärm, Lichtverhältnisse, unleserliche Handschrift (z. B. auf dem Vierfachvordruck), undeutliche Sprache (Nuscheln, starker Dialekt), versprechen und verhören bei. Auch die Überlastung einer Nachricht mit Daten kann dazu führen, dass der Inhalt nicht vollständig aufgenommen werden kann und unvollständig oder verzerrt wiedergegeben wird (»Stille-Post-Effekt«). Neben Eigenschaften der Nachricht (z. B. Edworthy et al., 2015) können solche Fehler auch motivational bedingt sein: Menschen haben eine Tendenz, nur das aufzunehmen, was ihre Meinung bestätigt (»confirmation bias«), die bis zur (unbewussten) Verzerrung oder sogar Ausblendung von Informationen reichen kann (► Kap. 21).

Das Fehlen gemeinsamer Begriffe bzw. die Verwendung unterschiedlicher Begriffe für den gleichen Sachverhalt führt dazu, dass eine Nachricht zwar übertragen wird, aber nicht korrekt decodiert werden kann. Gleiches gilt für **uneindeutige Begriffe**, wie beispielsweise »schwerverletzt«. Wenn Eindeutigkeit nicht herstellbar ist, sollte man die Begrifflichkeiten anderer relevanter Akteure wie eine Fremdsprache lernen. Wo immer Standardvokabeln vorhanden sind, sollten sie verwendet werden (hierbei ist Stabssoftware mit vorgegebenen Stichworten eine große Hilfe; ► Kap. 34). Sprachliche **Ungenauigkeiten** können zu Problemen im Einsatz führen, wenn z. B. Informationen zur dringenden Evakuierung eines »Heims« ausgetauscht werden, jedoch nicht gesagt wird, ob es ein Studenten- oder Altenheim ist, bei dem der Kräftebedarf entsprechend höher ist (Knigge, Künzer & Hofinger, 2014). Das Bespiel zeigt, dass Codieren und Verstehen nicht streng zu trennen sind – haben Senderin und Empfängerin vorher über die Art des Heims gesprochen und deshalb einen gemeinsamen Bezugspunkt, wird es trotz der Ungenauigkeit keine Probleme geben.

Ebenfalls im Grenzbereich von Decodieren und Verstehen (Ebene 2) liegt die Verwirrung, die entsteht, wenn Nachrichten uneindeutig vermittelt werden, durch Inkongruenz von Inhalt und nonverbalen bzw. paraverbalen Signalen. Menschen glauben dann eher dem Tonfall und der Körperhaltung (Frey, 1984).

Hinweise für zuverlässige Kommunikation im Stab

- Klarer Adressat (ansehen, ansprechen, Namen im Anschreiben)
- Quelle und Zeit von Nachrichten immer angeben
- Aufmerksamkeit des Adressaten sicherstellen
- Bewusst und konzentriert zuhören
- Deutlich, langsam und laut genug sprechen
- Pausen zwischen den Sätzen bewusst setzen
- Sprechzeiten begrenzen
- Starken Dialekt vermeiden
- Satzlängen begrenzen, Schachtelsätze vermeiden
- Nur wenige Informationen in eine Aussage packen
- Längere Aussagen in Informationsblöcke einteilen, mit Stichworten versehen, diese wiederholen
- Für Ruhe im Stabsraum sorgen
- Für Telefonate den Raum verlassen (wenn möglich)
- Nicht auf das Gedächtnis verlassen, v. a. unter Stress – Telefonnotizen anfertigen, Vordrucke nutzen
- Standardvokabular verwenden
- Aktive Formulierungen bevorzugen
- Negationen vermeiden
- Abkürzungen/Kurzformen vermeiden
- Begriffe und Sprechweise anderer Akteure lernen
- Relevante Information und Aufträge »zurücklesen«

Werden wichtige Informationen »zurückgelesen«, wird die korrekte Übertragung sichergestellt. Zurücklesen (»readback«; z. B. Cushing, 1994) bedeutet, wörtlich zu wiederholen, was gesagt wurde. Diese Maßnahme sichert die Ebene 1 ab, indem Fehler erkannt werden (wenn beide Parteien aufmerksam sind). Während Zurücklesen für Einsatzorganisationen häufig selbstverständliche Gewohnheit ist, muss es z. B. in Verwaltungsstäben oder von Fachberatern für die Stabsarbeit meist erst eingeübt werden.

Durch Zurücklesen einer Nachricht wird der korrekte Informationstransfer überprüft. Das Verstehen ist damit nicht sichergestellt.

35.3 Verständnis sichern

Gelingende Kommunikation ist mehr als korrekte Nachrichtenübermittlung: Menschen haben keinen direkten Zugriff auf das Denken anderer Menschen; man kann nicht Information von einem Gehirn in ein anderes übertragen. »Information ist ein Unterschied, der einen Unterschied macht« (Bateson, 1985), und zwar für den Empfänger. »Übertragen« werden zwischen Menschen also nur Zeichen, Bedeutung wird auf Ebene 2 erzeugt. Da es sich um verschiedene Menschen handelt, wird die Bedeutung unterschiedlich sein. Verständnis kann deshalb nur erreicht werden, wenn der Sender sich inhaltlich und in der Form der Mitteilung auf die andere Person einstellt. Teil vieler Kommunikationsprobleme ist dabei die **Erwartung** an das Verstehen und Verhalten anderer: Kommunikation wird bestimmt durch die gegenseitigen Verhaltenserwartungen und die Annahmen, die man über sich selber und die andere Person hat.

Die Interpretation einer Nachricht ist immer subjektiv geprägt, z. B. durch Erwartungen, Wissen, Ziel und Werte. Es kann deshalb nicht vorausgesetzt werden, dass die Nachricht inhaltlich so verstanden wird, wie sie gemeint war.

Auch wenn aufgrund dieser Subjektivität die Ebene 2 nicht vollständig kontrollierbar ist, kann man im Stabskontext Verständnis absichern. Wichtig dafür sind u. a. explizite Kommunikation, die Bildung gemeinsamer mentaler Modelle oder tragfähige Arbeitsbeziehungen.

35.3.1 Explizit kommunizieren: Das »Selbstverständliche« erklären

Es wird häufig angenommen, dass alle im Stab Arbeitenden dieselbe Sprache sprechen und dieselben Ziele haben – eben weil sie ja gemeinsam im Stab eine Lage bewältigen. In Stäben der Behörden und Organisationen mit Sicherheitsaufgaben (BOS), in denen alle Personen eine ähnliche Berufsausbildung hatten und die gleiche Stabsausbildung durchlaufen haben, ist tatsächlich vieles voraussetzbar. Aber bereits für die Verbindungspersonen gilt das nicht, für neue Mitglieder im Stab ebenfalls nicht und erst recht nicht in Stäben von Wirtschaftsunternehmen mit verschiedenen Berufen und Berufskulturen. Damit es einen gemeinsamen Bezugsrahmen gibt (»common ground«; Clark, 1996) ist es wichtig, dass Ziele und **Intentionen ausgesprochen** werden, dass **Erklärungen** gegeben werden und auch scheinbar Selbstverständliches explizit gemacht wird. Dies gilt auch für die Verwendung von Fachsprache: Wenn sie von allen geteilt wird, ist sie nützlich für die Eindeutigkeit der Kommunikation; wenn sie nicht von allen beherrscht wird, erschwert sie Verstehen (z. B. die Verwendung von taktischen Zeichen im Stab). Zur expliziten Kommunikation gehört auch, nicht aus Höflichkeit vage zu formulieren, sondern z. B. einen Auftrag als solchen zu geben: »Erledigen Sie das« (je nach Organisation mit oder ohne »bitte«) anstatt »Wir könnten doch …«.

35.3.2 Gemeinsame mentale Modelle und Common Ground

Geteiltes Wissen und geteilte Annahmen über die Lage sind Voraussetzung für Verstehen. »Gemeinsame mentale Modelle« zu haben, meint, dass die Kommunikationspartner **wissen,**

was sie gemeinsam wissen (dazu siehe ausführlicher ▶ Kap. 17). Gemeinsame mentale Modelle entstehen durch das Gespräch miteinander, durch fragen, erklären und nachfragen, nicht allein durch Lagevorträge. Diese Verständigung über die Lage, die Bedingungen, unter denen der Stab arbeitet, oder die Aufgabenverteilung mag anfänglich Zeit brauchen – dafür werden die Stabsmitglieder im Verlauf der Stabsarbeit sich besser verstehen und weniger über Koordination sprechen müssen.

35.3.3 Tragfähige Arbeitsbeziehungen

»Wenn man sich nicht versteht, wird es schwierig zu verstehen«: Wenn Beziehungen schwierig sind, wird die Kommunikation problematisch. Neben dem Unwillen, mit Menschen, die einem unsympathisch sind, einen intensiven Austausch zu betreiben, gibt es einige häufig zu beobachtende Interaktionsmuster wie die Vermischung von Beziehungsbotschaft und Sachinhalt (Schulz v. Thun, 2006) oder symmetrische Eskalationen und komplementäre Kommunikationsmuster (Watzlawick, Beavin & Jackson, 2007). In Krisensituationen treten zwar persönliche Konflikte meist in den Hintergrund, da sich alle bemühen, die Situation zu bewältigen. Dennoch sollten die Beziehungen der Stabsmitglieder gepflegt werden, damit die durch Stress und Zeitdruck erschwerte Kommunikation nicht zusätzlich durch die persönlichen Ebenen belastet wird (dazu z. B. Horn & Strohschneider, 2012). Nur in einer kooperativen Arbeitsatmosphäre werden Teammitglieder auch Zweifel und unklare Bedenken äußern (z. B. St. Pierre & Hofinger, 2014). Respekt und Akzeptanz sind dabei wichtiger als Sympathie.

Verständnis sichern im Stab
- Intention erklären
- Wissen explizit machen
- Auf geteilte Ziele beziehen
- Aufträge mit Bezug auf Ziele geben
- Fragen stellen
- Bedeutung von Information erklären/erfragen
- Nachfragen bei Unklarheiten
- Gemeinsame Erfahrungen schaffen

Die für Verstehen nötigen Voraussetzungen können oder sollten nur zum Teil während der Stabsarbeit geschaffen werden – gemeinsames Wissen über Lagen, über Aufgaben und Ressourcen kann in Übungen und Schulungen gewonnen werden. Persönliches Kennen stärkt das Vertrauen und erleichtert Kommunikation. Gute Kommunikation im Stab beginnt also vor dem Zusammentreffen im Stab. Das gilt verstärkt auch für die dritte Ebene, die Schaffung des Rahmens der konkreten Kommunikation.

35.4 Den Rahmen setzen: Voraussetzungen für Kommunikation schaffen

Kommunikation im Stab findet unter den Bedingungen der Stabsarbeit statt – es ist nicht nur Sache der Kommunikationspartner, wer was wann wie zum wem sagt. Sender und Empfänger haben z. B. aufgrund der Funktion im Stab Annahmen darüber, was der oder die andere will oder weiß, und passen ihre Ausdrucksweise diesen Annahmen an. Natürlich spielen auch die Erfahrungen im Alltag eine Rolle: Ist eine Führungsperson niemals willig, Rat anzunehmen, wird sie im Stab kaum beraten werden.

Der Rahmen der Stabsarbeit ist während einer Lage natürlich kaum veränderbar. Aber durch Raumgestaltung, Rollendefinition, Organisation der Informationsflüsse im Stab, Ausbildung etc. wird die Kommunikation des Stabes beeinflusst. Während einer Lage sind vor allem Lagebesprechungen die Kommunikationsgelegenheit für alle Stabsmitglieder; ihre Gestaltung ist entscheidend für die Qualität der Stabsarbeit.

Gute Kommunikation vorbereiten

- Bei der Raumgestaltung Kommunikationsbedürfnisse bedenken
- Sitzordnung anhand lagebezogener Kommunikationsbedarfe
- Disziplinierte, moderierte Stabsbesprechungen
- Kenntnis der Funktionen und Rollen aller Beteiligten
- Konsultativer Führungsstil

Literatur

Bateson, G. (1985). *Ökologie des Geistes. Anthropologische, psychologische, biologische und epistemologische Perspektiven.* Frankfurt am Main: Suhrkamp.

Buerschaper, C. (2005). Handlungsregulation und Kommunikation. In G. Hofinger (Hrsg.), *Kommunikation in kritischen Situationen* (S. 41–61). Frankfurt am Main: Verlag für Polizeiwissenschaft.

Clark, H. (1996). *Using language.* Cambridge: University Press.

Edworthy, J., Hellier, E., Newbold, L. & Titchener, K. (2015). Passing crisis and emergency risk communications: The effects of communication channel, information type, and repetition. *Applied Ergonomics, 48,* 252–262.

Frey, D. (1984). *Die nonverbale Kommunikation.* Stuttgart: SEL.

Hofinger, G. (2012). Kommunikation. In P. Badke-Schaub, G. Hofinger & K. Lauche (Hrsg.), *Human Factors, Psychologie sicheren Handelns in Risikobranchen* (2. Aufl., S. 132–151). Heidelberg: Springer.

Hofinger, G. (Hrsg.). (2012a). *Kommunikation in kritischen Situationen* (2. erw. überarb. Aufl.). Frankfurt am Main: Verlag für Polizeiwissenschaft.

Horn, G. & Strohschneider, S. (2012). Kommunikation im Krisenstab, In G. Hofinger (Hrsg.), *Kommunikation in kritischen Situationen* (2. erw. überarb. Aufl., S. 109–128). Frankfurt am Main: Verlag für Polizeiwissenschaft.

Knigge, I., Künzer, L. & Hofinger, G. (2014). Kommunikation in Großschadenslagen. In M. Jenki, N. Ellebrecht & S. Kaufmann (Hrsg.), *Organisationen und Experten des Notfalls. Zum Wandel von Technik und Kultur bei Feuerwehr und Rettungsdiensten* (S. 85–106). Münster: LIT Verlag.

Lasswell, H. D. (1948). The structure and function of communication. In L. Bryson (Ed.), *The communication of ideas. A series of addresses* (pp. 37–51). New York: Harper.

Schulz von Thun, F. (2006). *Miteinander reden 1: Störungen und Klärungen. Allgemeine Psychologie der zwischenmenschlichen Kommunikation.* Reinbek: Rowohlt.

Shannon, C. E. & Weaver, W. (1949). *The mathematical theory of communication.* Urbana: University of Illinois Press.

Watzlawick, P., Beavin, J. & Jackson, D. D. (2007). *Menschliche Kommunikation* (11. Aufl.). Bern: Huber.

Praxisbeitrag: Reden ist Gold: Bedeutung und Funktion der Krisenkommunikation im Krisenmanagement

Katharina Becker

G. Hofinger, R. Heimann (Hrsg.), *Handbuch Stabsarbeit*,
DOI 10.1007/978-3-662-48187-5_36, © Springer-Verlag Berlin Heidelberg 2016

Schlechtes Krisenmanagement wird auch durch gute Kommunikation nicht besser. Aber schlechte Krisenkommunikation kann selbst das beste Krisenmanagement torpedieren. Warum Reden in der Krise Gold ist und kein Krisenstab ohne Kommunikationsverantwortlichen auskommt.

36.1 Warum Krisenkommunikation unabdingbar ist

Ein verheerendes Hochwasser, ein Großbrand in der Produktion, der Vorwurf der Umweltverschmutzung, ein Chemieunfall, ein gefährlicher Bombenfund, der Rückruf fehlerhafter Produkte, der Verlust sensibler Kundendaten oder Untreuevorwürfe: Kein Tag vergeht, an dem nicht irgendwo die Krise zuschlägt. Dabei kann schon ein einziger Vorfall das über Jahre oder Jahrzehnte aufgebaute Vertrauen – den guten Ruf – zerstören und damit oft ein wichtiges Fundament der Existenz.

Kommunikation in der Krise ist eine Nagelprobe für die Verantwortlichen – sie verläuft unter Stress, Zeitdruck und ohne ausreichende Informationen. Dennoch gilt in den allermeisten Krisenfällen: Nicht Schweigen, sondern **Reden ist Gold**. Denn die Krisenbewältigung wird von den Betroffenen, der Öffentlichkeit und den eigenen Mitarbeitern und Mitarbeiterinnen nur als so gut wahrgenommen, wie die Kommunikation darüber.

Die Krisenbewältigung wird von den Betroffenen, der Öffentlichkeit und den eigenen Mitarbeitern nur als so gut wahrgenommen, wie sie kommuniziert wird.

Ist der öffentliche Auftritt unangemessen, kann das die Krise verschärfen und das gesamte Krisenmanagement torpedieren. Dennoch ist Krisenkommunikation nur ein Teil des Krisenmanagements. Sie kann es nicht ersetzen. Wird die Krise nicht oder nicht angemessen bewältigt, kann auch die professionellste Kommunikation daraus keinen Erfolg zaubern. Oberstes Ziel des Krisenmanagements muss es daher sein, ein Ereignis und dessen Folgen bestmöglich zu bewältigen oder sogar zu verhindern. Nur dann kann auch die Kommunikation gelingen.

36.1.1 Schneller, weiter, unkontrollierbarer: Das Informationsuniversum Internet

Für die Kommunikation in chaotischen und komplexen Krisensituationen galten bislang stets dieselben Grundsätze. Wer schnell, aktiv, umfassend und faktenorientiert die Medien und damit die Öffentlichkeit informiert und Empathie zeigt, hat gute Chancen, gehört zu werden. Das funktioniert jedoch nur, wenn die Informationshoheit und damit die Kommunikationshoheit bei den handelnden Unternehmen, Gemeinden oder Behörden liegen (Deutscher Städtetag, 2012, S. 6).

Allerdings hat sich die Medienwelt in den vergangenen Jahren rasant verändert und damit die Art, wie Menschen kommunizieren. In **sozialen Netzen** (»social media«) wie Twitter, Facebook oder YouTube werden Fotos und Filme von Ereignissen über Smartphones praktisch in Echtzeit von Beteiligten und Unbeteiligten veröffentlicht und massenhaft verbreitet. Der Einfluss ist erheblich, zumal auch die klassischen Medien die im Netz umherschwirrenden Informationen nutzen und weiter verbreiten.

So entsteht in kürzester Zeit ein eigenes **Informationsuniversum**, das den handelnden Personen vorauseilt und schnell die öffentliche Meinung und Stimmung für sich einnimmt. Informationen werden rasanter, direkter, subjektiver und flächendeckender verbreitet, als es die verantwortlichen Krisenmanager können und wollen. Damit verlieren die handelnden Personen die Informationshoheit, zumindest in der ersten, aber entscheidenden Phase einer Krise (Deutscher Städtetag, 2012, S. 6). Darauf muss die Krisenkommunikation reagieren und sich anpassen.

36.2 Die Hunde schlafen nicht: Kommunikation als Funktion des Krisenstabes

Krisenstäbe operierten lange im Geheimen, so geräuschlos wie möglich. Möglichst nichts sollte nach außen dringen. Nur keine schlafenden Hunde wecken! Der Blick auf das Medienecho zu den Krisen der vergangenen Jahre zeigt jedoch: Die Hunde schlafen nicht. Keine Krise lässt sich auf Dauer geheim halten.

Die Medien werden über einen Vorfall berichten – ob sich die betroffene Institution dazu äußert oder nicht. Wer die Kommunikation in der Krise nicht steuert, unterbindet sie nicht. Er übergibt das Ruder nur anderen, im Zweifel wenig wohlwollenden Akteuren.

Wer die Kommunikation in der Krise nicht steuert, unterbindet sie nicht. Er übergibt das Ruder nur anderen.

Anders als noch vor rund 20 Jahren ist deshalb die Kommunikation mit Partnern, Mitarbeitern, Medien, Behörden und anderen Beteiligten heute selbstverständlicher und unverzichtbarer Bestandteil des Krisenmanagements. Es findet sich kaum ein Krisenstab, in dem nicht ein Presseverantwortlicher vertreten ist: ob bei Unternehmen, bei Behörden, Polizei, Feuerwehr oder Hilfsorganisationen. So findet sich in der für Kommunen geltenden Katastrophenschutz-Dienstvorschrift »Führung und Einsatz« (KatS-DV 100) von 1981 kein Hinweis auf die Notwendigkeit von Krisenkommunikation durch den Stab. Mit der Ablösung der Vorschrift 1999 durch die Feuerwehr-Dienstvorschrift FwDV 100 »Führung und Leitung im Einsatz« wurde auch der Stab um die Sachgebiete Presse- und Medienarbeit sowie Informations- und Kommunikationswesen erweitert (▶ Teil II in diesem Band).

36.2.1 Nahe am Entscheider

Unabdingbar für das Gelingen der Krisenkommunikation ist das **Vertrauen** des Entscheiders oder der Entscheiderin in die Fähigkeiten und Integrität der Presseverantwortlichen. Der Entscheider kann die Geschäftsführung oder der Vorstand des Unternehmens sein, der Behördenleiter, Minister, Bürgermeister, der Einsatzleiter oder der Leiter des Krisenstabes. Zwar sollte jede Pressemitteilung, jede Sprachregelung für Mitarbeiter am Empfang oder in der Hotline vom Entscheider freigegeben werden. Er oder sie kann jedoch nicht jedes Gespräch mit Journalisten oder jede Twittermeldung prüfen und muss daher auf die Mitarbeiter vertrauen.

Um den Kommunikationsauftrag bestmöglich zu erfüllen, braucht der oder die Presseverantwortliche zudem einen »**kurzen Draht**« zum Entscheider. Fakten müssen abgestimmt, Informationen abgeglichen, Freigaben eingeholt und Interviewanfragen weitergeleitet werden. Um hektische Telefonate oder umständliches E-Mail-Schreiben mit den erwartbaren Missverständnissen zu vermeiden, sollte der Presseverantwortliche im Krisenstab auch räumlich in unmittelbarer Nähe des Entscheiders oder Leiters des Krisenstabes sein (zur Positionierung in Stabsräumen ► Teil V in diesem Band).

Der Verantwortliche für die Krisenkommunikation muss grundsätzlich an allen Stabssitzungen teilnehmen, um stets auf dem aktuellen Stand zu sein und die Informationen über die Berichterstattung sowie das Echo in den sozialen Medien an den Stab weiterzugeben. Organisatorisch greift der Krisenkommunikationsverantwortliche auf das Team der Pressestelle zurück, die nach den Stabsbesprechungen über die aktuelle Situation informiert wird und an die die Aufgaben delegiert werden. Ist nur ein kleines Presseteam vorhanden und können die Aufgaben auch nicht von anderen Mitarbeitern wahrgenommen werden, kann auf die Hilfe externer Krisenkommunikationsspezialisten zurückgegriffen werden. Dazu sollten jedoch bereits vor der Krise Kontakte aufgebaut werden, um Reibungsverluste zu verhindern.

36.3 Kommunikation ist keine Einbahnstraße: Aufgaben des Presseverantwortlichen im Krisenstab

Die Aufgaben des oder der Presseverantwortlichen im Krisenstab beschränken sich nicht auf das Verfassen von Pressemitteilungen oder die Organisation von Pressekonferenzen. Krisenkommunikation ist keine Einbahnstraße. Für ein erfolgreiches Krisenmanagement ist es wichtig zu wissen, was die Öffentlichkeit über den Vorfall selbst und die Krisenbewältigung denkt. Ein **Medienmonitoring** (Was berichten die Medien? Was wird in den sozialen Netzen verbreitet? Was denkt der »Mann auf der Straße«?), das auch negative Elemente nicht verschweigt, ist essenziell.

Medieninformationen
- Auswählen und aufbereiten von Informationen zum Vorfall und zu den getroffenen Maßnahmen
- Erstellen von Medieninformationen mit Hintergrundmaterial
- Ständigen Kontakt mit Journalisten und Medienvertretern halten
- Einbinden der Medien in die Schadensbegrenzung und -bekämpfung (Warnung und Verhaltenshinweise für die Bevölkerung, Hilfeaufrufe etc.)
- Erfassen, dokumentieren und auswerten der Medienlage

Medienbetreuung
- Begleiten der Pressevertreter vor Ort
- Vorbereiten und Durchführen von Pressekonferenzen (auch vor Ort)
- Lenken der Bild- und Filmberichterstattung durch exklusiven Zugang zum Einsatzraum

Informationskoordination
- Bündeln, abstimmen und steuern der Medienarbeit, etwa mit Presseverantwortlichen beteiligter Organisationen und Behörden, insbesondere mit der Polizei
- Info- und Bürgertelefone veranlassen und betreuen (Personal, Sprachregelung, wichtige Hinweise von Anrufern an den Krisenstab weiterleiten)

Das Ziel der Abstimmung mit den Presseverantwortlichen anderer beteiligter Stellen ist, möglichst mit einer Stimme zu sprechen. Dadurch sollen widersprüchliche Aussagen vermieden werden, die Vertrauen und Glaubwürdigkeit zerstören können. Beispielsweise werden Menschen misstrauisch, wenn ein Chemiebetrieb von kleinen ausgetretenen Mengen einer ungefährlichen Substanz berichtet, die Feuerwehr dagegen großflächig Alarm gibt und das Gesundheitsamt Mitarbeiter in Schutzanzügen losschickt.

36.3.1 Vorbereitung ist alles: In der Krise bleibt keine Zeit für Grundsätzliches

In jeder Krise stehen die Verantwortlichen unter Zeitdruck. Die sozialen Medien haben diesen noch verstärkt. Umso mehr gilt, dass alles, was sich vorbereiten lässt, auch vorbereitet sein muss, um sofort handlungs- und sprachfähig zu sein. Wer in der Krise erst die Grundsatzdebatte führt, ob lieber offensiv kommuniziert werden sollte oder die »Kein-Kommentar-Strategie« zielführender wäre; wer sich erst jetzt die Frage stellt, wie man eine Hotline einrichtet, oder wer Informationen auf die Homepage stellen darf, verschenkt wertvolle Zeit.

Wer in der Krise Grundsatzdebatten führt, verschenkt Zeit.

Ein Touristikkonzern beispielweise hat folgende **Grundregeln für die Krisenkommunikation** festgelegt (Köpers, 2010, S. 30 ff.):
1. Für den Fall X vorbereitet sein.
2. Fakten sichern und bestätigen.
3. Schnell und aktiv informieren.
4. Nur belastbare Fakten veröffentlichen.
5. Alle Zielgruppen zeitgleich bedienen.

Ein Schweizer Verein (vahs, 2013) hat seine Grundsätze der Krisenkommunikation wie folgt beschrieben: »Es ist, wie es ist – und wir stehen dazu. Wir sind ehrlich, offen und schnell – und zeigen auch Betroffenheit. Alles, was wir sagen, stimmt; aber wir sagen nicht alles, was stimmt (nur Fakten, keine Vermutungen. Keine Namen bei Anzeigen und gerichtlichen Verfahren).«

Mit ihren Grundregeln definieren sowohl das Reiseunternehmen als auch der vahs ihre grundsätzliche Kommunikationsstrategie. Bis auf wenige Ausnahmen wie die Entführung des Firmenchefs, wo andere Regeln gelten, kann und sollte diese generelle Linie vorab für alle Krisenfälle festgelegt werden.

Die Krisenkommunikationsvorbereitung schließt die Hotline und das Call Center ebenso ein wie das Internet und Intranet, Darksites, die im Krisenfall den Internetauftritt ersetzen oder ergänzen, die sozialen Netze, Textbausteine für erste Statements, geeignete Räume und Technik für Pressekonferenzen, das Medienmonitoring sowie aktuelle Verteiler. Zudem müssen Zuständigkeiten und Befugnisse geklärt werden, etwa wer als Sprecher gegenüber Journalisten auftritt, wer die sozialen Netze betreut, wer die Darksite freischaltet oder Presseinformationen freigibt. Hilfreich sind Kontakte zu externen Experten, die im Krisenfall als Fürsprecher oder neutrale Instanz auftreten können.

Vorbereitung Krisenkommunikation

- Ziel und Grundsätze der Krisenkommunikation festlegen
- Interne und externe Empfänger der Krisenkommunikation identifizieren
- Zuständigkeiten festlegen
- Abläufe klären
- Textbausteine vorbereiten
- »Darksite« vorbereiten (vorbereitete Internetseite, die im Notfall aufgeschaltet wird und die eigene Homepage temporär ersetzt oder ergänzt)
- Technische Ausrüstung, Logistik
- Call Center/Hotline vorbereiten
- Verteiler aktuell halten

Um schnell und aktiv informieren zu können, sind die sozialen Medien heute neben der eigenen Homepage fast unabdingbar. Dies erkannte auch der Reisekonzern, nachdem der isländische Vulkan Eyjafjallajökull 2010 gewaltige Aschewolken ausstieß, den Luftverkehr nicht nur in Deutschland zum Erliegen brachte und zehntausende Urlauber strandeten. Rückblickend auf die größte Rückholaktion der Firmengeschichte forderte der Leiter der Unternehmenskommunikation des Konzerns, soziale Medien stärker einzusetzen (Köpers, 2010). »Die neuen Medien – vorrangig Twitter oder Apps für Smartphones … – haben wir noch nicht genutzt, obwohl viele Kunden sich über diese Kanäle informieren und teilweise darüber schneller erreichbar sind als über die klassischen Medien.« Diese Kanäle zu nutzen, macht jedoch nur Sinn, wenn man sie konstant fluten und überwachen kann. Es müssen jederzeit genügend versierte Mitarbeiter zur Verfügung stehen, um Fragen zu beantworten, Fakten zu vermitteln und Falschmeldungen zu korrigieren.

Zu einer guten Vorbereitung ist Training unerlässlich. Zum einen, um festgelegte Strukturen und Abläufe auf Praxistauglichkeit zu testen. Zum anderen helfen Fallsimulationen auch allen Beteiligten, eine gewisse Sicherheit zu erlangen. Nur durch Training lässt sich die Schockstarre, in die viele gerade zu Beginn der Krise verfallen, verkürzen. Gleiches gilt für das andere häufig zu beobachtende Extrem: hektischer Aktionismus.

Training

- Sprechertraining vor Mikrofon und Kamera
- Training der Mitarbeiter Sekretariat, Telefonzentrale, Call Center/Hotline
- Simulationen für den Krisenstab

Sämtliche strategischen Festlegungen zur Krisenkommunikation müssen dem gesamten Krisenstab bekannt und mit dem verantwortlichen Entscheider abgestimmt sein. Nur so lässt sich verhindern, dass in den Krisenstabssitzungen immer wieder die Kommunikationsstrategie in Frage gestellt wird.

36.4 Wenn die Krise zuschlägt: Agieren, nicht reagieren

Im Vordergrund stehen hier die zentralen Aspekte der Kommunikation im Rahmen der Krisenstabsarbeit (zu den Details der Krisenkommunikation ausführlich Puttenat, 2009; Oltmanns, Kleinaltenkamp & Ehret, 2009; Baumgärtner, 2005; Töpfer, 1999).

36.4.1 Erst das Ziel klarmachen, dann loslaufen

Jedes Krisenmanagement und damit die Krisenkommunikation braucht klare **Ziele**. Wer die Richtung nicht kennt, wird entweder gar nicht erst losziehen oder sich unterwegs verlaufen, höchstwahrscheinlich jedenfalls nicht da ankommen, wo er soll. Die Prioritäten müssen zu Beginn der Krisenstabsarbeit vom Entscheider eindeutig kommuniziert werden und allen Beteiligten verständlich und präsent sein.

Ohne ein klares Ziel für das Krisenmanagement selbst gelingt auch die Kommunikation nicht.

Als die Aschewolke des isländischen Vulkans in der Nacht zum 16. April 2010 über Deutschland zieht und die Deutsche Flugsicherung den Luftraum für den Flugverkehr sperrt, sind zentrale Fragen für den Krisenstab des Reisekonzerns völlig unklar: Welches Ausmaß wird die Aschewolke annehmen? Wie lange dauert die Sperrung? Ungeachtet dessen entscheidet der Deutschland-Chef umgehend, dass Kulanz den Kunden gegenüber oberste Priorität hat (Köpers, 2010). »Damit ist das Ziel für den Krisenstab und uns Kommunikatoren klar«, erklärt der Kommunikationschef. »Das erleichtert die Bewältigung der Krise enorm: Denn trotz der großen Erfahrung unseres Krisenteams waren wir auf dieses Szenario nur teilweise vorbereitet. Das Kapitel ‚Luftraumsperrung wegen Aschewolke' war zu diesem Zeitpunkt im Krisenhandbuch … noch nicht geschrieben« (Köpers, 2010).

36.4.2 Bericht von der medialen Front

Ebenso wie alle anderen Mitglieder des Krisenstabes gibt der Kommunikationsverantwortliche in jeder Stabssitzung (► Kap. 17) die aktuelle mediale Lage bekannt. Dazu gehören auch Informationen, welche Pressemitteilung mit welchem Inhalt wann veröffentlicht wurde, wie das Medienecho ausfällt, was in den sozialen Netzen beobachtet und wie darauf reagiert wird. Treten Probleme auf, muss der Kommunikationsverantwortliche diese benennen und Lösungen anbieten, die er gegebenenfalls zur Diskussion stellt.

Um keine langwierigen Debatten und Wortklaubereien zu provozieren, sollten Presseinformationen nicht mit allen Krisenstabsmitgliedern während der Stabssitzung formuliert werden. Kann der Kommunikationsverantwortliche keinen vorformulierten Vorschlag präsentieren, nimmt er die neuen Informationen auf und verfasst im Anschluss an die Stabssitzung die Pressemitteilung.

Nach den Stabssitzungen muss der oder die Kommunikationsverantwortliche im Krisenstab das eigene Team auf den neuesten Stand bringen. Bei der Aschewolke-Krise wurden Reiseleiter in mehr als 100 Ländern nach jeder Krisensitzung per E-Mail informiert, um Urlaubern gegenüber kompetent Auskunft geben zu können (Köpers, 2010). Grundsätzlich müssen alle Zielgruppen – Kunden, Medien oder Mitarbeiter – zeitgleich informiert werden.

36.5 Und zum Schluss: Die Nachbearbeitung

Wenn die akute Krise vorüber ist, herrscht meist allgemeine Erleichterung und alle kehren schnellstmöglich zum Tagesgeschäft zurück. Für den Krisenstab im Ganzen wie für die Kommunikatoren im Speziellen gilt es jedoch, die Lehren aus der Krise zu ziehen, um Schwächen zu beheben und beim nächsten Mal besser zu werden. Zu bedenken ist an dieser Stelle auch, ob das öffentliche Interesse wiederkehren könnte und wann, etwa zu Jahrestagen oder Gerichtprozessen, und wie sich darauf vorbereiten lässt.

Wenn die Krise tatsächlich etwas verändert hat, was nicht in Ordnung war, sollten die Medien darüber informiert werden. Erkannte Mängel und Fortschritte bei deren Beseitigung zu kommunizieren, schafft Vertrauen. Und um nichts anderes geht es bei der Krisenkommunikation.

Dienstvorschriften, Normen und Gesetze

- FwDV 100 (1999). Feuerwehrdienstvorschrift 100. Führung und Leitung im Einsatz – Führungssystem. Arbeitskreis V der Ständigen Konferenz der Innenminister und -senatoren der Länder.
- KatS-DV 100 (1981). Katastrophenschutz-Dienstvorschrift 100. Führung und Einsatz.

Literatur

Baumgärtner, N. (2005). *Risiko- und Krisenkommunikation: Rahmenbedingungen, Herausforderungen und Erfolgsfaktoren, dargestellt am Beispiel der chemischen Industrie.* München: Dr. Hut.

Deutscher Städtetag (2012). *Medienkommunikation in Krisensituationen. Handlungsfähig bleiben im Chaos - ein Leitfaden.* Berlin und Köln: Deutscher Städtetag.

Köpers, M. (2010). Im Namen des Kunden: 160 Stunden Krisenkommunikation während der Aschewolke. *Fachjournalist, 3,* 30–33.

Oltmanns, T., Kleinaltenkamp, M. & Ehret, M. (2009). *Kommunikation und Krise.* Wiesbaden: Gabler.

Puttenat, D. (2009). *Praxishandbuch Krisenkommunikation: Von Ackermann bis Zumwinkel: PR-Störfälle und ihre Lektionen.* Wiesbaden: Gabler.

Töpfer, A. (1999). *Die A-Klasse: Elchtest, Krisenmanagement, Kommunikationsstrategie.* Neuwied: Luchterhand.

Verein für anthroposophische Heilpädagogik und Sozialtherapie Schweiz (vahs) (2013). *Leitfaden für die Krisenkommunikation.* ► http://www.vahs.ch/fileadmin/user_upload/9_Publikationen/Leitfaden_Krisenkommunikation_vahs.pdf. Zugegriffen: 15.11.2014.

Auswahl, Ausbildung, Training

Auswahl, Ausbildung, Training

Die Inhalte und Aufgaben von Stäben stellen nur selten auch Alltagsaufgaben der Stabsmitglieder dar. Deshalb brauchen Stäbe Ausbildung und Training. Die zu bewältigenden Lagen sind glücklicherweise selten – aber das bedeutet auch, dass es wenig Erfahrung damit gibt. Deshalb sind Übungen in verschiedenen Formen unerlässlich. In dieser Sektion werden verschiedene Trainings- und Übungskonzepte und Möglichkeiten der Evaluation vorgestellt. Da Stabsaufgaben an die beteiligten Personen hohe persönliche Anforderungen stellt, sollte – wo es organisatorisch möglich ist – das Personal nicht nach Hierarchie, sondern nach Eignung ausgewählt werden.

Ausbildung und Training von Stäben

Gesine Hofinger, Rudi Heimann, Maike Kranaster

G. Hofinger, R. Heimann (Hrsg.), *Handbuch Stabsarbeit*,
DOI 10.1007/978-3-662-48187-5_37, © Springer-Verlag Berlin Heidelberg 2016

Die Lagebewältigung mit und in Stäben ist durch ihre Strukturierung und Formalisierung stark abweichend von der herkömmlichen Arbeit – in Unternehmen meist deutlicher als in Einsatzorganisationen, für Assistenzpersonal eher als für die Entscheider. Wie jede anspruchsvolle und ungewohnte Tätigkeit muss Stabsarbeit gelernt und geübt werden. Realität in vielen Organisationen ist jedoch, dass der Stab in Übungen als »Laienspielgruppe« erscheint, weil basale Prozesse nicht beherrscht werden. Häufig – zumeist in Unternehmen – kennen die Stabsmitglieder ihre Funktion sowie die zugehörigen Prozesse nicht gut, haben nie an einer Übung teilgenommen und würden sich damit in einer Reallage eher als Improvisationstheater betätigen müssen.

37.1 Stabsausbildung: Notwendig, aufwändig, nützlich

Bei der Ausbildung wie auch bei Übungen sind verschiedene Perspektiven nötig (ähnlich Heumüller, Richter & Lechner, 2013): Lagebezogen (**Aufgaben** des Stabs und **Ziele** des Einsatzes), generell stabsbezogen (**Stabsstrukturen** und **Stabsprozesse**) sowie **interaktionsbezogen** (Teamkompetenzen, Kommunikation, Führen und Entscheiden).

Die benötigte Ausbildung von Stabsmitgliedern ist verhältnismäßig umfangreich; dem hohen Aufwand steht meist eine geringe Einsatzhäufigkeit gegenüber.

Viele Stäbe leiden unter einer hohen Fluktuation der Mitglieder, sodass der Ausbildungsaufwand immer wieder geleistet werden muss. Selbst wenn eine Organisation ihre Stäbe regelmäßig schult, werden bei großen Mitarbeiterpools für die Stabsfunktionen nicht alle Stabsmitglieder verlässlich erreicht, bevor sie in den Einsatz gehen. Daher ist es wichtig, dass das Assistenzpersonal gut vorbereitet ist und es eine erfahrene Kerngruppe gibt, die in jeder Lage einberufen wird und hinzukommende Mitglieder unterstützen kann.

Bei der Bewertung des Aufwands ist zu beachten, dass vermittelte Kompetenzen nicht nur für die Stabsarbeit nützlich sind, sondern auch im Alltag genutzt werden können (z. B. strukturierte Gesprächsführung oder Visualisierung in Projektbesprechungen). Zudem führen Stabstrainings und -übungen als Nebeneffekt zu einer Vernetzung der mit Notfall- und Krisenmanagement befassten Personen innerhalb einer Organisation. In den Einsatzorganisationen wird durch die Stabsausbildung ein gemeinsames Führungsverständnis und eine gemeinsame Sprache weiterentwickelt.

37.2 Lernziele und -themen

Ausbildung und Übungen müssen auf Ziele bezogen sein, damit sie angemessen gestaltet und aussagekräftig evaluiert werden können. Lernziele für Stabstrainings und -übungen (Hofinger, 2008) können entsprechend den vorgenannten Perspektiven auf die inhaltliche Lagebewältigung bezogen sein, auf stabsspezifische Prozesse und auf »generische« Kompetenzen (Strohschneider, 2012). Relevant ist auch, ob das Ziel testen/überprüfen oder trainieren/lernen ist.

Insbesondere bei Übungen werden Lernziele in der Praxis aber oft nicht definiert, weil sich die Übungsersteller auf das Szenario konzentrieren, mit dem vorrangigen Ziel, den übenden Stab auszulasten und in Zeitdruck zu bringen (Heumüller, Richter & Lechner, 2014).

Themen für Stabsausbildungen und -übungen

- Notfall- und Krisenorganisation prüfen
  - Prüfung der Verfügbarkeit und Erreichbarkeit
  - Schulung der Anwendung von Notfall- und Krisenplänen
  - Verfügbarkeit, Einsetzbarkeit und Kompatibilität technischer Ressourcen
  - Test der intra- und interorganisationaler Zusammenarbeit
- Stabsspezifische Prozesse üben
  - Schnelles Verlassen der »Chaosphase«, Übergang in die **strukturierte Stabsarbeit** (▶ Kap. 16)
  - Strukturierte **Lagebesprechungen** (▶ Kap. 17)
  - **Visualisierung**, Aktualisierung des Lagebildes (▶ Kap. 33)
  - **Informationsmanagement** (▶ Kap. 30, ▶ Kap. 31, ▶ Kap. 34)
  - Denken in **Szenarien**
  - **Entscheiden** und Umsetzen **kontrollieren** (▶ Kap. 15)
  - **Kooperation** mit Fachexperten/(externen) Beratern, anderen Organisationen und deren Stäben
  - Übergang von und zur **Normalorganisation**
- Führung und Teamprozesse trainieren
  - Ziele klären, **Prioritäten** setzen
  - **Gemeinsame mentale Modelle** bilden und aufrechterhalten (▶ Kap. 17)
  - Gemeinsam **Problemlösungen** finden
  - **Team** unter Zeit- und Entscheidungsdruck arbeitsfähig halten
  - Unter **emotionaler Belastung** und **Müdigkeit** im Team arbeiten
  - Situative **Führung**

37.3 Lernformen

Formen der Schulung und Übung für Stäbe sind z. B. Wissensvermittlung in Schulungen, Seminare mit interaktiven Lernformen wie Planspielen (▶ Kap. 40), stabsspezifische Lernformen wie Teilprozessübungen, Planbesprechungen (»table top exercise«), Stabsrahmenübungen (▶ Kap. 38) und Vollübungen (Überblick, auch zu Benennungen, in AEMI, 2012; Heumüller et al., 2013).

Die konkreten Lern- und Übungsformen sollten sich aus den Zielen ableiten. Für die Vermittlung spezifischer Kompetenzen (z. B. Verwendung von Mehrfachvordrucken, Kenntnis der Meldepflichten eines Stabs) sind Vollübungen zu aufwändig. Das Funktionieren der Alarmierungskette wird am besten mit einer Teilprozessübung überprüft, während ein Test der Informationsflüsse zwischen Einsatzkräften und Stab eine Vollübung verlangt.

37

Lern- und Übungsformen für Stäbe sollten aus Lern- bzw. Übungszielen auf den Ebenen »inhaltliche Lagebewältigung«, »stabsspezifische Prozesse« und »generische Kompetenzen« abgeleitet werden.

37.4 Grundlagen: Prozesse der Stabsarbeit lernen

37.4.1 Einführung in die Stabsarbeit

Für Stabsmitglieder ist eine allgemeine Einführung in die Stabsarbeit erforderlich:

- **Grundlagen zur Stabsarbeit:** Aufgabe des Stabs, Struktur und Positionen, rechtliche Aspekte, Örtlichkeiten, Alarmierung oder weitere Rahmenbedingungen.
- **Arbeitsweise des Stabes:** Funktionen und Rollen, konkrete Zusammensetzung des jeweiligen Stabs, Hierarchien, Kommunikation und Informationsflüsse, Stabsbesprechungen.

Diese Einführung ist je nach Organisation unterschiedlich realisiert: Von einer kurzen (oder nur schriftlichen) Einführung (meist in Verwaltungsstäben und Unternehmensstäben) bis zur Ausbildung in mehreren Modulen (Militär, Feuerwehr, Polizei) im Rahmen einer Führungskräfteausbildung.

Praxistipp

Neue Stabsmitglieder sollten wissen, welche Stäbe neben ihnen an einem Ereignis arbeiten könnten. Idealerweise finden entsprechende Informationsveranstaltungen zu anderen Stäben mit diesen in deren Räumlichkeiten statt, um die handelnden Personen auf der »andere Seite« vor einer Reallage kennenzulernen.
Für Stabsmitglieder, die nicht Teil der eigenen Organisation sind, wie Fachberater aus Unternehmen oder Behörden (bei Verwaltungen auch Vertreter von Versorgungsunternehmen o. Ä.), ist eine zusätzliche Einführung in die Strukturen der stabsführenden Organisation, der Aufgabe und Arbeit des Stabes wichtig. Angehörige der Polizei sollten wissen, wie ein Verwaltungsstab funktioniert, Veranstalter von Open-Air-Festivals sollten die Arbeitsweise von Stäben des Katastrophenschutzes verstehen.

37.4.2 Spezielle Ausbildung für bestimmte Funktionen

Ein Teil der Stabsmitglieder wird in dem Bereich eingesetzt, für den sie auch im Alltag zuständig sind (vor allem die Entscheidungsebenen). Sie benötigen daher keine gesonderte fachliche Ausbildung, aber sollten die Arbeitsweise eines Stabes kennenlernen.

Andere Stabsfunktionen entsprechen nicht der Alltagsarbeit. Das betrifft vorrangig die **Assistenzfunktionen** (in Verwaltungsstäben die Koordinierungsgruppe), z. B. Sichtung bzw. Nachrichtenzentrale, Lagedarstellung, Visualisierung oder Einsatztagebuch. Auch die **Leitung des Stabes** bzw. **Moderation** gehört zu den nicht unbedingt im Alltag ausgeübten Funktionen. Diese sollten besonders geschult und in Übungen einbezogen werden; dabei sind regelmäßige Auffrischungen nötig.

37.4.3 Teilprozessübungen

Teilprozesse der Stabsarbeit, die einzeln geübt und getestet werden sollten, sind, z. B. Alarmierung des Stabs, »Hochfahren« von Stabsräumen, Überprüfung der Technik (z. B. Kommunikation mit Leitstellenrechnern) oder Meldeketten zu höherrangigen Stäben. Ziel ist hier die **Überprüfung von Prozessen** bzw. **Technik** und das **Regelwissen** der Stabsmitglieder. Für

Teilprozessübungen sollten vorher Sollwerte festgelegt werden (z. B. die Zeit, bis der Stab Einsatzbereitschaft meldet), sonst ist keine Beurteilung des Erfolgs möglich.

37.5 Psychologische Schulungen: Den Anforderungen der Stabsarbeit gewachsen sein

Krisenstabseinsätze sind anspruchsvoll; die Arbeit erfordert häufig kreative, fachliche Lösungen. Aber auch die psychischen Anforderungen sind hoch, daher sollten für die Stabsmitglieder Trainings in diesem Bereich vorgesehen werden. Aspekte sind hier vor allem Stress (► Kap. 22), Entscheidungen (► Kap. 18, ► Kap. 19), Kommunikation in Stäben (► Kap. 31, ► Kap. 32, ► Kap. 35, ► Kap. 36) und gemeinsame mentale Modelle (► Kap. 17). Zu diesen Themen sind in jüngster Zeit verschiedene, teils an die Luftfahrt oder andere Branchen angelehnte Trainingsformen entstanden (Hagemann, 2011; Hofinger, 2008; Quellmelz, 2011; Schicht & Sticher, 2013; Strohschneider, 2012).

Training kann dazu führen, dass die Beteiligten sich der Relevanz der psychologischen Einflussfaktoren für die Stabsarbeit bewusst werden und erkennen, warum Fehler entstehen und was dagegen getan werden kann. Verhaltensänderungen sind natürlich nicht durch Einzelmaßnahmen zu erreichen, sondern müssen eingeübt werden.

37.6 Planbesprechung: Szenarien gedanklich durchspielen

Im polizeilichen Bereich gelten Planbesprechungen als »vorbereitete Besprechungen von Führungskräften zur Erörterung einsatzrelevanter Problemstellungen bei besonderen Anlässen und zur gemeinsamen Erarbeitung von Lösungen« (PDV 230, S. 11). Damit beschränkt sich diese Erörterung grundsätzlich auf Führungskräfte. Bei den Feuerwehren wird diese Übungsform (auch) als Planübung bezeichnet (FwDV 2, 2012, S. 18) oder auch als Planspiel (z. B. Lamers, 2012; Strott & Demel, 2015).

In anderen Organisationen finden Planbesprechungen (auch als »table top exercise«) auch in größerem Rahmen, aber grundsätzlich ohne feste Zuweisung von Stabspositionen statt und orientieren sich auch nicht an einem vorgedachten Verlauf. Vielmehr werden Einzelproblematiken der Lage erörtert, die in Planungen, Entschlüssen und Konzeptionen münden. In KRITIS-Unternehmen wird der Begriff teils weiter gefasst, mit größerem Teilnehmerkreis: »moderierte Besprechung mit Leitfragen …, gegebenenfalls auch ergänzt durch Fachvorträge, die Hintergründe zum behandelten Szenario vermitteln« (BMI, o. J., S. 17).

Eine Planbesprechung ist (bei unterschiedlicher Begriffsverwendung) eine Übungsform, bei der **nicht nach außen gehandelt** wird. Szenarien, die aus einer Lage mit möglichen Entwicklungen bestehen, werden **im Gespräch durchgespielt**, um vorhandene Pläne auf Plausibilität zu prüfen und zu ergänzen.

In Unternehmen und Verwaltungen können Planbesprechungen analog dazu auch der Erstellung bzw. Überprüfung von Notfallplänen dienen. In der Ausbildung von Feuerwehrstäben, Militär oder Polizei werden Planbesprechungen oder -übungen zur größeren Anschaulichkeit häufig mit physischen Modellen (Planspielplatten) kombiniert. Auch Computersimulationen ermöglichen ressourcenschonendes Szenarientraining.

Planbesprechungen sind schnell vorbereitet, einfach umzusetzen und kostengünstig, da sie durch den Verzicht auf Einspielungen aus einer (fiktiven) Außenwelt wenig Personal in der Übungsleitung verlangen. Diese Übungsform verlangt aber seitens der Teilnehmer die Fähigkeit, sich die im Szenario gegebene Situation plastisch vorzustellen zu können.

37.7 Planübung

Planübungen sind (im polizeilichen Sprachgebrauch) eine Erweiterung von Planbesprechungen. Diese »vorbereitete Übungen von Führungskräften und Führungsorganen insbesondere zur Bewältigung von Einsätzen aus besonderen Anlässen anhand eines festgelegten Übungsverlaufes ohne Einsatz von weiteren Kräften« (PDV 230, S. 11) beziehen die Stabsmitglieder mit ein und erstrecken sich unter Umständen auch über mehrere Führungsebenen – bleiben jedoch weiterhin grundsätzlich ohne Außenwirkung. Diese Übungsform sollte in Phasen angelegt werden und entspricht in Form und Inhalt einer gedachten Lage. Eine »inszenierende Gruppe« stellt die Aktionen und Reaktion anderer Institutionen dar. Die Leistungen werden durch die zugeteilten Rollenbesetzungen oder durch Kleingruppen erbracht. Diese Zuteilung kann nach Abschluss einer Phase wechseln.

Für ungeübte Stäbe sind Planbesprechungen und -übungen besonders sinnvoll als Vorbereitung für Rahmen- oder Vollübungen, da sie sich hier auf die fachlich-inhaltliche Ebene konzentrieren können. Sie können gerade bei untereinander unbekannten Mitarbeitern eines Stabes oder zusammenwirkenden Stäben in übergreifenden Lagen das »Eis brechen« und die Voraussetzungen für die kommenden Übungen optimieren.

Praxistipp

Die Ausgangslage des Übungsszenarios sollte möglichst konkret beschrieben sein. Potenzielle Lageentwicklungen sollten auch Worst-Case-Szenarien beinhalten. Die Lageentwicklungen werden von der Übungsleitung schrittweise vorgegeben und mit den Übenden durchgesprochen – was bedeutet die Lage und ihr Veränderung? Wer wäre für welchen Aspekt zuständig? Welche Ressourcen stehen zur Verfügung? Welche Nebenwirkungen könnten Maßnahmen haben? Eine Planübung dauert in der Regel 3–5 Stunden.

37.8 Rahmen- und Vollübungen: In einer fiktiven Lage als Stab handeln

Wenn der Stab und die operativen Kräfte eine Lage nicht nur gedanklich durchdringen sollen, sondern die gesamten Prozesse real geübt werden sollen, gibt es die Möglichkeit von **Rahmen-** und **Vollübungen.** Rahmenübungen sind »vorbereitete praktische Übungen von Führungskräften oder Führungsorganen nach einem festgelegten Übungsverlauf, bei denen weitere Kräfte teilweise eingesetzt oder nur dargestellt werden« (PDV 230, S. 12; ► Kap. 38). Die Funktionen sollen während des Übungsverlaufs grundsätzlich nicht wechseln.

Rollen bei Stabsübungen

- **Übungsteilnehmer** sind alle übenden Personen: die übenden Stabsmitglieder, Übungsleitung, Schiedsrichter, Übungsbeobachter, Statisten sowie Beteiligte anderer Institutionen.
- **Übungsleitung** ist eine ständig erreichbare Person ohne operative Funktion in der Übung, die die Übung vorbereitet, anlegt, durchführt und nachbereitet. Dabei wird sie ggf. von einer Steuerungsgruppe unterstützt.
- **Übungsdarsteller** stellen die Außenwelt des übenden Stabs dar, z. B. durch Anrufe.

- **Schiedsrichter** sind Personen, die im Auftrag der Übungsleitung die Übungsanweisung sowie die Aktivitäten der Übenden überwachen und bewerten. Sie können externer oder interner Herkunft sein; Spezialisierungen können das Szenario, Prozesse der Stabsarbeit oder Human Factors sein.
- **Übungsbeobachter** sind ein enger, festgelegter Personenkreis, der die Übung begleitet, um Erkenntnisse für die Tätigkeit des Stabs zu gewinnen.

37.8.1 Stabsrahmenübung

Bei der Stabsrahmenübung wird der Stab durch Einspielungen in eine Einsatzlage versetzt, in der er dann möglichst realistisch handelt. Dabei ist wichtig, dass alle Kommunikationen **innerhalb der Übungsstruktur** bleiben: Die Übungsleitung bedient sich einer »Steuerungsgruppe« (auch »Gegenstab«, »inszenierende Gruppe«), die die Welt außerhalb des übenden Stabes simuliert. Die Mitglieder im Stab würden in einer Reallage aus ihrem Fachbereich Informationen einholen und Aufträge erteilen. In der Übung ist ausschließlich die Steuerungsgruppe Ansprechpartner der Stabsmitglieder. Der Einsatz von (operativen) Kräften ist in Stabsrahmenübungen bei Unternehmen und Verwaltungen nicht üblich und bei Einsatzorganisationen selten. Die Vorbereitung verlangt je nach Komplexität des Szenarios eine Vorbereitungs- oder Steuerungsgruppe, in der Vertreter aus allen wichtigen Fachbereichen des übenden Stabs vertreten sind (► Kap. 38); alternativ ist eine erfahrene und hochflexible inszenierende Gruppe erforderlich.

Praxistipp

Die Steuerungsgruppe kann mit Personen besetzt werden, die regelmäßige Mitglieder des übenden Stabes sind, aber in der aktuellen Übung nicht eingeplant sind. Da die Steuerungsgruppe nicht nur das Szenario beschreibt, sondern auch die erwarteten Reaktionen des Stabs und die Antworten der verschiedenen Organisationsbereiche, stellt dies zugleich eine Ausbildung ihrer Mitglieder bezüglich der Szenarien dar.

37.8.2 Vollübungen

»Vollübungen sind vorbereitete praktische Übungen unter tatsächlichem Einsatz grundsätzlich aller in einer Einsatzsituation einzusetzenden Kräfte nach einem festgelegten Übungsverlauf« (PDV 230, S. 12). Das Besondere an Vollübungen ist, dass hier alle Ebenen einer Organisation üben: Neben den Stäben auch die operativen Einheiten und das Management. Durch den intensiven Einsatz operativer Kräfte und technischer Ressourcen ist dies die aufwändigste Übungsform mit hohem Vorbereitungsaufwand. Auch die Beobachtung und Dokumentation sind durch verteilte Übungsorte (mindestens Einsatzort(e) und Stabsraum) aufwändiger als bei anderen Übungsformen.

Vollübungen leben grundsätzlich von hoher Realitätstreue. Werden Szenarien mit Betroffenen geübt, kommen Darsteller, meist Verletztendarsteller (mit Schminke und entsprechendem Verhalten), zum Einsatz. Auch Inszenierungen (verrauchte Tunnel, kontrollierte Brandlegung, verunfallte Fahrzeuge) steigern den Realitätsbezug. Üben Unternehmen oder Verwaltungen, sind meist Feuerwehr und Polizei eingebunden.

37.8.3 Übungsauswertung

Jede Übung, auch Teilprozessübungen, benötigt Auswertung (► Kap. 42). Auswertungsformen sind je nach Übungsziel kurze Nachbesprechungen (»hot wash-up«) unmittelbar nach der Übung, strukturierte Nachbesprechungen, schriftliche Befragungen oder Videoauswertungen. Die Auswertung sollte immer die Ebenen inhaltliche Bewältigung der Lage, Stabsprozesse und Human-Factors berücksichtigen. Zudem ergibt die Übungsauswertung auch Hinweise für die Gestaltung der nächsten Übung.

Praxistipp

Die Übungsformen sollten grundsätzlich in der dargestellten Reihenfolge angewendet werden. Dies schont Ressourcen und bietet die Möglichkeit, frühzeitig potenzielle Schwachstellen zu identifizieren, die den Ablauf von Rahmen- oder Vollübungen massiv stören und damit unter Umständen deren Sinnhaftigkeit in Frage stellen.

37.9 Ausblick

Sämtliche Übungsformen erfahren seit geraumer Zeit eine mögliche Unterstützung durch Simulationen und sonstige Computeranwendungen. Kommerzielle Unternehmen haben in diesem Bereich Fuß gefasst; Soldaten üben das Vorgehen gegenüber rebellierenden Bevölkerungsgruppen oder den Kampfeinsatz. Führungskräfte der Polizei trainieren den kombinierten Einsatz von Hubschraubern und Bodenkräften oder den taktische Einsatz operativer Kräfte gegenüber Demonstranten. Die Zukunft wird zeigen, ob sich hier tatsächlich eine ressourcenschonende Übungsform herausbildet, die zu den erwünschten Lerneffekten führt.

Dienstvorschriften, Normen und Gesetze

- FwDV 2 (2012). Feuerwehr-Dienstvorschrift 2. Ausbildung der freiwilligen Feuerwehren. Arbeitskreis V der Ständigen Konferenz der Innenminister und -senatoren der Länder.
- PDV 230 (2011). Polizeidienstvorschrift 230 – Übungen. Arbeitskreis II der Ständigen Konferenz der Innenminister und -senatoren der Länder.

Literatur

AEMI (Australian Emergency Management Institute) (2012). *Managing exercises. Australian emergency management handbook series*, Handbook 3. Barton: ATC.

Bundesministerium des Inneren (BMI) (o. J.). *Umsetzungsplan KRITIS Arbeitsgruppe 1. »Notfall- und Krisenübungen«; Anlagen zum Konzept für Notfall- und Krisenübungen in Kritischen Infrastrukturen*. Verfügbar unter: ► https://www.bmi.bund.de/cae/servlet/contentblob/560088/publicationFile/27809/kritis_1.pdf. Zugegriffen: 13.04.2015.

Hagemann, V. (2011). *Trainingsentwicklung für High Responsibility Teams*. Lengerich: Pabst.

Heumüller, E., Richter, S. & Lechner, U. (2014). Ein konzeptionelles Stabsmodell für die Entwicklung von Stabsrahmenübungen. In D. Kundisch, L. Suhl & L. Beckmann (Hrsg.), *Proceedings der Multikonferenz Wirtschaftsinformatik (MKWI 2014)* (S. 321–334). Paderborn: Universität Paderborn.

Heumüller, E., Richter, S. & Lechner, U. (2013). Training, Test and Experimentation: A classification of command post exercises. In T. Comes, F. Fiedrich, J. Geldermann & L. Yang (Eds.), *Proceedings of the 10th international ISCRAM Conference, Baden-Baden, May 2013*. Karlsruhe: KIT.

Hofinger, G. (2008). Teamtrainings für Krisenbewältigung. In C. Buerschaper & S. Starke (Hrsg.), *Führung und Teamarbeit in kritischen Situationen* (S. 190–205). Frankfurt am Main: Verlag für Polizeiwissenschaften.

Lamers, C. (2012). *Ausbilden im Feuerwehrdienst. Die Roten Hefte Bd. 2.* (16., überarb. Aufl.). Stuttgart: Kohlhammer.

Quellmelz, M. (2013). *Entwicklung und Evaluation eines psychologischen Trainings für Stabsmitglieder und Leitstellendisponenten der Feuerwehr*. Hamburg: Dr. Kovac.

Schicht, G. & Sticher, B. (2013). *Nach der Übung ist vor der Krise. Modulares Krisenstabstraining*. Frankfurt am Main: Verlag für Polizeiwissenschaft.

Strohschneider, S. (2012). Human-Factors-Training. In P. Badke-Schaub, G. Hofinger & K. Lauche (Hrsg.), *Human Factors. Psychologie sicheren Handelns in Risikobranchen* (2., akt. Aufl., S. 313–332). Heidelberg: Springer.

Strott, M. & Demel, J. (2015). *Übungen. Planung und Durchführung*. Landsberg am Lech: Ecomed Sicherheit.

Stabsrahmenübungen für Krisenstäbe

Axel Bédé, Gesine Hofinger

G. Hofinger, R. Heimann (Hrsg.), *Handbuch Stabsarbeit*,
DOI 10.1007/978-3-662-48187-5_38,

Immer mehr Unternehmen, Behörden und sonstige Organisationen haben die zunehmende Bedeutung der Notfall- und Krisenvorsorge erkannt und entsprechende Strukturen aufgebaut. Bei näherer Betrachtung stellt sich allerdings häufig heraus, dass die geplanten Prozesse nicht unter realitätsnahen Bedingungen erprobt und überprüft wurden, sondern nur das in Notfall- und Krisenmanagementdokumenten verschriftlichte Ergebnis theoretischer Planungen sind. Während im Rahmen des Notfallmanagements meist zumindest die gesetzlich geforderten Mindestanforderungen erfüllt (z. B. Räumungsübungen) oder Teilprozessübungen (z. B. Alarmierungsübungen) durchgeführt werden, werden Krisenstäbe vor allem in Unternehmen teils ohne jedes Training mit komplexen Krisenlagen konfrontiert und sollen dann »aus dem Stand« heraus funktionieren. Diesem Verzicht auf Übungen (»Dafür haben wir keine Zeit …«) kann mit dem Voltaire zugeschriebenen Spruch begegnet werden: »Wir sind verantwortlich für das, was wir tun. Aber auch für das, was wir nicht tun.«

38.1 Trainings für Krisenstäbe – Vorbereitung auf das Ungewisse

Die Bewältigung von Krisensituationen beinhaltet für die Stabsmitglieder erhebliche Belastungen über einen längeren Zeitraum. Sie werden mit komplexen Situationen konfrontiert, die unter Zeit- und Entscheidungsdruck gelöst werden müssen. Die krisenimmanente Dynamik und Intransparenz, Zielpluralitäten sowie ein Mangel an Erfahrung im Umgang mit solchen Szenarien wirken als zusätzliche Stressfaktoren (Dörner, 1989; ▶ Kap. 22), die sich kontraproduktiv auf die Lagebewältigung auswirken können.

Das Zusammenspiel im Krisenstab – auch mit dem Assistenzteam – kann in Krisen zum zentralen Erfolgsfaktor werden. Dazu müssen die Prozesse der Stabsarbeit, aber auch die Zusammenarbeit im Stab als Team geübt sein. Das ist umso wichtiger, wenn die Beteiligten im sonstigen Tagesgeschäft nicht eng miteinander arbeiten, sich nicht oder kaum kennen und in der Krisensituation erstmalig ein hochfunktionales Team bilden müssen.

Ein Krisenstab muss also durch Schulung, Training und Übungen in die Lage versetzt werden, auch unbekannte Problemstellungen analytisch zu durchdringen und schnellstmöglich zu tragfähigen Entscheidungen zu gelangen. Übergeordnetes Ziel des Trainings sollte sein, die Denk- und Handlungsfähigkeiten der Krisenstabsmitglieder so zu entwickeln, dass sie die Ausnahmeanforderungen einer Krise themenunabhängig professionell, verantwortungsbewusst und routiniert bewältigen können (Strohschneider, 2012; Hofinger, 2008; Bédé, 2009; Strott & Demel, 2015). Genau hier setzt die **Stabsrahmenübung** an, die als eine Erweiterung der Stabsübung zu betrachten ist und bei der ausschließlich die Stabsmitglieder trainiert werden. Die Krisenstabsmitglieder und teilweise auch nachgeordnete Führungsstellen werden trainiert, ohne dass eine Umsetzung der Aufträge und Maßnahmen vor Ort erfolgt (da das operative »doing« nicht Aufgabe des Krisenstabs ist); die Welt außerhalb des Stabs wird von der Übungsleitung simuliert. Die eingeübten Prozesse der Stabsarbeit werden dabei auch über das jeweils geübte Szenario hinaus gefestigt. Wird die Stabsrahmenübung sorgsam ausgewertet und nachbereitet (»debriefing«), können auch psychologische Aspekte der Stabsarbeit trainiert werden, wie z. B. Führung und Teamarbeit, Entscheidungen in kritischen Situationen, Bildung gemeinsamer mentaler Modelle oder Umgang mit Stress (► Teil III in diesem Band).

Stabsrahmenübungen bieten eine gute Möglichkeit, die Mitglieder des Krisenstabes und des Assistenzteams für die Bewältigung hochkomplexer Lagen führungs- und handlungsfähig zu machen.

38.2 Vorbereitung und Planung

Eine zielführende Stabsrahmenübung verlangt Planung und Vorbereitung. Hierzu gehören die im Folgenden skizzierten Schritte: Festlegen des Gesamtkonzepts, Auswahl der Übungsziele und des Szenarios, Erstellen des Drehbuchs und Planen der Auswertung.

Praxistipp

Die Faustformel für das prozentuale zeitliche Verhältnis der Vorbereitung, Durchführung und Nachbereitung von Übungen beträgt für die Übungsleitung:

- Vorbereitung ≈ 60 % – Durchführung ≈ 10 % – Nachbereitung ≈ 30 %

38.2.1 Festlegen des Gesamtkonzepts

Das Übungskonzept skizziert den geplanten Gesamtablauf der Übung und beschreibt auch die erforderliche logistische Vorplanung. Es gibt einen Überblick über den räumlichen und zeitlichen Ablauf sowie die wesentlichen organisatorischen Rahmenbedingungen. Das Übungskonzept dient den Übungssteuernden als Leitfaden. Es muss der Unternehmens-/Behördenleitung zur Genehmigung und Freigabe vorgelegt werden, sollte aber ansonsten vertraulich sein.

Inhalte des Übungskonzepts

- Einleitung/allgemeine Angaben
  - Ggf. Name der Übung
  - Erforderlichkeit der Übung
  - Geschätzter Aufwand/Kostenplanung
  - Besonderheiten
- Übungsziele und Szenario
  - Thema/Szenario
  - Was soll im Rahmen des Szenarios erprobt/erreicht werden?
  - Informationen zur Ausgangslage, ggf. der Rechtslage
- Beschreibung des geplanten Übungsablaufs
  - Teilnehmende (Bereiche, ggf. Personen)
  - Zeitplan (Termin und geplante Dauer)

  - Örtlichkeit(en)
  - Einbindung externere Stellen
- Organisatorisches
  - Zusammensetzung der Übungsleitung/des Organisations-Teams
  - Beobachter, Schiedsrichter (interne und externe)
  - Unterlagen, die die Teilnehmenden erhalten sollen
  - Dokumentation der Übung
  - Einbindung von Öffentlichkeitsarbeit
  - Sicherheitshinweise (z. B. Verhalten bei Eintritt eines Realfalls)
  - Versorgung/Verpflegung
  - Ressourcenbedarf (Finanzen, Personal, Räume, sonstige)
- Nachbereitung/Auswertung
  - Termin- und Raumfestlegung
  - Moderation
  - Form (schriftlich, Workshop)

Praxistipp

Prüfen Sie, ob externe Stellen (z. B. als Fachberater von Polizei oder Feuerwehr im Stab) an der Stabsrahmenübung beteiligt werden können, um so die wahrscheinliche Zusammenarbeit im Ernstfall zu trainieren und die Realitätsnähe zu erhöhen.

38.2.2 Auswahl der Übungsziele

Vor Anlage einer Übung ist zu klären, in welchem »Reifegrad« sich die Krisenmanagementorganisation befindet (Ausbildungsstand des Stabes und des Assistenzteams, Kenntnis der Rolle/ Funktion im Stab, Art und Anzahl bisheriger Übungen). Aus dieser Analyse leiten sich die Übungsziele ab. Diese können eher **prozessbezogen, auf das Team gerichtet** oder **inhaltlicher Art** sein, und sie können eher auf **Überprüfung** zielen oder auf **Übung/Lernen**:
- Überprüfung der Prozesse des Krisenmanagements auf Praxistauglichkeit,
- zielgerichtetes Anwenden der Prozesse der Stabsarbeit,
- Vertiefung der Zusammenarbeit im Stab,
- Auseinandersetzung mit einem konkreten Szenario (z. B. Entführung, Stromausfall, Cyber-Attacken).

Diese Ziele müssen dann in einem nächsten Schritt durch die Definition von konkreten Unter-/ Teilzielen operationalisiert werden (► Kap. 37; Hofinger, 2008; Strohschneider, 2012).

Den Übungszielen ist ein **Erwartungshorizont** gegenüberzustellen, der Kriterien im Sinne eines Bewertungsmaßstabes enthält und so eine Aussage über den Erreichungsgrad des Übungsziels (im Sinne eines Soll-Ist-Vergleichs) zulässt.

Bei der Festlegung der Ziele ist wichtig, dass die Stabsrahmenübung die Teilnehmenden in die Lage versetzen soll, in einer geschützten Umgebung zu üben und Erfahrungen zu sammeln, indem die Konsequenzen von Entscheidungen unmittelbar in den weiteren Lageverlauf einfließen. Deshalb sollten Ziele dem übenden Stab angepasst und realistisch sein.

Lfd. Nr.	Reale Uhrzeit	Taktische Uhrzeit	Lage /Meldungseingang (Einspielung)	Adressat Stabsbereich	Erwartungshorizont	Übungsleitung Regie	»To do« / Klärungsbedarf
17	...	...	...	...	...	...	...
18	10:30 h	16:10 h	Anruf von der Telefonzentrale: Die Redaktion der XY-Zeitung fragt an, was passiert ist und bittet umgehend um Rückruf. Über die Kommunikations-plattform »Twitter« wird aktuell übereinen Großeinsatz von Rettungskräften im XY-Unter-nehmen berichtet. Außerdem kursiert bereits eine Film-Sequenz auf YouTube vom Feuerwehreinsatz vor Ort, die offenbar mit einer Handykamera aufgenommen wurde.	Krisenstab Stabsbereich Kommunikation	– Kurze Beratung – Social-Media-Monitoring veranlassen → Twitter- und You-Tube-Recherche – Schnellstmöglicher Rückruf des BereichsKommuni-kation bei der Radaktion nach vorheriger Festlegung /Abstimmung des »Wordings« mit dem Krisenstab. – Pressemeldung (nach Abstimmung) herausgeben – ggf. Dark-Site aktivieren	1. Anruf in der Informationsauf-nahme Krisenstab 2. Twitter-Mel-dung und YouTube-Clip einspielen, wenn Social-Media-Monitoring veranlasst wird.	1. Fiktiven Tweet und YouTube –Clip erstellen. 2. Klärung: Hat das XY-Unter-nehmen eine Dark-Site vorbereitet?
19	...	...	...	...	...	...	...

Abb. 38.1 Tabellarisches Übungsdrehbuch

Die Übungsziele sind klar zu definieren, mess- und bewertbar zu operationalisieren und schriftlich festzulegen – sie müssen aber auch realistisch und erreichbar sein.

38.2.3 Auswahl des Übungsszenarios

Nach den Übungszielen erfolgt die Auswahl des Übungsthemas bzw. des Szenarios, z. B. Produkterpressung oder Stromausfall. Das Übungsszenario sollte möglichst realitätsnah gestaltet sein und die tatsächlichen Abläufe im Unternehmen bzw. in der Organisation berücksichtigen, um Übungskünstlichkeiten (»Laborsituation«) zu minimieren.

Das Szenario sollte die Organisation potenziell betreffen und realitätsnah, nicht durch zu viele oder zu extreme Ereignisse »überfrachtet« sein – andererseits sollte es die Übungsteilnehmer fordern und sie durch Zeitdruck und Stress zwingen, die eigene »Komfortzone« zu verlassen. Der Komplexitätsgrad des Szenarios sollte sich am Trainings- und Erfahrungsstand des übenden Stabs orientieren. Dabei ist die unterschiedliche Leistungsfähigkeit einzelner Mitarbeiter zu berücksichtigen und eine Steigerung von Übung zu Übung anzustreben.

38.3 Erstellen des Drehbuchs

Das Übungsdrehbuch beschreibt den gesamten (vorgedachten) Übungsablauf. Es enthält die chronologische Abfolge der Übungseinspielungen und die vom Stab erwarteten Reaktionen. Das Drehbuch ist das wichtigste Koordinationsinstrument der Übungsleitung und ist vertraulich.

Im Drehbuch ist als Regieanweisung festgelegt, **wann** (geplanter Zeitpunkt, reale und taktische Zeit) und **wie** (z. B. über Telefon, E-Mail, Fax) eine Einspielung **von wem** (fiktive Stelle, Rolle) **an wen** (Adressat; Stabsbereich oder konkrete Person) die jeweilige Einspielung gegeben wird. Zur besseren Übersichtlichkeit wird das Übungsdrehbuch meist tabellarisch gestaltet (◘ Abb. 38.1).

Bei der Erstellung des Übungsdrehbuchs hat sich die **Szenariotechnik** bewährt. Ausgehend von dem auslösenden Ereignis werden dabei realistische Entwicklungsmöglichkeiten der Lage vordefiniert und sich daraus ergebende Auswirkungen für das Unternehmen/die Organisation dargestellt.

Das Übungsdrehbuch beginnt mit der Darstellung der fiktiven Ausgangslage, mit der die Übungsteilnehmenden bei Übungsbeginn eingewiesen werden.

Bei der Ausgestaltung des Drehbuchs sollte man bedenken, dass der übende Stab ggf. Lösungsansätze entwickelt, die erheblich vom vorgeplanten Übungsablauf abweichen. Es ist daher sinnvoll, unterschiedliche Varianten für manche Lageeinspielungen vorzubereiten, um die Übung bei Bedarf wieder ohne logische Brüche zum vorbereiteten Ereignisverlauf zurückzuführen. Dieser modulare Aufbau ermöglicht auch, sehr langsame oder sehr schnelle Prozesse im Stab wieder in den gewünschten Zeitfluss zu bringen; es ist nicht davon auszugehen, dass alle Lageeinspielungen eingebracht werden können.

38.3.1 Besondere Funktionen – Rollen und Aufgaben

Übungsleitung Der Übungsleiter oder die Übungsleiterin ist die verantwortliche Entscheidungsinstanz, der die Steuerung und Koordinierung des gesamten Übungsverlaufs obliegt und damit auch Anlaufstelle für Fragen und Probleme, die im Übungsverlauf entstehen. Er oder sie muss auf unvorhergesehene Entwicklungen reagieren und steuernd eingreifen (z. B. Ad-hoc-Änderungen im vorgesehenen Übungsablauf). Dem Übungsleiter obliegt auch die Entscheidung über einen eventuellen Abbruch der Übung. Gründe dafür können sein, dass ein reales Ereignis eintritt oder es unvorhergesehene Außenwirkungen der Übung gibt (BMI, 2008a).

Organisationsteam/Steuerungsgruppe Die Mitglieder des Organisationsteams (bei Verwaltungsstäben häufig Steuerungsgruppe genannt) sorgen für die zeit- und adressatengerechte Einspielung von Lagemeldungen/-informationen und übernehmen dabei alle nötigen Rollen außerhalb des Stabes. Das Organisationsteam ist auch für die detaillierte Protokollierung und Dokumentation verantwortlich, die die Basis für die spätere Auswertung bildet. Auch logistische Belange (Versorgung/Catering) fallen in den Zuständigkeitsbereich des Organisationsteams.

Praxistipp

Holen Sie zu Beginn der Übung die Einwilligung der Teilnehmenden zur Fertigung von Audio-/Foto-/Videomaterial zu Auswertungszwecken ein, verbunden mit dem Hinweis, dass nach Übungsauswertung die sofortige Löschung erfolgt.

Übungsbeobachter/Schiedsrichter Da die Übenden und die Übungssteuerung beschäftigt sind, werden für die Beobachtung sog. »Schiedsrichter« und »Beobachter« eingesetzt (zur Definition dieser Rollen ► Kap. 37). Sie sind eindeutig zu kennzeichnen (z. B. mit Westen). Sie sollten im Stabsraum im Hintergrund positioniert sein, keinesfalls mit den Stabsmitgliedern am Tisch sitzen; dass sie sich nicht ins Übungsgeschehen einmischen, sollte selbstverständlich sein. Zur Fokussierung der Beobachtung und zur Erhöhung der Vergleichbarkeit empfehlen die Autoren die Erstellung von checklistenartigen Beobachtungsbögen im Vorfeld. Diese sollten klar auf die Übungsziele bezogen sein, welche den Beobachtenden klar kommuniziert sein müssen.

38.4 Durchführung

Üblicherweise werden Stabsrahmenübungen angekündigt, da ja nicht die Alarmierung getestet werden soll; die Teilnehmenden können sich so auch noch einmal auf ihre Rollen im Stab vorbereiten. Die Übung beginnt mit der **Einweisung** in die Ausgangslage; diese Einweisung kann neben der schriftlichen Lagedarstellung durch Filmsequenzen, fiktive Radiomeldungen, fiktive Einträge in »social media« etc. unterstützt werden, um den Realitätsbezug zu erhöhen (BSI, 2006).

In der Einweisung werden auch Verhaltensregeln gegeben, wie die folgenden Sicherheitshinweise:

- **Alle Schriftstücke** sind deutlich mit dem Wort »**Übung**« (ggf. auch mit Übungsname und Datum) zu kennzeichnen.
- Jede **mündliche Kommunikation**, die (irrtümlich) den Stab verlassen könnte (insbesondere Funk und Fax), ist mit dem Wort »Übung« zu beginnen.
- Kontaktaufnahmen mit der simulierten Außenwelt (Organisationsteam) haben nur über die **festgelegten Kommunikationswege** zu erfolgen. Keine Kommunikation zu den Themen der Übung mit der realen Außenwelt!
- Verhalten im **Realfall** (z. B. Einleitung der Meldung mit »Achtung, das ist ein realer Notfall«; die Übung ist dann sofort abzubrechen).
- Stichwort zur **Neutralisation** der Übung.

Die Autoren empfehlen, die Teilnehmenden vor Übungsbeginn auch auf die **Vertraulichkeit** der Übungsinhalte und des Übungsverlaufs hinzuweisen, damit das Verhalten von teilnehmenden Personen nicht in der Organisation thematisiert wird und das Szenario auch mit anderen Teilnehmenden geübt werden kann.

Dann wird die Übung gemäß Drehbuch durchgeführt; die meisten Stabsrahmenübungen dauern zwischen zwei und vier Stunden. In erfahrenen Stäben sollte ein Schichtwechsel mit geübt werden. Die Einsteuerung der Übungseinspielungen sollte möglichst immer über die realen Kommunikationswege erfolgen.

Die Übung wird offiziell durch die Übungsleitung beendet, die auch dafür verantwortlich ist, die Übungsumgebung wieder in den Normalzustand zurückzuversetzen.

Praxistipp

Verfassen eines Berichts über die Übung für die Mitarbeiterzeitung, Intranet und andere Medien hilft die Idee der Stabsübungen zu verbreiten und zeigt, dass die Organisation sich auf Krisen vorbereitet.

38.5 Planen der Auswertung

Die umfassende Auswertung und gründliche Nachbereitung einer Übung, zumeist als **Debriefing** bezeichnet, ist nicht fakultativ, sondern zentraler Teil einer Übung. Erst die konstruktiv-kritische Auseinandersetzung mit den Übungsergebnissen und den Prozessen im Krisenstab macht Erfahrenes verständlich und eröffnet die Möglichkeit zum Erkennen von Verbesserungsbedarf (Peters & Vissers, 2004; BMI, 2008b).

Eckpunkte einer effektiven Nachbereitung

- Nutzen der zur Verfügung stehenden Dokumentation
  - Übungsprotokolle, Beobachter-Berichte, Auswertungsfragebögen
  - Video- und Fotoaufnahmen
- Strukturierter und moderierter Ablauf
  - Moderation durch eine/n Nicht-Übungsbeteiligten
  - Problemsammlung – Stellungnahme – Problemlösung
  - Vereinbaren von Regeln eines respektvollen Umgangs
- Protokollierung
  - Festlegung notwendiger Veränderungen mit Benennung von Verantwortlichen und Terminen
  - Ergebniskontrolle im Sinne von »lessons learned«

Praxistipp

Binden Sie die Übungsbeteiligten aktiv in das Debriefing ein und geben Sie ihnen Gelegenheit zur Darstellung ihrer Wahrnehmungen.

38.6 Fazit

Stabsrahmenübungen bieten die Chance, in einer sicheren Umgebung, ohne die Konsequenzen einer realen Krisenlage, Handlungsbedarf aufzudecken und auf diesem Weg die Arbeit des Krisenstabes und des Assistenzteams zu optimieren.

Nur üben übt!

Literatur

Bédé, A. (2009). *Notfall und Krisenmanagement im Unternehmen*. Berlin: Steinbeis-Edition.

Bundesministerium des Inneren (BMI) (2008). *IT-Notfall- und Krisenübungen in Kritischen Infrastrukturen. Umsetzungsplan KRITIS, Arbeitsgruppe 1 »Notfall- und Krisenübungen«*. Berlin: BMI. ► https://www.bmi.bund.de/cae/servlet/contentblob/560096/publicationFile/27808/kritis_3.pdf. Zugegriffen: 02.07.2015.

Bundesministerium des Inneren (BMI) (2008). *Anlagen zum Konzept für Notfall- und Krisenübungen in Kritischen Infrastrukturen*. ► https://www.bmi.bund.de/cae/servlet/contentblob/560088/publicationFile/27809/kritis_1.pdf. Zugegriffen: 02.07.2015.

Bundesamt für Sicherheit in der Informationstechnik (BSI) (2006). *COMCHECK und ALEX. Beschreibungen, Checkliste und Hilfen für Kommunikationsüberprüfungen und Alarmierungsübungen*. Bonn: BSI. Verfügbar unter ► http://www.bsi.bund.de/SharedDocs/Downloads/DE/BSI/Kritis/comcheck_pdf.pdf?__blob=publicationFile. Zugegriffen: 02.07.2015

Dörner, D. (1989). *Die Logik des Mißlingens*. Reinbek: Rowohlt.

Hofinger, G. (2008). Teamtrainings für Krisenbewältigung. In C. Buerschaper & S. Starke (Hrsg.), *Führung und Teamarbeit in kritischen Situationen* (S. 190–205). Frankfurt am Main: Verlag für Polizeiwissenschaften.

Strohschneider, S. (2012). Human Factor Trainings. In P. Badke-Schaub, G. Hofinger & K. Lauche (Hrsg.), *Human Factors. Psychologie sicheren Handelns in Risikobranchen* (2., überarb. Aufl., S. 313–332). Heidelberg: Springer.

Strott, M. & Demel, J. (2015). *Übungen. Planung und Durchführung*. Landsberg am Lech: Ecomed Sicherheit.

»Trainieren ohne zu frustrieren« – Coaching-Übungen mit Stäben am Beispiel der Hamburger Katastrophenschutzstäbe

Thomas Melchert, Gesine Hofinger

G. Hofinger, R. Heimann (Hrsg.), *Handbuch Stabsarbeit*,
DOI 10.1007/978-3-662-48187-5_39,

Kennen Sie das? Die Übungsleitung spielte strikt nach einem straffen Drehbuch Einlagen in den Stab. Der weitere Verlauf der Übung hing vom Können und der Kommunikation innerhalb des Stabs und mit externen Stellen bzw. anderen Stäben ab. Der übende Stab, aus Stabsnovizen bestehend, wurde durch die Masse der Übungseinlagen an den Rand der Leistungsfähigkeit geführt. Zum Übungsende wurde per Videokonferenz mitgeteilt, was alles hätte besser gemacht werden können und welche Probleme es bei der Einsatzbewältigung gab. Wer nicht an diesem Feedback teilnehmen konnte, erhielt Wochen später eine schriftliche Gesamtauswertung mit klar aufgezeigten Defiziten. Doch da lag die Übung schon lange zurück und war vom Arbeitsalltag überholt, der persönliche Bezug zum Übungsgeschehen war nicht mehr gegeben und nur ein ungutes Bauchgefühl blieb übrig.

39.1 Lust und Frust – Die Übungskultur der Vergangenheit

In der Freien und Hansestadt Hamburg gibt es durch die Erfahrungen aus den Sturmfluten eine ausgeprägte Übungskultur der Katastrophenschutzstäbe. Diese übten bis 2006 regelmäßig in der klassischen dargestellten Form der Stabsrahmenübung (▶ Kap. 38). Doppelziel der klassischen Stabsrahmenübungen ist zum einen, die Stäbe in Bezug auf **Funktionen und Prozesse** zu trainieren. Zum anderen sollen Übende **fachlich fundierte Einschätzungen** der Lage vornehmen und Entscheidungen für Maßnahmen der Einsatzbewältigung treffen. Daneben können Planungs- und Einsatzstrukturen und die gegenseitigen Abhängigkeiten in der Sturmflutabwehr **überprüft** werden. Übungsauswertungen sollen Teilnehmer in die Lage versetzen, die Hinweise aus der Auswertung zur Optimierung der Stabsprozesse und der Interaktion von Stäben umzusetzen.

Gemessen an diesen Zielen stellte sich der erhoffte Übungserfolg jedoch allenfalls in Teilen ein. Führt man sich das eingangs beschriebene, häufig anzutreffende »ungute Bauchgefühl« nach Übungen vor Augen, so ist dies wohl der (über-)großen Dichte an Anforderungen für die Übenden und der unzureichenden Möglichkeit und Praxis für unmittelbares Feedback geschuldet. Diesbezügliche Rückmeldungen in Hamburg zeigten, dass durch diese Übungsform bei den Übenden offene Fragen, Frust, Unlust, Unsicherheit bezüglich der eigenen Stabsarbeit und in der Folge nachlassende Übungsbereitschaft hinterlassen wurde. Mancherorts entstand sogar die Meinung, Übende sollten »vorgeführt« werden. Angesichts des großen Aufwands beim Anlegen und Durchführen von Stabsrahmenübungen stellt sich die Frage nach der Sinnhaftigkeit derartig komplexer Übungen.

39.2 Katastrophenschutzstäbe zielgruppengerecht trainieren

Katastrophendienststäbe werden hauptsächlich von Verwaltungspersonal besetzt. Verwaltungsstäbe trainieren selten bis gar nicht für den Katastrophenschutz, Echteinsätze sind noch seltener. Daher ist bereits die Zusammenarbeit als Stab untypisch und eine Herausforderung für die Stabsmitglieder. Menschen, die nur bei (höchstens) jährlichen Übungen Stabsarbeit leisten, können aber kaum Routinen und Sicherheit in den ihnen oft ungewohnten Aufgaben, Arbeitsabläufen und -bedingungen entwickeln.

Für das Vermitteln von Grundlagen der Stabsarbeit und das Training der Stabsprozesse sind Stabsrahmenübungen für Stäbe ohne Routine nur bedingt geeignet.

Um die prozessbezogenen und inhaltlichen Ziele von Stabsübungen mit angemessenem zeitlichem wie personellen Aufwand zu erreichen, ohne die Übenden zu frustrieren, wurden in Hamburg alternative Ansätze für diese Zielgruppe (weiter-)entwickelt. Im Folgenden wird das Modell der »Coaching-Übung« vorgestellt. Es scheint nach bisherigen Erfahrungen und Evaluationen der geeignetere Ansatz, um Verwaltungsstäbe auszubilden und zu trainieren.

39.3 Neue Wege der Stabsausbildung und des Trainings: Coaching-Übungen

Seit 2008 werden die Stäbe in eigenen Hamburg-spezifischen Seminaren (Beschreibung in Kirschner, 2010) und Übungen geschult und trainiert. In dieser neu entwickelten Stabsausbildung wird Katastrophenschutz-**Wissen** in Form von Vorträgen vermittelt. Für das **Können** der Stabsprozesse jedoch wird seit 2009 das erfahrungsbasierte Lernen (z. B. Edelmann, 2000) in Übungen in den Vordergrund gestellt. Bei der Übungskonzeption war den Autoren wichtig, folgende Probleme klassischer Übungen zu vermeiden und entsprechende Ziele zu erreichen:

- **Frustration** durch Überforderung – damit wird Stabsarbeit zur Hexenkunst (die ein Normalsterblicher nicht lernen kann). Die Stabsmitglieder sollen **Vertrauen** in ihre Fähigkeiten bekommen (»Selbstwirksamkeit« erleben; Bandura, 1997).
- Herbe Kritik nach mehreren Stunden engagierten Arbeitens (u. U. mit einem positiven Selbstbild) führt zu **negativen Emotionen** – diese behindern Lernen (z. B. Spitzer, 2006), ebenso wie Abwehr von Kritik zum Selbstschutz. Stabsmitglieder sollen durch Erfolg und Verbesserungen positive Emotionen erleben, die **Lernen unterstützen**.
- Rückmeldung am Ende der Übung führt zu Erkenntnissen, die dann nicht mehr umgesetzt werden können – sie bleiben **wirkungslos**. Einsichten über Fehler und Verbesserungsmöglichkeiten sollen **sofort umgesetzt** werden können.
- **Wiederholung von Fehlern** übt diese – sie werden verfestigt. Lehrende brauchen die Möglichkeit, bei Fehlern sofort eingreifen zu können um Prozesse zu verbessern. Übende, die etwas nicht wissen oder können, sollten sofort **Unterstützung** bekommen können.

Diese Anforderungen führten zu der Idee, ein Konzept aus Simulatortrainings der Luftfahrt und Medizin abzuwandeln und für Stabstrainings zu übertragen: Die Übung kann bei Bedarf unterbrochen werden und wird dazu quasi eingefroren (»**freeze**«). So wird in Simulatortrainings das Freezing verwendet, um bei groben Fehlern der Übenden das simulierte Flugzeug nicht abstürzen zu lassen oder den simulierten Patienten nicht sterben zu lassen. Diese Unterbrechung kann von den Übenden gewünscht werden. Oder sie wird von den Lehrenden veranlasst, wenn diese merken, dass der Stab mit einer Situation nicht zurechtkommt oder konkrete Hinweise und Tipps nützen könnten (z. B. bei überlangen Stabsbesprechungen). Die Übungssteuerung wird informiert und spielt keine weiteren Einlagen ein. Jetzt können Fragen beantwortet und Anregungen gegeben werden. Diese können sich auf **fachliche Fragen** zum Katastrophenschutz, das Handwerk der **Stabsarbeit** oder **Teamprozesse** beziehen.

Praxistipp

Die Unterbrechung sollte nur einige Minuten dauern, damit die Übenden mental »in der Lage« bleiben. Detailfehler und weiterführende Fragen werden nach wie vor im Feedback am Ende der Übung besprochen.

In diesem Modell sind die Lehrenden in der Rolle von Coaches, die den Übenden helfen, die Lage erfolgreich zu bewältigen. Das Modell wurde deshalb von den Autoren »**Coaching-Übung**« genannt. Der Rollenwechsel von Bewertung des Getanen hin zu Unterstützung des Lernens (»facilitating«) erfordert von den Lehrenden nicht nur katastrophenschutz- und stabsbezogenes Wissen, sondern auch **Trainerkompetenzen** (zur Rolle von »facilitators« s. Dismukes, 2000). Daher wurde von Anfang an Wert auf wertschätzende Interventionen im Freezing und intensives Debriefing der Übungen gelegt. Damit die Teilnehmenden nicht den Eindruck haben, unter Leistungsbewertung zu stehen, ist Fingerspitzengefühl der Coaches erforderlich. Beobachtungen und Selbsteinschätzung bzw. Selbstwahrnehmung der Übenden sind daher in Feedback bzw. Coaching zu integrieren.

39.4 Coaching-Übungen in Hamburg – Module motivierender Stabsausbildung

Zunächst wurde das Konzept nur in den Übungsanteilen der Ausbildungsseminare eingesetzt. Ermutigt durch die Akzeptanz (s. unten) wurden weitere Ausbildungsmodule mit Coaching-Stabsübungen entwickelt und fortlaufend weiterentwickelt. Heute existiert in Hamburg ein mehrstufiges, modulares Stabsausbildungsverfahren mit Übungen unterschiedlicher Tiefe und Umfang. Den Übungen liegen in der Regel Szenarien mit Hamburg-Bezug zugrunde, um die Akzeptanz und die Identifikation der Übenden mit ihrer Rolle zu fördern.

Die Module sind:

1. Einfach gestaltete Kurzübungen zur Veranschaulichung der stabsinternen Abläufe.
2. Halbtägige Stabsübungen mit einer etwa fünfköpfigen externen Übungsleitung im Rahmen der Stabsseminare.
3. Ganztägige Stabsübungen bereits geschulter, gemischter Teilnehmender früherer Seminare zur Vertiefung und zum Training der Stabsprozesse. Dabei gibt es Übungen mit ausschließlicher Stabsbesetzung durch Sachbearbeiter und Übungen, bei denen die Leitungsfunktionen mit den echten Leitungspersonen besetzt sind.
4. Ganztägige Übungen eines Stabes in seinen eigenen Räumen mit der Originalbesetzung der Stabsfunktionen, die somit sowohl geschult als auch ungeschult sein können. Diese

Übung wird durch eine zehn- bis fünfzehnköpfige Übungsleitung gesteuert. Die Coaches begleiten und beraten, je nach vorheriger Abstimmung, den gesamten Stab oder nur einzelne Mitwirkende. Die Szenarien dieser Übungen haben fachlich und örtlich einen realistischen Bezug zum jeweiligen übenden Stab (z. B. Sturmflut für den Hafenstab oder Blindgängerentschärfung mit Detonation für Katastrophendienststäbe in den Bezirken (Beschreibung bei Somborn, 2010). Die Übung kann durch eine anschließende Planbesprechung ergänzt werden, in der durch die Coaches moderiert mit allen Teilnehmern bestimmte Fachfragen aus der Übung aufgegriffen und weiter erörtert werden.

39.5 Coaching für Führungspersonen?

In den speziell für Leitungsebenen entwickelten Seminaren wurde aufgrund des Feedbacks der Seminarteilnehmer in den Jahren 2010 und 2012 später ebenfalls eine Gruppenarbeits- und Übungskomponente aufgenommen. Diese Übungsteile sollen insbesondere das Wissen über den Umgang mit komplexen Situationen vertiefen und trainieren. Dies wird mit dem Planspiel »Insel in Not« als Coaching-Übung umgesetzt (▶ Kap. 40).

Es wurden bereits erfolgreich Coachings ganzer Stäbe durchgeführt, bei denen sich nach vorherigem Einverständnis das Feedback z. B. auf die Leitungsfunktionen in Stabsbesprechungen beschränkte.

Im konstruktiven Dialog zwischen Coaches und Führungskräften ist es durchaus möglich und seitens der Teilnehmenden gewünscht, unmittelbar, offen und auch im Beisein weiterer Beteiligter Feedback zu geben.

39.6 Evaluation

In Hamburg wurden inzwischen etliche Stäbe mit dem neuen Konzept trainiert. Fast alle der durchgeführten Seminare und Coaching-Übungen wurden mittels verschiedener Methoden evaluiert; die Bewertungen fanden teils mit Schulnoten statt und teils mittels abgestufter Zustimmung zu bewertenden Aussagen. Die Evaluationen zeigen eine durchgängig positive Bewertung der Coaching-Übungen (■ Tab. 39.1).

Modul III (04/2010) wurde von 24 Teilnehmenden auf einer Notenskala von 1 (= sehr gut) bis 5 (= ungenügend) mit durchschnittlich 1,64 bewertet. ■ Tab. 39.2 zeigt für dieses Modul detailliertere Bewertungen.

Modul IV »Übung im eigenen Stab« wurde 2010 von 35 Teilnehmenden auf einer Notenskala von 1 (= sehr gut) bis 5 (= ungenügend) mit durchschnittlich 1,98 bewertet (Somborn, 2010). Detailliertere Bewertungen wurden zusätzlich mittels abgestufter Zustimmung (1 = stimme voll zu bis 4 = stimme nicht zu) zu Aussagen erhoben (■ Tab. 39.3).

Bei zwei Coaching-Übungen des Moduls IV in den Jahren 2010 und 2011 wurde die positive Übungsbewertung z. B. mit folgenden Aussagen unterstützt: »Coaching während der Übung«, »Anregung und Kritik durch Übungsleitung an mehreren Stellen der Übung waren hilfreich«, »Unterbrechung der Übung«, »konzentrierte Arbeit und ausbleibende Hektik«, »die Aufforderung und Möglichkeit, Fehler zu machen, um zu lernen«. Die klare Befürwortung des

Tab. 39.1 Bewertungen für Modul II nach Priorität und Umsetzung

Jahr	Übungsart	Anzahl ausgewerteter Evaluationsbögen	Priorität (1 = sehr hoch bis 4 = gering)	Umsetzung (1 = sehr gut bis 4 = mangelhaft)
04/2010	Modul II	31	1,07	1,26
04/2011	Modul II	29	1,14	1,29
11/2013	Modul II Planspiel Insel I	15	1,27	1,40
11/2013	Modul II Planspiel Insel II	15	1,33	1,20

Tab. 39.2 Bewertungen für Modul III

Bewertete Aussage	Zustimmung	Ablehnung
Unregelmäßige Unterbrechungen durch die Übungsleitung und Hinweise und Reflexionen waren hilfreich.	23	1
Die Begleitung durch psychologische Fachkenntnisse war hilfreich.	18	5
Die Übung war geeignet, die Inhalte des Seminars zu vertiefen und sich auf die Arbeit im Stab vorzubereiten.	24	0
Derartige Übungen würden Sie in Zukunft begrüßen.	23	0

Tab. 39.3 Bewertungen für Modul IV

Aussage	1 = stimme voll zu	2	3	4 = stimme nicht zu
Unregelmäßige Unterbrechungen durch die Übungsleitung und Hinweise und Reflexionen waren hilfreich.	28	4	3	0
Derartige Übungen würden Sie in Zukunft in Ihrem Stab begrüßen.	19	12	3	0

Übungsformats zeigt sich ähnlich auch in einer 2014 durchgeführten Evaluation des Moduls IV (19 Teilnehmende).

Coaching-Übungen werden also von den Teilnehmenden geschätzt. Rückmeldungen auch von Leitungsebenen der Verwaltung in Hamburg und die Aufgeschlossenheit nach solchen Übungen bezüglich der Stabsarbeit, Organisation und Ausstattung der eigenen Stabsräume sowie der Ausbildung des Stabspersonals lassen den Rückschluss zu, dass diese Übungsform mittels Coaching zumindest eine motivierende und sensibilisierende Wirkung in unterschiedlichen Bereichen auch bei Führungspersonen gezeigt hat.

39.7 Fazit

Im Ergebnis sind die oben vorgestellten Varianten der Coaching-Übungen ein geeignetes und durchaus willkommenes Mittel zur erfolgreichen Auffrischung und Vertiefung der Kenntnisse sowie zur sinnvollen und nachhaltigen Feedbackkultur. Damit sind sie ein wesentlicher Baustein zur Steigerung der Qualität und der Effizienz der Hamburger Katastrophendienststäbe.

Literatur

Bandura, A. (1997). *Self-efficacy: The exercise of control.* New York: Freeman.

Dismukes, K. R., Smith, G. M. & Dismukes, K. (Eds.). (2000). *Facilitation and debriefing in aviation training and operations.* Aldershot: Ashgate

Edelmann, W. (2000). *Lernpsychologie: eine Einführung* (3. Aufl.). Weinheim: Beltz.

Kirschner, D. (2010). *»Stabsarbeit und Krisenmanagement – Seminarkonzept zur Aus- und Fortbildung der Mitarbeiterinnen und Mitarbeiter der Katastrophendienststäbe der Freien und Hansestadt Hamburg«.* Bachelorarbeit im Studiengang Rescue Engineering. Hamburg: Hochschule für Angewandte Wissenschaften (HAW).

Somborn, J. (2010). *Konzeption einer Stabsübung für die Ausbildung und das Training der Regionalen Katastrophendienststäbe der Freien und Hansestadt Hamburg.* Bachelorarbeit im Studiengang Rescue Engineering. Hamburg: Hochschule für Angewandte Wissenschaften (HAW).

Spitzer, M. (2006). *Lernen. Gehirnforschung und die Schule des Lebens.* München: Elsevier.

Insel in Not – Stabsübungen mit fachfremden Planspielen

Robert Zinke, Gesine Hofinger, Thomas Melchert

G. Hofinger, R. Heimann (Hrsg.), *Handbuch Stabsarbeit*,
DOI 10.1007/978-3-662-48187-5_40, © Springer-Verlag Berlin Heidelberg 2016

Was haben ungeübte Mitglieder eines deutschen Katastrophenschutzstabs nach einem Erdbeben auf einer abgelegenen chilenischen Insel zu tun? Sie sollen dort lernen, sich als Team zu strukturieren, Stabsprozesse sinnvoll anzuwenden und unter Zeitdruck Entscheidungen zu treffen. Dies ist ohne Schaden für die Betroffenen möglich, weil die Insel und das Erdbeben fiktiv sind – die Stabsmitglieder befinden sich in einem Trainingsseminar.

Um Stäbe zu trainieren gibt es unterschiedliche methodische Ansätze (▶ Kap. 37). Bei Vollübungen werden Entscheidungen des übenden Stabs durch Einsatzkräfte in der Übungsrealität ausgeführt, bei Stabsrahmenübungen wird die Umsetzung von Entscheidungen durch den übenden Stab bei Folgeeinspielungen berücksichtigt. Vorrangige Ziele solcher Übungen sind die Erprobung und Festigung von Prozessen und Teamarbeit innerhalb des Stabes (und ggf. nachgelagerter Strukturen) zur Lagebewältigung bzw. die Erprobung der Strukturen der Gefahrenabwehr.

Wegen des großen Aufwands (▶ Kap. 38) sind (Stabsrahmen-)Übungen eher für geübte Stäbe angezeigt, um den flexiblen Umgang mit neuen Szenarien und die Arbeitsfähigkeit unter realitätsnahen Bedingungen zu üben. Für ungeübte Stäbe hingegen ist ein reduzierter Komplexitätsgrad in der Übung ausreichend und zugleich geeigneter, um zunächst mit Grundlagen von Stabsarbeit, eigenen Funktionen und Abläufen im Stab vertraut zu machen.

Eine Reduktion von Szenarienkomplexität ist erforderlich, damit der übende Stab sich auf Stabsprozesse und die Zusammenarbeit sowie die Entwicklung von Strategien konzentrieren kann. Hierzu müssen die Anforderungen auf der inhaltlichen Ebene vereinfacht werden, entweder indem ein realistisches Szenario auf den Kern reduziert wird (nur wenige Einspielungen/nötige Entscheidungen) oder indem ein Planspiel mit fachfremdem Szenario verwendet wird, bei dem es nicht auf die inhaltliche Lösung ankommt. Die Herausforderung für die Teilnehmenden besteht darin, die Informationen über den Realitätsbereich auszuwerten, Problembereiche zu identifizieren, eigene Ziele zu definieren und Strategien zu entwickeln, um gesetzte Aufgaben zu bewältigen. Fachfremde Szenarien haben den Vorteil, dass die Teilnehmenden sich leichter auf das Spiel einlassen, da die Anwendung von Fachwissen hier nicht gefragt ist und Fehler nicht zu unangenehmen persönlichen Situationen führen. Spezifische Ziele (fachfremder) Planspiele als Stabsübung können z. B. sein:

- **Sensibilisierung** für das Wesen und die Notwendigkeit von Stabsarbeit,
- grundlegende **Prinzipien der Zusammenarbeit** und Kenntnis der **Strukturen und Prozesse** im Stab,
- Wissen über **Zuständigkeiten** und Aufgabenfelder,
- **Vertrauensbildung** für die Zusammenarbeit als Stab, oder das **Einüben** von **Arbeit als adhoc Team.**

40.1 Stabsarbeit üben mit Planspielen

40.1.1 Planspiele

Planspiele bilden einen Ausschnitt der Wirklichkeit so ab, dass die bestimmten Lernziele erreichbar sind (Kriz, 2000). In dieser »Welt«, deren grundlegende Zusammenhänge und Handlungsoptionen definiert sind, wird ein Szenario oder Problem vorgegeben, dessen Entwicklung durch die Entscheidungen der Übenden mitbestimmt wird. Teilnehmerzahl sowie Möglichkeiten der Interaktion und Übungsdauer sind ebenfalls Teil der Planspielkonstruktion (Strohschneider, 2011; Blötz, 2008; Blättle & Herz, 2000).

Planspiele stellen einen fiktiven Rahmen für Übende dar, um handlungsorientiert mehr oder weniger komplexe Probleme gemeinsam zu lösen.

Planspiele können unterschiedlich aufwendig sein. Als »Papier-und-Bleistift«-Planspiele bestehen sie nur aus Instruktionen für die Teilnehmer, stützen sich auf ein ausgefeiltes Drehbuch oder laufen computersimuliert ab (Dörner, 1989). Teils werden zusätzliche Arbeitsmaterialien, z. B. Vordrucke, Räume, Karten u. Ä. benötigt (Überblick über deutschsprachige Planspiele bei Blötz, 2008).

40.1.2 Erfahrungsbasiertes Lernen: Tun und reflektieren

Nach dem Ansatz des erfahrungsbasierten Lernens (Kolb, Boyatzis & Mainemelis, 2001) wird der Lernerfolg durch folgende Schritte erreicht:
- Sammeln konkreter Erfahrung (im Planspiel),
- Erwerb von Hintergrundwissen (durch Erklärung oder Selbststudium),
- Reflexion und Verständnis der Erfahrung,
- ggf. Konzeption alternativer Vorgehensweisen und deren Erprobung.

Bei fachfremden Planspielen muss der Transfer des Gelernten (Methoden, Prozesse) auf den eigentlichen Anwendungsbereich, hier die Stabsarbeit, geleistet werden.

Um Planspiele (oder andere Methoden erfahrungsbasierten Lernens, auch Stabsrahmenübungen) sinnvoll einsetzen zu können, müssen die Übenden offen für die Methodik und für Feedback sein. Da sie selbst während der Planspielbearbeitung weder Aufmerksamkeit noch Zeit für Beobachtungen oder für Selbstreflexion haben, sollte ein Feedback durch geübte Beobachter erfolgen. Dieses kann im Anschluss an das Planspiel oder als Zwischenfeedback geschehen. Zusätzlich können die Übungsleiter/Trainer das Planspiel bedarfsweise für Hinweise im Sinn eines Coachings unterbrechen (► Kap. 39). Das moderierte Feedback sollte sowohl Beobachtungen der Übungsleitung als auch Selbsteinschätzungen und Selbstwahrnehmung der Teilnehmenden integrieren.

40.1.3 Merkmale/Vorteile von Planspielen

Planspiele sind, im Gegensatz zu Stabsrahmenübungen, mit relativ geringem Aufwand verbunden – in Bezug auf die **Übungsvorbereitung** (fertige Unterlagen, häufige Wiederholbarkeit), die **Übungsdurchführung** (keine Koordination mit Externen, geringer personeller Aufwand), die notwendigen **Ressourcen** (Räume, Unterlagen, Material, Personal) und die **Auswertung** (Übende alle vor Ort).

Planspiele können Einspielungen zulassen; eine umfangreiche Übungsleitung wie in der Stabsrahmenübung entfällt jedoch. Je nach Einspielungen sind auch Ablauf und Dauer der Übung flexibel anpassbar, da kein starres Drehbuch existiert. Zugleich können mit spontanen Einspielungen ad hoc verschiedene Schwerpunkte und Anforderungen für die Übenden gesetzt werden.

Für den Einsatz in Stabstrainings sollte das Szenario ein arbeitsteiliges Vorgehen zulassen oder erfordern, ohne dabei zwingend den Stabsraum und die üblichen Arbeitsmaterialien zu benötigen. Planspiele sind geeignet, vorhandene Strukturen, Prozesse und Teamarbeit im Stab auf deren szenariounabhängige Anwendbarkeit zu prüfen – was sich für wiederkehrende Einsätze bewährt hat, muss nicht für neue Einsatzszenarien funktionieren. Fachfremde Szenarien sollten die strukturellen Charakteristika realer Katastrophenlagen abbilden. Hierzu zählen insbesondere die gegenseitige Abhängigkeit von Einzelaspekten der Lage, eine Vielzahl von Problemen, Entscheidungsbedarf und Zielkonflikte, konstanter Zeitdruck oder das Fehlen wichtiger Informationen (Dörner, 1989; Hayek, 1967).

Praxisbeispiel

Als Stabsübung kann ein Verwaltungsstab genauso gut in einem Planspiel ein Kreuzfahrtschiff durch eine Krise manövrieren (Zinke & Hofinger, 2012; Hofinger, 2008; Starke, 2005), anstatt in einer Stabsrahmenübung eine große, fiktive Schadenslage zu bewältigen. In beiden Fällen ist die Herausforderung, den Betroffenen schnellstmöglich und optimal zu helfen. Für das Planspiel muss der Verwaltungsstab also nicht die Anzahl an Turnhallen für Notunterkünfte im Stadtgebiet kennen, sondern er soll erkennen, dass die Unterbringung von Evakuierten (auf dem Schiff wie in der Stadt) durch ihn zu organisieren ist und damit auch Aspekte wie deren Verpflegung, gesundheitliche Versorgung oder die Information von Angehörigen.

Neben der einfachen, flexiblen und kostengünstigen Durchführung hat der »fachfremde« Ansatz von Planspielen für das praktische Üben von Stabsarbeit den Vorteil, dass nicht der Eindruck einer Überprüfung von Stabsmitgliedern in Hinblick auf fachliche Entscheidungen oder Kenntnis lokaler Gegebenheiten entsteht. Damit eignen sich fachfremde Planspiele auch als »angstfreier« Einstieg für das Heranführen an und Üben von Stabsaufgaben und Stabsprozessen. Nachteil ist, dass der Transfer vom fiktiven Übungsszenario auf die Verhältnisse im eigenen Arbeitsbereich geleistet werden muss. Für diesen Transfer ist es von Vorteil, wenn bestehende Strukturen, Prozesse und Aufgaben im Planspiel berücksichtigt werden; z. B. Prinzipien der Zusammenarbeit im Planspiel an jeweilige Gegebenheiten im realen Arbeitsbereich angepasst sind (▶ Fallbeispiel).

40.2 Erfahrungswerte mit fachfremden Planspielen

Fachfremde Planspiele können als Trainingsmethode den Lernerfolg fördern; der Transfer auf andere strukturgleiche Aufgabenbereiche ist möglich (Starke, 2005; Schindewolf, 2002).

Im Rahmen einer Coaching-Übung in Hamburg (▶ Kap. 39) wurden zuletzt 2013 die Module I und II des Planspiels »Insel in Not« eingesetzt und mit 15 Evaluationsbögen ausgewertet.

Fallbeispiel

Modulares Planspiel »Insel in Not«

Das Planspiel »Insel in Not« wurde als Trainingstool für das Konzept des fachfremden Übens von Krisenstäben in zwei Modulen konzipiert. Gruppen von 5–9 Teilnehmenden finden sich dabei mittels kurzer Rollenbeschreibung als Team von Entwicklungshelferinnen und -helfern (z. B. Ingenieur, Medizintechnikerin) für ein Infrastrukturprojekt auf einer chilenischen Insel wieder. Hierfür wurde eine real existierende Insel mit fiktiven Ortschaften und Infrastruktur ausgestattet. Es wurden Karten und Fotografien, Aufgabenbeschreibungen und Materiallisten sowie ein Manual mit Antworten auf mögliche Fragen der Teilnehmenden erstellt.

»Insel in Not« – Modul I ist so angelegt, dass die Insel gerade erst (»heute Morgen«) durch ein Erdbeben erschüttert und die Ortschaft, in der die Teilnehmenden sich befinden, durch einen Erdrutsch frisch ins Chaos gestürzt wurde. Anstatt wie im Projekt vorgesehen Verbesserungen der lokalen Infrastruktur umzusetzen, sieht sich die Gruppe nunmehr damit konfrontiert, dass sie spontan das Krisenmanagement übernehmen muss. Planung und Koordination von Hilfs- und Rettungsmaßnahmen sind noch vor Einbruch der nahenden Dunkelheit zu erledigen. Dabei steigern Lageeinspielungen zusätzlich den Handlungsdruck. Die Bearbeitungszeit beträgt 45–60 Minuten.

»Insel in Not« – Modul II verlangt (nach einem Zeitsprung in den nächsten Tag) von den Teilnehmenden, als Interimsstab zur Katastrophenbewältigung vertraute Strukturen ihres realen Stabes zu übernehmen. Ausgangspunkt ist ein Lagebericht, der die dann aktuelle Lage des Folgetages zusammenfasst. Die Teilnehmenden müssen neben der Bewältigung zusätzlicher Aufgabenfelder (z. B. Pressearbeit) und Prozesse (interner Informations- und Meldefluss im Stab) vor allem strategisch handeln. Die Übungsleitung hat durch vorbereitete Lageeinspielungen, aber auch Ad-hoc-Meldungen für die einzelnen Stabsbereiche die Möglichkeit, auf Maßnahmen der Gruppe zu reagieren und dadurch Übungsschwerpunkte zu setzen.

Beide Module sind unabhängig voneinander einsetzbar. Bei der Konzeption wurden folgende Anforderungen definiert:

1. Teilnehmende sollen bei der Entscheidungsfindung mit **Unbestimmtheit** umgehen, ohne dabei ihre tatsächliche Fachlichkeit zu fordern. Unbestimmtheit prägt hier alle Aspekte der Lage: individuell variierende Informationen und Fähigkeiten, Priorisierungsbedarf von Maßnahmen bei z. T. widersprüchlichen Zielen, erforderliches spezifisches (technisches) Know-how.
2. Die Anwendung und Erprobung von Strukturen und Vorgehensweisen sollte **ohne fachliche Vorkenntnisse** möglich sein. Da fast alle Teilnehmenden Laien in den Rollen des Planspiels (z. B. Fachkraft für Bodensonden) sind, muss niemand fachliche Wissensdefizite fürchten. Diese Konstellation fördert deutlich die Akzeptanz der Übung.
3. Bei Modul I kann sich das **Team selbst strukturieren,** es gibt keine Über- und Unterordnungsverhältnisse mit Parallelen zum Arbeitsalltag. Die Teamleitung kann vorgegeben oder gemeinschaftlich festgelegt werden. Durch Teamarbeit unter Stress sollen Teilnehmer die Nützlichkeit von Stabsprozessen (z. B. Informationsmanagement) erkennen.
4. Modul II wurde für den Einsatz in der Ausbildung der Hamburger Katastrophenschutzstäbe entwickelt, um Prozesse fachfremd, aber in den vor Ort gegebenen Stabsstrukturen zu üben. Dazu soll der Stab im Idealfall **eigene Materialien und Räumlichkeiten** nutzen, wodurch Teilnehmer ihre Stabsroutinen als probates Mittel der arbeitsteiligen Bewältigung von Komplexität erleben.

Das Seminar bekam die Durchschnittsnote 1,51 (1 = sehr gut bis 6 = sehr schlecht). Die Bedeutung von »Insel in Not« bewerteten die Teilnehmenden durchschnittlich für Modul I mit 1,27 und für Modul II mit 1,33. Die Umsetzung bewerteten die Teilnehmenden durchschnittlich für Modul I mit 1,4 und für Modul II mit 1,2.

Das Planspiel und die in der Reflexion besprochenen Themen bleiben lange Zeit in Erinnerung. Erfahrungsbasiertes Lernen und ein begleitendes Coaching sensibilisieren die Agierenden nachhaltig für die Bedeutung eines funktionierenden Stabes und der Etablierung des Themas insgesamt in den Verwaltungen. Dies zeigen Rückmeldungen von Teilnehmenden unterschiedlicher Hierarchieebenen dieses Seminars, aber auch aus anderen Verwaltungsstäben und Einsatzorganisationen (► Kap. 39).

40.3 Fazit

Die Methode zur Ausbildung von Stäben richtet sich nach den Lernzielen und dem Übungsstand eines Stabes. Sollen Grundlagen der Stabsarbeit, das Arbeiten in vorgegebenen Strukturen und Rollen vermittelt werden, sind fachfremde Planspielübungen geeignet. Beherrscht ein Stab souverän seine Aufgaben und Prozesse, sind Stabsrahmenübungen mit ortsspezifischem Bezug das Mittel der Wahl zur Übung von Planungsstrukturen. Fachfremde Planspiele können hier ergänzend dazu dienen, Teamprozesse und die Beobachtung psychologischer Phänomene in den Fokus zu rücken.

Im fachfremden Planspiel können Handlungsstrategien unvoreingenommen ausprobiert und struktur- und prozessbezogen reflektiert werden. Zum Trainingskonzept gehören neben derartigen Übungsanteilen moderierte Reflexionsphasen, die Vermittlung von relevantem Hintergrundwissen und weitere Übungsphasen zur Anwendung und Festigung von Gelerntem.

Literatur

Blätte, A. & Herz, D. (Hrsg.). (2000). *Simulation und Planspiel in den Sozialwissenschaften: Eine Bestandsaufnahme der internationalen Diskussion*. Münster: LIT.

Dörner, D. (1989). *Die Logik des Mißlingens*. Reinbek: Rowohlt Verlag.

Hayek, F. A. (1964). The theory of complex phenomena. In M. Martin & L. C. McIntyre (Eds.), *Readings in the philosophy of social science* (pp. 55–70). Cambridge: MIT Press.

Hofinger, G. (2008). Teamtrainings für Krisenbewältigung. In C. Buerschaper & S. Starke (Hrsg.), *Führung und Teamarbeit in kritischen Situationen* (S. 190–205). Frankfurt am Main: Verlag für Polizeiwissenschaft.

Kolb, D. A., Boyatzis, R. E. & Mainemelis, C. (2001). Experiential learning theory. Previous research and new directions. In R. J. Sternberg & L.-F. Zhang (Eds.), *Perspectives on thinking, learning, and cognitive styles* (pp. 193–210). Mahwah, N. J.: Lawrence Erlbaum Associates.

Kriz, W. Ch. (2000). *Lernziel: Systemkompetenz – Planspiele als Trainingsmethode*. Göttingen: Vandenhoeck & Ruprecht.

Schindewolf, P. (2002). MS Antwerpen - *Darstellung und Evaluation eines computergestützten Trainings zum Krisenmanagement*. Unveröffentl. Diplomarbeit an der Universität Bamberg.

Starke, S. (2005). *Kreuzfahrt in die Krise. Wie sich kritische Situationen im Planspiel trainieren lassen* (Polizeiwissenschaftliche Analysen, Bd. 5). Frankfurt am Main: Verlag für Polizeiwissenschaft.

Strohschneider, S. (2010). Planspiele und Computersimulationen zur Vermittlung interkultureller Kompetenz. In: J. Straub, A. Weidemann & S. Nothnagel (Hrsg.), *Wie lehrt man interkulturelle Kompetenz* (S. 241–246). Bielefeld: transcript.

Blötz, U. (Hrsg.). (2008). *Planspiele in der beruflichen Bildung. Auswahl, Konzepte, Lernarrangements, Erfahrungen*. Schriftenreihe des Bundesinstituts für Berufsbildung Bonn (4., überarb. Aufl.). Bielefeld: Bertelsmann.

Zinke, R. & Hofinger, G. (2012). Konzeption eines Krisenstabstrainings für den öffentlichen Personennahverkehr. Ein Forschungspraxisbericht. In C. Felsenreich & H. Waleczek (Hrsg.), *Teamkompetenzen für sicheres Handeln – Entwicklung und Umsetzung* (S. 101–108). Frankfurt am Main: Verlag für Polizeiwissenschaft.

Wer führen will, muss üben – Die LÜKEX-Übungsserie

Miriam Haritz

G. Hofinger, R. Heimann (Hrsg.), *Handbuch Stabsarbeit*,
DOI 10.1007/978-3-662-48187-5_41,

Auch wenn niemand grundsätzlich das Sprichwort »Übung macht den Meister« infrage stellen wird, so denkt man bei der Vorstellung einer Übung im Bevölkerungsschutz eher weniger an die Führungsriege einer Gesellschaft. In den obersten Krisenstäben sollten idealerweise nur Meister oder Meisterinnen vertreten sein, um eine Krise im wahrsten Sinne des Wortes bestmöglich meistern zu können. Tatsächlich unterscheidet sich aber die Alltagstätigkeit der Angehörigen von Krisenstäben maßgeblich von dem, was in einer Krise auf sie zukommt; deshalb gilt das Bonmot von der Übung auch mit Blick auf die die Vorbereitung von Krisenstäben auf der strategisch-politischen Ebene.

41.1 Üben an der Spitze

Die Länderübergreifende Krisenmanagement-Übung/Exercise (LÜKEX) unterscheidet sich maßgeblich von anderen Übungen: Sie ist die einzige Übung in Deutschland, die ressortübergreifend auf die strategische, d. h. oberste Entscheidungsträgerebene in Bund, Ländern und Unternehmen der Kritischen Infrastrukturen (KRITIS) abzielt und einen **gesamtgesellschaftlichen Ansatz** verfolgt (■ Abb. 41.1). Dabei geht es um das Zusammenwirken der Krisenmanagementstrukturen, das Erproben von Bund-Länder-Verfahren und deren Gremien, das koordinierte Handeln von öffentlichem und privatem Sektor, die Erprobung und Verbesserung der Krisenkommunikation und zunehmend auch – in Zeiten globalisierter Herausforderungen – die Zusammenarbeit mit internationalen Partnern. Strategisches Krisenmanagement, wie es in der LÜKEX beübt wird, adressiert dabei eine Vielzahl an »institutionellen, technisch-organisatorischen, infrastrukturellen, … interaktionistischen … [sowie] psychosozialen … [und] informationellen Aspekten« (Reez, 2013, S. 36 f.).

Bei der LÜKEX werden Strukturen, Mechanismen und Verfahren auf der Grundlage von Szenarien mit sicherheitspolitischer Aktualität beübt, um das integrierte Krisenmanagement im föderalen Deutschland für Krisen und Schadenslagen jedweder Qualität und Größenordnung zu stärken.

41.2 Der Weg ist das Ziel

In einer umfangreichen **Planungs- und Vorbereitungsphase** lernen sich die thematisch befassten Akteure bereits im Vorfeld auf gemeinsamen Veranstaltungen kennen. Der fachliche Abstimmungsprozess zwischen Bund, Ländern, Wirtschaft unter Einbindung der

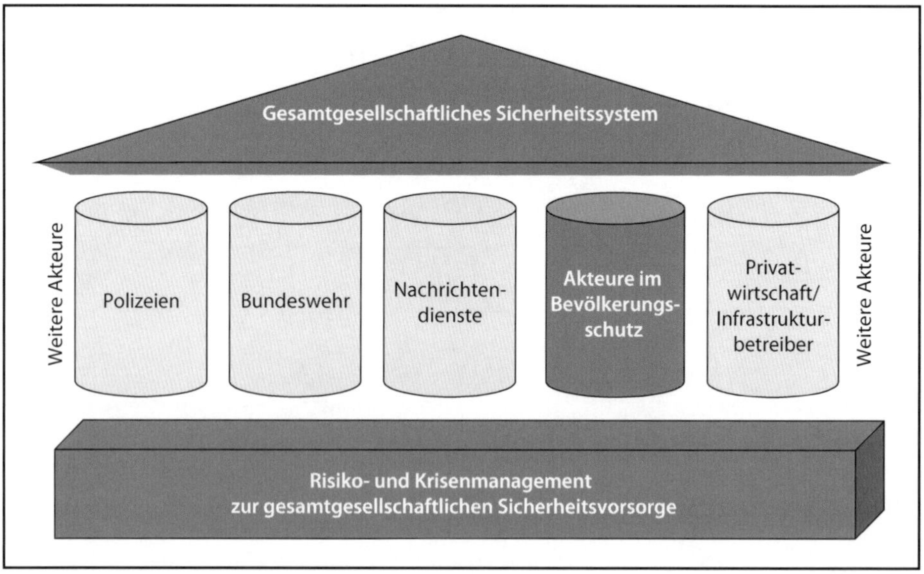

Abb. 41.1 LÜKEX beübt alle Säulen der gesamtgesellschaftlichen Sicherheitsarchitektur

Wissenschaft und weiterer Kooperationspartnerinnen und -partner findet in bilateralen Besprechungen, multilateralen Arbeitsgruppensitzungen, thematischen Spezialworkshops und dem Expertenaustausch bei Fachkonferenzen über einen Zeitraum von jeweils rund 2 Jahren statt (Abb. 41.2). Wesentliche Erkenntnisse zur Weiterentwicklung des Krisenmanagements werden daher bereits vor der Übungsdurchführungsphase generiert, sodass die Übung selbst der Überprüfung bereits vorab identifizierter (und idealerweise eliminierter) Schwachstellen dient. Die übenden Stäbe werden im Vorfeld der Übungsdurchführung durch bilaterale Austauschangebote und Planbesprechungen auf diesen **Höhepunkt** im Übungszyklus vorbereitet. Zielgruppe sind dabei die Angehörigen des Krisenstabs der Bundesregierung und der Krisen- bzw. Verwaltungsstäbe der beteiligten Länder.

Nach der Übung ist vor der Übung: Während die Auswertung der einen LÜKEX unter Berücksichtigung aller Übungserkenntnisse, die in einen **Auswertungsbericht** einfließen und die Grundlage für Handlungsempfehlungen auf der politischen Ebene bilden, erfolgt, wird bereits die nächste LÜKEX geplant. Doch auch wenn die Szenarien und die davon abhängig ausgewählten Akteure sich in jedem Übungszyklus neu zusammensetzten, kreiert LÜKEX eine Plattform, auf der sich **Netzwerke etablieren**, die über den einzelnen Übungszyklus hinaus Bestand haben. Die koordinierte Zusammenarbeit zwischen beispielsweise dem Gesundheits- und dem Verbraucherschutzressort, zwischen dem Sicherheitsstaatssekretär im Bundesministerium des Innern (BMI) und seinem bzw. ihrem Pendant in mehreren Bundesländern oder die Abstimmung zwischen über mehrere Ebenen betroffenen Pressestellen unter dem Aspekt Krisenkommunikation mit Medien und der Bevölkerung ist nach der Übung nachhaltig gestärkt, um so auch eine entsprechende Reallage besser bewältigen zu können.

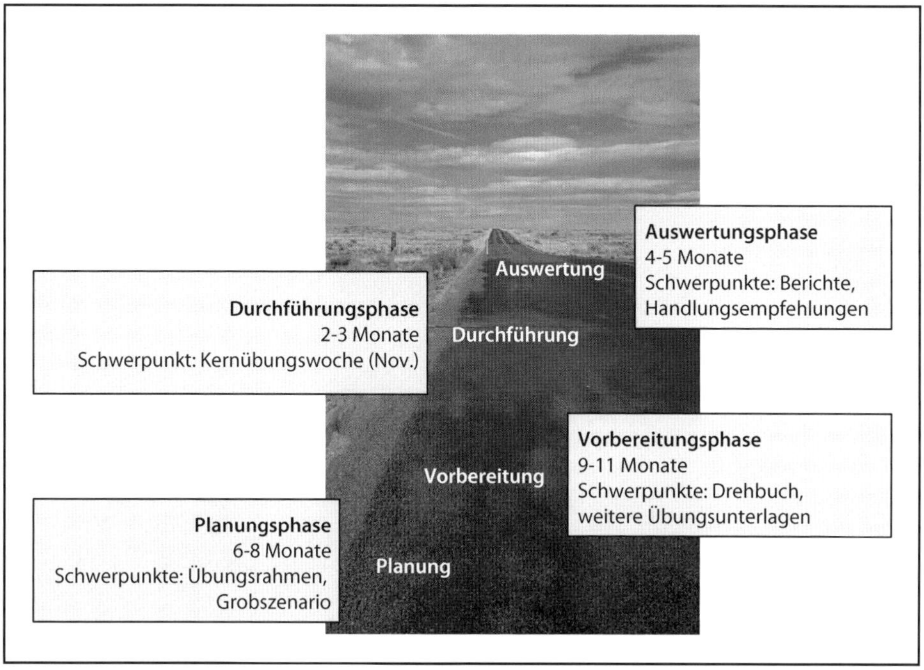

Abb. 41.2 Der Weg ist das Ziel – Die vier Phasen jedes LÜKEX-Übungszyklus (© H. Burkow, BBK)

Frei nach dem Grundsatz »in der Krise Köpfe kennen« (oder »know your friends before you need them«), beschränkt sich LÜKEX nicht auf die Durchführung einer Übung, sondern stärkt in jeweils rund 2 Jahren zudem das Netzwerk durch Planung, Vorbereitung und Auswertung.

41.3 Immer neue Herausforderungen

Die LÜKEX-Übungsserie wurde infolge realer Ereignisse konzipiert: Auf der internationalen Ebene erschütterten die Anschläge des 11. September 2001 in den USA das nach Ende des Kalten Krieges in weiten Teilen zumindest der westlichen Welt vorherrschende Sicherheitsgefühl. Das Elbe-Hochwasser des Jahres 2002 schließlich zeigte in Deutschland, dass es erheblichen Verbesserungsbedarf bei der Bewältigung von Großschadenslagen mit länderübergreifender Komponente gab. Auf der Grundlage einer neuen Strategie für den Schutz der Bevölkerung auf Beschluss der Ständigen Konferenz der deutschen Innenminister und -senatoren der Länder (IMK) hin (IMK, 2002) wurde der Startschuss für eine Übungsserie sui generis gegeben, um das Krisenmanagement in Deutschland nachhaltig zu verbessern. Die Federführung für dieses Projekt obliegt dem BMI, das Projektmanagement wird in dessen Auftrag durch das Bundesamt für Bevölkerungsschutz und Katastrophenhilfe (BBK) wahrgenommen. Kerngedanke war dabei das Anerkennen einer gemeinsamen Verantwortung für den Schutz verwundbarer

■ Tab. 41.1 Bisherige Szenarien der LÜKEX

LÜKEX 04	Winterliche Extremwetterlage, großflächiger Stromausfall, Terroranschläge
LÜKEX 05	Terroristische Anschläge im Zusammenhang mit der Fußball-WM 2006
LÜKEX 07	Weltweite Influenza-Pandemie
LÜKEX 09/10	Terroristische Bedrohung mit konventionellen Sprengstoffen, chemischen und radioaktiven Tatmitteln (sog. »schmutzige Bombe«)
LÜKEX 11	Bedrohung der Sicherheit der Informationstechnik durch Cyber-Attacken
LÜKEX 13	Außergewöhnliche biologische Bedrohungslagen
LÜKEX 15	Sturmflut an der Deutschen Nordseeküste

moderner Gesellschaften, der nur gelingen kann, wenn alle staatlichen und privaten Akteure miteinander kooperieren. 2009 wurden ressort- und länderübergreifende Krisenmanagementübungen durch § 14 des Zivilschutz- und Katastrophenhilfegesetzes (ZSKG, 2009) gesetzlich verankert.

Bislang fanden sechs LÜKEX-Übungen statt, die immer wieder neue Akteure zusammengebracht haben und geradezu »mit schlafwandlerischer Sicherheit regelmäßig vor Eintritt der reellen Schadenslage« (Scholz, 2013, S. 184) zentrale Themen aufgegriffen haben (■ Tab. 41.1).

Bei der LÜKEX 13 waren etwa 2000 Personen an der Durchführung der bundesweiten Übung beteiligt. Neben Ländern und Behörden des Bundes waren dies u. a. Unternehmen, etwa des Lebensmittelhandels, sowie Verbände, Hilfsorganisationen und Vertreter der Wissenschaft. Auf Bundesebene waren hauptsächlich das BMI, das Bundesministerium für Ernährung, Landwirtschaft und Verbraucherschutz, das Bundesministerium für Gesundheit (BMG), das Auswärtige Amt sowie das Bundesministerium der Verteidigung mit ihren nachgeordneten Behörden in die Übung eingebunden. Aufseiten der Länder waren Berlin, Nordrhein-Westfalen und Thüringen intensiv übungsbeteiligt.

Die siebte LÜKEX (LÜKEX 15), die seit 2013 intensiv geplant und vorbereitet wurde, befasste sich mit den Herausforderungen rund um ein Sturmflutszenario an der Nordsee mit einer länderübergreifenden Betroffenheit. Auch nach Absage der für November 2015 vorgesehenen Übungsdurchführung infolge der Migrationslage ab Spätsommer 2015 wurden die bereits im Vorfeld im Übungszyklus generierten Erkenntnisse zusammengetragen und ausgewertet.

Bei der LÜKEX sind die gewählten Szenarien Mittel zum Zweck, um unterschiedliche Akteure des Krisenmanagements zusammenzubringen und diesen zu ermöglichen, auch jenseits des jeweiligen Übungsszenarios neue Herausforderungen besser bewältigen zu können.

41.4 Auswirkungen auf die Arbeit von Krisenstäben

Nach über 10 Jahren des gemeinsamen Übens hat sich die LÜKEX auf das Krisenmanagement bei überregionalen Gefahren- und Großschadenslagen in Deutschland im Allgemeinen und auf die Arbeit von Krisenstäben im Besonderen nachhaltig ausgewirkt. Die Veränderungen betreffen dabei sowohl die **Stabsarbeit an sich**, wie auch die **Verfahrensregelungen und Strukturen mit Blick auf das jeweils beübte Szenario.**

Die Schaffung einer neuen Geschäftsordnung der interministeriellen Koordinierungsgruppe, die Prüfung und Erprobung des Modells der Doppelspitze von Stäben im BMI sowie die dauerhafte Vereinbarung zwischen BMI und BMG über die Bildung eines gemeinsamen Krisenstabes in entsprechenden Lagen sind Beispiele für solche Veränderungen.

Auch auf Länderebene wurden neue Stäbe für Landesregierungen eingerichtet und beispielsweise in Thüringen ein gemeinsamer Krisenstab der Landesregierung, der unbeschadet der Ressortzuständigkeit alle Ressorts im Lande koordiniert, etabliert. Die für die Stabsarbeit erforderlichen räumlichen und technischen Voraussetzungen, einschließlich der Ausstattung der Lagezentren, wurden verbessert. In der Folge von LÜKEX-Übungen wurde dabei Nachhaltigkeit sichergestellt, indem die Krisenstäbe auch an der BBK-eigenen Akademie für Krisenmanagement, Notfallplanung und Zivilschutz (AKNZ) ausgebildet werden. Derartige Aus- und Weiterbildungsmaßnahmen werden dort nicht nur für Führungskräfte der öffentlichen Verwaltung, sondern auch für Wirtschaftsunternehmen umgesetzt (z. B. AKNZ-Seminar »Krisenmanagement ist Chefsache«; BBK, 2015).

Im Bund-Länder-Verhältnis haben LÜKEX-Übungen u. a. dazu geführt, eine Übersicht über die vorhandenen Kräfte und Fähigkeiten durch das Gemeinsame Melde- und Lagezentrum von Bund und Ländern (GMLZ) zu ermöglichen (»Bundeskräftelagebild«). Auch das Meldewesen zwischen Ländern und dem GMLZ im Bereich der nichtpolizeilichen Gefahrenabwehr wurde neu geregelt.

In übergeordneter Hinsicht kann man festhalten, dass es zu einer Verstetigung der Leitung der Krisenstäbe auf Staatssekretärsebene gekommen ist und die LÜKEX dazu beigetragen hat, dass sich **bundesweit** eine **übergreifende Abstimmungs- und Entscheidungskultur** entwickelt hat.

Schließlich ist die ressortübergreifende Krisenkommunikation wie auch mit Medien und Bevölkerung ein Schlüsselelement, das an Relevanz gewonnen hat. Wird eine Krise zwar in der Sache »abgearbeitet«, die Kommunikation darüber aber vernachlässigt, so kann daraus schnell eine Kommunikationskrise erwachsen, in der Reputation und Glaubwürdigkeit nachhaltig beschädigt werden können (▶ Kap. 36).

In der LÜKEX 11 kam es dabei neben dem »konventionellen Medienspiel« (u. a. vorproduzierte TV-Sendungen, Ad-hoc-Berichte verschiedener Presseorgane und Live-Radio-Beiträge) erstmalig zu einem Einsatz von Social Media. Dabei wurde durch das Hessische Ministerium des Innern und für Sport festgestellt, dass zwar noch eine gewisse Distanz zu dem Thema besteht, Social Media aber »ein positives Potential (hat), das dauerhaft von einer Person beobachtet/bearbeitet werden muss … es sollte mehr Aufklärung erfolgen« (Sedlak, 2012, S. 6). Ganz in diesem Sinne wurden für die LÜKEX 13 in der Mediensimulation, mit der die zentrale Übungssteuerung beim BBK die übenden Stäbe im Übungsverlauf unter Übungsdruck setzt, fiktive soziale Netzwerke intensiver genutzt, um einen in der Realität zunehmend Raum einnehmenden Teil der Medien- und Kommunikationslandschaft ansatzweise abzubilden (Feierabend, 2013, S. 7). Eigene Kanäle wie beispielsweise »LÜKItweet« provozierten mit griffigen Schlagworten (»hashtags«) wie #boesebohnen oder #DontMessWithTheMettigel behördliche Reaktionen auf den Umgang mit kontaminierten Wurstwaren in der öffentlichen Wahrnehmung. Für manche Akteure war dies kein unbekanntes Terrain, für andere die erstmalige Konfrontation mit diesen modernen, die Krisenbewältigung neu herausfordernden Kommunikationsmitteln (Reez, 2014).

Bei der Vielzahl der Akteure (aus den Bereichen Gesundheit, gesundheitlicher Verbraucherschutz und Innenressort) wurde deutlich, dass eine »one voice policy« weder möglich noch erstrebenswert, eine **abgestimmte, widerspruchsfreie Kommunikation nach Zuständigkeiten** aber gerade nach den realen Erfahrungen rund um den EHEC/HUS-Ausbruch im Jahr

2011 (hämolytisch-urämisches Syndrom als schwere Erkrankung infolge einer Infektion mit enterohämorrhagischen Escherichia coli; zu dem Ausbruch in Deutschland s. Robert Koch-Institut, 2011) zwingend ist (BBK, 2014). Dabei ist eine weitere Herausforderung, eine angemessene Sprache für die Kommunikation zu finden: Fachlich-korrekt aber zugleich allgemeinsprachlich-verständlich, verpackt in allgemein zugängliche Informationen und bei Bedarf als Antwort auf Individualanfragen.

LÜKEX als strategische Krisenmanagementübung übt das Handeln unter Druck – einem Druck, der auch durch die Simulation der Bevölkerung und über entsprechende Anrufe bei Behörden- oder Unternehmenshotlines bis hin zu Anfragen unmittelbar in die Krisenstäbe potenziert wird. Lagebewältigung bei Gewährleistung eines **kontinuierlichen Informationsflusses** auf **mehreren Kanälen** in **verschiedene Richtungen** ist dabei ein wiederkehrendes Trainingserlebnis in den LÜKEX-Übungen.

41.5 LÜKEX matters ...

Wer das Undenkbare meint denken zu müssen, wie es uns nicht zuletzt Ereignisse wie das Seebeben vor Fukushima in einem Zusammentreffen von Naturgefahren und technischem und menschlichem Versagen gezeigt haben, muss **das Undenkbare auch üben** (Unger, 2012). Die LÜKEX schließt dabei eine Lücke (Reez, 2010) und vernetzt ebenen- und ressortübergreifend Entscheidungsträger, indem die jeweiligen Kompetenzenstränge zusammengeführt werden.

LÜKEX hat »im Maschinenraum« des Föderalismus einen Prozess angestoßen, bei dem mittels behördenübergreifender Projektarbeit ganzheitliches Denken und Vernetzen in einer gelebten gesamtgesellschaftlichen Sicherheitsarchitektur sowie eine gemeinsame Sprache zum Schutz der Bevölkerung diesseits und jenseits einer Krise erlernt werden.

LÜKEX ist damit zu einem innovativen Motor (Klink & Thiede, 2008), einem Vehikel für das Agenda-Setting im Bevölkerungsschutz geworden. So werden neue Wege zu beschritten, um durch die Antizipation der Katastrophe das Krisenmanagement auf strategischer Ebene auf die Probe zu stellen. Letztlich werden auf diese Weise Krisenstäbe so ertüchtigt, dass ein möglicher Ernstfall besser bewältigt werden kann. **Übung macht den Meister** ist dabei nicht endlich zu verstehen: Unsere Welt verändert sich kontinuierlich, und mit ihr die Herausforderungen an die Akteure in und um Krisenstäbe. Im Sinne eines lebenslangen Lernens ist somit jede, auch wiederholte Teilnahme an einer LÜKEX (»immer anders«) als ein erfolgreicher Baustein zu sehen, die strukturellen, konzeptionellen und personellen Rahmenbedingungen für gute Stabsarbeit zu verbessern.

Dienstvorschriften, Normen und Gesetze

- IMK (2002/2011). Neue Strategie für den Schutz der Bevölkerung, 2002; akt. 2. Aufl. ► www.bbk.bund.de/SharedDocs/Kurzmeldungen/BBK/DE/2011/18011300_Publikation_Neue_Strategie_2_Auflg.html. Zugegriffen: 06.03.2015.
- ZSKG (2009). Zivilschutz- und Katastrophenhilfegesetz vom 25. März 1997 (BGBl. I S. 726), in der zuletzt geänderten Fassung vom 29. Juli 2009 (BGBl. I S. 2350).

Literatur

BBK (2014). *Auswertungsbericht LÜKEX 13.* Bonn: BBK. ► http://www.bbk.bund.de/SharedDocs/Downloads/BBK/DE/Publikationen/Broschueren_Flyer/Luekex_13_Auswertung.pdf?__blob=publicationFile. Zugegriffen: 06.03.2015.

BBK (2015). *Krisenmanagement ist Chefsache I und II.* In Jahresprogramm 2015 der Akademie für Krisenmanagement, Notfallplanung und Zivilschutz (AKNZ). Bonn: BBK. ► http://www.bbk.bund.de/SharedDocs/Downloads/BBK/DE/Downloads/AKNZ/AAKN_Box_Jahresprogramm_2015.pdf?__blob=publicationFile. Zugegriffen: 06.03.2015.

Feierabend, S. (2013). Rätselhafte Krankheitswelle überrollt Deutschland: Bund und Länder proben den Ernstfall. *Notfallvorsorge, 4*, 4–7.

Klink, M. & Thiede, T. (2008). Das System LÜKEX als Motor der Entwicklung des strategischen Krisenmanagements. In BBK (Hrsg.), *Nationales Krisenmanagement im Bevölkerungsschutz* (S. 131–138). Bonn: BBK.

Reez, N. (2010). Strategische Übungen: von der Übungslücke zu »LÜKEX«. In A. Bayer, H. Faleschini, K. Gölling, R. Stapel & C. Strobl (Hrsg.), *Übungen zum radiologischen und nuklearen Notfallschutz: Planung - Durchführung – Auswertung.* 7. Seminar des Arbeitskreises Notfallschutz, Augsburg, 10. bis 12. März 2010 (S. 32). Köln: Fachverband für Strahlenschutz e. V.

Reez, N. (2013). Was heißt strategisches Krisenmanagement? In C. Unger, T. Mitschke & D. Freudenberg (Hrsg.), *Krisenmanagement - Notfallplanung - Bevölkerungsschutz: Festschrift anlässlich 60 Jahre Ausbildung im Bevölkerungsschutz, dargebracht von Partnern, Freunden und Mitarbeitern des Bundesamtes für Bevölkerungsschutz und Katastrophenhilfe* (S. 25–39). Berlin: Duncker & Humblot.

Reez, N. (2014). Unterwegs zu »Krisenkommunikation 2.0«? In BBK (Hrsg.), *Wissenschaftliche Unsicherheit und Krisenkommunikation in außergewöhnlichen biologischen Bedrohungslagen, Tagungsband des 3. Themenworkshops Herausforderungen für Behörden im Bereich Gesundheit, gesundheitlicher Verbraucherschutz und Sicherheit am 18. und 19. Juni 2013 in Bad Breisig* (S. 16–22). Bonn: BBK. ► http://www.bbk.bund.de/SharedDocs/Downloads/BBK/DE/Publikationen/Broschueren_Flyer/Luekex_Themen_Workshop_3.pdf?__blob=publicationFile. Zugegriffen: 06.03.2015.

Robert Koch-Institut (2011). *Bericht: Abschließende Darstellung und Bewertung der epidemiologischen Erkenntnisse im EHEC O104:H4 Ausbruch, Deutschland 2011.* Berlin: RK.

Scholz, M. (2013). Die Beteiligung an der Übungsserie LÜKEX, betrachtet durch ein KRITIS-Unternehmen am Beispiel der Deutschen Telekom AG. In C. Unger, T. Mitschke & D. Freudenberg (Hrsg.), *Krisenmanagement - Notfallplanung - Bevölkerungsschutz: Festschrift anlässlich 60 Jahre Ausbildung im Bevölkerungsschutz, dargebracht von Partnern, Freunden und Mitarbeitern des Bundesamtes für Bevölkerungsschutz und Katastrophenhilfe* (S. 16–191). Berlin: Duncker & Humblot.

Sedlak, W. (2012). *Krisenstab der Landesregierung, Stabsrahmenübung »IT-Sicherheit« am 30. November und 01. Dezember 2011, Erfahrungsbericht* (S. 6). Wiesbaden: Hessisches Ministerium des Innern und für Sport (verfügbar über die Fachinformationsstelle des BBK).

Unger, C. (2012). LÜKEX – das »Undenkbare« denken und üben. In H. J. Thomann (Hrsg.), *Das Undenkbare denken* (S. 26–29). Berlin: TÜVmedia.

Evaluation von Übungen

Katrin Osarek

G. Hofinger, R. Heimann (Hrsg.), *Handbuch Stabsarbeit*,
DOI 10.1007/978-3-662-48187-5_42, © Springer-Verlag Berlin Heidelberg 2016

Der Mehrwert von Krisenstabsübungen muss in vielen Organisationen bei der Beantragung des jeweiligen Budgets nachgewiesen werden. Das speziell in großen Organisationen auftretende Bedürfnis nach vergleichbaren Ergebnissen und simplifizierten Korrelationen zwischen Ursache und Wirkung kann der meist qualitativen Bewertung durch Experten entgegenstehen. Insbesondere bei Vollübungen mit enormen Ressourceneinsatz ist es wichtig, eine leicht anwendbare Bewertungsmatrix für den transparenten Erfolg von Krisenstabsübungen zu entwickeln.

42.1 Warum ist die Evaluation einer Krisenstabsübung wichtig?

Die Bewertung von Übungen ist eine Herausforderung, der sich Konzerne und Institutionen, aber auch lokal agierende Behörden stellen müssen. Prüfungen, ob Vorgaben eingehalten werden, verlangen Nachweise über die Resilienz einer Organisation. Es gibt zwei Möglichkeiten diese belastbar zu ermitteln, zum einen durch Analyse der Reaktion auf einen realen Vorfall, zum anderen eine Simulation eines solchen. Falsche Feststellungen, ob die gestellten Anforderungen hinreichend erfüllt wurden, und fehlende Ergebnisreflexion können den möglichen Mehrwert von Übungen schmälern. Kurze und prägnante Ergebnisdarstellungen, z. B. mittels Ampelfarben oder einfachen Skalen, sind gerade für das Management notwendig; deren Ermittlung muss jedoch wohl überlegt sein. Es geht bei der Auswertung nicht um das »Haken setzen«, sondern um eine verlässliche Aussage über die **Handlungsfähigkeit** und **Kompetenz** des Krisenstabes. Falsche Beurteilungen können eine unrealistische Einschätzung der Leistungsfähigkeit (meist eine Überschätzung) und somit ein falsches Gefühl von Sicherheit vermitteln.

Im Folgenden wird ein Leitfaden entwickelt, welcher ein in die Übungsplanung integriertes Evaluationskonzept als übersichtliche Handlungsempfehlung in überschaubare Teilaspekte ordnet.

42.2 Die Rolle von Beobachtern

Der enge Zusammenhang zwischen Ziel der Übung und Evaluation erscheint naheliegend und eine **Zieldefinition** zu Beginn der Planungsphase logisch. Die **Auswertung** bei Entscheidungen und Überlegungen über Art und Umfang der Übung mit einzubeziehen, ist weniger geläufig (Heumüller, Richter & Lechner, 2013). Dies liegt auch an der Prämisse, dass Beobachter eine Vogelperspektive einnehmen und objektiv die Übung bzw. die Beteiligten bewerten sollen (Doherty, 2008). Vielfach wird Objektivität mit Passivität gleichgesetzt, sodass die aktive Beteiligung in der Planungsphase leidet. Handlungsempfehlungen durch Beobachter schon im Vorfeld einer Übung und die Beteiligung dieser an der Planung, erzeugen Erwartungshaltungen, welche diese Rolle beeinträchtigen und die Sicht verfälschen können. Meist werden die Beobachter deshalb erst an Bord geholt, wenn die wichtigsten Parameter bereits gesetzt sind und nur noch entschieden werden muss, an welchen Stellen die Beobachter positioniert werden sollten. Die folgenden Handlungsempfehlungen beziehen sich auf ein integratives Evaluationskonzept, mit dem versucht wird, den größtmöglichen Lerneffekt für den übenden Krisenstab zu bewirken. Wenn dies bedeutet, dass ein Beobachter schon im Vorfeld einer Übung z. B. Hinweise zu eventuell vorhandenen Schwächen des Szenarios gibt, dann ist dies im Interesse der jeweiligen Krisenorganisation und hat eine höhere Priorität als die Einhaltung der oben skizzierten Rolle.

42.3 Vor der Übung

Für jede Stunde einer Simulationsübung werden je nach Erfahrung der Vorbereitenden 10 - 18 Stunden benötigt (Hamilton, 2010). Bei diesem Ressourcenaufwand ist es nicht verwunderlich, wenn die Vorbereitung vernachlässigt wird.

42.4 Ziele als essenzieller Bestandteil der Auswertung

Dörner (2003, S. 79) nennt folgende Eigenschaften von Zielen:
- Anstrebens- oder Vermeidungsziele (positiv vs. negativ),
- allgemein oder spezifisch,
- klar oder unklar,
- einfach oder mehrfach,
- implizit oder explizit.

Ein positives Ziel legt den Fokus auf das, was erreicht werden soll. Bei einem negativen Ziel handelt es sich um etwas, das vermieden werden soll; dennoch ist es möglich, auch die Erreichung negativer Ziele zu messen. Sind Ziele sehr allgemein, kommt es aufgrund von unterschiedlichsten Auslegungen bei der Bewertung von Übungen vielfach zu Irritationen. Ungünstig ist es, wenn ein Ziel negativ mit einem anderen verbunden ist, d. h. die Erfüllung des einen befördert das Verfehlen des anderen. Explizite Ziele stehen offensichtlich im Vordergrund, implizite hingegen sind eher beiläufige Ziele, die erst bei Nichterreichen oder Verletzung als solche erkannt werden. In der Praxis hat sich eine Einteilung der Ziele in **Haupt-, Neben und Nichtziele** bewährt, um gerade auch die nicht ausdrücklich im Fokus stehenden Ziele zu erfassen und zu berücksichtigen. Die Kategorie »Nichtziele« ermöglicht einen bewussten Ausschluss von Zielen. Weitere, insbesondere für die Übung relevante Kriterien sind die Erreichbarkeit bzw. Realitätsnähe sowie der Zusammenhang zur Aufgabe der zu beübenden Organisation.

Die Differenzierung zwischen **Sachzielen** der Organisation und **persönlichen Zielen** der Mitarbeiter (Rössing, 2005) ermöglicht die Ermittlung des Mehrwerts der Übung auf verschiedenen Ebenen.

> **Übungsziele sollten klar, eindeutig, spezifisch, messbar und realistisch den angestrebten Zustand beschreiben. Dabei ist es hilfreich, die Ziele in Haupt-, Neben- und Nichtziele zu unterteilen und den Zusammenhang zur Aufgabe der Organisation nicht aus den Augen zu verlieren.**

42.5 Erwartungen nutzen und kritisch hinterfragen

Der wesentliche Unterschied von Übungen zu realen Krisen ist die Planbarkeit und die Möglichkeit, die zu erwartende Handlungsabfolge im Vorfeld zu spezifizieren. Dieser Vorteil wird zu selten genutzt, um Organisationen zu verbessern. Weick und Sutcliffe (2007) haben im Zusammenhang mit High Reliability Organisation (HRO) auf Gefahren resultierend aus Erwartungen hingewiesen, aber auch den Nutzen des Bewusstseins über Erwartungen herausgestellt. Gefahren entstehen immer, wenn diese die menschliche Wahrnehmung einschränken. Gerade als Beobachter bei einer Übung kann dies dazu führen, dass der Fokus auf Handlungen liegt, welche die eigenen Erwartungen bestätigen. Im Vorfeld einer Übung wird empfohlen, Listen mit Erwartungen zu erstellen: Zum einen die »individuelle Liste« eines jeden Teilnehmers, zum anderen die Verschriftlichung des zu erwartenden Prozesses bzw. der Reaktion der beübten Organisation auf das Szenario.

Die zweite Liste ist üblicherweise Bestandteil der Szenarioerstellung (▶ Kap. 38), oft mit dem primären Ziel, Einspielungen auf erwartete Reaktionen schon griffbereit zu haben. Während der Übung prüfen die Beobachter, welche Erwartungen erfüllt wurden. Dabei sollte besondere Aufmerksamkeit auf den Erwartungen liegen, die nicht bestätigt wurden. In einer Krise zählt mitunter nur das Resultat, in einer Übung hat man die Möglichkeit, auch den Weg kritisch zu betrachten und Verbesserungen vorzunehmen.

Praxisbeispiel

Das Übungsszenario beinhaltet einen verunglückten Reisebus mit finnischen Touristen. Die Erwartungshaltung ist, dass eine bestimmte Position des Krisenstabes das Auswärtige Amt (AA) um Unterstützung bei der Bereitstellung von Übersetzern bittet. Da das Telefon längere Zeit besetzt ist, ruft man kurzerhand private Kontakte an und bittet um Hilfe. Die Vorgehensweise ist nicht falsch, sollte aber dennoch kritisch betrachtet werden. Ist die gewählte Alternative dauerhaft eine Option oder kaschiert sie nur einen Fehler, der an anderer Stelle in einem viel gravierenderen Ausmaß wieder zu Tage treten könnte? Falls im Nachgang nicht kritisch die Erreichbarkeit des AA betrachtet würde, wäre eine Lernsituation vertan.

Diese Situationen können auf zweierlei Arten interpretiert werden: Entweder als Anzeichen für Flexibilität und daraus resultierende Verlässlichkeit oder als Fehler, dessen Auswirkungen nicht zum Tragen kamen, aber ein mögliches Versagen indizieren. Letzteres wird von Weick und Sutcliff (2007, S. 61) als die Variante herausgearbeitet, welche HRO auszeichnet.

Im Vorfeld einer Übung spezifizierte Erwartungen z. B. die Reaktion auf Einspielungen der Übungsleitung, helfen bei der kritischen Betrachtung der Funktionalität von Prozessen.

42.6 Evaluationskonzept und Checkliste als Werkzeug

Anhand der ermittelten Ziele und Erwartungen lässt sich eine Auswahl an Beobachtern festlegen, benötigte Ressourcen können ermittelt sowie Datensammlung und Analysetechniken bestimmt werden (Australian Emergency Management Institute, 2012). Die Struktur des Beobachtungsteams ist an Umfang und Ziel zu orientieren. Die darunter angeordneten Beobachter

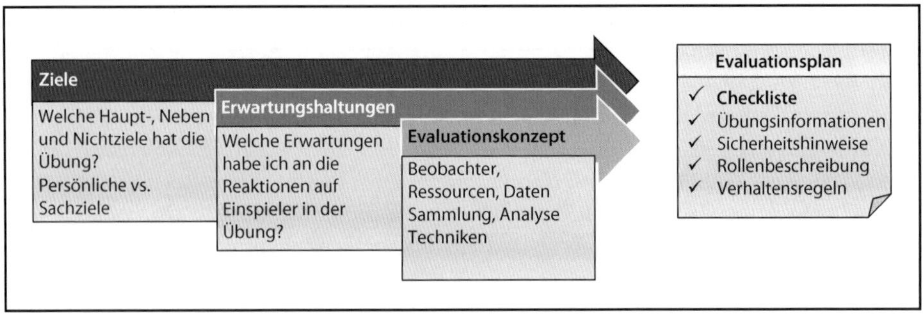

Abb. 42.1 Evaluationsprozess im Vorfeld einer Übung

und Beobachterinnen weisen für den ihnen zugewiesenen Bereich die nötige Expertise auf. Eventuelle Lücken sollten im Vorfeld durch Trainings und das unmittelbar vor der Übung stattfindende Briefing ausgeräumt werden. Homeland Security (2004) skiziert die gewünschten Fähigkeiten wie folgt:

- Organisationsmanagement, um ein Team zu führen.
- Analytisches Denkvermögen, um eine vollständige und akkurate Analyse der Ziele und Möglichkeiten durchführen zu können.
- Gute Kommunikation, um sich mit den Übungsplanern zu koordinieren.
- Der leitende Evaluierer ist vertraut mit dem Unternehmen oder der übenden Behörde, deren Prozesse, Kultur und der Krisenmanagementorganisation.

Zusätzlich kann ein Evaluationspaket Unsicherheiten ausräumen. Neben Übungsinformationen, Sicherheitshinweisen, Rollenbeschreibung und Verhaltensregeln sollte der Kern dieses Paketes eine Checkliste sein. Diese ist eine Auflistung von möglichst objektiven Leistungsindikatoren (»key performance indicators«), die vor der Übung zu identifizieren sind (BCI, 2002). Bei ihrer Ermittlung wird sich an den Zielen, Erwartungshaltungen und dem Evaluationskonzept orientiert (Abb. 42.1; ► Fallbeispiel).

Die Checkliste dient als **Ankerpunkt** für den Beobachter. Gerade unerfahrene Teammitglieder wünschen sich eine Checkliste, um auf die wesentlichen Aspekte einer Übung zu achten (Doherty, 2008).

Checklisten schränken jedoch auch die Wahrnehmung ein und »verschlucken« Beobachtungen. Gerade im Briefing sollte dies allen Beobachtern klar gemacht werden. Erwartungen und vorformulierte Stichpunkte verleiten dazu, andere Aspekte auszublenden. Wenn eine vordefinierte Option angekreuzt wird, geht ein Teil der Information verloren (Weick & Sutcliff, 2007); d. h., es sollte die Waage zwischen vorgefertigten Ankreuzoptionen und offenen Beobachtungsfeldern gehalten werden.

42.7 Während der Übung

Die Aufgaben eines Beobachters oder einer Beobachterin während einer Übung sind überschaubar: Beobachtungen müssen akkurat und wahrheitsgetreu anhand der Checkliste und mit eigenen Notizen festgehalten werden. Dies kann beinhalten: Abweichungen von erwarteten Prozessen, zeitliche Abfolgen, erfolgreiche und nichterfolgreiche Entscheidung und

Fallbeispiel

Das Management einer großen Firma möchte wissen, wie ihre Gesellschaften bei der diesjährigen Krisenstabsübung abgeschnitten haben.

Hintergrund:

- Jede Gesellschaft unterhält ihren eigenen Krisenstab; eine übergeordnete Instanz wird nur ab einem bestimmten Schwellwert einberufen.
- Das Übungsszenario umfasste immer den Ausfall der Ressource »Personal«. Die Ausprägung des Szenarios war allerdings immer eine andere.
- Aufbau für die Krisenorganisation wird zentral durch das Headquarters (HQ) vorgegeben, ebenso wie die Ziele und Mindestanforderungen an die diesjährige Übung (z B. mindestens einen Schichtwechsel).

Hauptziele der Übung:

- Testen des Früherkennungssystems bzw. der Eskalationskette bei Personalausfall.
- Überprüfung der Vertreterregelungen.
- Nachweis über die Funktionalität von alternativen Profilen für den Zugriff auf kritische Softwareprogramme.

Neben einem durch die Beobachter erstellten detaillierten Berichts wurde ein Fragebogen entworfen, welcher vor der Übung an die für das Reporting an das HQ zuständige Person übermittelt wurde. In diesem wurden basierend auf den oben vorformulierten Zielen Fragen gestellt. Die vorgegebenen Antworten sind mit Zahlen von 0 bis 1 hinterlegt. Die Wertigkeit der jeweiligen Frage wird im Vorfeld festgelegt. Zusammengenommen ergeben alle Antworten eine Durchschnittszahl bzw. ein Ergebnis. Dieses wird als Farbe dargestellt 0–0,3 = rot; 0,4–0,7 = orange; 0,8–1 = grün.

Beispiel: »Konnte ein Schichtwechsel für jede Funktion im Krisenstab durchgeführt werden?«

Ja = 1; Größtenteils = 0,75; für ca. die Hälfte = 0,5; nur für wenige = 0,25; gar keine = 0.

Dieses Vorgehen ist nicht nur hilfreich für die Darstellung gegenüber dem Management, sondern auch wichtig für den Nachweis gegenüber den Aufsichtsbehörden. Die den Farben zugeordnete Prozentzahl kann ein erster Indikator für eine intensivere Beschäftigung mit der jeweiligen Einheit sein.

Umsetzung dieser, Verhalten der Beteiligten. Je nach Evaluationskonzept ist es notwendig, Fragen an die Übungsteilnehmenden zu stellen. Diese sollten aber nicht die Handlung des einzelnen oder den Fortlauf der Übung beeinflussen; Verhaltensregeln sind im Vorfeld zu klären.

42.8 Nach der Übung ist vor der Übung

Ein erstes Debriefing (»hot wash-up«) sollte unmittelbar nach der Übung stattfinden, um die ersten Empfindungen ungefiltert einfangen zu können. Empfohlen wird, dass alle Beteiligten die Möglichkeit bekommen, einen Beitrag zu leisten (BCI, 2002), und dass danach in einem konsensual ausgerichteten Abstimmungsprozess die Inhalte des finalen Berichts erarbeitet werden (BBK, 2011). Dieser sollte auf der Übungsdokumentation, Frage- oder auch Feedbackbögen bis hin zu Bild- und Tonanalysen beruhen.

Bei der Analyse der gesammelten Daten sollen Fehler dokumentiert, ihre Ursachen ermittelt und Maßnahmen zur Behebung festgehalten werden. Zentral sind die definierten Ziele und Erwartungshaltungen, um zu ermitteln, ob die Übung erfolgreich war. Der finale Auswertungsbericht sollte kompakt, umfassend und für sachverständige Dritte zu verstehen sein. Je nach Sensibilität der Inhalte ist über eine Einstufung zu entscheiden.

Die Erkenntnisse umfassen den Krisenstab, die Übungsvorbereitung und -leitung; damit entsteht ein nachhaltiges Übungsprogramm.

42.9 Fazit

»In that brief interval between surprise and successful normalizing lies one of your few opportunities to discover what you don't know« (Weick & Sutcliff, 2007, S. 31). Erwartungshaltungen, die jeder und jede von uns hat, stellen sich manchmal überraschend als falsch heraus. Übungen sind die Chance, die Beteiligten dafür zu sensibilisieren, denn genau diese Verwunderung kann in einer Übung festgehalten und weiter untersucht werden. Ressourcenknappheit verleitet oftmals dazu, die erforderlichen Schritte nur rudimentär durchzuführen. Es lohnt sich jedoch, eine klare Zieldefinition sowie die Formulierung von Erwartungshaltungen durchzuführen und daraus eine Checkliste zu erstellen. Eine gute Auswertung stellt für die übergeordnete Institution einen guten Indikator für den Reifegrad ihrer Krisenorganisation dar.

Literatur

Bundesamt für Bevölkerungsschutz und Katastrophenhilfe (BBK) (2011). *Leitfaden für strategische Krisenmanagement Übungen*. Bonn: BBK.

Australien Emergency Management Institute (AEMI) (2012). *Managing Exercise – Handbook 3*. Australia: GREY.

Business Continuity Institute (BCI) (2013). *Good Practice Guidelines 2013 – Leitfaden für die Umsetzung von Business Continuity*. Reading: BCI. ► https://shop.thebci.org/shop/product_detail.php?prodID=578. Zugegriffen: 01.02.2015.

Doherty, S. (27. November 2008). *Help! I'm an observer at my first disaster recovery exercise*. ► http://www.continuitycentral.com/feature0626.html. Zugegriffen: 01.02.2015.

Dörner, D. (2003). *Die Logik des Misslingens - Strategisches Denken in komplexen Situationen* (12. Aufl.). Reinbek: Rowohlt.

Heumüller, E., Richter, S. & Lechner, U. (2013). *Training, test and experimentation: A classification of command post exercises*. 10th International ISCRAM Conference, Baden-Baden. ► http://www.researchgate.net/publication/256202735_Training_Test_and_Experimentation_A_classification_of_command_post_exercises. Zugegriffen: 01.02.2015.

Hamilton, D. C. (7. Mai 2010). *In-crisis decision making: Practice makes perfect*. ► http://www.continuitycentral.com/feature0775.html. Zugegriffen: 01.02.2015.

Homeland Security (2013). *Homeland Security Exercise and Evaluation Program (HSEEP)*. ► http://www.fema.gov/media-library-data/20130726-1914-25045-8890/hseep_apr13_.pdf. Zugegriffen: 01.02.2015.

Rössing, R. v. (2005). *Betriebliches Kontinuitätsmanagement*. Bremen: Mitp-Verlag.

Weick, K. E. & Sutcliff, K. M. (2007). *Managing the unexpected - Resilient performance in an age of uncertainty*. San Francisco: Jossey-Bass.

Praxisbeitrag: Personalauswahl für Stäbe

Maike Kranaster

G. Hofinger, R. Heimann (Hrsg.), *Handbuch Stabsarbeit*,
DOI 10.1007/978-3-662-48187-5_43, © Springer-Verlag Berlin Heidelberg 2016

Die Auswahl von Personal für den Krisenstab ist schwierig. Dabei sind etliche Faktoren zu beachten, die letztlich für den Erfolg der Stabsarbeit eine große Bedeutung haben, wie Zuständigkeiten, Kompetenzen, Verfügbarkeit und Bereitschaft.

Die Aspekte, die in die Personalauswahl für den Stab einfließen, werden im Folgenden erläutert.

Das Kapitel fußt auf den Erfahrungen der Autorin aus Krisenstäben in Nordrhein-Westfalen. Die Prinzipien dürften aber in allen Verwaltungsstäben ähnlich sein, wohingegen die Personalauswahl in Stäben der Behörden und Organisationen mit Sicherheitsaufgaben (BOS) wieder ganz anders vorgenommen wird.

43.1 Auswahlkriterien für die Besetzung von Stäben

43.1.1 Zuständigkeit

In der Regel sind alle Aufgaben einer Verwaltung im Alltag bestimmten Personen zugeordnet. Grundsätzlich ist es sinnvoll, in einer kritischen Situation auf die Personen zuzugreifen, die auch im Alltag für den entsprechenden Bereich verantwortlich sind.

So gibt es in Kommunen Amtsleitungen, die als entscheidungsberechtigte Vertretung (ständige oder ereignisspezifische Mitglieder; ► Kap. 10) für ihr jeweiliges Amt im Krisenstab vertreten sein sollten (Erlass »Krisenmanagement durch Krisenstäbe im Land Nordrhein-Westfalen bei Großschadensereignissen, Krisen und Katastrophen«; Ministeriums für Inneres und Kommunales, 2013). Grundsätzlich werden diese Personen dann auch als Vertreter in den Stab berufen.

43.1.2 Kompetenz

Neben der Zuständigkeit ist die Kompetenz der Personen für eine Personalauswahl hilfreich.

Dabei ist zum einen die **fachliche Kompetenz** zu betrachten. Idealerweise sind zuständige Personen auch die mit dem meisten Fachwissen und Erfahrung. Manchmal finden sich aber auch noch weitere Personen, die sich auf bestimmte, in der Krise wichtige Fachthemen spezialisiert haben. Deren Einsatz sollte ebenfalls für einen Krisenstabseinsatz geplant werden.

Möglicherweise sind in dem Stab Aufgaben zu erledigen, für die in der Alltagsorganisation keine Zuständigkeit festgelegt wurde. So ist das Führen der Lagekarte eine eher verwaltungsfremde Aufgabe. Dennoch gibt es Mitarbeiterinnen, die mit Geodateninformationssystemen arbeiten und darauf im Krisenstab auch eine gut nutzbare Lagekarte aufsetzen können.

In diesem Fall hilft es, nicht zu fragen, wer zuständig ist, wie es in der Verwaltung meist getan wird, sondern wer die Aufgabe am besten bewältigen kann. Manchmal finden sich Personen, die in ganz anderen Bereichen eingesetzt sind, aber z. B. privat bestimmte Kompetenzen erworben haben und diese in einer Krise gerne für ihren Arbeitgeber zu Verfügung stellen würden. Als Beispiel könnten das Mitarbeiterinnen sein, die eine Fremdsprache fließend sprechen und nötige Dolmetschertätigkeiten in der Krise übernehmen könnten. Oder Mitarbeiter, die privat eine hohe Kompetenz im Umgang mit Social Media erworben haben. Diese könnten im Einsatzfall die sozialen Netze zu wichtigen Informationen und Entwicklungen beobachten.

Neben der fachlichen Kompetenz ist zum anderen aber auch die **mentale Kompetenz** von großer Bedeutung. Krisen, die ja zumeist die Grundlage von Stabsarbeit sind, setzen Menschen oft unter Stress. Und nicht jeder kann mit diesem Stress umgehen. Herauszufinden, ob die ausgewählte Person dies kann, ist sicher nicht ganz einfach. Eine gute Möglichkeit, um das gemeinsam einschätzen zu können, ist es, mögliche stresserzeugende Situationen im Vorfeld zu erörtern (»Planbesprechungen«, ► Kap. 37). Das können sein: die Frage, wie die Person mit einer Situation umgehen würde, in der Angehörige betroffen sind, oder eine Lage, in der Menschen zu Schaden gekommen sind. Das Hineinfühlen in diese und ähnliche Situationen wird dem potenziellen Stabsmitglied einen Eindruck von dem möglichen Stress vermitteln, sodass er oder sie selber entscheiden kann, ob dem standzuhalten ist.

Daneben gehört zur Kompetenz auch ein Stück weit die hierarchische Eingruppierung der jeweiligen Person. Die Wichtigkeit der Entscheidungen und der Aufgabenerledigung des einzelnen Stabsmitglieds muss wenigstens ungefähr zu seiner regulären Eingruppierung passen. Einen einfachen Sachbearbeiter auf eine Funktion zu beordern, die ihm umfangreiche Entscheidungen von großer Tragweite abverlangt, ist unfair und auch unter Aspekten der Fürsorgepflicht nicht tragbar.

Praxistipp

Versuchen Sie, die bestmögliche personelle Besetzung, möglichst in dreifacher Ausführung, für Ihren Verwaltungsstab zu bekommen! Denken Sie dabei nicht nur in Zuständigkeiten, sondern auch daran, wer die Aufgabe am besten erledigen kann.

43.1.3 Verfügbarkeit und Flexibilität

Ein weiterer Aspekt für die Personalauswahl ist die Verfügbarkeit der ausgewählten Personen. Möglicherweise findet sich jemand, der oder die gut geeignet erscheint, aber schlecht verfügbar oder zeitlich wenig flexibel ist. So kann es schwierig sein, wenn ein Stabsmitglied weit entfernt vom Stabsraum wohnt. Bei einem Einsatz, der außerhalb der normalen Arbeitszeit beginnt, oder bei Lagen mit Verkehrsproblemen (z. B. Sturm), wäre diese Person zumindest nicht gut für eine erste Schicht einsetzbar.

Weiterhin wird es möglicherweise schwieriger, wenn das Stabsmitglied Kinder oder pflegebedürftige Personen im Haushalt hat. Hier sollte gemeinsam mit dem neuen Stabsmitglied geklärt werden, ob im Einsatzfall auch kurzfristig die Betreuung durch andere Personen sichergestellt werden kann.

Einsätze von Verwaltungsstäben sind nur selten geplant. Manchmal werden Rufbereitschaften eingerichtet. In den meisten Fällen ist jedoch von einer Alarmierung außerhalb von Rufbereitschaften auszugehen. Daher erfolgt die Alarmierung meist aus der Freizeit über die privaten

Telefone, zumeist Mobiltelefone. Auch wenn mittlerweile fast jeder im Besitz eines Mobiltelefons ist, sollte dieser Punkt auf jeden Fall abgefragt werden. In diesem Zusammenhang hilft eine Mitarbeiterin, die z. B. nachts nicht erreichbar ist, dem Stab im Einsatzfall kaum weiter.

43.1.4 Bereitschaft

Ergänzend ist der Wille der Person, sich für den Stab zu engagieren, sehr wichtig. Es gibt Menschen, die einfach nicht bereit sind, sich den besonderen Anforderungen der Stabsarbeit zu stellen, wie eine Arbeitsaufnahme außerhalb der geregelten Dienstzeiten. Auch wenn es nicht immer möglich ist, darauf Rücksicht zu nehmen, sollte dieser Aspekt in die Personalauswahl einfließen. Mit heimlichen Verweigerern wird keine gute Stabsarbeit erreicht.

Die Redensart »Hunde, die man zur Jagd tragen muss, kann man nicht gebrauchen« stimmt nirgends so sehr wie in der Stabsarbeit. Diese Menschen werden entweder bei Alarmierungen nie erreichbar sein oder sie haben Ausreden, um nicht mitarbeiten zu müssen. Und wenn sie dann doch im Stab sitzen, werden sie keine große Hilfe sein.

Praxistipp

Achten Sie bei der Personalauswahl darauf, ob die gewählte Person die verschiedenen Aspekte Zuständigkeit und Kompetenz (fachlich und mental) sowie Flexibilität und Bereitschaft in ausreichendem Maße mitbringt.

43.2 Wie findet sich geeignetes Personal?

Einen Großteil der Stabsmitglieder findet man, indem die zuständigen Personen als Stabsmitglieder verpflichtet werden. So ist es sicherlich sinnvoll, die Leiterin des Ordnungsamtes auch im Krisenstab als Zuständige für den Ordnungsbereich zu berufen.

Wie oben beschrieben, gibt es auch andere Funktionen im Stab, für die es keine direkten Zuständigkeiten im Alltag gibt. Herauszufinden, wer in der Behörde oder im Unternehmen gut für diese Funktionen geeignet wäre, ist auf den ersten Blick gar nicht so einfach. Meist hat die Personalabteilung nur begrenztes Wissen über die Stärken des eigenen Personals in dieser speziellen Aufgabenstellung. Krisenspezifische Kompetenzen sind im Lebenslauf selten zu finden.

Mit viel Glück sind die Verantwortlichen für den Krisenstab gut vernetzt und kennen geeignete Personen für die spezifischen Aufgaben. Oder sie befragen andere Verwaltungsmitarbeiter nach geeigneten Kolleginnen und Kollegen. Eine recht einfache und zielführende Methode ist es, eine Ausschreibung im eigenen Haus zu veröffentlichen. In dieser können die allgemeinen Informationen über die Krisenstabsarbeit gut zusammengefasst und die jeweiligen Anforderungen für die einzelne Funktion beschrieben werden. Idealerweise melden sich Mitarbeiter, die das Interesse haben, in einer ungewöhnlichen Arbeitsstruktur ihre Fähigkeiten zu demonstrieren.

Die Akquise von Personal für Funktionen, für die es keine Zuständigkeit im Verwaltungsalltag gibt, kann über eine Ausschreibung gelingen.

43.3 Schichtfähigkeit des Stabes

Je nach Art der Lage kann es erforderlich sein, den Stab längerfristig arbeiten zu lassen; das führt dazu, dass die jeweilige Funktion nicht nur von einer Person wahrgenommen werden kann. Der Erlass »Krisenmanagement durch Krisenstäbe im Land Nordrhein-Westfalen bei Großschadensereignissen, Krisen und Katastrophen« fordert eine mindestens zweifache Besetzung der Funktionen. Empfehlenswert ist es, mindestens drei Personen für eine Funktion vorzuhalten, damit auch personelle Ausfälle durch Urlaub, Krankheit oder schlichte Nichterreichbarkeit aufgefangen werden können.

Dabei sei erwähnt, dass der Schichtwechsel eine große Herausforderung an die übergebenden und die ablösenden Personen ist. Damit die Ablösung gut weiterarbeiten kann, muss die Wissensübergabe sorgfältig durchgeführt werden.

Bei der Besetzung eines Stabes sollte stets berücksichtigt werden, dass ausreichend Personal vorhanden ist und Lagen auch rund um die Uhr professionell bearbeitet werden können müssen.

Dienstvorschriften, Normen und Gesetze

- Ministeriums für Inneres und Kommunales (2013). Erlass »Krisenmanagement durch Krisenstäbe im Land Nordrhein-Westfalen bei Großschadensereignissen, Krisen und Katastrophen« vom 04.10.2013. MBl NRW, 27, 480.

Zugrunde liegende Literatur

Gahlen, M. & Kranaster, M. (2012). *Krisenmanagement - Planung und Organisation von Krisenstäben* (2. erw. Aufl.). Stuttgart: Kohlhammer.

Schnittstellen

Schnittstellen

In dieser Sektion werden Schnittstellen der Stabsarbeit nach innen und außen diskutiert: Die Zusammenarbeit zwischen Stäben innerhalb einer Organisation und von Mitgliedern anderer Organisationen mit einem Stab, die Übertragung von Wissen von einer Stabsform auf andere und die Übertragung von Methoden auf die Praxis.

Praxisbeitrag: Schnittstelle Notfallstäbe – Krisenstäbe

Günter Horn, Martin Schnauber

G. Hofinger, R. Heimann (Hrsg.), *Handbuch Stabsarbeit*,
DOI 10.1007/978-3-662-48187-5_44, © Springer-Verlag Berlin Heidelberg 2016

An einem Fallbeispiel wird die Zusammenarbeit und Aufgabenteilung zwischen dem am Schadensraum agierenden Notfallstab und dem im rückwärtigen Lagezentrum arbeitenden Krisenstab beschrieben.

44.1 Notfallstab und Krisenstab

Im Industriepark Höchst (▶ Kap. 26) besteht die Notfallorganisation aus in verschiedenen Bereichen angesiedelten Einheiten und Fachabteilungen, die in einem Einsatz zusammenarbeiten: Werkfeuerwehr, Werksicherheit, Umweltschutz, Rettungsdienst und Notfallmanager (Schnauber, 2014). Unter der Leitung des Einsatzleiters der Werkfeuerwehr agieren die Einheiten am Schadensraum selbstständig, aber eng verzahnt. Es gibt eine klare Aufgabenverteilung am Einsatzort, die dazu führt, dass das Ereignis schnell erfasst und zügig an der Schadensbegrenzung gearbeitet werden kann. Bindeglied ist die Einsatzleitung, deren Einsatzleitfahrzeug mit der erforderlichen Kommunikationstechnik und auch mit Plänen der Werkinfrastruktur ausgestattet ist. Die Dokumentation des Einsatzes, des Funkverkehrs, der Alarme, der ausgeführten Maßnahmen etc. erfolgt im Einsatzleitrechner der zentralen Leitstelle. Bei entsprechenden Ereignissen wird ein größerer Einsatzleitwagen (ELW 2) eingesetzt, der umfangreicher ausgestattet ist, mit einem Besprechungsraum, Plänen und Lagekarten sowie einem separaten Fernmelderaum mit den erforderlichen Kommunikationsmitteln. In diesem Einsatzleitfahrzeug finden bei Bedarf periodisch Besprechungen der Technischen Einsatzleitung (HBKG, 1998; FwDV 100, 1999, S. 21), dem operativ-taktischen **Notfallstab** (◼ Abb. 44.1), unter der Leitung des Einsatzleiters der Werkfeuerwehr statt.

Im Alarm- und Gefahrenabwehrplan des Industrieparks sind Eskalationsszenarien festgelegt. Bei bestimmten Ereignisarten oder ab bestimmten Schweregraden wird automatisch oder auf Anweisung des Notfallmanagers der rückwärtige, administrativ-organisatorische **Krisenstab** aktiviert (Zusammensetzung: ◼ Abb. 44.2). Dieser sog. **Werkeinsatzstab**, der ganzjährig rund um die Uhr über Bereitschaftsdienste organisiert ist, trifft nach der Alarmierung spätestens innerhalb einer halben Stunde im Lagezentrum des Industrieparks ein (▶ Kap. 26).

Im Folgenden wird die Zusammenarbeit zwischen den Einsatzkräften am Einsatzort, dem Notfallstab und dem Werkeinsatzstab im Lagezentrum (◼ Abb. 44.3) an einem ▶ Fallbeispiel, einem Brand in der Abwasserreinigungsanlage, erläutert. Diese reinigt sämtliche betrieblichen Abwässer aller am Standort ansässigen Betriebe und Gebäude. Wie die Autoren aus eigener Erfahrung berichten können, eskalierte das Ereignis vom 27.08.2014 (FAZ, 2014; Medieninformation Höchst, 2014) so stark, dass vorübergehend zu befürchten war, sämtliche Betriebe des Standorts für mehrere Tage abfahren zu müssen, da vorübergehend die Abwasserreinigung nicht mehr sichergestellt war.

Fallbeispiel

In der Abwasserreinigungsanlage des Chemieparks kommt es zu einem Brand, bei dem eine Hauptkabeltrasse für die Energieversorgung und Messtechnik der Abwasserreinigung des Industrieparks beschädigt wird. Dadurch sind die Datenverbindungen von den örtlichen Messeinrichtungen in den Leitstand unterbrochen und es fallen – zeitgleich mit dem Eintreffen der Feuerwehr – in großen Teilen der Abwasserreinigungsanlage sämtliche Pumpen sowie alle Bildschirme und Anzeigen der Messtafeln in der Leitwarte aus. Der Brand ist mit einer großen Rauchentwicklung verbunden. Dies erschwert nicht nur dem Einsatzleiter die Erkundung, sondern stellt auch eine potenzielle Gefährdung der Mitarbeiter im Industriepark und der Anwohner in der direkten Nachbarschaft des Industrieparks dar. Der Einsatzleiter lässt schon bei der Anfahrt im betroffenen Teil des Industrieparks Sirenenalarm zur Warnung der Mitarbeiter auslösen und alarmiert den zweiten Löschzug nach, um über zusätzliche Kräfte verfügen zu können. Dies hat zur Folge, dass ein Löschzug der benachbarten öffentlichen Berufsfeuerwehr alarmiert wird, um die Wachbereitschaft des Industrieparks zu gewährleisten. Der Einsatzleiter ordnet an der Einsatzstelle erste Maßnahmen an und lässt über Wasserwerfer und Schaumberieselung das Feuer bekämpfen. Der Umweltschutzmesswagen führt in Windrichtung Schadstoffmessungen in der Umgebungsluft außerhalb des Industrieparks durch. Der ebenso außerhalb des Industrieparks erkundende Notfallmanager lässt vorsorglich zur Warnung der Bevölkerung im benachbarten Stadtteil Sirenenalarm auslösen, da eine Gesundheitsgefährdung durch den Brandrauch nicht auszuschließen ist. Zusätzlich entscheidet er, dass der Werkeinsatzstab unverzüglich ins Lagezentrum einberufen wird.

Nach ca. 15 Minuten ist das Feuer gelöscht, es fehlen aber immer noch tiefergehende Informationen aus dem Betrieb. Bis zu diesem Zeitpunkt ist nicht bekannt, was gebrannt hat und wie es in einer Abwasserreinigung zu einem Feuer mit so starker Rauchentwicklung kommen konnte. Nach dem Eintreffen des Betriebsleiters der Anlage beim Notfallstab berät dieser mit der Einsatzleitung die Lage. Es stellt sich heraus, dass die Vorwärmstrecke der Abluftreinigungsanlage, die geruchsintensive Abgase des Klärbeckens beseitigt, Feuer gefangen hat. Dadurch hatte sich die Kabeltrasse im direkten Umfeld entzündet und war komplett abgebrannt. Der Betriebsleiter erklärt, dass die Brennstoffzufuhr zur Vorwärmung abgesperrt sowie die Rohgaszufuhr geschlossen ist und alle Anlagenteile stromlos sind. Die Restlöscharbeiten und die Kontrolle auf Glutnester können zügig abgeschlossen werden.

Viel problematischer stellen sich die Nebenwirkungen des Ereignisses dar. Die Abwasserreinigung ist nicht mehr funktionsfähig und es gilt, eine unerlaubte Abwassereinleitung in den angrenzenden Fluss zu verhindern. Der Notfallmanager im Notfallstab an der Einsatzstelle weist über die Einsatzleitzentrale als notwendige Sofortmaßnahme die Ableitung sämtlicher Abwässer des Chemieparks in einen großen Sicherheitsbehälter an. Dieser kann die Abwässer über mehrere Stunden puffern.

44.2 Kriterien zur Einberufung des Krisenstabs

Bei diesem Ereignis sind drei Kriterien erfüllt, die die Einberufung des Werkeinsatzstabes erfordern:

1. Die Aktivierung der externen Sirenen und das Einrücken der Berufsfeuerwehr Frankfurt führen zu einer **erhöhten Öffentlichkeitswirkung**.
2. Durch die Betroffenheit des angrenzenden Stadtteils sind weitere Maßnahmen mit der **öffentlichen Gefahrenabwehr** (Berufsfeuerwehr, Polizei) **abzustimmen** und zu treffen.
3. Der **Weiterbetrieb** des Industrieparks ist unter den Ereignisbedingungen sicherzustellen.

Kriterien für die Einberufung des Krisenstabs sind z. B. erhöhte Öffentlichkeitswirkung, Abstimmungsbedarf mit der öffentlichen Gefahrenabwehr und die Sicherstellung des Weiterbetriebs des Industrieparks.

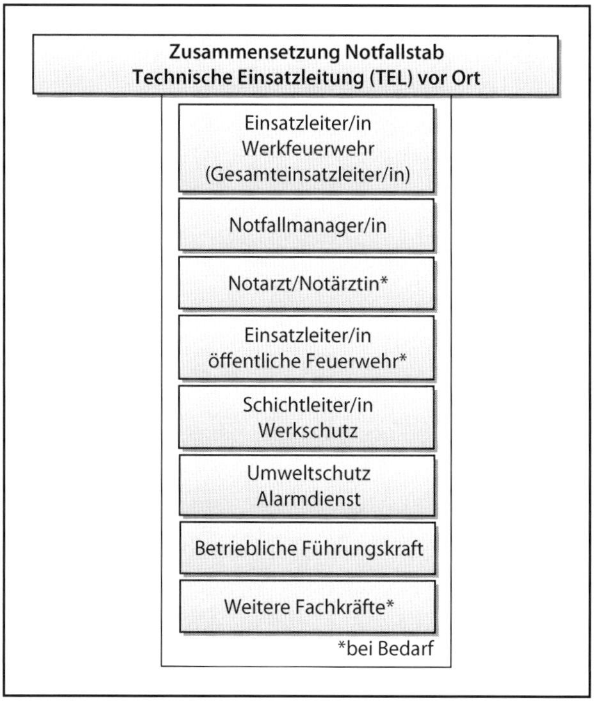

Abb. 44.1 Zusammensetzung des Notfallstabs

44.3 Arbeitsweise des Krisenstabs

Deshalb weist der Notfallmanager umgehend die Leitstelle an, den Werkeinsatzstab ins Lagezentrum des Industrieparks einzuberufen. Der Werkseinsatzstab besteht aus den in Abb. 44.2 beschriebenen Funktionsträgern der Werkorganisation und des betroffenen Betriebs sowie je einem Vertreter der öffentlichen Feuerwehr und der Polizei (▶ Kap. 12). Den Vorsitz des Werkeinsatzstabes übernimmt der Werkeinsatzleiter, eine Führungskraft aus den oberen Leitungsebenen einiger im Industriepark ansässigen Unternehmen. Ein zweiter Notfallmanager moderiert die Stabsarbeit, ein dritter Notfallmanager besetzt den Nachrichtenraum im Lagezentrum. Dieser hält Kontakt zur Einsatzstelle, der zentralen Leitstelle, den Krisenkommunikatoren, zu dem Bürgertelefon und hat Zugang zur Dokumentation im Einsatzleitrechner. Er sichtet eingehende Informationen und leitet relevante Nachrichten in den Krisenstab weiter. Außerdem gibt er die Beschlüsse und Informationen aus dem Stab an die zuständigen Stellen weiter.

44.4 Krisenstab entlastet Notfallstab

Nach der Lageerörterung im Krisenstab erfolgt eine Gefährdungsbeurteilung für Menschen, Umwelt und Sachwerte innerhalb und außerhalb des Industrieparks. Außerdem werden Presseinformationen verfasst und versendet, die auch als einheitliche Sprachregelung für die Beantwortung von Anfragen durch das Bürgertelefon dienen, und es werden notwendige Meldungen

■ **Abb. 44.2** Zusammensetzung des Krisenstabs

an Behörden erstellt. Bei Bedarf wird auf Beschluss des Krisenstabes das von außen zugängliche Pressezentrum an der Werksgrenze eröffnet. Der im Hintergrund agierende Krisenstab führt so zur deutlichen Entlastung des Notfallstabes vor Ort. Die Aufgabenteilung der Stäbe ist in ■ Abb. 44.3 dargestellt. Auch wenn der Informationsfluss zwischen Notfall- und Krisenstab intensiv ist und technisch und organisatorisch sichergestellt sein muss, kann sich in dieser arbeitsteiligen Weise jeder der beiden Stäbe auf seine speziellen Aufgaben konzentrieren – im Wesentlichen »Ereignisbewältigung« am Ereignisort und »Strategie und Kommunikation« im Lagezentrum.

Aufgabe des Notfallstabs ist im Wesentlichen die Ereignisbewältigung am Ereignisort; Aufgabe des Krisenstabs ist Strategie und Kommunikation im Lagezentrum.

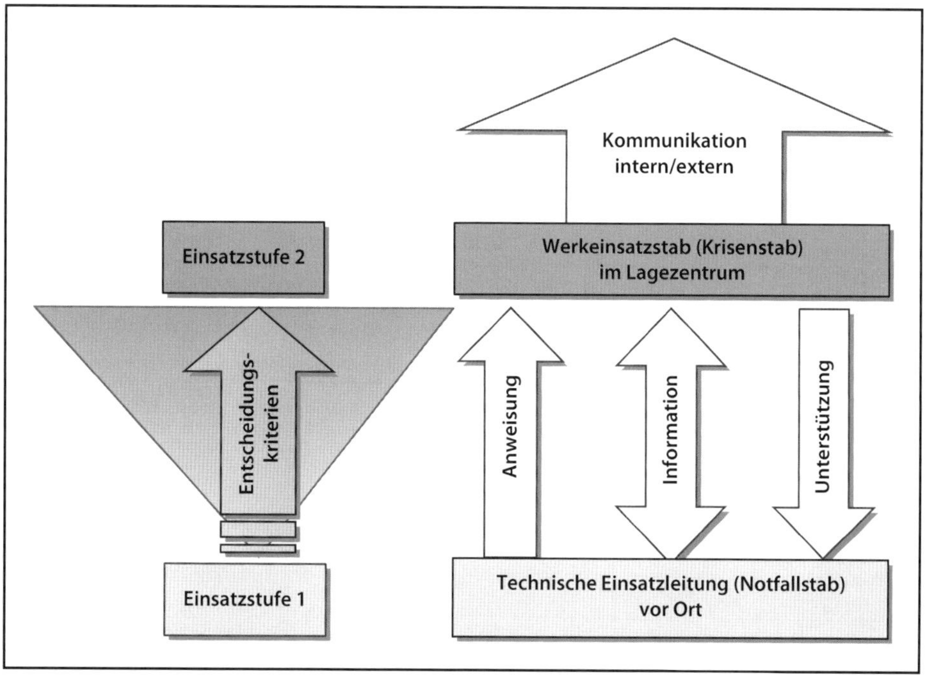

Abb. 44.3 Einsatzstufen und Zusammenarbeit der Stäbe

44.5 Getaktete Stabsarbeit

Zur effizienten und schnellen Erledigung der Aufgaben ist die Arbeitsweise des Krisenstabs standardisiert und findet in Takten von ca. 15-minütigen Stabssitzungen und »Arbeitspausen« zur Aufgabenerledigung statt. Als Hilfsmittel dienen Checklisten und strikt einzuhaltende »Spielregeln«. Zunächst erörtert und diskutiert der moderierende Notfallmanager die Lage, was zu einem von allen Stabsmitgliedern geteilten mentalen Modell (▶ Kap. 17) führen soll. Danach wird unter Berücksichtigung vorliegender Umweltmesswerte die Gefährdungsbeurteilung fortgeschrieben und die bereits getroffenen Warnungen werden überprüft. Im Anschluss wird eine erste kurze Stellungnahme des Industrieparks aus Standardtexten abgeleitet und als Sofortinformation über vordefinierte Verteiler gleichzeitig an die Behörden, die Medien sowie weitere festgelegte Empfänger kommuniziert und im Internet veröffentlicht. Abschließend werden im Werkeinsatzstab weitere Aufgaben verteilt und Verantwortliche für deren Abarbeitung benannt.

Danach erfolgen in der »Arbeitspause« die Erledigung der Aufgaben und die Kommunikation nach innen und außen: zur Einsatzstelle, dem betroffenen Betrieb, den außerhalb des Lagezentrums agierenden Fachfunktionen, den jeweiligen Firmenleitungen, den Mitarbeitern, den Behörden, den Medienvertretern und Anwohnern.

Fallbeispiel

Mit erster Priorität beschäftigt sich der Krisenstab mit den Auswirkungen der Brandwolke. Dabei werden sowohl die Gefährdungen durch Brandgase als auch durch aufgetretene Rußniederschläge in der unmittelbar betroffenen Nachbarschaft um den Industriepark diskutiert, bewertet und in die Medieninformationen aufgenommen. Nachdem der Brand rasch gelöscht ist, tritt der Weiterbetrieb des Standorts unter dem teilweisen Ausfall der Abwasserreinigungsanlage in den Vordergrund. Der im Krisenstab anwesende Vertreter der Abwasserreinigungsanlage wird beauftragt, bis zur nächsten Sitzung eine erste Abschätzung der Schäden an der Anlage und der zu erwartenden Auswirkungen einzuholen sowie ggf. erste Maßnahmen für einen Notbetrieb vorzuschlagen. Hierzu nimmt er in der Sitzungspause Kontakt zu seinen Kollegen im Notfallstab am Einsatzort auf.
Nach den Nachlöscharbeiten wird daran gearbeitet, die Funktionsfähigkeit der Abwasserreinigung wiederherzustellen. Die Betriebsleitung erarbeitet ein Konzept, ob und wie die Abwasserreinigung ohne Prozessleitsystem manuell betrieben werden kann. Dabei stellt sich heraus, dass die Sauerstoffzufuhr in den Bio-Hochreaktor nicht mehr funktioniert und somit zu befürchten ist, dass die Bakterien, die für die Reinigung der Abwässer benötigt werden, nach einer gewissen Zeit absterben. Im Notfallstab wird mit dem Betriebspersonal ein Konzept für eine provisorische Lufteinspeisung über Schlauchleitungen unter Nutzung eines mobilen Kompressors entwickelt. Allerdings ist es noch nicht abschätzbar, wie lange dies dauern wird. Diese Informationen werden umgehend dem Vertreter der Abwasserreinigungsanlage im Krisenstab übermittelt.
Dieser berichtet in der nächsten Sitzung des Krisenstabs über die Vorhaben und die berechnete Zeitdauer bis zur Erschöpfung des Abwasserspeichervolumens. Vorsichtshalber beschließt der Krisenstab die erste Stufe des mehrstufigen Abwasser-Abfahrplans auszurufen. Daraufhin werden die Produktionsbetriebe im Industriepark über eine automatisierte Ansage von der zentralen Leitstelle aufgefordert, alle verzichtbaren Prozesse einzustellen, die zur Einleitung von Abwasser führen. Flankierend werden vom Krisenstab die Sicherheitsdienste der ansässigen Produktionsfirmen zusammengerufen, um frühzeitig die Vorgehensweise für den Worst Case, den ggf. über mehrere Tage andauernden Ausfall der gesamten Abwasserreinigung, zu besprechen. Die Betriebe erhalten so eine Vorlaufzeit, um ggf. das Abfahren der Anlagen vorbereiten zu können.
Parallel wird im Krisenstab ein »Plan B« für den Fall erarbeitet, dass die Stromversorgung nicht innerhalb der notwendigen Zeitspanne wiederhergestellt werden kann. Dieser Plan wird umgehend mit den zuständigen Behörden abgestimmt.
Nach mehreren Stunden gelingt es, die kritischen Anlagenteile wieder in Betrieb zu nehmen und die Abwässer in einem Notbetrieb reinigen zu können. Vor Ort ersetzen Mitarbeiter die ausgefallene Leittechnik, beobachten die Anlage und stellen Pumpen und Ventile nach Bedarf von Hand. Dadurch kann auf das endgültige Abfahren der Produktionsanlagen verzichtet werden, was den Sicherheitsdiensten der Betriebe auf Beschluss des Krisenstabs mitgeteilt wird.

44.6 Krisenstabsarbeit nach Standardagenda

Der moderierende Notfallmanager nutzt die Arbeitspause zur Fortschreibung der Lage und bezieht dabei die Informationen vom Notfallstab an der Einsatzstelle, aus dem Einsatzleitrechner und dem Nachrichtenraum sowie die Messwerte des Umweltmesswagens mit ein. Zu Beginn der nächsten Stabssitzung stellt er die weitere Lageentwicklung vor. Die Funktionsträger ergänzen diese. Ein Vertreter der Krisenkommunikation sorgt für den Informationsfluss von und zum Bürgertelefon. Er stellt die wichtigsten Fragen, die am Bürgertelefon oder von Journalisten gestellt wurden, in den Stabssitzungen vor. Der Sicherheitsingenieur organisiert die Betreuung von Behördenvertretern in einem separaten Behördenraum, versorgt sie mit Informationen und bringt eventuelle Anfragen in den Stab. In den folgenden Stabssitzungen wird die Standardagenda mit der Fortschreibung der Lage und der Gefährdungsbeurteilung abgearbeitet. Dabei wird in einem konservativen Ansatz im Zweifel immer vom »worst case«

ausgegangen (▶ Kap. 15). Die Ergebnisse fließen in die ausführliche zweite Medieninformation ein. Gegen Ende jeder Stabssitzung werden die Erledigung der vorhandenen Arbeitsaufträge geprüft und neue Aufgaben verteilt.

Bis zur endgültigen Deeskalation des Ereignisses und anschließender Übergabe der Verantwortung an das betroffene Unternehmen laufen erforderliche weitere Stabssitzungen grundsätzlich nach dem gleichen Schema ab.

Die praktische Umsetzung der beschriebenen Abläufe wird in der Fortsetzung im ▶ Fallbeispiel deutlich.

44.7 Fazit

Dieses Fallbeispiel zeigt die Arbeit des Notfallstabs, der am Schadensraum agiert und die Handlungsfähigkeit aufrecht erhält sowie des Krisenstabs, der vom Lagezentrum aus agiert und den Weiterbetrieb des Industrieparks sicherstellt. Beide Stäbe haben eigenständige Aufgaben und Verantwortungen, müssen aber eng verzahnt zusammenarbeiten. Dabei sichtet ein Notfallmanager die Informationen, gewährleistet die Kommunikation zwischen den Stäben und entscheidet, welche Nachrichten zu welchem Zeitpunkt weiterzuleiten sind. Im Fallbeispiel wurde auch deutlich, dass die Schadensbegrenzung am Einsatzort vom Krisenstab auch bezüglich weiterer Eskalationsrisiken betrachtet werden muss. Dies gelingt aus einer rückwärtigen Position besser als vom Ort des Ereignisses aus.

Dienstvorschriften, Normen und Gesetze

- FwDV 100 (1999). Feuerwehrdienstvorschrift 100. Führung und Leitung im Einsatz – Führungssystem. Arbeitskreis V der Ständigen Konferenz der Innenminister und -senatoren der Länder.
- HBKG (1998). Hessisches Gesetz über den Brandschutz, die Allgemeine Hilfe und den Katastrophenschutz (HBKG), 17. Dezember 1998, §§ 41 – 43, i. d. F. vom 15.11.2007.

Literatur

Frankfurter Allgemeine Zeitung (FAZ) online (2014). *Feueralarm im Industriepark Höchst* (27.08. 2014, 13:15). ▶ http://www.faz.net.de. Zugegriffen: 20.02.15.

Industriepark Höchst (2014). Medieninformationen des Industrieparks Höchst vom 27. und 28.08.2014. ▶ http://www.infraserv.com/de/aktuelles/pressemeldungen/pressemeldung.jsp?nach_id=6528&lang=de/. Zugegriffen: 20.02.15.

Schnauber, M. (2014). Resilienz durch Notfallorganisation. In G. Horn, A. van Vegten, U. Bargstedt (Hrsg.), *Resilienz in Organisationen stärken* (S. 247–262). Frankfurt am Main: Verlag für Polizeiwissenschaft.

Vernetzte Operationsführung zur Unterstützung militärischer Stäbe

Harald Schaub

G. Hofinger, R. Heimann (Hrsg.), *Handbuch Stabsarbeit*,
DOI 10.1007/978-3-662-48187-5_45, © Springer-Verlag Berlin Heidelberg 2016

Die Rahmenbedingungen, unter denen militärische Stäbe Operationen leiten, nehmen an Komplexität zu. Zugleich erhöht sich mit der Anzahl, Dauer, Unterschiedlichkeit und Intensität der Einsätze auch der Druck auf die Effizienz und die Effektivität des in den Stäben eingesetzten Personals. In kritischen Situationen entscheidet der militärische Führer häufig unter Zeitdruck, Informationsdefiziten und mit hohem Risiko für die beteiligten Menschen; hilfreich für ihn und seinen Stab ist die Bereitstellung der gesamten verfügbaren Informationen, die für die Auftragserfüllung notwendig sind.

45.1 Asymmetrische Bedrohungen als neue Form kriegerischer Bedrohung

Die asymmetrische, neuartige Bedrohung durch weltweit agierende, gut vernetzte terroristische Organisationen stellt militärische Stäbe (► Kap. 5) auf allen Hierarchieebenen vor ungewohnte, unbestimmte sowie unerwartet belastende und kritische Situationen, für die es **keine Routineantworten** gibt. Es werden rapide anwachsende Anforderungen an die Denk-, Planungs-, Entscheidungs-, Führungs- und Handlungsfähigkeit militärischer Stäbe gestellt (Borchert, 2004).

Die **vernetzte Operationsführung** ist ein Kernelement der Weiterentwicklung westlicher Streitkräfte in der letzten Dekade. Neben den aus der Vernetzung resultierenden technischen Bedarfen werden Führungsverfahren und Organisationsformen der Stäbe angepasst, die den Anforderungen durch die neuen Bedrohungsszenarien und den Möglichkeiten der Informations- und Kommunikationstechnologien gerecht werden.

Die Konzepte zur vernetzten Operationsführung nutzen moderne Interaktions- und Kommunikationsmedien und -verfahren, deren Vernetzung, Digitalisierung und die Möglichkeiten eines umfassenden Informations- und Kommunikationstechnikverbundes. Dies führt zu nachhaltigen Veränderungen des Führens, Entscheidens und Handelns militärischer Stäbe. Dabei spielen die Prozesse der Veränderung, Anpassung, aber auch Beharrungstendenzen von Menschen und Organisationsformen in einem System, das sich ständig an wechselnde gesellschaftliche, sicherheits- und verteidigungspolitische sowie technische Rahmenbedingungen anpassen muss, eine wesentliche Rolle (Schaub, 2009).

Das impliziert die konsequente Nutzung von Hardware, Software und deren Umsetzung, Integration und Einsatz im Handlungsfeld der vernetzten Operationsführung (NetOpFü).

Der Weg zur vernetzten Operationsführung ist keine rein technologische Fragestellung des massiven Einsatzes von Computernetzwerken zur militärischen Operationsführung: Parallel dazu werden die Arbeits- und Denkweisen militärischer Stäbe als wesentliches Element der

Vernetzung weiterentwickelt. Denn letztlich müssen über eine Vernetzung der verschiedenen militärischen Systeme vor allem die **Köpfe der militärischen Führer und Entscheider verknüpft** werden.

45.2 Vernetze Operationsführung

Die deutschen Streitkräfte haben zu Beginn des Jahrtausends begonnen, einen neuen Ansatz zur Führung militärischer Operationen zu entwickeln. Dieses vom US-Militär entwickelte und von der Bundeswehr teilweise adaptierte Konzept interpretiert militärisches Handeln analog zum Agieren eines **vernetzten Unternehmens**. Kern des Ansatzes des **Network-Centric Warfare** (NCW) ist die Vernetzung von Aufklärungs-, Führungs- und Wirksystemen (in der Regel: »Waffen«) über alle Führungsebenen und alle militärischen Teilorganisationen hinweg: **Alles mit allem, jeder mit jedem.**

Erste Überlegungen für eine vernetzte Kriegsführung finden sich in den Überlegungen des sowjetischen Generals Nikolai Ogarkow (1984). Es waren allerdings die Streitkräfte der Vereinigten Staaten, die nach Ende des kalten Krieges zuerst diese Ideen konsequent aufgriffen und zu einem vollständigen Konzept entwickelten.

Die Idee dabei ist, die vorhandenen und benötigten Informationen verzugsfrei dem Stab zur Verfügung zu stellen. Streitkräfte, die netzwerkbasierte Operationsführung nutzen, haben gezeigt, dass durch verbesserte Informationsverfügbarkeit (**Informationsüberlegenheit**) die Effizienz ihrer Operationen nachhaltig steigt.

Viele Staaten adaptieren die Ansätze der US-Streitkräfte und entwickeln eigene konzeptionelle Varianten. Die Bundeswehr bezeichnet ihr Konzept als »vernetzte Operationsführung« (NetOpFü). Schweden nennt seine Konzeption Network Based Defense (NBD), Großbritannien bezeichnet seine Variante als Network Enabled Capabilities (NEC).

Obschon der zeitweilige Hype um NCW (und seine jeweiligen nationalen Varianten) deutlich abgekühlt ist, werden kontinuierlich die Voraussetzungen geschaffen, um ähnlich wie das E-Business in der Wirtschaft militärische Operationen nicht nur zu unterstützen, sondern qualitativ weiterzuentwickeln (Alberts, Garstika & Stein, 2000).

Das grundsätzliche Vorgehen bei NCW wurde aus der Wirtschaft für militärische Organisationen und Stäbe angepasst. Die möglichst vollständige Verfügbarkeit von Informationen (und darüber hinaus auch die Kontrolle des Informationsraums) können den entscheidenden Vorteil gegenüber anderen militärischen (oder politischen) Konfliktparteien geben. Während reguläre Streitkräfte ihre Vernetzung über eigene, gesicherte Systeme aufbauen müssen, nutzen terroristische Organisationen (»asymmetrische Gegner«) handelsübliche bzw. zivil verfügbare Technologien (wie Smartphones, Social Media etc.).

Mit asymmetrischer Kriegsführung werden Konflikte bezeichnet, bei denen ein Staat mit regulären Streitkräften und militärischen Stäben gegen eine Milizarmee oder gegen autonom operierende Kampfgruppen kämpft, die in der Regel global aufgestellt sind.

Wesentliche Charakteristika asymmetrischer Kriegführung sind die Ungleichheit der zur Verfügung stehenden Mittel (moderne Waffen- und Informationstechnologien, gut ausgebildete und ausgerüstete Soldaten und Stäbe gegen leicht bewaffnete, häufig nicht uniformierte Kämpfer, die sich aber z. B. durch sehr gute Ortskenntnis, hohe Vernetzung und z. T. fanatische Motivation auszeichnen). Durch die damit einhergehende Veränderung des Kriegsverständnisses und der Form der Kriegsführung stößt das humanitäre Völkerrecht an seine Grenzen

(Beispiele sind der Afghanistan-Krieg der von den USA geführten Allianz oder die Kriege Russlands in Tschetschenien).

Vernetzte Operationsführung wird durch Vernetzung aller beteiligten Systemkomponenten wie Informationssysteme, Waffensysteme oder Stäbe erreicht. Dazu bedarf es der Schaffung der technischen Voraussetzungen (z. B. hohe Bandbreiten, Satellitenübertragung), die aufgrund der damit verbunden hohen Kosten z. T. nur zögerlich zur Verfügung gestellt werden.

Neben der optimierten Verfügbarkeit der Informationen (▶ Kap. 30), wird auch die Informationsnutzung durch Einführung von **Wissensmanagementsystemen** effizienter und effektiver gestaltet, damit die Stäbe durch die Informationsüberlastung nicht arbeitsunfähig werden. Die Menge einströmender Informationen muss registriert, bearbeitet und vor allem verstanden werden. Daraus kann leicht eine informatorische Überforderung des Stabes entstehen. Nur mit modernen Informationsmanagementansätzen (Stichworte: »big data«, »data warehouse«) können diese Informationsmengen nutzbar bereitgestellt werden.

45.3 Vernetzte Entitäten

Alle Aufklärungs-, Führungs- und Wirksysteme können Informationen über Sensoren (z. B. Radar, Video, aber auch die Augen und Ohren des Soldaten) aufnehmen und im Netzwerk bereitstellen. Der jeweilige Nutzen einer Entität für das Netzwerk wird durch die Kapazität und Qualität ihrer Sensoren bestimmt. Die Kapazitäten der Sensoren eines einzelnen Soldaten bestimmen seinen und den Informationshorizont des Stabes und sind in der Regel sehr begrenzt.

Durch den Zugriff auf alle im Netzwerk verfügbaren Entitäten kann ein Soldat oder eine Soldatin die Sensoren einer anderen Entität (andere Soldaten, Flugzeuge, Fahrzeuge, Drohnen) nutzen und seinen oder ihren Informationshorizont verbreitern. Durch die enge Vernetzung aller Systemelemente verschmelzen diese im Idealfall zu einer kollektiv agierenden Einheit. Auf der Basis der gemeinsamen Informationen können sich die Einheiten und Stäbe selbst synchronisieren und Aktionen aufeinander abstimmen, um sich an schnell veränderte Lagebedingungen anzupassen. Bisherige Begrenzungen hinsichtlich Reichweite, Reaktionsgeschwindigkeit und Genauigkeit können überwunden werden. Jedem Effektor (z. B. einem Waffensystem) können alle relevanten Informationen (über die eigenen Sensoren hinaus) zur Verfügung gestellt werden, sodass eine Waffe auch Ziele bekämpfen kann, die sie selbst gar nicht »sieht«. Auf diesem Gedanken basiert z. B. das Verfahren der streitkräftegemeinsamen taktischen Feuerunterstützung (STF), das die Wirkmöglichkeiten eines Stabes über die ihm direkt zugeordneten Systeme hinaus erweitert.

Praxisbeispiel

Eine Bedrohung wird von einem Soldaten im Kampfgebiet erkannt und in das Netzwerk gemeldet, Aufklärungsflugzeuge sammeln weitere Informationen (genaue Zieldaten), damit letztlich ein Marschflugkörper von einem Kriegsschiff gestartet wird. Ohne eine entsprechende Vernetzung hätte die Bekämpfung mit den vor »Ort« verfügbaren, aber möglicherweise weniger geeigneten Waffen stattfinden müssen (HDv 260/100, 2010).

Die streitkräftegemeinsame taktische Feuerunterstützung (STF) ist ein streitkräftegemeinsames Verfahren zur gegenseitigen Kampfunterstützung für die Land-, Luft- und Seestreitkräften der Bundeswehr (auf der unteren taktischen Ebene) und ermöglicht die Erweiterung der Wirkmöglichkeiten einzelner Stäbe und Führungsebenen.

45.4 Von klassischer militärischer Kommunikation zur vernetzten Operationsführung

Klassische militärische Informationskonzepte verbanden nur wenige Aufklärungs-, Führungs- und Wirksysteme miteinander. Die Informationssysteme nutzten inkompatible Formate, sodass z. B. die Systeme der Artillerie keine Daten mit den Systemen der Luftwaffe austauschen konnten. Da sich auch heute noch viele Altsysteme im Einsatz befinden, ist dieser Zustand der Inkompatibilität noch gegeben. Hier wird die sog. »**Drehstuhlschnittstelle**« genutzt: Statt die Daten direkt technisch von System zu System zu übertragen, sitzt zwischen den (inkompatiblen) Systemen ein Soldat, der die Informationen auf dem Monitor des einen Systems abliest und über die Tastatur des anderen Systems in dieses eintippt.

Mit aktuellen und noch zu beschaffenden Systemen sollen diese Begrenzungen durch eine Komplettvernetzung überwunden werden. Vorbild sind hier Systeme in der freien Wirtschaft, z. B. sog. **Collaborative Business Systeme**, die über Abteilungs- und Unternehmensgrenzen hinweg einen ungehinderten Informationsaustausch und eine gemeinsame Informationsnutzung sicherstellen.

Bei einem vollständigen Ausbau einer vernetzten Operationsführung können die Informationen über die Grenzen der Teilstreitkräfte hinaus, hier spricht man von »jointness« (z. B. Marinesysteme nutzen Informationen der Luftwaffe), als auch zwischen Streitkräften verschiedener Nationen, hier spricht man von »combinedness«, ausgetauscht werden.

Während des Dritten Golfkrieges (zweiter Irakkrieg) von 2003 war die militärische Führung (United States Central Command, CENTCOM) praktisch mit allen Einheiten der US-Streitkräfte über E-Mail, Videokonferenz oder Chat verbunden. Damit wurde das Konzept der vernetzten Operationsführung erstmals in einem realen militärischen Konflikt genutzt. Radardaten, Missionsdaten, Satellitenfotos oder Einsatzvideos konnten in Echtzeit allen beteiligten Führungs- und Kampfeinheiten zur Verfügung gestellt werden. Durch entsprechende Informationsverarbeitung konnten die Daten mit sog. Freund-Feind-Kennungen ergänzt werden, was den militärischen Stäben ein wesentlich **besseres Lagebild** ermöglichte (Aust & Schnibben, 2003). Ein Bekämpfungsvorgang, der »sensor-to-shooter-cycle« (Zeit zwischen Aufklärung und Zerstörung eines Ziels) wurde auf wenige Minuten begrenzt, während er im Zweiten Golfkrieg noch zwei Tage in Anspruch nahm.

45.5 Ausblick

Im letzten Jahrzehnt erlangten die Ansätze zur vernetzen Operationsführung in militärischen Kreisen zeitweise den Status eines Deus ex Machina. Man glaubte, wenn nur alles mit allem vernetzt sei, würde sich die verbesserte Effizienz militärischer Stäbe automatisch ergeben.

Zwar gibt es zur verbesserten Informationsnutzung und der damit einhergehenden Vernetzung aller beteiligten Aufklärungs-, Führungs- und Wirksysteme keine sinnvolle Alternative, jedoch hat sich gezeigt, dass dies konzeptionell zu kurz gesprungen war. Die komplexen politischen, wirtschaftlichen und sozialen Entwicklungen in den letzten Jahren haben gezeigt, dass eine vernetzte Operationsführung nicht nur moderne technische Systeme braucht, sondern militärische Stäbe müssen auch in die Lage versetzt werden, die Information und das Wissen aus sozialen, politischen und psychologischen Quellen zu vernetzen und zu nutzen.

Dienstvorschriften, Normen und Gesetze

- HDv 260/100 (2010). Führung der Artillerie Kap. 7, I.

Literatur

Alberts, D. S., Garstika, J. J. & Stein, F. P. (2000). *Network Centric Warfare – Developing and Leveraging Information Superiority*. Washington D.C.: DoD C4ISR Cooperative Research Program CCRP.
Aust, S. & Schnibben, C. (2003). *Irak – Geschichte eines modernen Krieges*. Hamburg: SPIEGEL-Buchverlag.
Borchert, H. (Hrsg.). (2004). *Vernetzte Sicherheit – Leitidee der Sicherheitspolitik im 21. Jahrhundert*. Hamburg: E.S. Mittler & Sohn.
Ogarkow, N. W. (1984). Ein neuer Krieg. Armeezeitung »Krasnaja Swesda« vom 9.5.1984.
Schaub, H. (2009). Der Soldat als Human Factor - Störfaktor moderner Rüstungsprojekte? *Gneisenau Blätter: »Soldat und digitales Schlachtfeld«, 8*, 21–28.

Fachberater der Psychosozialen Notfallversorgung in Stäben – Hintergründe und praktische Erfahrungen

Mareike Mähler, Günter Nuth

G. Hofinger, R. Heimann (Hrsg.), *Handbuch Stabsarbeit*,
DOI 10.1007/978-3-662-48187-5_46, © Springer-Verlag Berlin Heidelberg 2016

Fachberater der Psychosozialen Notfallversorgung (PSNV) werden zunehmend in operativ-taktischen und administrativ-politischen Stäben eingesetzt. Sie beraten Stäbe hinsichtlich PSNV-Strukturen und der Umsetzung PSNV-bezogener Maßnahmen und entlasten damit den Stab. Was kann diese Funktion für die erfolgreiche Einsatzbewältigung beitragen?

Dieser Beitrag behandelt die Rolle und Aufgaben eines Fachberaters (▶ Kap. 6) der Psychosozialen Notfallversorgung (FB PSNV) im Stab, die Arbeitsprozesse und die Integration eines FB PSNV in den Stab vor dem Hintergrund zweier Fallbeispiele (Loveparade 2010 in Duisburg ▶ Fallbeispiel; Stabsübung Schiffshavarie in Düsseldorf 2012).

Fallbeispiel

Psychosoziale Notfallversorgung bei der Loveparade 2010

Diesen Sommertag im Juli 2010 sollte Duisburg nie mehr vergessen. Zwischen den Verstorbenen und Verletzten irren Tausende herum, die dem Drücken im Bereich des Tunnels und der Aufgangstreppe entkommen sind. Die Feuerwehr Duisburg alarmiert neben den eigenen Betreuungskräften Teams der Psychosozialen Notfallversorgung (PSNV) aus der Umgebung. So organisiert sich das Netzwerk PSNV aus Düsseldorf und fährt mit 17 Fachkräften im Dienstwagen in Richtung Loveparade.

Die Feuerwehr-Führung in Duisburg entscheidet, die Feuerwache 7 im Stadtteil Buchholz als Raum für die geschützte Betreuung zu definieren. Eineinhalb Stunden später warten 71 ausgebildete PSNV-Kräfte von Feuerwehr und Rettungsdienst aus der Umgebung und Düsseldorf auf den Ansturm der Betroffenen.

Unterdessen betreuen an der Unglücksstelle unkoordiniert PSNV-Kräfte aus der Umgebung – ohne zum Unglück alarmiert worden zu sein – Leichtverletzte sowie betroffene Opfer und Angehörige. Zwischen Trost, Entsetzen und Gesprächen werden Verstorbene von Seelsorgern ausgesegnet. Das Mobilfunknetz an der Einsatzstelle bricht zusammen.

Das Nachfragen in der Leitstelle, wann die Busse mit den Betroffenen endlich in Duisburg-Buchholz eintreffen, wird mit ständigem »Ihr-Sollt-Abwarten« beantwortet. Ein Zug des Deutschen Roten Kreuzes (DRK) stellt auf dieser Feuerwache Verpflegung für 500 Personen zur Verfügung. 492 Essen zu viel: Acht Betroffene kamen letztendlich an diesem Abend zu 71 PSNV-Kräften.

Das Eingangsbeispiel zeigt die Notwendigkeit der **Organisation von PSNV** in einer Großschadenslage und die erforderliche Anbindung eines **Fachberaters PSNV** im Stab.

46.1 Führungskräfte in der Psychosozialen Notfallversorgung

Unter PSNV wird die Gesamtheit aller Maßnahmen verstanden, die Einsatzkräfte und Betroffene bei der Be- und Verarbeitung von Ereignissen, wie z. B. Notfällen oder Katastrophen, unterstützen sollen. Die PSNV-Gesamtstruktur umfasst PSNV-bezogene Angebote, Anbieter, Organisationsformen und -strukturen (z. B. psychosoziale Einsatzvorbereitung) sowie rechtliche Regelungen.

Die PSNV ist vielerorts Bestandteil der Versorgungsstruktur nach schweren Notfällen und Katastrophen (Beerlage, Springer, Hering, Arndt & Nörenberg, 2009; Alfare, 2006). Im Konsensusprozess zur Qualitätssicherung in der PSNV (BBK, 2012) wurde festgelegt, dass die PSNV **in die bestehenden Strukturen** des Katastrophenschutzes **einzubinden** ist. Für komplexe Schadenslagen, wie Massenanfälle von Verletzten, sind PSNV-Führungskräfte – Fachberater PSNV in operativ-taktischen und administrativ-politischen Stäben sowie Leiter PSNV und Führungsassistenten PSNV an der Einsatzstelle – auszubilden und vorzuhalten. Auch wenn es in den letzten Jahren vermehrt Ausbildungen für derartige Lagen gibt, zeigt sich deutschlandweit ein inhomogenes Bild der Ausbildung für PSNV-Führungskräfte. Kompetenzen, Tätigkeitsfelder und Ausbildung der PSNV-Führungskräfte sind zwar vorstrukturiert (Beerlage, Hering, Nörenberg & Springer, 2005; BBK, 2012), aber ihre Umsetzung noch nicht empirisch untersucht. Zurzeit wird von verschiedenen Stellen auf Bundes- und Landesebene an einer deutschlandweit einheitlichen Ausbildung für PSNV-Führungskräfte gearbeitet. Diese ist noch nicht flächendeckend eingeführt. FB PSNV sind aber in Übungen und einzelnen Reallagen bereits in operativ-taktischen und administrativ-politischen Stäben präsent (Halpern, 2006).

46.2 Rolle und Aufgaben eines Fachberaters PSNV im Stab

PSNV-Kräfte können an der Einsatzstelle vieles erleichtern. Betroffene benötigen Informationen, eine Aufenthaltsmöglichkeit, Mobilfunk und Versorgung.

Auch Betroffene, die beispielsweise ihre Verwandten suchen, kommen zur Einsatzstelle und müssen an die zuständigen Stellen weitergeleitet werden. Anlaufstellen, bei denen psychosoziale Maßnahmen angeboten werden, werden in der Nähe des Unglücksortes außerhalb des Gefahrenbereiches zusammen mit dem S 3 (Einsatz) definiert, da eine Betreuung weit außerhalb der Einsatzstelle nicht wirksam ist.

Ein FB PSNV organisiert den Bereich der PSNV-Kräfte vor Ort und entlastet damit den Stab.

Das folgende ▶ Fallbeispiel beschreibt die Aufgaben des FB PSNV und Erfahrungen eines FB PSNV aus einer Übung in einem operativ-taktischen Stab (▶ Kap. 1, ▶ Kap. 38) zu einer Schiffshavarie auf dem Rhein mit 300 Verletzten und 20 Toten.

Fallbeispiel

Übung Schiffshavarie

Zu Beginn der Übung telefoniert der FB PSNV mit einem Assistenten, der im Stabsraum dabei sein wird. In Absprache mit dem S 3 (Einsatz) definieren beide die Betreuungsplätze für die PSNV an der Unfallstelle und nehmen Kontakt zum Organisatorischen Leiter PSNV (OrgL PSNV; entspricht in Düsseldorf dem Leiter PSNV) vor Ort auf. Es werden mehrere, teils kilometerweit auseinander liegende Betreuungsplätze eingerichtet. Der FB PSNV ist in Kontakt mit weiteren Ansprechpartnern (OrgL PSNV A, B, C). »Hast du schon den Überblick, wie viele Personen bei dir betreut werden müssen? Sind schon PSNV-Fachkräfte tätig? Was benötigst du vor Ort an Unterstützung? Wie ist deine Anlaufstelle gekennzeichnet, falls Anrufer auf der Hotline nachfragen?«
Die Stimmen überschlagen sich, ebenso die Anforderungen. Der FB PSNV gibt eine Rückmeldung an den S 3, S 4 (Versorgung) und S 2 (Lage). Der FB PSNV erfährt die Anfahrt, Betreuungsstellen, die Dauer bis zum Eintreffen sowie die Anzahl der zu erwartenden PSNV-Kräfte vom OrgL A bis C vor Ort. Der S 3 braucht eine PSNV-Übersicht. Der S 4 fragt, ob der FB PSNV Verpflegung und Getränke wünscht. Ein PSNV-Team meldet sich beim FB PSNV; es steht im Stau. Bei der Betreuungsstelle B werden mindestens 200 Decken gebraucht. Der FB PSNV bestellt sie beim S 4. Der Vierfach-Vordruck liegt bereit. An der Betreuungsstelle A fehlt noch die Kennzeichnung, und zwischen DRK-Zug Verpflegung, der die PSNV-Kräfte vor Ort unterstützt, und dem leeren Handyakku des OrgL PSNV A stellt ein Kollege allen Fachberatern im Stab eine Thermoskanne Kaffee hin. Es fehlen noch 120 Personen an der Lagekarte, die im Zelt B betreut werden. Die Glocke im Stab schrillt. Kein Telefonat mehr, nichts weiterschreiben. Lagebesprechung! Der Leiter Stab beschreibt die Lage. Der S 2 mit den bunten Zeichen und Täfelchen ergänzt und korrigiert Zahlen und vorhandene Einheiten. Kurze Abfrage der S-Positionen, Definition der Perspektive für die nächste Stunde, ist alles bei den Fachberatern in Ordnung? »Mehr nachordern, Presse muss noch versorgt werden, nächste Lagebesprechung in 60 Minuten!« spricht der Leiter Stab in dienstlichem Ton.
Der Assistent des FB PSNV, der sich mit im Stab befindet, meldet sich. Der FB PSNV wird ihm die Betreuungsstelle B übergeben. Der Assistent soll abklären, wer den FB PSNV und den Assistenten in 6 Stunden ablöst. »Wo melden sich die Opfer in den nächsten Tagen?« fragt der OrgL im Bereich A. »Wo hast du den Akku denn her, steht jetzt wieder die Leitung mit dir?« »THW hat uns Steckdosen gelegt, alles perfekt!« »In meiner Liste gibt es eine Trauma-Ambulanz, hier ist die Adresse und die Betroffenen sollen aus der Presse entnehmen, wo Stellen eingerichtet werden!« »Was ist mit deiner Ablösung?« »Noch nicht, ich sag' rechtzeitig Bescheid!«.
Der S 5 (Presse/Öffentlichkeitsarbeit) ruft dem FB PSNV zu, dass er ein Statement über PSNV für die Medien braucht. Der FB PSNV schreibt eine Kurzmeldung für den S 5.
Die Glocke klingelt erneut. Der Leiter erhebt die Stimme: »Die Übung im Stab ist zu Ende!«

Der bzw. die FB PSNV berät und unterstützt in dieser Übung den Stab – insbesondere die Sachgebietsleiter Logistik und Einsatz – beim Aufbau der für das jeweilige Ereignis geeigneten und notwendigen PSNV-Strukturen.

Zudem berät der FB PSNV bei der Integration der PSNV in die Einsatzabschnittstruktur, bei der Bedarfsermittlung PSNV und bei der angemessenen Umsetzung in die (auch längerfristigen) PSNV-Strukturen (Helmerichs, 2011). Folgende Aufgaben des FB PSNV wurden in der Übung wahrgenommen:

- Regelmäßige Absprachen mit den S-Funktionen im Stab (► Kap. 7) sowie Teilnahme an Lagebesprechungen,
- Pflegen von Übersichten für den Stab: Anzahl und Einsatzorte der PSNV-Kräfte,
- Alarmierung von PSNV-Kräften,
- Nachforderung von PSNV-Kräften,
- Definieren von Betreuungsplätzen für die PSNV,

- Kontakt mit den PSNV-Kräften (z. B. Assistent des FB PSNV, OrgL PSNV, Assistent des OrgL PSNV) im Stab bzw. vor Ort halten, Anfragen dieser Kräfte entgegennehmen und zusammen mit den S-Funktionen bearbeiten,
- Sicherstellung der Versorgung der PSNV-Kräfte in Zusammenarbeit mit dem S 4,
- Formulieren von Pressemeldungen für den S 5,
- Organisieren der eigenen Ablösung sowie der Ablösung der PSNV-Kräfte.

▪ In welcher Art Stab kann ein Fachberater PSNV eingesetzt werden?

Der Einsatz eines FB PSNV im administrativ-politischen und operativ-taktischen Stab ist bundesweit noch sehr unterschiedlich geregelt. Beispielsweise können im Saarland die Kreisbeauftragten der Einsatzgruppen auf Kreisebene als FB PSNV in die administrativ-politischen Stäbe der Landkreise oder der Landeshauptstadt berufen werden (Vigneron, 2010). In Düsseldorf kommt der oder die FB PSNV in der operativ-taktischen technischen Einsatzleitung zum Einsatz.

▪ Wie wird ein FB PSNV alarmiert?

Auch die Alarmierungsstrukturen für einen FB PSNV sind bundesweit sehr unterschiedlich geregelt. Oft, beispielsweise in Nordrhein-Westfalen (NRW) oder Berlin, sind verfügbare PSNV-Kräfte und auch die PSNV-Führungskräfte wie der FB PSNV in den Leitstellen der Feuerwehr oder der Polizei aufgelistet.

46

In NRW ist es je nach Ereignis auch möglich, dass der Leiter des Krisenstabs in Absprache mit dem S 3 die Alarmierung eines FB PSNV als ereignisspezifisches Mitglied des Stabes vornimmt (Ministerium für Inneres und Kommunales NRW, 2013).

Im Stabsraum der operativ-taktischen Einsatzleitung Düsseldorf existieren Telefonlisten, und je nach Lage aktivieren die Stabsgehilfen auf Anweisung durch den Leiter Stab die Fachberater PSNV zur Zusammenarbeit.

▪ Was braucht ein Fachberater PSNV im Stab, um gut arbeiten zu können?

Der FB PSNV benötigt vom Stab Informationen über die Anzahl der Verletzten und Verstorbenen sowie Informationen zu möglichen Anlaufpunkten für PSNV-Betreuungsstellen. Zudem ist es sinnvoll, im Stabsraum Ordner für den Fachbereich PSNV, in dem Telefonlisten, Pläne und logistische Informationen, wie z. B. Anlaufstellen zur Nachbehandlung, aufgelistet sind, vorzuhalten. Auch das Kennen der Mitstreiter im Stab durch die Teilnahme an Übungen ist von zentraler Bedeutung.

> **Ist Wissen über die eigenen Aufgaben im Stab sowie Wissen über die Aufgaben der anderen Stabsmitglieder und die Prozesse im Stab beim FB PSNV vorhanden, kann der Stab entlastet werden. Viele Fragen, beispielsweise nach bestimmten Arbeitsabläufen (z. B. dem Ablauf einer Lagebesprechung) müssen vom FB PSNV nicht mehr gestellt werden.**

Der Stab selbst kann seinen Fokus somit auf die Abarbeitung der Schadenslage legen.

46.3 Wie wird der FB PSNV von den anderen Stabsmitgliedern akzeptiert?

Das Bewusstsein für den Bedarf der Integration von PSNV-Führungskräften in alle Entscheidungsebenen der Gefahrenabwehr ist noch nicht ausreichend etabliert (so schon Müller-Cyran,

2006). Noch werden FB PSNV nicht deutschlandweit flächendeckend in Übungen und Realeinsätzen operativ-taktischer oder administrativ-politischer Stäbe integriert.

Ein FB PSNV wird seitens der Stabsmitglieder vor allem dann akzeptiert, wenn er oder sie den Stab entlastet, beispielsweise weil Betroffene vor Ort schneller ihre Verwandten finden. In Stabsübungen, in denen die FB PSNV ungeübt mit den Materialien und Prozessen, beispielsweise den Vierfach-Vordrucken, sind, kann die Akzeptanz als niedrig beschrieben werden. Den FB PSNV fehlt es dabei oft nur an Übung und Unterweisung. Daraus kann bei anderen Stabsmitgliedern der Rückschluss resultieren, dass FB PSNV nicht zu gebrauchen sind bzw. dass man sie »früher« auch nicht gebraucht hat.

46.4 Fazit

In Stabsarbeit geschulte Fachberater PSNV können operativ-taktische und administrativ-politische Stäbe bei ihrer Arbeit entlasten, indem sie bezogen auf PSNV-Strukturen beraten und bei der Bedarfsermittlung PSNV und Umsetzung in die PSNV-Strukturen unterstützen. Vor dem Einsatz im Stab sollten vor allem die Alarmierung des FB PSNV sowie dessen Integration im Stab besprochen und geübt werden.

Dienstvorschriften, Normen und Gesetze

- Ministeriums für Inneres und Kommunales NRW (2013). Krisenmanagement durch Krisenstäbe im Lande Nordrhein-Westfalen bei Großschadensereignissen, Krisen und Katastrophen. Runderlass des Ministerium für Inneres und Kommunales vom 04.10.2013. ► https://recht.nrw.de/lmi/owa/br_vbl_detail_text?anw_nr=7&vd_id=14068&ver=8&val=14068&sg=0&menu=1&vd_back=N. Zugegriffen: 04.12.2014.

Literatur

Alfare, M. (2006). Organisation komplexer Einsätze. In B. Lueger-Schuster, M. Krüsmann & K. Purtscher (Hrsg.), *Psychosoziale Hilfe bei Katastrophen und komplexen Schadenslagen. Lessons Learned* (S. 71–98). Wien: Springer.

BBK (Bundesamt für Bevölkerungsschutz und Katastrophenhilfe) (2012). *Psychosoziale Notfallversorgung: Qualitätsstandards und Leitlinien (Teil I und II)*. Bonn: Bundesamt für Bevölkerungsschutz und Katastrophenhilfe.

Beerlage, I., Hering, T., Nörenberg, L. & Springer, S. (2005). *Qualifizierung von PSNV Führungskräften. Teil V: Psychosoziale Notfallversorgung in der Großschadenslage. Führungsfunktionen und -strukturen in Einsatz*. Magdeburg: Hochschule Magdeburg-Stendal.

Beerlage, I., Springer, S., Hering, T., Arndt, D. & Nörenberg, L. (2009). *Netzwerk Psychosoziale Notfallversorgung – Umsetzungsrahmenpläne. Band 2: Qualität in Aus- und Fortbildung*. Bonn: Bundesamt für Bevölkerungsschutz und Katastrophenhilfe.

Halpern, D. (2006). Komplexe Einsätze der Psychosozialen Notfallversorgung in der Praxis. In B. Lueger-Schuster, M. Krüsmann & K. Purtscher (Hrsg.), *Psychosoziale Hilfe bei Katastrophen und komplexen Schadenslagen. Lessons Learned* (S. 125–154). Wien: Springer.

Helmerichs, J. (2011). Psychosoziale Notfallversorgung im Großschadensfall und bei Katastrophen. In F. Lasogga & B. Gasch (Hrsg.), *Notfallpsychologie: Lehrbuch für die Praxis* (S. 371–388). Heidelberg: Springer.

Müller-Cyran, A. (2006). Die peritraumatische Intervention in Großschadenslagen. In B. Lueger-Schuster, M. Krüsmann & K. Purtscher (Hrsg.), *Psychosoziale Hilfe bei Katastrophen und komplexen Schadenslagen. Lessons Learned* (S. 99–124). Wien: Springer.

Vigneron, I. (2010). *Alarmierung und Struktur der PSNV im Saarland*. ► http://www.psnv-saarland.de/wp-content/uploads/system_saarland.pdf. Zugegriffen: 03.12.2014.

Praxisbeitrag: Was können Unternehmensstäbe von Polizeistäben lernen?

Axel Bédé

G. Hofinger, R. Heimann (Hrsg.), *Handbuch Stabsarbeit*,
DOI 10.1007/978-3-662-48187-5_47,

Die Führung mit Stäben ist bei den Behörden und Organisationen mit Sicherheitsaufgaben (BOS) eine erprobte und bewährte Organisationsstruktur zur Bewältigung von Einsätzen. Neben ständig eingerichteten Führungsstäben wird bei der Polizei bei besonders komplexen Einsatzlagen wie Großschadensereignissen, Geiselnahmen oder Erpressungen sofort eine besondere Aufbauorganisation (BAO) mit Führungsstab eingerichtet, um eine optimale Führungs-, Koordinierungs- und Kommunikationsstruktur zu gewährleisten.
Seit das Thema Notfall- und Krisenmanagement zunehmend in den Fokus gerückt ist, besteht auch in der privaten Wirtschaft eine steigende Nachfrage hinsichtlich der Einrichtung, Ausbildung sowie des Trainings von Krisenstäben.
Nachfolgend werden daher aus der Erfahrung des Autors die Möglichkeiten und Grenzen der Übertragbarkeit der »best practice« in polizeilichen Stäben auf Unternehmensstäbe betrachtet.

47.1 Führung und Unterstützungsfunktionen

Die Struktur und die Arbeit von Führungsstäben der Polizei sind in ► Kap. 6 ausführlich beschrieben. Nachfolgend werden daher nur die Bereiche Führung und Unterstützungsfunktionen auf ihre Übertragbarkeit auf Unternehmenskrisenstäbe betrachtet.

Der Polizeiführer oder die Polizeiführerin trägt die Verantwortung für den Gesamteinsatz und trifft die einsatztragenden Entscheidungen (= Entscheider). Der Leiter oder die Leiterin des polizeilichen Führungsstabes, dem der gesamte Führungsstab mit seinen Stabsbereichen untersteht, strukturiert die Prozesse der Stabsarbeit und hat dabei eine koordinierende und moderierende Rolle (= Koordinator/Moderator). Er ist der permanente Ansprechpartner für den Polizeiführer und gleichzeitig dessen Abwesenheitsvertreter.

Bei den meisten Unternehmen vereinigt der Leiter Krisenstab die Rollen des Entscheiders sowie des Koordinators/Moderators, die beim polizeilichen Führungsstab immer getrennt werden. Wenn sich diese Verfahrensweise im Unternehmen bewährt hat oder wenn personelle Ressourcenzwänge keine Erweiterung zulassen, sollte an diesem Modell festgehalten werden. Dennoch ist grundsätzlich eine Trennung der strategischen Entscheidungsfunktion von der Prozessmoderation durch Einrichtung eines **Stabsmanagers** empfehlenswert. Der Stabsmanager wäre somit das Äquivalent zum Leiter des polizeilichen Führungsstabes, während der Leiter oder die Leiterin des Unternehmenskrisenstabes sich analog zum Polizeiführer auf die Rolle als gesamtverantwortlicher Entscheider konzentrieren kann. Der Stabsmanager ist gleichzeitig Vertreter des Leiters Krisenstab.

Ähnlich wie ein polizeilicher Führungsstab, dessen Informationsmanagement durch das Lagezentrum gewährleistet wird, benötigt der Krisenstab ein Assistenzteam, um die vielfältigen Unterstützungsfunktionen wie Informationsaufnahme, Dokumentation, Lagedarstellung und -visualisierung zu gewährleisten. Die Bedeutung des Assistenzteams wird im Unternehmensbereich oft unterschätzt, sodass teilweise nur ein Protokollführer eingeteilt wird. Dies ist eindeutig zu wenig – das Assistenzteam im Unternehmenskrisenstab sollte mindestens aus vier (besser mehr) Personen bestehen, die entsprechend ausgebildet und trainiert sind.

47.2 Führungsräume und Infrastruktur

Der polizeiliche Führungsstab arbeitet in der Regel in einer festen Befehlsstelle (abgesetzt von der Einsatzstelle), die räumlich und infrastrukturell die optimalen Voraussetzungen zur Bewältigung von komplexen Einsatzlagen bietet (▶ Kap. 23). Meist handelt es sich um einen ganzen Führungsbereich mit mehreren separaten Räumen, der hochfunktional ausgestattet ist und größtmögliche IT-Unterstützungsmöglichkeiten bereithält. So ist jeder Arbeitsplatz mit Informations- und Kommunikationstechnik versehen, die allerdings auch eine intensive Aus- und Fortbildung sowie Trainingsmaßnahmen erfordert.

Im Unternehmensbereich ist eine Ausstattung in dieser Form in den meisten Fällen aus Wirtschaftlichkeitsgründen weder realisierbar noch zwingend erforderlich (Ausnahmen bilden hier Hochrisikobereiche und Störfallbetriebe). Sinnvoll ist eine Orientierung an den tatsächlichen Unternehmensbedürfnissen und nicht etwa am technisch Machbaren.

Es wird daher empfohlen, sich bei der Ausstattung des eigentlichen Führungs- und Besprechungsraumes auf gute Lagedarstellungs- und Visualisierungsmöglichkeiten zu konzentrieren und den Einsatz von Telefonen und Computern eher zu minimieren bzw. ins Assistenzteam zu verlagern. Es besteht sonst durchaus die Gefahr, dass der Bedienung der Informations- und Kommunikationstechnik seitens der Krisenstabsmitglieder mehr Beachtung zuteil wird als den Beratungs- und Entscheidungsprozessen.

Im Unterschied zur Infrastruktur eines polizeilichen Führungsstabes gilt für Unternehmenskrisenstäbe somit eher »weniger ist mehr«, im Sinne von einfachen und robusten Lösungen, die auch ohne langwierige Einweisungen und technische Spezialkenntnisse funktionieren müssen, da es hier für die Stabsmitglieder ungleich schwerer ist, Routine zu entwickeln.

Unverzichtbar ist dagegen eine Notstromversorgung für den gesamten Führungsbereich sowie das Vorhalten eines Raums in einem anderen Gebäude als Rückfallebene, falls der definierte Stabsraum selbst von der Krise betroffen ist (z. B. Räumung, Gebäudeverlust durch Feuer) und nicht zur Verfügung steht.

Praxistipp

Die vorhandene Infrastruktur muss vom Stab und dem Assistenzteam beherrscht werden – es darf keine Zeit damit verschwendet werden, sich erst mit Räumlichkeiten, Logistik und Technik vertraut machen zu müssen.

47.3 Planentscheidungen, Maßnahmenkataloge und Checklisten

In der Arbeit polizeilicher Führungsstäbe unterscheidet man zwischen Sofort- (oder Ad-hoc-) Lagen (z. B. Gasexplosion in einem Wohnhaus, Geiselnahme) und planbaren Lagen bzw. Zeitlagen (z. B. angemeldete Großdemonstration, sportliche Großveranstaltung).

Sofortlagen sind zu Beginn meist durch Unübersichtlichkeit und Improvisation geprägt. Die Erstmaßnahmen des polizeilichen Führungsstabes sind daher in diesen Lagen darauf ausgerichtet, schnellstmöglich in eine geordnete Einsatzorganisation mit einer funktionierenden Stabsstruktur überzugehen.

Polizeiliche Planentscheidungen als vorbereitete Entscheidungshilfe für mögliche Ereignisse und Entwicklungen bieten eine sehr effektive Möglichkeit, das Spannungsfeld zwischen Unsicherheit und Entscheidungsdruck zu minimieren und können so zur Entlastung und Fehlerminimierung beitragen (z. B. Auslösung besonderer Fahndungsmaßnahmen nach bestimmten schweren Straftaten). Die weitere Ausgestaltung der Planentscheidung erfolgt dann über Maßnahmenkataloge und Checklisten (▶ Kap. 18), die auch eine gedächtnisentlastende Funktion für wahrzunehmende Informationspflichten oder zu veranlassende Maßnahmen haben.

Planentscheidungen enthalten zwar konkrete Regelungen nach dem »Wenn-dann-Prinzip«, entfalten aber keine absolute Bindungswirkung, da sich nicht jeder Lebenssachverhalt im Vorfeld regeln lässt und ungeplante Situationsentwicklungen ggf. andere Entscheidungen/Maßnahmen erfordern.

Auch Unternehmenskrisenstäbe sollten Entscheidungshilfen für mögliche Ereignisse und Entwicklungen bei definierten Szenarien (z. B. Brand/Explosion, Stromausfall, Erpressung) entwickeln, vorhalten und anwenden, um einer unübersichtlichen oder komplexen Lage eigene, strukturierte Handlungsabläufe entgegenzustellen. Es wird empfohlen, sie im **Quick-View-Design** als Anlagen im Krisenmanagementplan zu hinterlegen, damit ein jederzeitiger Zugriff sichergestellt ist.

Planentscheidungen und Checklisten können keine komplexe Lage lösen – sie helfen aber, schnell in adäquate Reaktionsstrukturen zu finden und bieten Handlungsorientierung.

47.4 Informationsmanagement – »Wenn wir wüssten, was wir wissen«

Polizeiliche Entscheidungen und daraus resultierende Maßnahmen müssen jederzeit nachvollziehbar und überprüfbar sein. Dieser Anforderung wurde früher (und teils heute noch) durch ein »Belegfluss-Modell« mittels speziellen selbstdurchschreibenden mehrfarbigen Formularsätzen Rechnung getragen (▶ Kap. 31), die heute meist nur noch eine Redundanz für den Fall eines kompletten IT-Ausfalls bilden.

Heute wird die Arbeit eines polizeilichen Führungsstabes dagegen von IT-basierter Krisenmanagementsoftware unterstützt, die den Umgang mit Informationen – dem wichtigsten Rohstoff der Stabsarbeit – automatisiert, protokolliert und dokumentiert sowie zum Teil noch weitere Sonderfunktionen (spezielle Filter- und Suchfunktionen, Visualisierungsmöglichkeiten etc.) bietet (▶ Kap. 34).

Obwohl die Vorteile eines solchen Krisenmanagementtools auf der Hand zu liegen scheinen, kann eine analoge Anwendung für Unternehmenskrisenstäbe nicht uneingeschränkt empfohlen werden. Während ein polizeilicher Führungsstab regelmäßig mit einer solchen Software arbeitet, ist die Tätigkeit eines Unternehmenskrisenstabes eher der seltene Ausnahmefall, der durch regelmäßiges Training ausgeglichen werden muss.

Für eingespielte Unternehmenskrisenstäbe bieten Krisenmanagementtools eine hervorragende Möglichkeit, die Stabsarbeit zu optimieren, für unerfahrene Stäbe kann ein solches Tool im Ereignisfall schnell zur Belastung werden (▶ Kap. 32). Die Entscheidung für oder gegen die

Einführung eines Krisenmanagementtools im Unternehmensbereich hängt daher stark vom Reifegrad der Krisenmanagementorganisation (Erfahrungs-/Trainingsstand), der Häufigkeit von Einsätzen und Übungen des Stabes und der Einfachheit der Bedienung einer Softwarelösung ab.

Letztendlich gilt: Die Lage wird durch den Menschen, nicht durch eine Software gelöst!

47.5 Lagebilderstellung und Visualisierung

Ein aktuelles, vollständiges und möglichst realitätsnahes Lagebild ist für den polizeilichen Führungsstab Voraussetzung für zielgerichtetes Handeln und unverzichtbar für das Erkennen, Analysieren und Antizipieren einsatzrelevanter Ereignisse und Entwicklungen.

Polizeiliche Lagebilder setzen sich dabei aus unterschiedlichen Lagefeldern zusammen, da die Komplexität vieler Lagen eine gesamtheitliche Erfassung kaum noch zulässt. Die Unterteilung in einzelne Lagefelder (z. B. bei einer Geiselnahme in Täterlage, Opferlage, Kräftelage etc.) dient somit der Komplexitätsreduktion, schafft Überblick und ermöglicht es, verschiedene Lagefelder bei Bedarf wieder zu einem Gesamtlagebild zu verdichten (Heimann, 2013).

»Man braucht keinen Informationshaufen, sondern ein ‚Bild' von der Sache, damit man Wichtiges von Unwichtigem trennen kann und weiß, was zusammengehört und was nicht« (Dörner, 1989. S. 70).

Insbesondere eine grafische Aufbereitung erleichtert das intuitive Erfassen der Informationen sowie das Erkennen von inneren Zusammenhängen (»to connect the dots«) für alle Beteiligten. Neben polizeispezifischen Visualisierungen, wie die Verwendung von normierten taktischen Zeichen (PDV 102, Taktische Zeichen), werden im polizeilichen Führungsstab aber auch Techniken bzw. Programme zum »mind mapping« oder Datenanalyse- und Visualisierungsprogramme eingesetzt. Damit ist es beispielsweise möglich, bei richterlich angeordneten Telefonüberwachungen das Kommunikationsverhalten einer Tätergruppierung so zu visualisieren (wer telefoniert, wann, wie oft, mit wem), dass auf einen Blick erkennbar wird, bei wem »die Fäden zusammenlaufen« (▶ Kap. 33).

Unternehmenskrisenstäbe können bei der Lagebilderstellung und Visualisierung nahezu 1:1 von den Erfahrungen polizeilicher Führungsstäbe profitieren, da die Methoden und Techniken sehr gut übertragbar erscheinen. Statt der oben genannten polizeilichen Lagefelder könnten die Überschriften im Unternehmenskrisenstab bei einem Großschaden mit Betriebsunterbrechung beispielsweise lauten: Produktionslage, Kundenlage, Medienlage.

Auffällig ist, dass es in den Assistenzteams der meisten Unternehmenskrisenstäbe keine explizit benannte Funktion »Lagebilderstellung und Visualisierung« gibt, sondern diese Aufgabe bestenfalls »auf Zuruf« wahrgenommen wird. Es ist daher zu empfehlen, innerhalb des Assistenzteams eine konkrete Funktionszuweisung mit entsprechenden Ausbildung- und Trainingsmaßnahmen (Visualisierungstechniken, Anwendung spezieller Software) vorzunehmen, da sich dadurch ein erheblicher Mehrwert für den Unternehmenskrisenstab ergeben sollte, der nun besser »in der Lage lebt«.

Ein Lagebild ist kein Datenfriedhof – der Nutzen von Information liegt in der Relevanz, nicht in der Fülle.

47.6 Nachbereitung

Wenngleich nicht jeder Polizeieinsatz im täglichen Dienst eine Nachbereitung erfährt, werden herausragende Einsätze mit Führungsstab nahezu immer nachbereitet (für bestimmte Einsatzlagen ist Nachbereitung sogar ausdrücklich vorgeschrieben).

Der Zweck der polizeilichen Einsatznachbereitung liegt in der Erzeugung von **Transparenz der Führungsentscheidung** im Sinne kooperativer Führung, der Analyse, der Strukturierung und Verwertung der **Einsatzerfahrungen**, der Feststellung des **Zielerreichungsgrades** und der Erarbeitung von **Lösungsmöglichkeiten** für erkannte Schwachstellen.

Auch für Unternehmenskrisenstäbe wird eine Selbstverpflichtung zur systematischen Nachbereitung von Krisen – durch einen entsprechenden Passus im Krisenmanagementplan – angeregt.

Ziel der Krisennachbereitung ist die Auswertung der zurückliegenden Krise und damit einhergehend ein kontinuierlicher Verbesserungsprozess im Krisenmanagement, um auf der Basis der gemachten Erfahrungen die Vermeidung und Bewältigung zukünftiger Krisen zu optimieren.

Die ermittelten Verbesserungspotenziale sind umzusetzen und der Krisenmanagementplan dementsprechend zu ergänzen bzw. zu überarbeiten.

Praxistipp

Bei der Nachbereitung sollte immer eine Ergebniskontrolle vereinbart werden, die den Abschluss im Sinne von »lessons learned« bildet!

47.7 Fazit

Stabsarbeit basiert auf Regeln, Prozessen und Erfahrungen, die auch bei Unternehmenskrisenstäben umgesetzt werden können.

Hierbei gilt aber nicht: »One size fits all« – entscheidend ist vielmehr, bewährte Techniken und Methoden polizeilicher Stäbe auf ihre Anwendbarkeit im Unternehmenskrisenstab zu prüfen und Modifizierungen im Sinne maßgeschneiderter Lösungen vorzunehmen.

Zugrunde liegende Literatur

- Badke-Schaub, P., Hofinger, G. & Lauche, K. (2012). *Human Factors: Psychologie sicheren Handelns in Risikobereichen* (2. überarb. Aufl.). Heidelberg: Springer.
- Bédé, A. (2009). *Notfall und Krisenmanagement im Unternehmen*. Berlin: Steinbeis-Edition.
- Buerschaper, C. & Starke, S. (Hrsg.). (2008). *Führung und Teamarbeit in kritischen Situationen*. Frankfurt am Main: Verlag für Polizeiwissenschaft.
- Fagel, M. (2014). *Crisis Management and Emergency Planning – Preparing for Today's Challenges*. Boca Raton: CRC Press.
- PDV 102 (1995). Polizeidienstvorschrift 102 – Taktische Zeichen. AK II der Ständigen Konferenz der Innenminister- und Senatoren der Länder.
- Spielvogel, C., Reissig-Hochweller, R., Trautmann, K., Kappes, P. & Brunner, T. (2013). *Taschenbuch Stabsarbeit*. Stuttgart: Boorberg.
- Strohschneider, S. (Hrsg.). (2003). *Entscheiden in kritischen Situationen*. Frankfurt am Main: Verlag für Polizeiwissenschaft.

Literatur

Dörner, D. (1989). *Die Logik des Misslingens. Strategisches Denken in komplexen Situationen*. Reinbek: Rowohlt.

Heimann, R. (2013). Teamkompetenzen herbeiführen und erhalten – Visualisierung zur Komplexitätsreduktion. In C. Felsenreich & H. Waleczek (Hrsg.), *Teamkompetenzen für sicheres Handeln* (S. 11–32). Frankfurt am Main: Verlag für Polizeiwissenschaft.

Praxisbeitrag: Krisenstabsarbeit zwischen Methodik und Pragmatik – Praxisbeobachtungen und Empfehlungen

Armin Schilling

G. Hofinger, R. Heimann (Hrsg.), *Handbuch Stabsarbeit*,
DOI 10.1007/978-3-662-48187-5_48, © Springer-Verlag Berlin Heidelberg 2016

Menschen, die in Krisenstäben arbeiten, müssen in besonderen Situationen unter hohem Zeitdruck schwierige, folgenschwere Entscheidungen vorbereiten und haben – auch wenn sie nicht Entscheider sind – de facto einen maßgeblichen Anteil daran, welche Entscheidungen schlussendlich getroffen werden. In unterschiedlichen Organisationen werden dabei teils ähnliche, teils verschiedene Prinzipien und Methoden angewendet.

48.1 Rahmenbedingungen

Wachsende Komplexität und zunehmende Interdependenzen durch gemeinsame Zuständigkeiten, gesetzliche Regelungen, Informationspflichten oder die mediale Aufmerksamkeit erfordern ein professionelles, systematisches und transparentes Vorgehen bei der Zusammenarbeit unterschiedlichster Organisationen und Führungsebenen.

Generelle Herausforderungen wie:

- Kanalisation des Kommunikationsflusses,
- Management des Informationsflusses,
- Aufgabensteuerung und -kontrolle,
- Dokumentation und Transparenz der Entscheidungen,
- Wahrung der Vertraulichkeit sowie
- Controlling des Gesamtprozesses

treten nicht nur innerhalb des Stabsgefüges einer Organisation auf, sondern auch in der kooperativen Lagebewältigung durch mehrere beteiligte Institutionen und Dienste.

Zudem können mehrere, auch voneinander abhängige Lagen gleichzeitig auftreten, die parallel bearbeitet werden müssen.

Zunehmende Komplexität stellt höhere Ansprüche an das Management des Prozesses Krisenstabsarbeit.

Im Folgenden werden einige Methoden zur Krisenstabsarbeit erörtert und aus Sicht des Verfassers bewertet. Dabei wird aus Vereinfachungsgründen von einer Lage und dem Stabsgefüge einer Organisation ausgegangen. Die Ergebnisse sind jedoch ceteris paribus auf komplexere

Situationen mit mehreren gleichzeitigen Lagen und mehreren an der Lagebewältigung beteiligten Organisationen übertragbar.

48.2 Vor der Krise

Für eine Organisation kann eine Krise plötzlich auftreten oder sich langsam entwickeln. Je früher eine Gefahr erkannt wird und je besser die Organisation darauf vorbereitet ist, desto günstiger ist dies für die erfolgreiche Krisenbewältigung. Regelmäßiges Üben verbessert die »preparedness« und stärkt die Resilienz einer Organisation (Bargstedt, Horn & van Vegten, 2014).

Die Abwehrbereitschaft und die Reaktionsgeschwindigkeit werden gestärkt durch eine laufende systematische kritische Betrachtung des Umfelds. Viele Unternehmen verzichten (leider) auf eine dezidierte **Lagebeobachtung** der aktuellen Gesamtlage im Hinblick auf eigenes Krisenpotenzial. Oftmals werden Kostengründe hierfür ins Feld geführt. In einigen Firmen und Institutionen gibt es hingegen eine explizite Gruppe von Personen, die für die Beobachtung der Situation im Vorfeld verantwortlich ist (»pre crisis team«, Lagezentrum). Manchmal wird die Aufgabe auch vom Notfallmanagement mit übernommen.

Auf der Basis einer kontinuierlichen, systematischen Beobachtung der weltweiten Vorkommnisse sollte eine Risikoidentifikation, -analyse und -beurteilung aus Sicht der Organisation stattfinden. Die Flut der Informationen aus verschiedensten Quellen muss geeignet gefiltert, auf Relevanz und Verlässlichkeit geprüft, beurteilt und danach in einer adäquaten Form einem berechtigten, interessierten, organisationsinternen Abnehmerkreis zur Verfügung gestellt werden.

Wird bei der beobachteten Lageentwicklung ein vordefinierter **Schwellenwert** überschritten, erfolgt eine Alarmierung des Krisenstabs und eine lagebezogene Übergabe der Verantwortung (► Kap. 16). Dies geschieht in der Regel durch die Übermittlung aller im Vorfeld erlangten Erkenntnisse an den Krisenstab.

Von zentraler Bedeutung ist in diesem Zusammenhang die Dokumentation der gesammelten Informationen. Diese erfolgt vielfach in Papier (»Schwarzes Brett«; Ablaufkalender), mit Dateien (HTML, Word, Excel etc.) oder via E-Mail (zyklische Lageberichte).

Praxistipp

Eine vorteilhafte Methode ist die Dokumentation aller für die Organisation potenziell relevanten Sachverhalte auf einer gemeinsamen, vertraulichen, zentralen Plattform. Diese kann dann gleichzeitig zur selektiven Bereitstellung von verbindlichen Informationen für Berechtigte dienen.

Günstig ist, wenn die gleiche Plattform in der Folge auch für die Lagebewältigung genutzt werden kann. Im Ernstfall kann dadurch eine nahtlose und verlustfreie Informationsübergabe aus der Alltagsorganisation an das Krisenmanagement gewährleistet werden.

48.3 Während der Krise

Während der Lagebewältigung ist koordiniertes Handeln unter schwierigen Rahmenbedingungen gefordert. Darüber hinaus können Entscheidungen schwerwiegende finanzielle und rechtliche Konsequenzen für die Organisation nach sich ziehen.

Bei einem Vergleich verschiedener Methoden und Werkzeuge, die bei der Lagebewältigung im Stab eingesetzt werden, kommen den Aspekten **Kommunikations- und Informationsfluss, Aufgabensteuerung, Controlling** und **Dokumentation** besondere Bedeutung zu. Werden dafür Verfahrensweisen vorgeschrieben, die sich bei der Anwendung als praxisfern oder zu aufwändig erweisen, kommt es neben den negativen Auswirkungen für die inhaltliche Lagebewältigung oftmals zu Missachtung oder Umgehung der Vorgaben.

48.4 Kommunikationsmanagement

Kommunikation dient der Mitteilung von Information. Erfolgt sie ausschließlich mündlich, so liegt in der Regel weder eine Dokumentation der Inhalte noch des Kommunikationsereignisses selbst vor. Eine Nachweisführung ist dann im Nachhinein schwierig.

»Stille-Post«-Effekte können bei mehrfacher Weitergabe einer Information den Inhalt verfälschen (▶ Kap. 35). Fachbegriffe und unübliche Abkürzungen erschweren das Verständnis, insbesondere wenn Dritte in die Lagebewältigung involviert sind.

Wenn bei n Personen jede mit jedem kommuniziert, ergeben sich unter Berücksichtigung der Richtung $n \times (n-1)$ Kommunikationskanäle. Durch die quadratische Zunahme bricht die Kommunikation schon bei einer kleineren Anzahl von Teilnehmern faktisch zusammen.

Zu hohes Kommunikationsaufkommen macht das inhaltliche Arbeiten unmöglich.

Je mehr Personen und Institutionen gleichzeitig involviert sind – also je größer n wird –, desto schwerer wiegt der obige Aspekt.

Begegnen kann man diesen Herausforderungen durch:

- Schaffung einer **zentralen Eingangs- und Ausgangsstelle,**
- Festlegung definierter **verbindlicher Kommunikationswege** im Stabsgefüge,
- Nutzung einer gemeinsamen, zentralen, vertraulichen, verbindlichen **Plattform** zur schriftlichen Kommunikation.

Durch Letzteres wird auch gleichzeitig die Dokumentation der Kommunikation sichergestellt. Um Missverständnissen vorzubeugen: Das bedeutet nicht, dass mündliche Kommunikation gänzlich entfallen sollte.

48.5 Informationsmanagement

Das Management einer Vielzahl von Informationen und die Verteilung dieser innerhalb des Stabsgefüges beinhalten verschiedene Herausforderungen.

Die Bereitstellung valider Information ist eine Voraussetzung für das Vorbereiten und Treffen angemessener Entscheidungen. Dabei gilt es Informationsdefizite ebenso wie eine Informationsüberflutung zu vermeiden (◼ Abb. 48.1).

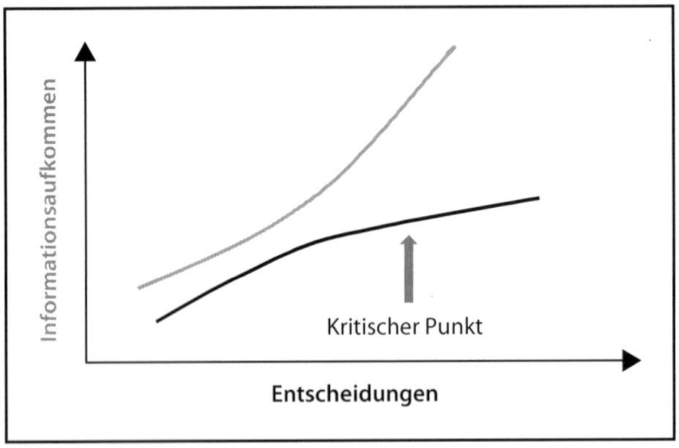

Abb. 48.1 Informationsaufkommen in Krisensituationen (nach Heimann, 2009, S. 1385)

> **Ein ungezügeltes Informationsaufkommen kann den Entscheidungsprozess zum Erliegen bringen.**

Organisatorische Maßnahmen zur Begegnung der Informationsflut sind:
- die Bildung von Verantwortlichkeitsbereichen (Stabsbereichen),
- eine geeignete taktische Einsatzgliederung,
- die Kanalisierung und Filterung durch monohierarchische Strukturierung des Stabsgefüges.

Methoden, die eine Information physisch vervielfältigen (Fax, Fotokopien, Durchschreibesätze, E-Mail), können Lawineneffekte hervorrufen. Gerade in komplexeren verteilten Stabsgefügen ist dies eine latente Gefahr, weil eine suboptimale Methodik dann auf mehreren Ebenen angewendet wird. Daraus resultiert im Gesamtsystem ein exponentielles Wachstum von »Pseudoinformation«: Es wird de facto nicht mehr Information erzeugt, sondern nur eine bereits vorhandene vervielfältigt. Außerdem ist die Verteilung einer Information und ihr Fluss durch das Stabsgefüge praktisch nicht mehr nachvollziehbar (▶ Kap. 30). Dies ist besonders fatal, wenn sich eine Information im Nachhinein als falsch erweist.

Praxistipp

Die Verteilung einer Information durch Vervielfältigung sollte innerhalb eines Stabssystems vermieden werden.

Dies spricht für die Nutzung einer gemeinsamen, zentralen, vertraulichen Plattform zur Sicherstellung der Verfügbarkeit **aller relevanten Informationen** zur Lageentwicklung, Entscheidungsfindung, Aufgabenzuweisung und Verfolgung der Umsetzung für alle an der Lagebewältigung beteiligten Verantwortlichen. Natürlich müssen hierbei geeignete Möglichkeiten zur rollen- oder aufgabenbasierten Kanalisierung oder Filterung der Informationen zur Verfügung stehen. Günstig ist es, wenn die gleiche Plattform, die bereits alle zur Lagebewältigung relevanten Informationen enthält, auch für die Nachbereitung genutzt werden kann (▶ Kap. 34).

48.6 Aufgabenmanagement

Bei der Formulierung einer Aufgabe sollte nur das Ziel beschrieben werden und nicht der Weg dorthin (► Kap. 14). Je nach Bereich gibt es hierfür verschiedene Begriffe, die das Gleiche umschreiben. In der Praxis ist bei dieser »Auftragstaktik« (Militär) oder beim »Management by Objectives« (Wirtschaft) eine eindeutige Zuweisung der Verantwortlichkeit und die Überwachung des Bearbeitungsstatus erforderlich. Oftmals wird der Status einer Aufgabe von der beauftragenden Person mündlich kontrolliert; typischerweise via Telefon oder Funk. Das erhöht den Kommunikationsaufwand gerade in dynamischen Situationen erheblich. Methodisch handelt es sich dabei um Pseudokommunikation: Sie dient nicht der Lagebewältigung. Im Gegenteil, gerade die ausführungsnäheren Stellen werden in der Abarbeitung der Aufgaben zusätzlich noch durch unkoordinierte Nachfragen in ihrer Arbeit behindert. Eine für alle sichtbare Visualisierung des aktuellen **Bearbeitungsstatus jeder Aufgabe** erspart die Nachfragen und nützt allen Beteiligten bei der Lagebewältigung. Der Bearbeiter oder die Bearbeiterin kennzeichnet dafür den Auftrag als »in Arbeit« und nach Abschluss als »erledigt«. So sind nur bei Besonderheiten explizite Rückmeldungen an den Auftraggeber oder Nachfragen erforderlich.

Die Überwachung und das Tracking des Bearbeitungsstatus einer Aufgabe sollten ohne Störung der Bearbeiter erfolgen.

48.7 Controlling

Vorbereitung, Einleitung und Umsetzung von Entschlüssen erfordern die Überwachung und Koordination der Lage, der Bearbeitungszustände der Aufgaben, der Auslastung des gesamten Stabssystems und der Aufbau- und Ablauforganisation des Stabes selbst.

Es ist günstig, wenn eine Methode Mechanismen zur Selbstkontrolle etabliert und gegenseitiges Controlling durch »Gruppenintelligenz« fördert.

Zusätzlich nützlich, aber insbesondere bei Unternehmensstäben nicht verbreitet, ist die Einführung eines **Stabssachgebiets QS** (Qualitätssicherung; Begriff hier gewählt in Anlehnung an die Bezeichnung einer entsprechenden Stelle in einem Fertigungsprozess), welches beispielsweise.

- die Anzahl der unerledigten Aufgaben registriert,
- die Zeitdauer der Aufgabenerledigung überwacht,
- Überlastsituationen einzelner Stellen oder Bereiche aufdeckt und geeignete Abhilfemaßnahmen vorschlägt,
- die Angemessenheit der Aufbauorganisation des Stabsgefüges für die Bewältigung der aktuellen Lage zyklisch kritisch beobachtet,

um die Lageverantwortlichen entsprechend zu unterstützen und zu beraten. Verantwortung für die Qualität der Arbeit der Gruppe trägt im Stab grundsätzlich jedes Gruppenmitglied, auch wenn schlussendlich der Leiter oder die Leiterin des Stabs sie personifiziert. Die QS überwacht zusätzlich anhand formaler Vorgaben und ohne operative Aufgaben in der speziellen Lage den Prozess Krisenstabsarbeit.

48.8 Lagedokumentation

Ein wichtiger Aspekt einer Methodik ist, wie gut sie die Dokumentation der für die Lagebewältigung wesentlichen Sachverhalte unterstützt.

Wann und warum wurde auf welcher Grundlage von wem welche Entscheidung getroffen? Diese Frage muss zweifelsfrei beantwortet werden können – spätestens, wenn die Staatsanwaltschaft sie stellt.

Ist die Nutzung der Dokumentationsmethode für die Stabsmitglieder zu schwierig, aufwändig, bürokratisch oder ungewohnt, wird sie in der Praxis häufig einfach nicht angewendet und es entstehen irreversible Dokumentationslücken.

Jeder Mensch hat Präferenzen, welche Werkzeuge und Methoden er oder sie zur Erarbeitung und Dokumentation von Informationen benutzt, insbesondere, wenn dies Spezialwissen voraussetzt (z. B. Prognose der Ausbreitung eines Gefahrstoffes). Es ist von zentraler Bedeutung, dass die Dokumentationsplattform des Stabs ein hohes Maß an Integrationspotenzial besitzt, damit solche, auf Spezialsystemen erzeugte Informationen leicht eingestellt und den anderen zur Verfügung gestellt werden können.

Alle wesentlichen Entscheidungen und deren Grundlagen sind unmanipulierbar, mit genauem Datums- und Zeitstempel versehen zu dokumentieren.

48.9 Nach der Krise

Nach einer Lage sollte neben dem Debriefing eine genaue Analyse durchgeführt werden. Daraus können Verbesserungspotenziale im Sinne eines kontinuierlichen Verbesserungsprozesses (Fischermanns, 2013) oder auch Schulungs- und Übungsbedarfe abgeleitet werden.

Eine Analyse aller verfügbaren Daten wird erschwert, schlimmstenfalls unmöglich gemacht, wenn verschiedenste (Meta-)Daten (Menge, fehlende oder inkonsistente Zeitbezüge, fehlende Dokumentation) der Lagedokumentation über unterschiedliche Systeme verteilt sind.

Liegen dagegen alle lagerelevanten Informationen, Entscheidungen und Ereignisse zeitgenau und unmanipulierbar dokumentiert, journaliert und integriert vor, können sie zur systematischen Ableitung von Verbesserungspotenzialen genutzt werden. Deren Umsetzung führt zu einer Steigerung der Qualität des Krisenmanagements und der Resilienz der Organisation gegen Krisensituationen (■ Abb. 48.2).

48.10 Fazit

Krisenmanagement beginnt nicht erst nach der Zusammenkunft des Krisenstabs und endet nicht mit dessen Auflösung. Die Komplexität der Zusammenarbeit innerhalb des Stabsgefüges und zwischen verschiedenen Krisenstäben beteiligter Institutionen nimmt zu. Das stellt veränderte, höhere Anforderungen an Methoden und Werkzeuge zur Unterstützung der Stabsarbeit.

Der Prozess Krisenstabsarbeit kann in allen Phasen durch die Nutzung einer gemeinsamen, zentralen, vertraulichen Plattform, in der alle lagerelevanten Informationen, Entscheidungen und Ereignisse zeitgenau und unmanipulierbar dokumentiert, journaliert und integriert sind, sinnvoll unterstützt werden.

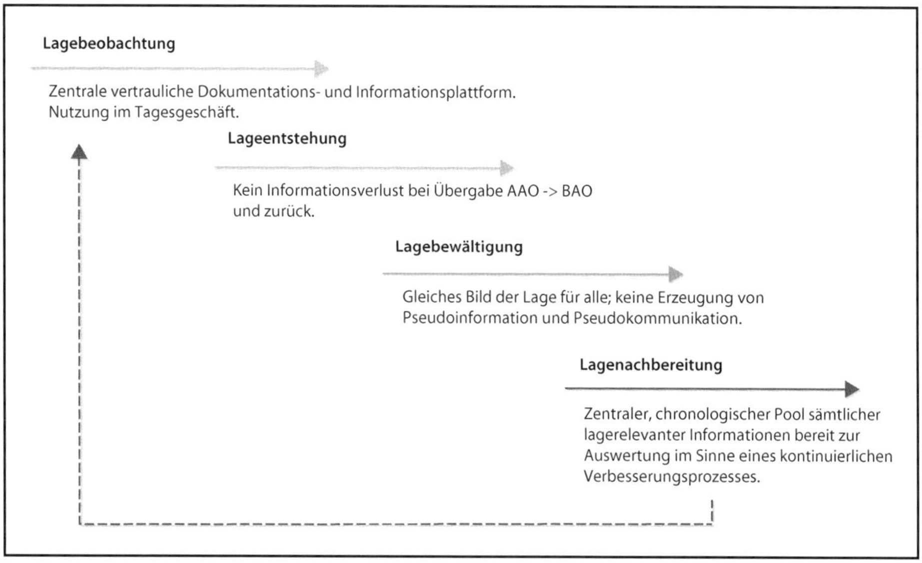

Abb. 48.2 Regelkreis »Nach der Krise ist vor der Krise«

Literatur

Bargstedt, U., Horn, G. & van Vegten, A. (Hrsg.). (2014). *Resilienz in Organisationen stärken: Vorbeugung und Bewältigung von kritischen Situationen*. Frankfurt am Main: Verlag für Polizeiwissenschaft.

Fischermanns, G. (2013). *Praxishandbuch Prozessmanagement* (Ibo-Schriftenreihe. Bd. 9, 11. Aufl.). Gießen: Schmidt.

Heimann, R. (2009). Entscheidungsfindung in polizeilichen Einsatzlagen. Softwareunterstütztes Informations- und Kommunikationsmanagement. In S. Fischer, E. Maehle & R. Reischuk (Hrsg.), *Informatik 2009: Im Focus das Leben, Beiträge der 39. Jahrestagung der Gesellschaft für Informatik e.V. (GI)* (S. 1378–1392). Bonn: Gesellschaft für Informatik.

Serviceteil

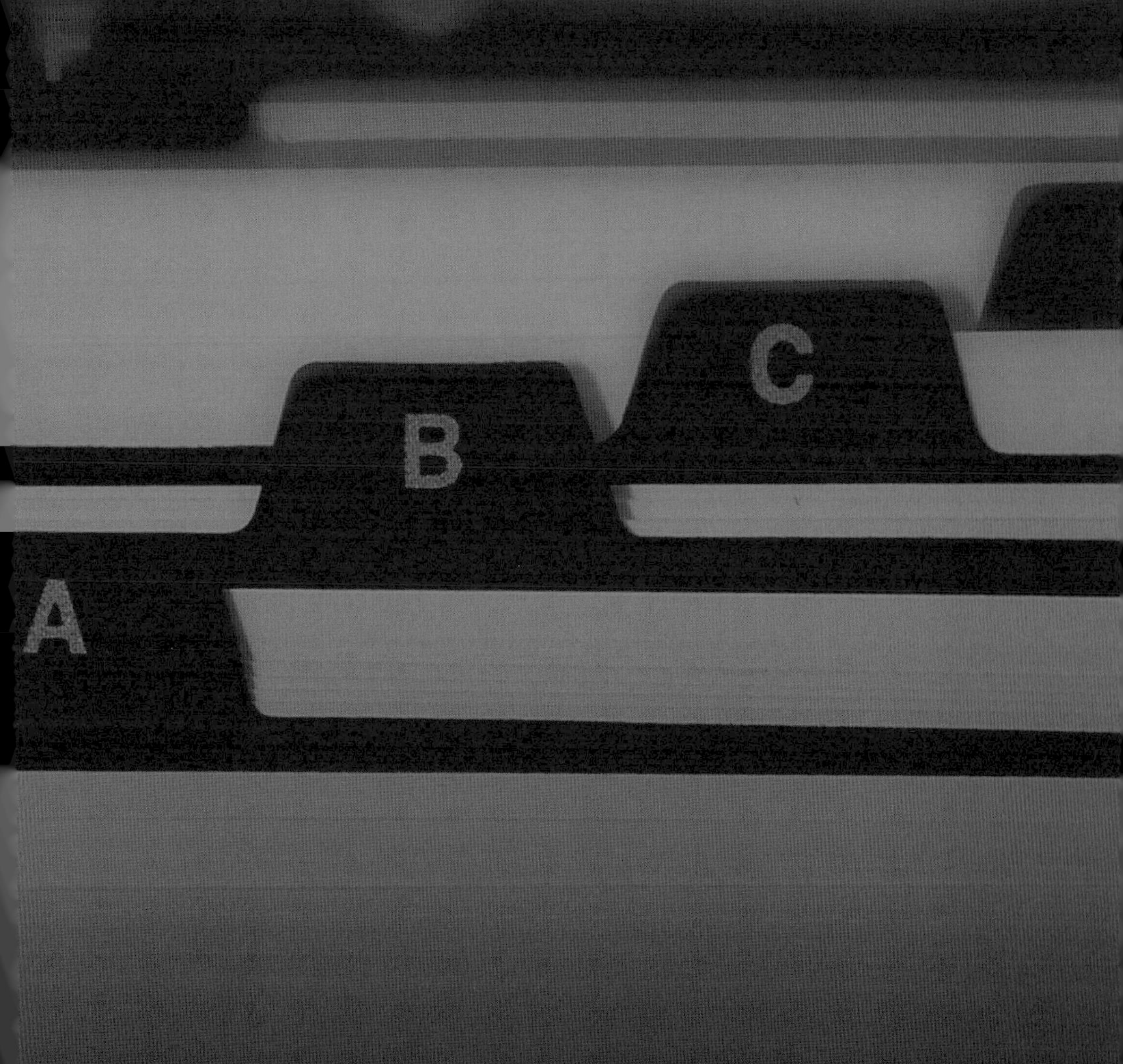

G. Hofinger, R. Heimann (Hrsg.), *Handbuch Stabsarbeit,*
DOI 10.1007/978-3-662-48187-5, © Springer-Verlag Berlin Heidelberg 2016

Stichwortverzeichnis